住房和城乡建设行业专业人员知识丛书

材料员专业知识

《住房和城乡建设行业专业人员知识丛书》编委会　编

中国环境出版集团 • 北京

图书在版编目（CIP）数据

材料员专业知识/《住房和城乡建设行业专业人员知识丛书》编委会编. —北京：中国环境出版集团，2019.4
（住房和城乡建设行业专业人员知识丛书）
ISBN 978-7-5111-4011-1

Ⅰ. ①材… Ⅱ. ①住… Ⅲ. ①建筑材料—基本知识 Ⅳ. ①TU5

中国版本图书馆 CIP 数据核字（2019）第 104364 号

出 版 人　武德凯
责任编辑　张于嫣
责任校对　任　丽
封面设计　彭　杉

出版发行　中国环境出版集团
（100062　北京市东城区广渠门内大街 16 号）
网　　址：http：//www.cesp.com.cn
电子邮箱：bjgl@cesp.com.cn
联系电话：010-67112765（编辑管理部）
010-67112739（第三分社）
发行热线：010-67125803，010-67113405（传真）

印　　刷　北京中科印刷有限公司
经　　销　各地新华书店
版　　次　2019 年 4 月第 1 版
印　　次　2019 年 4 月第 1 次印刷
开　　本　787×1092　1/16
印　　张　20.25
字　　数　522 千字
定　　价　62.00 元

《住房和城乡建设行业专业人员知识丛书》编委会

《材料员专业知识》编写组

主　　编：薛中武
副 主 编：刘　毅
主　　审：王显谊
参加编写：何士仁　陈继开　李大隆　令利超　陈文君　张瑞东
邓　波　吴雪燕

前　言

为了深入推进房屋建筑与市政基础设施工程现场施工专业人员（以下简称专业人员）队伍建设，更好地指导、服务于专业人员培训及人才评价工作，重庆市建设岗位培训中心组织编写了《住房和城乡建设行业专业人员知识丛书》，丛书紧扣现场施工专业人员职业能力标准，结合建设行业改革发展的新形势和新要求，坚持与施工现场专业人员的定位相结合、与现行的国家标准和行业标准相结合、与建设类“双证制”院校的专业设置相融合，力求体现科学性、针对性、实用性。

本书作为《住房和城乡建设行业专业人员知识丛书》中的一本，坚持以“职业素质”为基础、以“职业能力”为本位、以“实用易懂”为导向的编写思路，围绕与材料员岗位能力要求相关的现行国家、行业及地方标准规范、技术指南等，重点对材料员的知识点和能力点进行介绍，帮助读者学习基本的材料员专业知识与技能，能够胜任参与协助现场施工材料管理的基本工作。

本书共 8 章，内容包括：材料员岗位职责，材料管理相关的管理规定和标准，常用工程材料、构配件及设备的性能，工程材料市场调查分析，工程材料、构配件及设备计划和采购，工程材料招投标和合同管理，工程材料、构配件及设备验收、存储、供应，工程材料、构配件及设备成本构成。本书与《通用知识》一书配套使用。

本书编写的具体分工是：主编由重庆市建达职业培训学校薛中武担任，副主编由重庆市建达职业培训学校刘毅担任，重庆市建达职业培训学校何士仁、陈继开、李大隆、令利超、吴雪燕、陈文君、张瑞东及重庆建工住宅建设有限公司邓波参与编写。第一章由何士仁编写；第二章由陈继开编写；第三章由刘毅、李大隆编写；第四章由令利超编写；第五章、第八章由薛中武、邓波编写；第六章由刘毅、吴雪燕编写；第七章由陈文君、张瑞东编写。

本书由王显谊任主审。

本书可作为施工现场专业人员岗位培训教材、“双证制”院校教学的参考用书，以及建筑类工程技术人员工作参考书。

限于编写时间之仓促，囿于编者之水平，书中难免有不足之处，恳请广大同仁和读者批评指正。

目　录

第一章　材料员岗位职责

一、材料管理计划职责

1）参与编制材料、构配件的设备购置计划。

2）参与建立材料、构配件和设备管理制度。

3）认真学习国家规范，熟悉施工规范对材料材质的基本要求。

4）熟悉材料材质证单上数据的物理意义。

5）认真负责验收材料进场数量和材质情况，并做好详尽的原始记录。

6）按照国家施工规范要求，对属于一个检验批的每一种（批）材料均要查验收集其生产许可证、合格证和原材复检合格单报告；并及时将这些证、单收集整理好上交资料员，以备交工时使用。

7）监督作业队和施工班组使用材料情况，督促他们节约使用材料；在钢筋下料方面要做到套料配制，以减少材料浪费；在木材（模板）的使用方面，要杜绝浪费现象发生，能使用小的、短材的，就不允许其截、锯长大材。否则，应按公司相关纪律进行处罚。

8）深入施工现场，掌握现场材料的使用情况，以保证现场施工所需材料的及时供应。

9）加强现场材料的验收、储存保管；建立材料的领料、发料、退料登记制度；监督材料的使用，实施材料定额消耗管理。

10）大力探索节约材料、研究代用材料、降低材料成本的新技术、新途径和先进科学方法，如采用 ABC 分类法、库存技术方法、价值分析等。

11）建立好项目材料管理的各种台账。

12）在项目经理的领导下，材料员负责项目材料的管理工作，认真贯彻执行质量标准。

13）掌握所需要的主要材料的品名、规格、数量、质量。配合施工部门编制好施工材料计划，确保施工现场的材料供应。

14）把好原材料、成品、半成品、构配件的进场质量验收关。做好现场材料的堆放、保管工作。

15）掌握各施工点、段材料消耗的节、超状况，向项目经理提供分析资料。

16）配合现场施工员负责材料到场的计量收方工作。

17）搞好对内、对外结算，建立各种台账，账面整洁、清晰，账物相符，盈亏有原因、损坏有报告，记账有凭证，调整有依据。

18）负责各种材料原始凭证、计量凭证、核算凭证、质量证明书等资料收集，按程度准确及时地传递和反馈，并装订成册，专项保管。

19）忠于职守，实事求是，全面、准确、及时地收方、结算、报统计资料。

20）完成领导交办的其他工作。

21）认真执行安全生产的规章制度和防火规定。

22）根据施工组织设计和材料预算制度实施采购计划，确保工程进度。

23）熟悉图纸，对建筑材料做到心中有数，进料应和进度同步。

24）所购材料、构件、设备的质量、规格、型号必须符合设计要求。由于采购、保管原因而影响工程质量或造成质量安全事故，须承担经济、法律职责。

25）负责建立材料管理制度，做到分类保管，对易燃易爆物品专地隔离存放，严格进出料管理，建立材料账册。

26）负责组织仓库值勤，设置防火防盗设施，禁止在仓库内吸烟、聚会、娱乐。

27）负责按规定及时采购发放劳保用品。

28）施工用材料工具签发领料单，凭单发料，由领料人签认，材料拿出工地必须经项目经理签发。

二、材料采购验收职责

1）遵守国家法律、法规及公司的各项管理制度。

2）根据现场项目部提报的材料计划进行市场询价，“货比三家”，向总工办汇报，确定材料供应商及材料采购价格，实施材料采购。

3）熟悉工程施工进度，了解材料市场供应及价格情况，按计划进行采购，并满足质量要求及施工进度要求。

4）熟悉图纸，对材料做到心中有数，所购材料、构件、设备的质量、规格、型号必须符合设计要求，负责向资料员提供质保资料。

5）建立材料账册，做好所购材料的收发登记，对发放材料按项目进行分类登记，详细记录材料发放数量及采购价格。

6）对送达工地（库房）的材料进行入库验收，参加与施工队伍进行的交接验收，签发领料单，双方确认。

7）负责材料的退换货工作，并做好登记。

8）参加工程计量工作，根据计量情况与发放材料数量进行比较，做出书面报告。

9）做好公司交办的其他各项工作。

三、材料使用存储职责

1）负责入场材料的验收，记账工作。

2）按物资存储及文明施工要求对入场材料分类存放、标识、保管。

3）按《物资领料单》签发的数量发料、记账。

目 录

4）负责收集材料复试单及做好复试材料标识。

5）负责组织施工现场剩余材料的回收、存放。

6）及时向材料主管反馈现场及库存材料的有关数据资料。

四、材料统计核算职责

1）做好收单工作，认真审核行政管理人员上交的单据，尤其是对渣土车每天运出、运进数量进行核对，发现差错应及时查明原因并处理，及时、完整、准确地进行整理汇总，综合分析，形成统计表。

2）在每个工地完成任务后做好成本核算，按时登记台账，做到台账齐全，账账相符，及时为领导提供所需的统计材料。

3）定期组织本部门开会，了解、总结统计数据所反映出来的问题，及时向领导反馈信息。

4）认真学习相关法规，做好资料保密工作。

5）收发管理各种材料。现场管理员入职时，提供相应的空白单据；离职时收回劳保用品，加强劳保用品管理。

6）完成领导交办的其他工作。

五、材料资料管理职责

1）负责工程项目设计施工材料资料管理、保密工作及收集。

2）负责材料情报的收集、保管，根据工作需要，为现场提供及时、有效、适用的资料。

3）按工程材料资料管理要求，认真做好材料资料的收集、整理、归档工作，确保材料资料的真实与完整。

4）负责为竣工结算和优良工程提供完整的材料资料，工程竣工后及时将材料资料装订成卷，送公司技术部门审核后，移交公司。

第二章　材料管理相关的管理规定和标准

第一节　工程材料管理的有关规定

一、材料管理的一般法律规定

1.《建筑法》

（1）第二十五条的规定

按照合同约定，建筑材料、建筑构配件和设备由工程承包单位采购的，发包单位不得指定承包单位购入用于工程的建筑材料、建筑构配件和设备或者指定生产厂、供应商。

（2）第三十四条的规定

工程监理单位应当在其资质等级许可的监理范围内，承担工程监理业务。

工程监理单位应当根据建设单位的委托，客观、公正地执行监理任务。

工程监理单位与被监理工程的承包单位以及建筑材料、建筑构配件和设备供应单位不得有隶属关系或者其他利害关系。

工程监理单位不得转让工程监理业务。

（3）第五十七条的规定

建筑设计单位对设计文件选用的建筑材料、建筑构配件和设备，不得指定生产厂、供应商。

2.《建筑工程质量管理条例》

（1）第八条的规定

建设单位应当依法对工程建设项目的勘察、设计、施工、监理以及与工程建设有关的重要设备、材料等的采购进行招标。

（2）第三十五条的规定

工程监理单位与被监理工程的施工承包单位以及建筑材料、建筑构配件和设备供应单位有隶属关系或者其他利害关系的，不得承担该项建设工程的监理业务。

（3）第五十一条的规定

供水、供电、供气、公安消防等部门或者单位不得明示或者暗示建设单位、施工单位购买其指定的生产供应单位的建筑材料、建筑构配件和设备。

二、建筑材料选用、采购环节确保质量的有关规定

1.《建筑法》

（1）第五十六条的规定

建筑工程的勘察、设计单位必须对其勘察、设计的质量负责。勘察、设计文件应当符合有关法律、行政法规的规定和建筑工程质量、安全标准、建筑工程勘察、设计技术规范以及合同的约定。设计文件选用的建筑材料、建筑构配件和设备，应当注明其规格、型号、性能等技术指标，其质量要求必须符合国家规定的标准。

（2）第五十九条的规定

建筑施工企业必须按照工程设计要求、施工技术标准和合同的约定，对建筑材料、建筑构配件和设备进行检验，不合格的不得使用。

2.《产品质量法》

（1）第二十七条的规定

产品或者其包装上的标识必须真实，并符合下列要求：

1）有产品质量检验合格证明。

2）有中文标明的产品名称、生产厂厂名和厂址。

3）根据产品的特点和使用要求，需要标明产品规格、等级、所含主要成分的名称和含量的，用中文相应予以标明。需要事先让消费者知晓的，应当在外包装上标明，或者预先向消费提供有关资料。

4）限期使用的产品，应当在显著位置清晰地标明生产日期和安全使用期或者失效日期。

5）使用不当，容易造成产品本身损坏或者可能危及人身、财产安全的产品，应当有警示标志或者中文警示说明。裸装的食品和其他根据产品的特点难以附加标识的裸装产品，可以不附加产品标识。

（2）第二十九条的规定

生产者不得生产国家明令淘汰的产品。

（3）第三十三条的规定

销售者应当建立并执行进货检查验收制度，验明产品合格证明和其他标识。

（4）第三十四条的规定

销售者应当采取措施，保持销售产品的质量。

（5）第三十五条的规定

销售者不得销售国家明令淘汰并停止销售的产品和失效、变质的产品。

3.《建筑工程质量管理条例》

（1）第十四条的规定

按照合同约定，由建设单位采购建筑材料、建筑构配件和设备的，建设单位应当保证建筑材料、建筑构配件和设备符合设计文件和合同要求。

（2）第二十二条的规定

设计单位在设计文件中选用的建筑材料、建筑构配件和设备，应当注明规格、型号、性

能等技术指标，其质量要求必须符合国家规定的标准。

除有特殊要求的建筑材料、专用设备、工艺生产线等外，设计单位不得指定生产厂、供应商。

(3) 第二十九条的规定

施工单位必须按照工程设计要求、施工技术标准和合同约定，对建筑材料、建筑构配件、设备和商品混凝土进行检验，检验应当有书面记录和专人签字；未经检验或者检验不合格的，不得使用。

(4) 第三十一条的规定

施工人员对涉及结构安全的试块、试件以及有关材料，应当在建设单位或者工程监理单位监督下现场取样，并报送具有相应资质等级的质量检测单位进行检测。

(5) 第三十七条的规定

工程监理单位应当选派具备相应资格的总监理工程师和监理工程师进驻施工现场。未经监理工程师签字，建筑材料、建筑构配件和设备不得在工程上使用或者安装，施工单位不得进行下一道工序的施工。未经总监理工程师签字，建设单位不拨付工程款，不进行竣工验收。

4.《实施工程建设强制性标准监督规定》

(1) 第二条的规定

在中华人民共和国境内从事新建、扩建、改建等工程建设活动，必须执行工程建设强制性标准。

(2) 第三条的规定

本规定所称工程建设强制性标准是指直接涉及工程质量、安全、卫生及环境保护等方面的工程建设标准强制性条文。

国家工程建设标准强制性条文由国务院建设行政主管部门会同国务院有关行政主管部门确定。

(3) 第五条的规定

工程建设中拟采用的新技术、新工艺、新材料，不符合现行强制性标准规定，应当由拟采用单位提请建设单位组织专题技术论证，报批准标准的建设行政主管部门或者国务院有关主管部门审定。

工程建设中采用国际标准或者国外标准，现行强制性标准未作规定的，建设单位应当向国务院建设行政主管部门或者国务院有关行政主管部门备案。

(4) 第十条的规定

强制性标准监督检查的内容包括：

1) 有关工程技术人员是否熟悉、掌握强制性标准。

2) 工程项目的规划、勘察、设计、施工、验收等是否符合强制性标准的规定。

3) 工程项目采用的材料、设备是否符合强制性标准的规定。

4) 工程项目的安全、质量是否符合强制性标准的规定。

5) 工程中采用的导则、指南、手册、计算机软件的内容是否符合强制性标准的规定。

（5）第十六条的规定

建设单位有下列行为之一的，责令改正，并处以20万元以上50万元以下的罚款：

1）明示或者暗示施工单位使用不合格的建筑材料、建筑构配件和设备的。

2）明示或者暗示设计单位或者施工单位违反工程建设强制性标准，降低工程质量的。

三、建筑材料管理的相关规定

工程所用的原材料、半成品或成品构件等应有出厂合格证和材质报告单。对进场材料需要作材质复试的，项目试验员应按规定的取样方法进行取样并填写复验内容委托单，在监理工程师的见证下由试验员送往有资质的试验单位进行检验，检验合格的材料方能使用。

1. 复试材料的取样

为了有效控制材料质量，在抽取样品时应按相关规定进行，也可选取有疑问的样品；必要时也可以由承包方双方商定增加抽样数量。

2. 建筑材料复试的取样原则

1）同一厂家生产的同一品种、同一类型、同一生产批次的进场材料应根据相应建筑材料质量标准管理规定以及规范要求的代表数量确定取样批次，抽取样品进行复试，当合同另有约定时应按合同执行。

2）项目应实行见证取样和送检制度。即在建设单位或监理工程师的见证下，由项目试验员在现场取样后送至试验室进行试验。见证取样和送检次数应按相关规定进行。

3）送检的检测试样，必须从进场材料中随机抽取，严禁在现场外抽取。试样应有唯一标识，试样交接时，应对试样外观、数量等进行检查确认。

4）工程的取样送检见证人，应由该工程建设单位书面确认，并委派在工程现场的建设或监理单位人员1～2名担任。见证人应具备与检测工作相适应的专业知识。见证人及送检单位对试样的代表性及真实性负有法定责任。

5）试验室在接受委托试验任务时，须由送检单位填写委托单。

3. 施工材料检测单位的规定

1）检测单位的确定，目前国家尚无统一规定，部分地区提出了地方性要求。但根据现行有关行政法规，确定检测机构的基本原则是：当行政法规、国家现行标准或合同中对检测单位的资质有明确要求时，应遵守其规定；当没有要求时，可由具备资质的施工企业试验室试验，也可委托具备相应资质的检测机构进行检测。

2）建筑施工企业试验室出具的试验报告，是工程竣工资料的重要组成部分。当建设单位、监理单位对建筑施工企业试验室出具的试验报告有争议时，应委托被争议各方认可的、具备相应资质的检测机构重新检测。

4. 主要材料复试的内容及要求

1）钢筋：屈服强度、抗拉强度、伸长率和冷弯。有抗震设防要求的，框架结构的纵向受力钢筋抗拉强度实测值与屈服强度标准值之比不应大于1.30，钢筋在最大拉力下总伸长率不应小于9%。

2）水泥：抗压强度、抗折强度、安定性、凝结时间。钢筋混凝土结构、预应力混凝土结构中严禁使用含氯化物的水泥。同一生产厂家、同一等级、同一品种、同一批号且连续进场的水泥，装袋不超过 200 t 为一批，散装不超过 500 t 为一批检验。

3）混凝土外加剂：检验报告中应有碱含量指标，预应力混凝土结构中严禁使用含氯化物的外加剂。混凝土结构中使用含氯化物的外加剂时，混凝土的氯化物总含量应符合规定。

4）石子：筛分析、含泥量、泥块含量、含水率、吸水率及石子的非活性骨料检验。

5）砂：筛分析、泥块含量、含水率、吸水率及非活性骨料检验。

6）建筑外墙金属窗、塑料窗：气密性、水密性、抗风压性能。

7）装饰装修用人造木板及胶黏剂：甲醛含量。

8）饰面板（砖）：室内用花岗石放射性，粘贴用水泥的凝结时间、安定性、抗压强度，外墙陶瓷面砖的吸水率及抗冻性能复验。

9）混凝土小型空心砌块：同一部位使用的小砌块应持有同一厂家生产的产品合格证书和进场复试报告，小砌块在厂内的养护龄期及其后停放期总时间必须确保不少于 28 d。

10）预拌混凝土：检查预拌混凝土出场合格证书及配套的水泥、砂、石子、外加剂、掺合料原材复试报告和合格证、混凝土配合比单、混凝土试件强度报告。

5. 建筑结构材料质量管理的总体要求

1）建筑结构材料的规格、品种、型号和质量等，必须满足设计和有关规范、标准的要求。

2）装饰材料应符合现行国家法律、法规、规范及设计要求，同时还应符合经业主批准的材料样板的要求，并应根据材料的特性、使用部位来进行选择。

6. 建筑材料质量控制的主要过程

建筑材料的质量控制主要体现在材料的采购、材料进场试验检验、过程保管和材料使用 4 个环节。

（1）材料采购控制

1）掌握建材方面有关的法规及条文：我国对大部分建材的采购和使用都有文件规定，各省市及地方建设行政管理部门对钢材、水泥、预拌混凝土、砂石、砌体材料、石材、胶合板实行备案证明管理。

2）通过市场调研和对生产经营厂商的考察，选择供货质量稳定、履约能力强、信誉高、价格有竞争力的供货单位。

3）对于诸如瓷砖、釉面砖等建筑装饰材料，由于不同批次间会不可避免地存在色差，为了保证质量和效果，在订货时要充分考虑施工损耗和日后维修使用等因素。

4）在确定供货商后，应对供货商提供的质量文件内容、文件格式、份数做出明确要求，对材料技术指标应在合同中明确，这些文件将在工程竣工后成为竣工文件的重要组成部分。

（2）材料试验检验

1）材料进场时，应提供材料或产品合格证，并根据供料计划和有关标准进行现场质量验证和记录。质量验证包括材料品种、型号、规格、数量、外观检查和见证取样。验证结果记录后报监理工程师审批备案。

2）现场验证不合格的材料不得使用，也可经相关方协商后按有关标准规定降级使用。

3）对于项目采购的物资，业主的验证不能代替项目对所采购物资的质量责任，而业主采购的物资，项目的验证也不能取代业主对其采购物资的质量责任。

4）物资进场验证不齐或对其质量有怀疑时，要单独存放该部分物资，待资料齐全和复验合格后，方可使用。

5）严禁以劣充好，偷工减料。

（3）材料的保管和使用控制

1）项目应安排专人管理材料并建立材料管理台账，进行收、发、储、运等环节的技术管理，避免混料和将不合格的材料使用到工程上。

2）要严格按照施工平面布置图的要求进行材料堆放，不得随意堆放。已检验与未检验物资应标明分开码放，防止非预期使用，所有进场材料都应有明确的标识。

3）应做好各类物资的保管、保养工作，定期检查，做好记录，确保其质量完好。

4）合理组织材料使用，减少材料损失，采取有效措施防止损坏、变质和污染环境。

第二节　工程材料相关技术标准

一、工程材料技术标准的体系框架

标准，广义上是指对重复事物和概念所作的统一规定，它以科学、技术和实践的综合成果为基础，经有关方面协商一致，由主管部门批准发布，作为共同遵守的准则和依据。

与工程项目材料的生产和选用有关的标准主要有产品标准和工程建设标准两类。产品标准是为保证建筑材料产品的适用性，对产品必须达到的某些或全部要求所制定的标准，其中包括：品种、规格、技术性能、试验方法、检验规则、包装、储藏、运输等内容。工程建设标准是对工程建设中的勘察、规划、设计、施工、安装、验收等需要协调统一的事项所制定的标准，其中结构设计规范、施工质量验收规范中也有与建筑材料的选用相关的内容。

二、常用工程材料、构配件及设备技术标准的有关规定

现场材料验收和复验主要依据的是国内标准。它分为国家标准、行业标准两类。国家标准由各个行业主管部门和国家质量监督检验防疫总局联合发布，作为国家级标准，各有关行业都必须执行。国家标准代号由标准名称、标准发布机构的组织代号、标准号和标准颁布时间4部分组成。如《混凝土强度检验评定标准》（GB/T 50107—2010）为国家推荐标准（“T”代表“推荐”），标准名称为“混凝土强度检验评定标准”、标准发布机构的组织代号为GB（国家标准）、标准号为 50107、颁布时间为 2010 年。行业标准由各个行业主管部门批准，在特定行业内执行，其分为建筑材料（JC）、建筑工程（JGJ）、石化工业（SH）、冶金工业（YB）等，其标准代号组成与国家标准相同。国内各地方和企业还有地方标准（DB）和企业标准（QB）

供使用。

我国加入 WTO 后，采用和参考国际通用标准和先进标准是加快我国建筑材料工业与世界步伐接轨的重要措施，对促进工程材料工业的科技进步，提高产品质量和标准化水平，扩大工程材料的对外贸易有着重要作用。

常用的国际标准有以下几类：

①美国材料与试验协会标准（ASTM）等，属于国际团体和公司标准。

②联邦德国工业标准（DIN）、欧洲标准（EN）等，属于区域性国家标准。

③国际标准化组织标准（ISO）等，属于国际性标准化组织的标准。

第三章　常用工程材料、构配件及设备的性能

第一节　砌体工程主要材料

建筑物的外墙因其外表面要受外界变化的影响，故对于外墙材料的选择，除应满足承重要求外，还要考虑保温、隔热、竖固、耐久、防水、抗冻等方面的要求；对于内墙则应考虑选择防潮、隔声、质轻的材料。目前，我国正努力培育和大力发展节能、节土、利废、保护环境和改善建筑功能的新型砌体材料。

砌块为建筑用人造块材，外形多为直角六面体，也有各种异形的。按照砌块系列中主规格高度的大小，砌块可分为小型砌块、中型砌块和大型砌块。按砌块有无孔洞或空心率大小可分为实心砌块和空心砌块。无孔洞或空心率小于 25%的砌块称为实心砌块，如蒸压加气混凝土砌块等。空心率大于或等于 25%的砌块称为空心砌块，如普通混凝土小型空心砌块、粉煤灰小型空心砌块等。

常见的砌体有砖砌体、砌块砌体、石砌体等。用轻骨料混凝土制成的砌块称为轻骨料混凝土砌块。常结合骨料名称命名，如陶粒混凝土砌块、煤渣混凝土砌块等；用多孔混凝土或多孔硅酸盐混凝土制成的砌块称为多孔混凝土砌块，目前常用品种有蒸压加气混凝土砌块。

砌块产品具有保护耕地、节约能源，充分利用地方资源和工业废渣，劳动生产率高，建筑综合功能和效益好等优点，符合可持续发展的要求。砌块的尺寸较大，施工效率较高。已成为我国增长速度最快、应用范围最广的新型砌体材料。

一、砖砌体

1. 烧结普通砖

烧结普通砖按主要原料分为黏土砖、页岩砖、煤钎石砖和粉煤灰砖。

烧结普通砖根据抗压强度分为 MU30、MU25、MU20、MU15、MU10 五个强度等级。

烧结普通砖根据尺寸偏差、外观质量、泛霜和石灰爆裂分为优等品、一等品、合格品三个等级。优等品适用清水墙，一等品、合格品可用于混水墙。

烧结普通砖的外形为直角六面体，其公称尺寸为长 240 mm、宽 115 mm、高 53 mm。配砖规格为 175 mm×115 mm×53 mm。

2. 煤渣砖

煤渣砖是以煤渣为主要原料，掺入适量石灰、石膏，经混合、压制成型、蒸养或蒸压而成的实心砖。

煤渣砖的外形为矩形体，公称尺寸为长 240 mm、宽 115 mm、高 53 mm。

煤渣砖根据抗压强度和抗折强度分为 MU20、MU15、MU10、MU7.5 四个强度等级。

煤渣砖根据尺寸偏差、外观质量、强度等级分为优等品、一等品、合格品。

3. 烧结多孔砖

烧结多孔砖是以黏土、页岩、煤矸石为主要原料，经焙烧而成的多孔砖。

烧结多孔砖的外形为矩形体，规格：190 mm×190 mm×90 mm；240 mm×115 mm×90 mm。

烧结多孔砖根据抗压强度、变异系数分为 MU30、MU25、MU20、MU15、MU10 五个强度等级。

烧结多孔砖尺寸偏差、外观质量、强度等级和物理性能分为优等品、一等品、合格品三个等级。

4. 烧结空心砖

烧结空心砖是以黏土、页岩、煤矸石等为主要原料，经焙烧而成的空心砖。

烧结空心砖的外形为矩形体，在与砂浆的接合面上应设增加结合力的深度 1mm 以上的凹线槽。

烧结空心砖的长度有 240 mm、292 mm，宽度有 140 mm、180 mm、190 mm，高度有 90 mm、115 mm。

烧结空心砖根据密度分为 800、900、1 100 三个密度级别。

每个密度级根据孔洞及其排数、尺寸偏差、外观质量、强度等级和物理性能分为优等品、一等品和合格品三个等级。

5. 蒸压灰砂空心砖

蒸压灰砂空心砖是以石灰、砂为主要原料，经坯料制备、压制成型，蒸压养护而制成的孔洞率小于 15%的空心砖。

蒸压灰砂空心砖根据抗压强度分为 MU25、MU20、MU15、MU10、MU7.5 五个强度等级。

蒸压灰砂空心砖根据强度等级、尺寸允许偏差和外观质量分为优等品、一等品、合格品三个等级。

二、普通混凝土小型空心砌块

普通混凝土小型空心砌块是混凝土小型空心砌块中的主要品种之一，它是以水泥、粗骨料石子、细骨料砂、水为主要原材料，必要时加入外加剂，按一定比例（重量比）计量配料、搅拌、成型、养护而成的建筑砌块，如图 3-1 所示。按其强度等级分为 MU3.5、MU5.0、MU7.5、

MU10.0、MU15.0、MU20.0 六个强度级别。产品具有强度高、自重轻、耐久性好、外形尺寸规整等特点，部分类型的混凝土砌块还具有美观的饰面以及良好的保温隔热性能等优点，应用范围十分广泛。

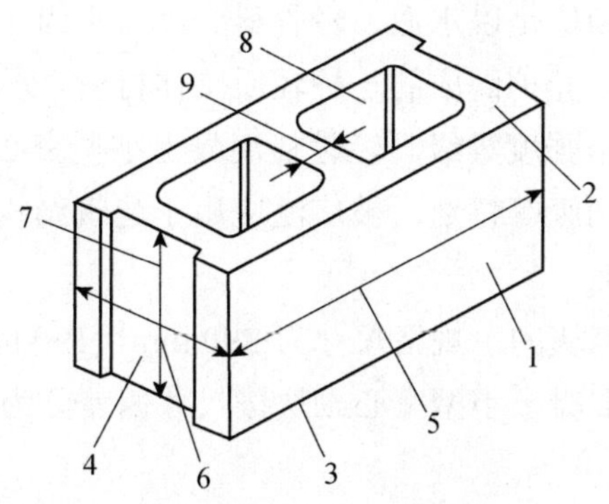

图 3-1　混凝土小型空心砌块

1-条面；2-坐浆面（肋厚较小的面）；3-铺浆面（肋厚较大的面）；
4-顶面；5-长度；6-宽度；7-高度；8-壁；9-肋

普通混凝土小型空心砌块的技术指标包括：尺寸偏差、外观质量、强度等级、相对含水率、抗渗性和抗冻性等。

普通混凝土小型空心砌块的主规格尺寸为 390 mm×190 mm×190 mm，其他规格尺寸可由供需双方协商。其最小外壁厚应不小于 30 mm，最小肋厚应不小于 25 mm。空心率应不小于 25%。按尺寸偏差其可分为优等品（A）、一等品（B）和合格品（C）三个等级。

各等级普通混凝土小型空心砌块的尺寸偏差应符合表 3-1 中的要求。

表 3-1　普通混凝土小型空心砌块尺寸允许偏差　　单位：mm

项目名称	优等品（A）	一等品（B）	合格品（C）
长度 390	±2	±3	±3
宽度 190	±2	±3	±3
高度 190	±2	±3	+3、-4

普通混凝土小型空心砌块各强度等级应符合表 3-2 中的要求。

表 3-2　普通混凝土小型空心砌块强度等级

强度等级	砌块抗压强度/MPa		强度等级	砌块抗压强度/MPa	
	五块平均值≥	单块最小值≥		五块平均值≥	单块最小值≥
MU3.5	3.5	2.8	MU10.0	10.0	8.0
MU5.0	5.0	4.0	MU15.0	15.0	12.0
MU7.5	7.5	6.0	MU20.0	20.0	16.0

每一生产厂家的普通混凝土小型空心砌块到施工现场后，必须对其强度等级进行复检，每 1 万块小砌块至少应抽检 1 组。用于多层以上建筑基础和底层的小砌块抽检数量应不少于

2 组。强度检验试样为每组为 5 块。

三、轻骨料混凝土小型空心砌块

轻骨料混凝土小型空心砌块是以水泥、轻骨料、砂、水为主要原材料，按一定比例（重量比）计量配料、搅拌、成型、养护而成的一种轻质砌体材料。分为 MU10.0、MU7.5、MU5.0、MU3.5、MU2.5、MU1.5 六个强度等级。轻骨料混凝土小型空心砌块通常具有质轻、高强、热工性能好、抗震性能好、利废等特点，被广泛应用于建筑结构的内外砌体材料，尤其是热工性能要求较高的围护结构上。

轻骨料混凝土小型空心砌块的主规格尺寸为 390 mm×190 mm×190 mm，其他规格尺寸可由供需双方协商。轻骨料混凝土小型空心砌块按尺寸偏差分为一等品（B）和合格品（C）两个等级。

各等级轻骨料混凝土小型空心砌块的尺寸偏差应符合表 3-3 中的要求。

表 3-3　轻骨料混凝土小型空心砌块尺寸允许偏差　　单位：mm

项目名称	一等品（B）	合格品（C）
长 390	±2	±3
宽 190	±2	±3
高 190	±2	±3

注：1. 承重砌块最小外壁厚应不小于 30 mm，最小肋厚不应小于 25 mm。
2. 保温砌块最小外壁厚不宜小于 20 mm，最小肋厚不宜小于 20 mm。

各强度等级的轻骨料混凝土小型空心砌块应符合表 3-4 中的要求。

表 3-4　轻骨料混凝土小型空心砌块强度等级

强度等级	砌块抗压强度/MPa		密度等级范围/（kg/m^3）
	5 块平均值≥	单块最小值≥	
1.5	1.5	1.2	≤600
2.5	2.5	2.0	≤800
3.5	3.5	2.8	≤1 200
5.0	5.0	1.0	
7.5	7.5	6.0	≤1 400
10.0	10.0	8.0	

四、粉煤灰小型空心砌块

粉煤灰小型空心砌块是指以粉煤灰、水泥、各种轻重集料、水为主要组分，经拌和、成型、养护而制成的小型空心砌块，按其强度等级分为 MU2.5、MU3.5、MU5.0、MU7.5、MU10.0、MU15.0 六个等级，具有质轻、高强、热工性能好、利废等特点。粉煤灰小型空心砌块的技术性能指标包括：尺寸偏差、外观质量、抗压强度、碳化系数等。

粉煤灰小型空心砌块按照用途和性能可分为粉煤灰承重砌块、框架结构用填充砌块和粉煤灰保温砌块 3 类，见表 3-5。

表 3-5　粉煤灰小型空心砌块分类

用途	粉煤灰承重砌块	框架结构用填充砌块	粉煤灰保温砌块
强度等级	MU5.0、MU7.5、MU10.0、MU15.0	MU2.5、MU3.5、MU5.0	MU2.5、MU3.5
主要原材料	粉煤灰、骨料、水泥、外加剂、水	粉煤灰、轻骨料、水泥、外加剂、水	粉煤灰、轻骨料、水泥、外加剂、水
密度范围	1 000～1 250 kg/m^3	750～900 kg/m^3	600～750 kg/m^3
最大特点	轻质、高强	轻质、利废量大	轻质、保温

粉煤灰小型空心砌块的主规格尺寸为 390 mm×190 mm×190 mm，其他规格尺寸可由供需双方商定。其最小外壁厚应不小于 25 mm，最小肋厚应不小于 20 mm。空心率应不小于 25%。按尺寸偏寸偏差、外观质量、碳化系数其可分为优等品（A）、一等品（B）和合格品（C）三个等级。

各等级粉煤灰小型空心砌块的尺寸偏差应符合表 3-6 中的要求。

表 3-6　粉煤灰小型空心砌块尺寸允许偏差　　单位：mm

项目名称	优等品（A）	一等品（B）	合格品（C）
长度 390	±2	±3	±3
宽度 190	±2	±3	±3
高度 190	±2	±3	+3、−4

粉煤灰小型空心砌块强度等级应符合表 3-7 中的规定。

表 3-7　粉煤灰小型空心砌块强度等级

强度等级	砌块抗压强度/MPa		强度等级	砌块抗压强度/MPa	
	5 块平均值≥	单块最小值≥		5 块平均值≥	单块最小值≥
MU2.5	2.5	2.0	MU7.5	7.5	6.0
MU3.5	3.5	2.8	MU10.0	10.0	8.0
MU5.0	5.0	4.0	MU15.0	15.0	12.0

每一生产厂家的粉煤灰小型空心砌块到施工现场后，必须对其强度等级进行复检，每 1 万块小砌块至少应抽检 1 组。强度检验试样每组为 5 块。

五、蒸压加气混凝土砌块

蒸压加气混凝土砌块是以水泥、石灰、砂、粉煤灰、矿渣、发气剂、气泡稳定剂和调节剂等为主要原料，经磨细、计量配料、搅拌、浇注、发气膨胀、静停、切割、蒸压养护、成品加工和包装等工序制成的多孔混凝土制品。产品分为粉煤灰蒸压加气混凝土砌块和砂蒸压加气混凝土砌块两种。具有质轻、高强、保温、隔热、吸声、防火、可锯、可刨等特点。蒸压加气混凝土砌块有A1.0、A2.0、A2.5、A3.5、A5.0、A7.5、A10.0七个强度级别。

蒸压加气混凝土砌块主要用于框架结构、现浇混凝土结构建筑的外墙填充、内墙隔断，也可用于抗震圈梁构造多层建筑的外墙或保温隔热复合砌体，有时也用于建筑物屋面的保温和隔热。同样，由于收缩大，在建筑物的以下部位不得使用蒸压加气混凝土砌块：建筑物±0.000以下（地下室的非承重内隔墙除外）长期没水或经常干湿交替的部位；受化学物质侵蚀的环境，如强酸、强碱或高浓度二氧化碳等；砌块表面经常处于80℃以上的高温环境。

蒸压加气混凝土砌块的尺寸允许偏差应符合表3-8中的要求。

表3-8 蒸压加气混凝土砌块的尺寸允许偏差 单位：mm

项目			指标		
			优等品（A）	一等品（B）	合格品（C）
尺寸允许偏差	长度	*L*	±3	±4	±5
	宽度	*B*	±2	±3	+3、−4
	高度	*H*	±2	±3	+3、−4

蒸压加气混凝土砌块的抗压强度应符合表3-9中的要求。

表3-9 蒸压加气混凝土砌块的抗压强度

强度级别	立方体抗压强度/MPa		强度级别	立方体抗压强度/MPa	
	5块平均值≥	单块最小值≥		5块平均值≥	单块最小值≥
A1.0	1.0	0.8	A5.0	5.0	4.0
A2.0	2.0	1.6	A7.5	7.5	6.0
A2.5	2.5	2.0	A10.0	10.0	8.0
A3.5	3.5	2.8			

蒸压加气混凝土砌块的强度级别应符合表3-10中的要求。

表3-10 蒸压加气混凝土砌块的强度级别

强度级别		B03	B04	B05	B06	B07	B08
强度级别	优等品（A）			A3.5	A5.0	A7.5	A10.0
	一等品（B）	A1.0	A2.0	A3.5	A5.0	A7.5	A10.0
	合格品（C）			A2.5	A3.5	A5.0	A7.5

蒸压加气混凝土砌块的密度等级应符合表3-11中的要求。

表3-11 蒸压加气混凝土砌块干体积密度

体积密度级别		B03	B04	B05	B06	B07	B08
体积密度级别/（kg/m^3）	优等品（A）≤	300	400	500	600	700	800
	一等品（B）≤	330	430	530	630	730	830
	合格品（C）≤	350	450	550	650	750	850

每一个生产厂家的蒸压加气混凝土砌块到施工现场后，必须对其抗压强度和体积密度进行复检，以同品种、同规格、同等级的砌块 1 万块为 1 批，不足 1 万块也为 1 批。每 1 批蒸压加气混凝土砌块至少应抽检 1 组。强度级别和体积密度检验应制作 3 组试件。

第二节　钢筋混凝土工程主要材料

钢筋混凝土是现代工程结构的主要材料，我国每年混凝土用量约 10 亿 m^3，钢筋用量约 2 500 万 t，规模之大，耗资之巨，居世界前列。

混凝土主要的优点如下：

1）可塑性好。混凝土具备良好的和易性，可以根据模板的形状形成形态各异的建筑构件。

2）经济。与其他材料相比，容易就地取材，混凝土价格较低，混凝土构件的维护费用较低。

3）耐火性好。混凝土的耐火极限为 1～2 h，与钢材相比在高温下不会短时间造成坍塌。

4）安全性好。硬化后的混凝土有较高的强度，目前混凝土构件的最高强度可达 130 MPa，并且混凝土与钢筋具有良好的黏结力，使结构构件的安全得到充分的保证。

5）用途广泛。混凝土能满足多种施工要求和各种结构形式的需要。

同时，混凝土也有着许多缺点，如自重大、比强度小、脆性大、抗拉强度低、施工周期长、质量波动大。

混凝土是由胶凝材料、粗细骨料（也称集料）、水以及必要的外加剂和矿物掺合料按适当的比例配合，拌制成的混合物。普通混凝土中砂石占 65%～75%，构成骨架，水泥浆起润滑和胶结作用。

一、水泥

应根据工程特点、施工条件、工程所处的环境来选用水泥的品种。遵循高强高配、低强低配。水泥强度等级为混凝土强度等级的 1.5～2.0 倍为宜，对于高强混凝土可取 0.9～1.5 倍。主要是由于高强低配时，为满足和易性和密实性要求，需超量用水泥，不经济；低强高配时，水泥用量过多，不经济且收缩及变形大。

根据《通用硅酸盐水泥》（GB 175—2007/XG1—2009），通用硅酸盐水泥代号和强度等级（其中强度等级中的 R 表示早强型）如下列所示：

①硅酸盐水泥:简称硅酸盐水泥，代号为 P・Ⅰ、P・Ⅱ，强度等级分为 42.5、42.5R、52.5、52.5R、62.5、62.5R。

②普通硅酸盐水泥：简称普通水泥，代号为 P・O，强度等级分为 42.5、42.5R、52.5、

52.5R。

③矿渣硅酸盐水泥：简称矿渣水泥，代号为 P·S·A、P·S·B，强度等级分为 32.5、32.5R、42.5、42.5R、52.5、52.5R。

④火山灰质硅酸盐水泥：简称火山灰水泥，代号为 P·P，强度等级分为 32.5、32.5R、42.5、42.5R、52.5、52.5R。

⑤粉煤灰硅酸盐水泥：简称粉煤灰水泥，代号为P·F，强度等级分为32.5、32.5R、42.5、42.5R、52.5、52.5R。

⑥复合硅酸盐水泥：简称粉复合水泥，代号为P·C，强度等级分为32.5、32.5R、42.5、42.5R、52.5、52.5R。

常用水泥的分类及特性：

1）硅酸盐水泥：由硅酸盐水泥熟料、0～5%石灰石或粒化高炉矿渣、适量石膏磨细制成的水硬性胶凝材料，称为硅酸盐水泥，分 P.Ⅰ和 P.Ⅱ，即国外通称的波特兰水泥。

硅酸盐水泥的特性：凝结石化快，早期强度高，抗冻性好，水化热大，耐热性差，耐蚀性差，干缩性较小。

2）普通硅酸盐水泥：由硅酸盐水泥熟料、6%～15%混合材料，适量石膏磨细制成的水硬性胶凝材料，称为普通硅酸盐水泥（简称普通水泥），代号：P.O。

普通硅酸盐水泥的特性：凝结硬化快，早期强度较高，水化热较大，抗冻性较好，耐热性较差，耐蚀性较差，干缩性较小。

3）矿渣硅酸盐水泥：由硅酸盐水泥熟料、粒化高炉矿渣和适量石膏磨细制成的水硬性胶凝材料，称为矿渣硅酸盐水泥，代号：P.S。

矿渣水泥的特性：凝结硬化慢，早期强度低，后期增长较快，水化热较小，抗冻性差，耐热性好，耐蚀性较好的干缩性较大，泌水性大，抗渗性差。

4）火山灰质硅酸盐水泥：由硅酸盐水泥熟料、火山灰质混合材料和适量石膏磨细制成的水硬性胶凝材料。称为火山灰质硅酸盐水泥，代号：P.P。

火山灰水泥的特性：凝结硬化慢，早期强度较低，后期增长较快，水化热较小，抗冻性差，耐热性较差，耐蚀性较好，干缩性较大，抗渗性较好。

5）粉煤灰硅酸盐水泥：由硅酸盐水泥熟料、粉煤灰和适量石膏磨细制成的水硬性胶凝材料，称为粉煤灰硅酸盐水泥，代号：P.F。

粉煤灰水泥的特性：凝结硬化慢，早期强度较低，后期增长较快，水化热较小，抗冻性差，耐热性较差，耐蚀性较好，干缩性较小，抗裂性较高。

6）复合硅酸盐水泥：由硅酸盐水泥熟料、两种或两种以上规定的混合材料和适量石膏磨细制成的水硬性胶凝材料，称为复合硅酸盐水泥（简称复合水泥），代号 P.C。

复合水泥的特性：凝结硬化慢，早期强度较低，后期增长较快，水化热较小，抗冻性差，耐蚀性较好。

二、细骨料（砂）

根据《建筑用砂》（GB/T 14684—2011）的规定，粒径在 0.15～4.75 mm 的岩石颗粒为细骨料。在分类与规格中明确了砂按产源分为天然砂和人工砂两类，天然砂包括河砂、湖砂、山砂及淡化海砂，人工砂包括机制砂、混合砂；砂按细度模数分为粗砂、中砂、细砂、特细砂 4 种规格，并按技术要求分为Ⅲ个类别。

混凝土用砂的质量要求：

1. 砂的颗粒级配及粗细程度

颗粒级配表示大小颗粒粒径的砂混合后的搭配情况。粗细程度指不同颗粒大小的砂混合后总体的粗细程度。拌制混凝土应选择具有良好级配的粗中砂，原因是级配良好则砂粒之间互相填充，混凝土中用水泥量减少，能节约水泥和提高混凝土强度。相同用量下细砂的总表面积大，而粗砂的总表面积小，拌和用的水泥少。

2. 砂的含泥量、泥块含量和石粉含量

天然砂中的粒径小于 75 μm 的尘屑、淤泥制颗粒的质量占砂子质量的百分率称为含泥量。砂中小于 0.6 mm 的颗粒含量称为泥块含量，见表 3-12。

表 3-12　天然砂的含泥量和泥块含量

项目	Ⅰ类	Ⅱ类	Ⅲ类
含泥量（按质量计）/%	＜1.0	＜3.0	＜5.0
泥块含量（按质量计）/%	0	＜1.0	＜2.0

砂中的泥土包裹在颗粒表面，阻碍水泥凝胶体与砂粒之间的黏结，降低界面强度，降低混凝土强度，并增加混凝土的干缩，易产生开裂，影响混凝土耐久性。石粉是在生产人工砂的过程中产生粒径小于 75 μm 的颗粒，其矿物组成和化学成分与母岩相同。天然砂的含泥量和泥块含量应符合表 3-12 的规定。人工砂的石粉含量和泥块含量应符合表 3-13 的规定。

表 3-13　石粉含量和泥块含量

<table>
<tr><th colspan="4">项目</th><th>Ⅰ类</th><th>Ⅱ类</th><th>Ⅲ类</th></tr>
<tr><td>1</td><td rowspan="4">亚甲蓝试验</td><td rowspan="2">MB 值＜1.40 或合格</td><td>石粉含量（按质量计）/%</td><td>＜3.0</td><td>＜5.0</td><td>＜7.0</td></tr>
<tr><td>2</td><td>泥块含量（按质量计）/%</td><td>0</td><td>＜1.0</td><td>＜2.0</td></tr>
<tr><td>3</td><td rowspan="2">MB 值＞1.40 或不合格</td><td>石粉含量（按质量计）/%</td><td>＜1.0</td><td>＜3.0</td><td>＜5.0</td></tr>
<tr><td>4</td><td>泥块含量（按质量计）/%</td><td>0</td><td>＜1.0</td><td>＜2.0</td></tr>
</table>

3. 有害杂质及其坚固性

为保证混凝土的质量，用砂要洁净，不含杂质，且砂中云母、硫化物、硫酸盐、氯盐和有机杂质等的含量应符合规范规定，见表 3-14。重要工程应进行碱活性检验。

表 3-14　海砂的使用规定

项目	Ⅰ类	Ⅱ类	Ⅲ类
云母（按质量计）/%	＜1.0	＜2.0	＜2.0
轻物质（按质量计）/%	＜1.0	＜1.0	＜1.0
有机物（比色法）	合格	合格	合格

续表

项目	Ⅰ类	Ⅱ类	Ⅲ类
硫化物及硫酸盐（按质量计）/%	<0.5	<0.5	<0.5
氯化物（以氯离子质量计）/%	<0.01	<0.02	<0.06
质量损失/%	<8	<8	<10
单级最大压碎指标/%	<20	<25	<30

砂的坚固性是指在自然分化和其他外界物理化学因素作用下抵抗破裂的能力，天然砂用硫酸钠饱和溶液渗入砂粒缝隙后结晶，检验经 6 次循环后的质量损失，来判断砂的坚固性；人工砂采用压碎指标法进行检验应符合相关规定。

三、粗骨料

颗粒粒径大于 4.75 mm 的岩石颗粒称为粗骨料，混凝土常用的粗骨料有碎石、卵石。建筑用卵石、碎石新国标明确了分类、规格、类别及用途，建筑用卵石、碎石同样有 3 个类别，用于各等级混凝土。

混凝土用骨料的质量要求：

1. 有害杂质

骨料中的有害杂质主要包括黏土、淤泥、细屑、硫酸盐、硫化物、有机杂质及含有活性氧化硅的岩石颗粒等。有害物质的含量及其技术要求见表 3-15。

表 3-15　粗骨料的有害物质含量及技术要求

项目	Ⅰ类	Ⅱ类	Ⅲ类
有机物（比色法）	合格	合格	合格
硫化物及硫酸盐（按 SO_3 质量计）/%	<0.3	<1.0	<1.0
含泥量（按质量计）/%	<0.5	<1.0	<1.5
泥块含量（按质量计）/%	0	<0.5	<0.7
针片状供粒（按质量计）/%	<5	<15	<25

2. 颗粒形状及表面特征

碎石表面粗糙且有孔隙与水泥黏结好，但工作性较差；卵石与水泥黏结力差，但拌合物的工作性好。

三维长度相差不大的粗骨料最好，针状、片状颗粒在受力时易断且增大空隙率，使工作性变差，需要进行控制。

3. 最大粒径及颗粒级配

骨料中粒级的最大直径为公称粒级的上限。骨料粒径增大则比表面积小，用水泥量少，所以应尽量大，但由于尺寸与配筋的限制，不能太大，粒径大于 40 mm 并无多少好处。《混凝土结构工程施工质量验收规范》（GB 50204—2002）规定最大粒径不得大于结构截面最小边长尺寸的 1/4，同时不得大于钢筋最小净距的 3/4。对于实心板，可允许采用板厚 1/2 的粒径，但最大不得大于 50 mm。对于泵送混凝土，碎石的最大粒径与输送管内径之比不宜大于 1/3，卵石不宜大于 1/2.5。

级配用标准筛孔为 2.36 mm、4.75 mn、9.5 mm、16.0 mm、19.0 mm、26.5 mm、31.5 mm、37.5 mm、53.0 mm、63.0 mm、75.0 mm、90.0 mm 12 个方孔筛，计算分计和累计筛余进行判别。不宜用单一的单粒级配制混凝土。

4. 骨料的强度

1）立方体强度检验：母岩、较大的卵石制成边长为 50mm 的立方体，在饱水状态下测抗压强度与混凝土强度之比，作为强度指标（不小于 1.5）。

2）压碎指标：将气干状态下 9.5～13.2 mm 粒径的石子除去针、片状颗粒，装入一定规格的圆筒内，一定条件加荷，卸荷后用孔径为 2.36 mm 的筛筛去被压碎的细粒，称取试样的筛余量，计算压碎指标，公式如下：

$$\delta = \frac{m_0 - m_1}{m_0} \times 100\% \tag{3-1}$$

式中，m_0——试样的质量，g；

m_1——压碎试验后筛余的试样质量，g。

压碎指标值越小，表示抗压碎能力越强。不同强度等级的混凝土，所用石子的压碎指标应符合表 3-16 的规定。

表 3-16　坚固性指标和压碎指标

项目	Ⅰ类	Ⅱ类	Ⅲ类
质量损失/%	＜5	＜8	＜12
碎石压碎指标/%	＜10	＜20	＜30
卵石压碎指标/%	＜12	＜16	＜16

5. 碱活性

骨料中若含有活性氧化硅或活性碳酸盐，在一定条件下会与水泥的碱发生碱–骨料反应（碱–硅酸反应或碱–碳酸反应），生成凝胶，吸水产生膨胀，导致混凝土开裂。经碱–骨料反应试验后，由卵石、碎石制备的试件无裂缝、酥裂、胶体外溢等现象，在规定的试验龄期体膨胀系数应小于 0.10%。

四、混凝土拌和用水及养护用水

1. 清洁水

饮用水、地表水、地下水及经适当处理或处置达到要求的工业废水。均可用作混凝土拌和用水。混凝土拌和及养护用水的质量要求：不得影响混凝土的和易性及凝结；不得有损于混凝土强度发展：不得降低混凝土的耐久性；不得加快钢筋腐蚀及导致预应力钢筋脆断；不得污染混凝土表面；各物质限量应符合表 3-17 的要求。

表 3-17 水中物质含量限值

项目	预应力混凝土	钢筋混凝土	素混凝土
pH 值	≥5.0	≥4.5	≥4.5
不溶物/（mg/L）	≤2 000	≤2 000	≤5 000
可溶物/（mg/L）	≤2 000	≤5 000	≤10 000
氯化物（以 Cl^-计）/（mg/L）	≤500	≤1 000	≤3 500
硫酸盐（以 SO_4^{2-}计）/（mg/L）	≤600	≤2 000	≤2 700
碱含量/（mg/L）	≤1 500	≤1 500	≤1 500

注：使用钢丝或经热处理钢筋的应力混凝土氯化物含量不得超过 350 mg/L。

当对水质有怀疑时，应将该水与蒸馏水或饮用水进行水泥凝结时间、砂浆或混凝土强度对比试验。测得的初凝时间差及终凝时间差均不得大于 30 min，其初凝和终凝时间还应符合水泥国家标准的规定。用该水制成的砂浆或混凝土 28 天抗压强度应不低于蒸馏水或饮用水制成的砂浆或混凝土抗压强度的 90%。对水质怀疑时，对检验水与蒸馏水分别做水泥凝结时间和砂浆或混凝土强度对比试验。

2. 海水

海水中含有硫酸盐、镁盐和氯化物，对水泥有侵蚀作用，对钢筋也会造成锈蚀，因此不得用于拌制钢筋混凝土和预应力混凝土。

五、外加剂

混凝土外加剂是在拌制混凝土过程中掺入的，用以改善混凝土性能的物质。掺量不大于水泥质量的 5%（特殊情况除外）。外加剂的掺量虽小，但其技术经济效果却显著，因此，外加剂已成为混凝土的重要组成部分，被称为第五组分，获得越来越广泛的应用。

1. 外加剂的类型

根据《混凝土外加剂定义分类、命名与术语》（GB/T 8075—2005）的规定，混凝土外加剂按其主要功能分为 4 类：

1）改善混凝土拌合物流变性能的外加剂。包括各种减水剂、引气剂和泵送剂等。

2）调节混凝土凝结时间、硬化性能的外加剂。包括缓凝剂、早强剂和速凝剂等。

3）改善混凝土耐久性的外加剂。包括引气剂、防水剂和阻锈剂等。

4）改善混凝土其他性能的外加剂。包括加气剂、膨胀剂、防冻剂、着色剂、防水剂等。

2. 常用外加剂

1）减水剂。减水剂是一种在混凝土拌合物坍落度相同条件下能减少拌和水量的外加剂。减水剂按减水的程度分为普通减水剂和高效减水剂。减水剂本身有一定的缓凝作用。

2）早强剂。早强剂能加速混凝土早期强度发展。早期强度对后期强度无明显影响的外加剂，其中氯化钙早强效果好而成本低，应用最广。早强剂的种类有无机物类（氯盐类、硫酸盐、碳酸盐类）、有机物类（有机胺等）和矿物类（明矾石、氟铝酸钙、无水硫铝酸钙类）。

3）缓凝剂。缓凝剂是一种能延缓水泥水化反应，从而延长混凝土的凝结时间，使新拌混凝土较长时间保持塑性，方便浇筑，提高施工效率，同时对混凝土后期各项性能不会造成不良影响的外加剂。按其缓凝时间可分为普通缓凝剂和超缓凝剂，按化学成分可分为无机缓凝剂和有机缓凝剂。

4）速凝剂。速凝剂是能使混凝土迅速硬化的外加剂。按其主要成分可以分成3类：铝氧熟料加碳酸盐系速凝剂、硫铝酸盐系速凝剂、水玻璃系速凝剂。

5）膨胀剂。膨胀剂是能使混凝土产生一定体积膨胀的外加剂。按化学成分可分为：硫铝酸盐系膨胀剂、石灰系膨胀剂、铁粉系膨胀剂、复合膨胀剂。

6）引气剂。引气剂是指能在混凝土拌合物中产生一定力的微小独立气泡并使之均匀分布其中的外加剂。由于水分子均匀分布气泡表面，改善了混凝土的黏聚性、保水性；气泡起滚珠、润滑作用，使混凝土的流动性提高，节约水泥；微气泡稳定均匀分布，遮断了毛细管道，抗渗性、抗冻性提高；气泡的弹性变形，对抗裂性有利；气泡的存在，使混凝土的强度降低。但水灰比降低，使混凝土强度得到补偿。

7）调凝剂：

①缓凝剂。能延缓混凝土的凝结时间，而不显著影响混凝土的后期强度的外加剂。掺量0.03%～0.1%，应用于油井工程、大体积混凝土、商品混凝土等。

②速凝剂。能使混凝土迅速凝结，并改善混凝土与基底的黏结性及稳定性。掺量为2.5%～4%，应用在喷射混凝土、抢修工程等。

六、掺合料

为了改善混凝土的性质、节约水泥、降低成本，可在混凝土中掺入适量的矿物材料，称为混凝土的掺合材料。用于混凝土的掺合料分为活性矿物掺合料和非活性矿物掺合料两大类。

1. 活性混合材料

这类混合材料掺入硅酸盐水泥后，能与水泥水化产物氢氧化钙起化学反应，生成水硬性胶凝材料，凝结硬化后有一定强度并能改善硅酸盐水泥的某些性质，常用的有粒化高炉矿渣、火山灰质混合材料和粉煤灰。

2. 非活性混合材料

这类混合材料又被称为填充材料，它不能与水泥起化学反应或化学作用很小，仅能起调节水泥强度等级，增加产量，降低水化热等作用，常用的有磨细的石英砂、石灰石、黏土等。

窑灰也是一种混合材料，它是从水泥的回转窑窑尾废气中收集的粉尘，其性能介于活性混合材料和非活性混合材料之间。

第三节 金属结构工程主要材料

建筑钢材是建筑工程中的重要材料之一。建筑钢材包括各种型钢（如工字钢、角钢、槽钢、方钢、圆钢、扁钢等）、钢管、钢板、钢筋、钢丝等。

钢材具有较高的抗拉、抗压、抗冲击等特性，并能够切割、焊接与铆接，便于装配。钢材安全可靠，构件自重小，因此被广泛用于工业与民用建筑结构中。

一、钢的分类

在生铁中含有较多的碳（常为2%～4.5%）和其他杂质。根据用途不同，生铁有炼钢生铁（断口呈白色，又称白口铁）、铸造生铁（断口灰色，又称灰口铁）和合金生铁。

钢是将炼钢生铁在炼钢炉中熔炼而成。在熔炼过程中，除去生铁中含有的过多的碳、硫、磷、硅、锰等成分，使含碳量控制在2%以下，其他成分也尽量除掉或控制在限量之内，即得到了钢。为了便于掌握和选用，从不同角度进行了分类：

1. 按冶炼方法分类

1）平炉钢以固态或液态铁、铁矿石、铁钢铁等为原料，以煤气或重油为燃料在平炉中冶炼制得的钢，称为平炉钢。由于炼制时间长，易控制质量，故钢材质量好。

2）转炉钢以熔融态的铁水为原料，并向炉中吹入高压热空气（或氧气），在转炉内所炼制的钢，称为转炉钢，在建筑中常用的是向炉中吹入热氧气炼制的氧气转炉钢，它比平炉钢的成本低。

在冶炼钢的过程中，由于氧化作用使部分铁被氧化，使钢质量降低。为使氧化铁还原成金属铁，常在炼钢的后阶段加入硅铁、锰铁或铝锭，其目的是为了脱氧，按脱氧程度不同，钢又可以分为镇静钢、半镇静钢和沸腾钢。

镇静钢脱氧充分，浇注钢锭时钢水平静，钢的材质致密、均匀，质量好，但成本高。沸腾钢是脱氧不充分的钢，在钢水浇注后，有大量CO气体逸出，引起钢水沸腾，故得名沸腾钢。沸腾钢常含有较多杂质，且致密程度较差，因此品质较镇静钢差。半镇静钢的脱氧程度及钢的质量均介于上述二者之间。

2. 按化学成分分类

（1）碳素钢

含碳量小于2%的铁碳合金钢，称为碳素钢。碳素钢除含碳外，还含有限量之内的硅、锰、硫、磷等元素。

根据碳在钢中的含量不同，碳素钢可分为：

1）低碳钢，含碳量小于0.25%。

2）中碳钢，含碳量为0.25%～0.6%。

3）高碳钢，含碳量为0.6%～2%。

（2）合金钢

在炼钢中，有意地向钢中加入一定量的某一种或某几种合金元素，如硅、锰、钛、钒、铬、镍等，用以改善钢的某些性质。这种含有一定量合金元素的钢，称为合金钢。

按照合金元素的含量多少，合金钢分为：

1）低合金钢，合金元素总量小于5%。

2）中合金钢，合金元素总量为5%～10%。

3）高合金钢，合金元素总量大于 10%。

3. 按质量分类

在碳素钢及合金钢中，因含有疏、磷、氧、氮、氢等有害杂质，所以降低了钢的质量。根据在钢中杂质含量控制程度的不同，可分为：

1）普通钢，磷含量≤0.045%～0.085%，硫含量≤0.055%～0.065%。

2）优质钢，磷含量≤0.035%～0.04%，硫含量≤0.03%～0.045%。

3）高级优质钢，磷含量≤0.035%，硫含量≤0.03%。

4. 按用途分类

1）结构钢，用于各类工程结构。

2）工具钢，用于各种切削工具等。

3）特殊钢，具有某种特殊物理化学性质的钢，如耐酸钢、耐热钢、不锈钢等。

目前，在建筑工程中常用的钢种是普通碳素结构钢和普通低合金结构钢。

二、钢材的主要性能

钢材的性能可分为两类：一类为使用性能，即钢材在使用过程中所反映出来的性能，它包括力学性能、物理性能、化学性能等；另一类为工艺性能，即钢材在被加工制造过程中所表现出来的性能，如焊接性能、冷加工性能和热处理性能等。掌握钢材的性能，才能做到正确、经济、合理地选用钢材。

1. 钢材的力学性能

（1）强度

钢材在外力作用下抵抗破坏的性能称强度。

测定低碳钢的强度，可按照《钢筋混凝土用钢　第 2 部分：热轧带肋钢筋》（GB/T 1499.2—2018）的规定，直接从被检测的钢材中抽样进行，d>20 mm 的钢筋也可以按照《金属材料室温拉伸试验方法》（GB/T 228—2002）的规定切削加工成标准试件，然后在拉力机上做拉伸试验。图 3-2 所示标准试件，其长度为 5 d_0＋200 mm 者为短试件，10 d_0＋200 mm 者为长试件（d_0=20，系被测钢筋直径）。

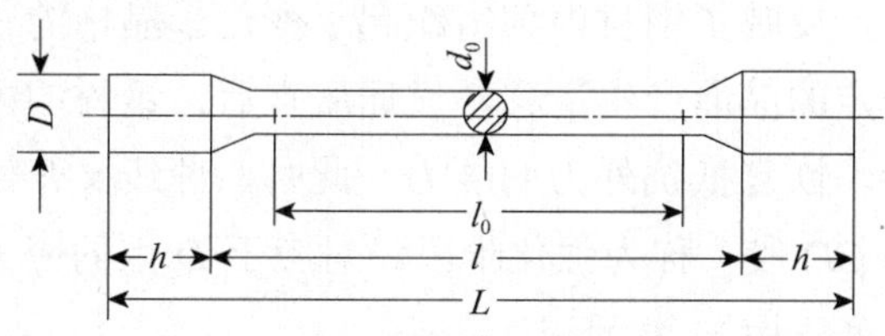

图 3-2　钢材拉伸试件

d_0—试件直径；L—长试件为 230 mm、短试件为 130 mm；l_0—测量长度；h—50～70 mm

图 3-3 为拉伸试验后绘出的应力-应变图，从图上可以测得钢材的一系列力学性能。现在作如下分析：

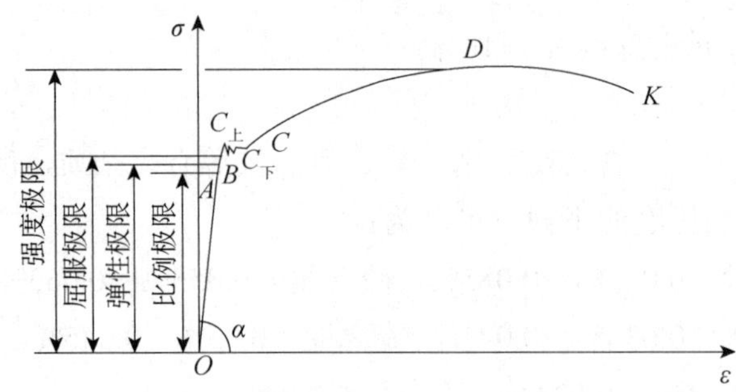

图 3-3 低碳钢应力-应变图

1）弹性阶段。从图中可以看出，*OA* 为一直线段，说明试件的应变与应力是成正比的，故称 *A* 点的应力为比例极限。当应力超过比例极限后，应力与应变开始失去线性比例关系，由直线过渡到微弯的曲线 *AB*。在 *OB* 段内，若去掉外力后，试件则恢复到原来的长度，这种性质称为钢材的弹性。此种变形称作弹性变形，*OB* 阶段称作弹性阶段，对应于 *B* 点的应力称作弹性极限（σ_t）。由于比例极限与弹性极限非常接近（*A* 点、*B* 点），所以在实际上常认为两者相等。

在弹性阶段内，应力 σ 与应变 ε 的比值即为弹性模量 *E*，单位为 MPa，计算公式如下：

$$E=\frac{\sigma\tan\alpha}{\varepsilon} \tag{3-2}$$

例如：Q235 钢的 $E=0.21\times10^6$ MPa，25 MnSi 钢的 $E=0.2\times10^6$ MPa，弹性模量是衡量钢材产生弹性变形难易程度的指标。*E* 越大，说明使其产生一定量弹性变形的应力也越大。

2）屈服阶段。当应力超过弹性极限后，应力与应变不再成正比关系，此时应力不增加，但应变却迅速增长，说明钢材暂时失去抵抗变形的能力，这种现象称为屈服。这个阶段 *BC*，叫作屈服阶段；此时，若失掉外力，试件也不能恢复到原长，钢材的这种性质称为塑性；不能恢复的变形称塑性变形。在波动的 *BC* 段内，$C_{上}$称为最高值，$C_{下}$称为最低值，对应 $C_{下}$点的应力称为屈服极限，或称屈服强度、屈服点，以 σ_s 表示钢材受力达到屈服点以后，变形就迅速发展，尽管此时钢材尚未破坏，但是已不能满足使用要求，故在设计时一般以屈服点 σ_s 或屈服点 σ_{SL} 的，作为强度取值的依据。

3）强化阶段。钢材从弹性阶段过渡到屈服阶段，其性质从弹性转化为塑性。发生了质的变化，反映了钢材内部组织起了变化。晶格的一部分相对另一部分，若沿一定的晶面产生滑移，过屈服点后，钢材的内部组织重新建立了新的平衡，恢复抵抗外力的能力，此时，曲线又开始上升，直至最高点 *D*。曲线 *CD* 段，称为强化阶段。对应于 *D* 点的应力称为强度极限，又叫抗拉强度，用 σ_b 表示。

4）颈缩阶段。达到顶点 *D*（σ_b）之后，应变显著加大，而应力逐渐下降，在试件的其一部位断面开始显著萎缩，称为颈缩现象，如图 3-4 所示。应变迅速增大，应力随之下降，最后在 *K* 点处断裂。曲线 *DK* 称钢材的颈缩断裂阶段。

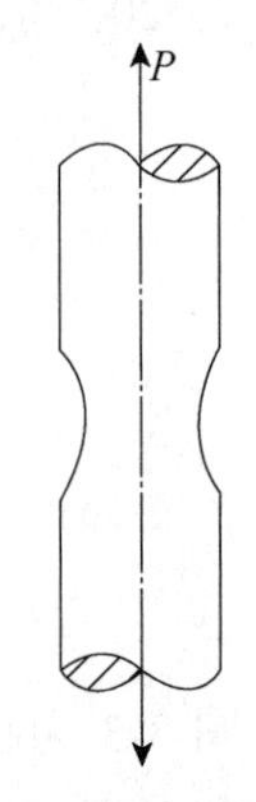

图 3-4 颈缩现象

根据拉伸图可以求出钢材的强度与塑性指标。

低碳钢的 σ_s 为 240 MPa，σ_b 约为 400 MPa，屈服强度和抗拉强度是衡量钢材强度的两个重要指标，也是设计中的重要依据。在工程中，希望钢材不仅具有高的并且应具有一定的“屈强比”（即屈服强度与抗拉强度的比值，σ_s/σ_b）。屈强比是反映钢材利用率和安全可靠程度的一个指标。在同样的抗拉强度下，屈强比越小，说明钢材可利用的应力值越小，其可靠性则越高。

由于钢材的抗拉强度远高于屈服强度，因此不至于立即断裂。但屈强比过低，有效利用率则太低，会导致浪费钢材。反之，屈强比过高，钢材利用率提高，但安全可靠性却降低了。所以，选用钢材时应两者兼顾，即在保证安全可靠的前提下，尽量提高钢材的利用率。合理的屈强比一般应在 0.6～0.75 范围内，如 Q235 碳钢的屈强比为 0.58～0.63；低合金钢为 0.65～0.75；合金结构钢为 0.85 左右。

（2）塑性

所谓塑性是指钢材由于外力作用产生永久变形但不被破坏的性能。钢材的塑性好，不仅便于进行各种冷加工，而且能保证钢材在建筑上的安全使用，不会因为局部超载或震动而引起构件的突然破坏。所以，塑性也是评定钢材质量的重要指标。

钢材的塑性指标有两个，它们都是表示钢材在外力作用下产生塑性变形的能力。一是伸长率；二是断面收缩率。计算公式如下：

$$\delta = \frac{L_1 - L_2}{L_0} \times 100\% \tag{3-3}$$

$$\phi = \frac{A_0 - A_1}{A_0} \times 100\% \tag{3-4}$$

式中，δ——钢材的伸长率；

L_0——试件标距原始长度，mm；

L_1——试件拉断后标距长度，mm；

ϕ——钢材断面收缩率；

A_0——试件原始截面面积，mm^2；

A_1——试件拉断时断口的截面面积，mm^2。

下述两个塑性指标中，伸长率的大小与试件尺寸有关。一般规定试件计算长度为其直径的 5 倍或 10 倍，伸长率分别用 δ_5 和 δ_{10} 表示。通常以伸长率大小来区别钢材的塑件好坏。δ 越大，表明钢材的塑性越好。当 δ＞2%～5%时，称塑性材料，如铜、铁等；当 δ＜2%～5%时，称脆性材料，如铸铁等。低碳钢的塑性指标平均值为 δ=15%～30%，ϕ≈60%。

（3）冲击韧性

冲击韧性是指钢材在冲击荷载作用下，抵抗破坏的性能。

建筑物中重要的钢结构及使用时承受动荷载作用的构件，特别是处在低温条件下，要求钢材具有一定的冲击韧性。

钢材的冲击韧性值通过冲击试验机进行测定。把标准试件置于冲击试验机的支座上，用摆锤打断试件，以破坏试件时每单位面积上所消耗的能量作为材料的冲击韧性指标，用 α_k（J/cm^5）表示，α_k 值越大，冲击性越好。α_k 值低的材料叫脆性材料，它在荷载作用下不发生显著变形即被破坏，α_k 值较高的材料在破坏前都先发生明显变形。对于经常承受较大冲击荷载作用的结构，要选用 α_k 较高的钢材制作。如重级工作制和起重量大于 50 t 的中级工作制起重机焊接的大臂（吊车梁）、桁架等都要求具有足够的冲击韧性。

2. 钢材的工艺性能

钢材的工艺性能主要包括冷弯性能和焊接性能（又称可焊性）。在机械制造中还要求钢材的热处理性能，这主要是因为建筑工程中使用钢材时一般均不进行热处理的缘故。

（1）冷弯性能

建筑工程施工过程中常要求将钢筋、钢板及其他型材弯曲成所需要的形状、角度，冷弯性能即指钢材在常温条件下承受弯曲变形的能力。其性能指标是通过冷弯试验确定的，常以弯曲角度（α）及弯曲直径（d）对试件厚度或直径（a）的比值来表示。弯曲角度越大，弯心直径对试件厚度或直径的比值越小，说明钢材的冷弯性能越好，如图 3-5 所示。

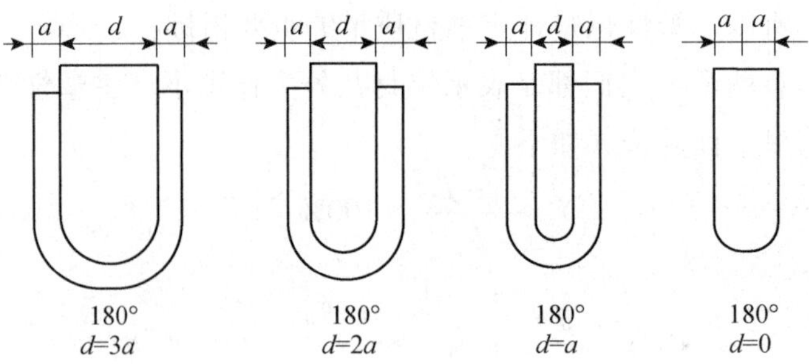

图 3-5　钢材冷弯曲图

冷弯与伸长率虽然都能表示钢材在静荷载作用下的塑性性能，但冷弯所反映的是钢材处于不利变形时的塑性，故冷弯试验更能够暴露出钢材内部的某些缺陷，如气孔、杂质、裂纹以及严重偏折等。冷弯性能指标不仅是对钢材加工性能的要求，而且也是评定钢材质量的综合指标。如热轧钢筋质量检测时冷弯工艺是必须合格的 4 项技术指标之一。

（2）焊接性能

建筑工程中，无论是钢结构的组合还是钢筋骨架、接头、预埋件的连接等，绝大多数都是采用焊接工艺加工的。焊接连接是钢结构的主要连接方式，因此，要求建筑钢材应具有良好的可焊接性能（以下简称可焊性）。

评定钢材的焊接性能主要体现在以下 3 个方面：

1）根据规范要求测定焊接金属对形成裂缝的倾向，此倾向越大，其焊接性能越差。

2）测定焊接接缝附件的基体金属（母材）在热作用下产生脆化的倾向，热影响区的脆性倾向越大，说明钢材的可焊性越差。

3）测定焊缝金属及整个焊件的各种使用性能是否均已达到规范所规定的指标要求。

三、建筑钢材的组织结构和性能

钢材是由铁和碳两种元素为主所构成的合金，其中铁元素是最基本的，它在钢材中起着决定作用，因此，认识钢材的本质首先从铁开始，然后再研究铁和碳的相互作用，以便掌握钢材的成分、结构和性能的关系。

“合金”是指熔合两种或两种以上化学元素（其中至少一种是金属元素）所组成的具有金属特性的物质。由铁和碳组成的合金叫“铁碳合金”，铁碳合金中随着碳含量增加，其硬度逐渐增加，这是由于合金和纯铁在组合上有很大不同的缘故。

表 3-18　铁碳合金中铁硬度随碳含量变化

材料名称	工业纯铁	含 45%C 的铁碳合金	含 0.8%C 的铁碳合金	含 1.2%C 的铁碳合金
组织及相对量	100%铁素体（α）	44%铁素体（α） 56%珠光体（P）	100%珠光体（P）	93%珠光体（P）＋ 7%渗碳体（Fe_3C）
硬度（HB）	80	140	180	260

在常温下，铁碳合金由以下 3 种基本晶体组织组成，如图 3-6 所示。

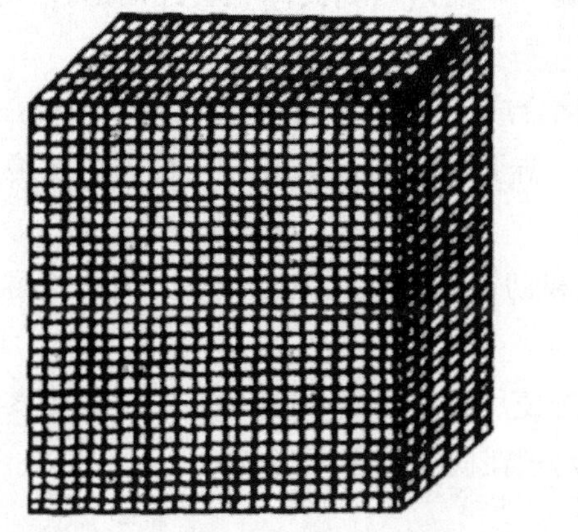

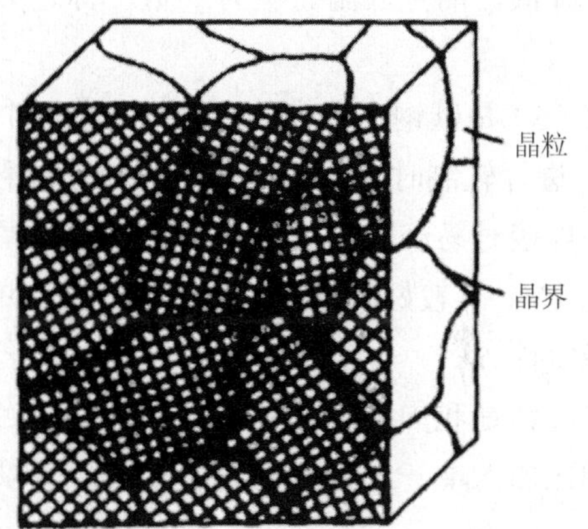

图 3-6　单晶体与多晶体结构示意

1）固溶体：固体状态下的铁（α-Fe）中溶有部分其他质子的结晶形态叫作固溶体。其结构和 α-Fe 的晶体结构相同，也是体心立方体。碳原子可以在铁的晶格的空间内（间隙固溶），也可以置换一个铁原子（置换固溶）。

合金元素也以同样方式溶入铁素体晶格。间溶后由于原子直径的差异，引起铁的晶格歪扭，而使合金的强度和硬度升高，使塑性和韧性有所降低，这称为固溶强化。常温下 α-Fe 中固溶的碳只有 0.006%，叫作铁素体（α）。

2）化合物是由碳和铁两种元素的原子按一定比例结合而成的一种新的金属化合物，含碳达 6.67%，可以用化学式 Fe_3C 来表示，其晶格与铁及碳原来的晶格不同，性质也各异。

3）珠光体：铁素体和渗碳体组成的层状机械混合物叫作珠光体（P），含碳 0.8%。

三种基本组织的机械性能如表 3-19 所示。

表 3-19 铁碳合金（室温时）基本组织结构机械性能

名称	结合类型	S_b/MPa	HB	δ	S_k/（J/cm^2）
铁素体（α）	碳在 α-Fe 中的固溶体（体心立方）	250	80	50	20
渗碳体（Fe_3C）	铁和碳的化合物	30	800	0	0
珠光体（P）	铁素体和渗碳体的层状机械混合物	750	180	20～25	3～4

实际使用的碳钢中，除含碳元素外，还含有硅（Si）、锰（Mn）、磷（P）、硫（S）、钒（V）等元素。

硅（Si）能提高钢的强度、疲劳极限、耐腐蚀性及抗氧化性。硅与锰配合使用性能较好，一些优质钢都是加入了以硅、锰为主的合金钢。

锰（Mn）能提高钢材的强度、硬度及耐磨性，能消除硫和氧所引起的热脆性，使钢材的热加工性能改善。

在低合金钢中锰的含量一般在 1%～2%范围内。

磷（P）是碳钢中有害的杂质。磷能全部溶于 α-Fe 中，使钢强度、硬度增加，塑性、韧性显著降低，而且低温时更为严重，称之为“冷脆”。但磷可以提高钢材的耐磨性和耐腐蚀性能。

硫（S）是碳钢中有害的元素，硫在钢中与碳化合成 FeS，存在于晶界处，当钢材在 800～1 200℃进行轧制时，由于 FeS 熔化而使晶粒分离，导致钢材沿晶界开裂，称为“热脆”，使钢材在焊接时易产生热裂纹，显著降低可焊性。

钒（V）有较好的细化晶粒作用，使钢的强度和韧性同时得到改善，可提高钢的耐磨性和回火稳定性。

硅、锰是我国富有元素，价格低廉，可以优先使用。由于钢中加入多种合金元素，对钢的影响比加入单一元素影响效果显著，所以合金元素在向少量多元发展。

四、建筑钢材的冷加工与时效

在常温下对钢材进行冷拉、冷拔和冷轧，称为冷加工。经冷加工的钢材，强度与硬度均能提高，可以节省钢材，但塑性与韧性降低。

1. 冷拉

将经热轧的钢筋用拉伸设备予以拉长。冷拉后的钢材，屈服极限提高 20%～30%，可节约钢材 20%～30%。

经冷拉的钢筋在常温下存放 15～20 d，其力学性能提高，塑性和韧性下降，称为自然时效处理如果将其加热到 100～200℃保持一定时间，可加速时效过程，称为人工时效处理。

时效的原因是，在高温下固溶在 α-Fe 中的氮和氧的原子，在温度降低后溶解度下降，但未完全析出，在存放过程中逐渐析出并扩散到晶粒缺陷处，形成固体微粒，阻碍晶粒发生滑移，从而提高了对塑性变形的抵抗力。

钢筋经冷拉时效处理后的应力-应变曲线如图 3-7 所示。

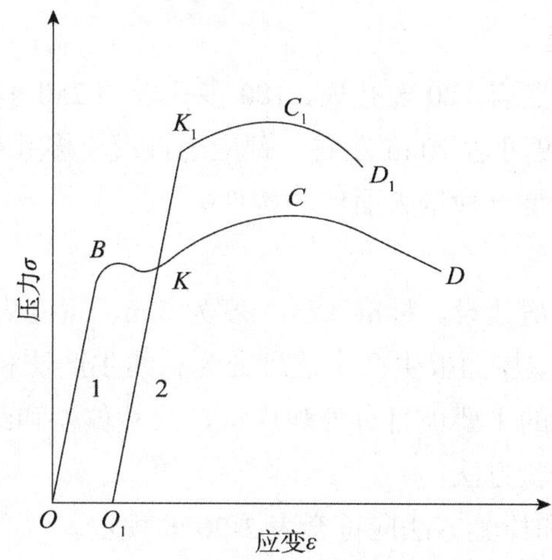

图 3-7　钢筋的应力-应变曲线

1-未经冷拉的钢材拉伸曲线；2-经冷拉后钢材拉伸曲线

2. 冷轧

将经热轧的圆钢在轧钢机上轧成断面按一定规律变化的钢筋，可提高其强度和与混凝土间的握裹力。钢筋在冷轧时，纵向与横向同时产生变形，因而能较好地保持塑性的性质和内部结构的均匀性。

钢材经过冷加工以后，强度与硬度提高，称为冷加工硬化。钢材冷加工硬化是由于钢材在加工时产生塑性变形所致。

单晶体在外力作用下，在弹性变形阶段，金属原子偏离了原来的平衡位置，改变了原子间的相互距离；而当除去外力之后，原子立刻恢复到原来的平衡位置，弹性变形随即消失。若外力继续增加，使晶格的歪曲程度超过弹性变形阶段之后，晶体一部分对另一部分发生滑动，通常叫“滑移”。当晶体发生滑移后再除去外力，晶体的变形将不能全部恢复，通过滑移方式而产生永久变形。由于晶粒表面的畸变及滑动平面的细小碎屑，使晶体在该平面上继续滑动发生困难，抵抗变形能力增大，因而屈服极限及硬度提高。由于塑性变形后钢材可能产生滑移的区域几乎均已滑动，因此塑性降低。

第四节　装配式建筑主要材料、构配件

预制构件在装配式建筑工程中大量应用，由于预制构件的品种多而且质量检验的标准各不相同，常见钢筋混凝土构件有预应力混凝土多孔板、混凝土大型屋面板、预应力混凝土板、“T”形梁等建筑构件的质量检验应按不同标准进行。

一、常见钢筋混凝土构件

1. 预应力混凝土多孔板

预应力混凝土多孔板主要有 120 多孔板、180 多孔板和 240 多孔板 3 种，长度一般在 6 m 之内，近年生产的 SP 板长度可达 20 m 左右。预应力混凝土多孔板广泛用于住宅建筑和公共建筑的楼面、地面和用面，是一种量大面广的构件。

2. 大型屋面板

大型屋面板主要用于厂房建设。标准大板长度为 6 m，宽度为 1.5 m，为了使用需要，还有宽度为 1.0 m 的嵌板。大型屋面板生产工艺可分为长线生产法和钢模生产法两种。

上述两种构件质量检验的主要项目有外观质量、尺寸偏差和结构性能试验 3 项。

（1）外观质量要求和检验方法

1）构件外观质量要求和检验方法应符合表 3-20 的规定。

表 3-20　构件外观质量要求及检验方法

<table>
<tr><th colspan="2">项目</th><th>缺陷计点</th><th>质量要求</th><th>检查方法</th></tr>
<tr><td rowspan="2">露筋</td><td>筋</td><td>3</td><td>不应有</td><td rowspan="2">观察和用尺量测</td></tr>
<tr><td>副筋</td><td>1</td><td>外露总长度不超过 500 mm</td></tr>
<tr><td>孔洞</td><td>任何部位</td><td>3</td><td>不应有</td><td>观察和用尺量测</td></tr>
<tr><td rowspan="2">蜂窝、麻面</td><td>主要受力部位</td><td>3</td><td>不应有</td><td>观察</td></tr>
<tr><td>次要部位</td><td>1</td><td>总面积不超过所在构件面积的 1%，且每处不超过 0.01 cm²</td><td>用百格网测量</td></tr>
<tr><td rowspan="2">裂缝</td><td>影响结构性能和使用的裂缝</td><td>3</td><td>不应有</td><td>一个面有一条且延伸到侧面，裂缝不大于 0.2 mm（收水裂缝不大于 0.3 mm）</td></tr>
<tr><td>不影响结构性能和使用的少量裂缝</td><td>1</td><td>不宜有</td><td>只允许一个面有一条且不延伸到侧面，宽度不大于 0.15 mm（收水裂缝不大于 0.3 mm）</td></tr>
<tr><td>连接部位缺陷</td><td>构件端头混凝土疏松成外伸钢筋松动</td><td>3</td><td>不应有</td><td>观察，摇动</td></tr>
<tr><td rowspan="2">外形缺陷</td><td>清水表面</td><td>3</td><td>不应有</td><td rowspan="2">观察和用尺量测</td></tr>
<tr><td>混水表面</td><td>1</td><td>不宜有</td></tr>
<tr><td rowspan="2">外表缺陷</td><td>清水表面</td><td>3</td><td>不应有</td><td rowspan="2">观察和用百格网测量</td></tr>
<tr><td>混水表面</td><td>1</td><td>不宜有</td></tr>
<tr><td rowspan="2">外表沾污</td><td>清水表面</td><td>3</td><td>不应有</td><td rowspan="2">观察和用百格网测量</td></tr>
<tr><td>混水表面</td><td>1</td><td>不宜有</td></tr>
</table>

2）外观质量的检验判定。构件外观质量的检验应按批进行。同一工作班、同一班组生产的同类构件为一检验批，外观质量检验的步骤：

①产品率计算。构件应按批逐件观察检查，剔除有影响结构性能或安装使用性能缺陷的

构件，并按下式计算构件产品率：

$$\beta=\left(1-\frac{m_d}{m_t}\right)\times 100\% \tag{3-5}$$

式中，β—— 该批构件的产品率；

m_d—— 该批构件中经检查剔除的有影响构件结构性能或安装使用性能缺陷的构件数；

m_t—— 检验批构件的总数。

②合格率计算。检验批在逐件观察检查的基础上，抽检构件外观质量，抽检数量为检验批构件总数的 5%，且不少于 3 件，并按下式计算构件外观质量合格点率。

$$\eta=\left(1-\frac{n_g+3n_s}{n_t}\right)\times 100\% \tag{3-6}$$

式中，η—— 检验批构件外观质量检齐的合格点率；

n_g—— 不符合表 3-20 中质量要求为“不应有”项之外的检查点数；

n_s—— 不符合表 3-20 中质量要求为“不宜有”项之外的检查点数；

n_t—— 检查总点数。

当检查点的合格点率小于 70%但不小于 60%时，可在该批构件中再随机抽取同样数量的构件，对检验中不合格点率超过 30%的项目进行第二次检验，并应按上式用两次检验的结果重新计算合格点率。

3）质量（合格）评定。构件外观质量可分为优良、合格和不合格 3 种：当合格点率大于或等于 90%时，该批构件则评为优良；当合格点率大于或等于 70%，但小于 90%时，该批构件则评为合格；当合格点率小于 70%时，该批构件则评为不合格。

（2）尺寸偏差

1）尺寸允许偏差和检验方法。构件尺寸允许偏差和检验方法应符合表 3-21 的规定。

表 3-21　构件尺寸允许偏差和检验方法

项目		允许偏差/mm					检查方法
		薄腹梁	梁	柱	板	墙板	
长		+15 −10	+10 −5	+5 −10	+10 −5	±5	用钢卷尺量平行于构件长度方向的部位
宽		±5	±5	±5	±5	±5	用尺量一端或中部任一部位
高（厚）		±5	±5	±5	±5	±5	
侧向弯曲		$L/1\,000$ 且≤20	$L/750$ 且≤20	$L/750$	$L/750$	$L/750$	两端填 2 cm 厚填块上拉线，用尺量测侧向弯曲最大处
表面平整		5	5	5	5	5	用 2 m 靠尺和锲形塞尺，量测靠尺与板面两点间的最大缝隙
插筋预埋件	中心位置偏移	10	10	10	!0	10	用尺量纵横两个方向中心线，取其中较大值
	混凝土表面平整	5	5	5	5	5	用直尺和楔形塞尺量测

续表

项目		允许偏差/mm					检查方法
		薄腹梁	梁	柱	板	墙板	
预埋螺栓	中心位置偏移	5	5	5	5	5	用尺量纵横两个方向中心线，取其中较大值
	明露长度	+10 −5	+10 −5	+10 −5	+10 −5	+10 −5	用尺量测
中心位置偏移	预留孔	5	5	5	5	5	用尺量纵横两个方向中心线，取其中较大值
	预留洞	15	15	15	15	15	
主筋保护层厚		+10 −5	+10 −5	+10 −5	+5 −6	+10 −5	用尺量或用钢筋保护层厚度测定仪量测
对角线差					10	10	用尺量两个对角线
翘曲					*L*/750	*L*/1 000	用尺量测

2）尺寸偏差的检验判定。构件尺寸偏差的检验应按批进行。同一工作班、同一班组生产的同类构件为检验批，在逐件观察检查的基础上，抽检构件尺寸偏差，抽检数量为检验批构件总数的5%，且不少于3件，并按下式计算构件尺寸偏差合格点率。

$$\alpha=\beta\left(1-\frac{n_g+2n_s}{n_t}\right)\times 100\% \tag{3-7}$$

式中，α——检验批构件尺寸偏差合格点率；

β——检验批产品率；

n_g——不符合表3-21中允许偏差要求，且未超过该项允许偏差值1.5倍的检查点数；

n_s——超过表3-21中允许偏差值1.5倍的检查点数；

n_t——总检查点数。

当检查的合格点率小于70%但不小于60%时，可在该批构件中再随机抽取同样数量的构件，对检验中不合格点率超过30%的项目进行第二次检验，并应按上式用两次检验的结果重新计算合格点率。

3）质量（合格）评定。构件尺寸偏差可分为优良、合格和不合格3种：当合格点率大于或等于90%时，该批构件评为优良；当合格点率大于或等于70%，但小于90%时，该批构件评为合格；当合格点率小于70%时，该批构件评为不合格。

（3）结构性能检验

构件结构性能检验的项目有承载力、挠度、裂缝宽度和抗裂4项。质量检验时，检验项目应符合设计或标准图集的要求，当设计没有要求时，应符合下列规定：

1）钢筋混凝土构件和允许出现裂缝的预应力混凝土构件进行承载力、挠度和裂缝宽度检验。

2）要求不出现裂缝的预应力混凝土构件进行承载力、挠度和抗裂检验。

3）预应力混凝土构件中的非预应力杆件按钢筋混凝土构件的要求进行检验。

4）对设计成熟、生产数量较少的大型构件（如桁架等），当采取加强材料和制作质量检验的措施时，可仅做挠度、抗裂或裂缝宽度检验。当采取上述措施并有可靠的实践经验时，也可不做结构性能检验。

5）检验结果评定。构件结构性能的检验结果应按下列规定评定：当试件结构性能的全部检验结果均符合设计检验要求时，该批构件的结构性能评为合格；当第一个试件的检验结果不能全部符合上述要求，但又能符合第二次检验的要求时，可用两个备用试件进行复检。第二次检验的要求为：对承载力和抗裂检验系数的允许值为标准规定允许值的 0.95 倍，对挠度的允许值为标准规定允许值的 1.1 倍。当第二次复检的两个试件的全部检验结果均符合第二次检验的要求时，该批构件的结构性能可评为合格。当第二次抽取的第一个试件的全部检验结果均已符合标准规定要求时，该批构件的结构性能评为合格。

在复检时应注意对每个试件均应完整地取得 3 项检验指标，不能因某一指标达到两次抽检条件就中途停止试验、放弃对其余两项指标的继续试验，这样容易造成误判。

二、先张法预应力混凝土空心板梁

先张法预应力混凝土空心板梁用于建造高架道路和桥梁。标准板梁的宽度为 0.9 m，高度为 1 m，长度按工程需要定，一般在 20 m 左右。为了使用需要，还有边梁和各种异型梁等。先张法预应力混凝土空心板梁通常采用长线台座生产。台座的长度在 100 m 左右，个别的可达 200 m。

1. 质量检验

板梁质量检验的项目有混凝土质量、外观质量、尺寸偏差和结构性能 4 项。

（1）混凝土质量

混凝土材料和混凝土配合比必须符合有关标准、规范的规定，混凝土强度必须符合设计要求。

（2）外观质量

板梁外观质量应逐根检查，并符合下列规定：

1）不得有蜂窝、露筋、硬伤和掉角等缺陷。

2）非预应力部分允许有 0.2 mm 以下的收缩裂缝，其余部分不应出现裂纹。

（3）尺寸偏差

1）尺寸偏差的检验项目、要求和方法。

预应力混凝土板梁尺寸允许偏差的检验项目、要求和方法应符合设计或有关标准的要求，当设计没有要求时，应符合表 3-22 的要求。

表 3-22　预应力混凝土板梁尺寸允许偏差的检验项目、要求和方法

序号	实测项目		允许误差/mm	检验频率		检验方法
				范围	点数	
1	断面尺寸	宽	0 −10	每批构件抽查 10%，且不少于 5 件	5	用尺量，沿全长端部 1/4 和中间各计 1 点
		高	+10 −5		5	
		壁厚	±5		5	

续表

<table>
<tr><th rowspan="2">序号</th><th rowspan="2">实测项目</th><th rowspan="2">允许误差/mm</th><th colspan="2">检验频率</th><th rowspan="2">检验方法</th></tr>
<tr><th>范围</th><th>点数</th></tr>
<tr><td>2</td><td>长度</td><td>0
−10</td><td rowspan="6">每批构件抽查10%，且不少于5件</td><td>4</td><td>用尺量，两侧上下各计1点</td></tr>
<tr><td>3</td><td>侧向弯曲</td><td>L/1 000≤10</td><td>2</td><td>沿全长拉线取最大矢高，左右各计1点</td></tr>
<tr><td>4</td><td>麻面</td><td>每侧不超过该面积的1%</td><td>1</td><td>用尺量麻面总面积</td></tr>
<tr><td>5</td><td>平整度</td><td>3</td><td>2</td><td>用2 m直尺或小线量取最大值</td></tr>
<tr><td rowspan="2"></td><td>平面高差</td><td>±5</td><td>1</td><td rowspan="2">用尺量或用水准仪测量</td></tr>
<tr><td>位置</td><td>10</td><td>1</td></tr>
</table>

2）尺寸允许偏差合格点率计算。

板梁尺寸允许偏差的合格点率按下式计算：

$$合格点率=\frac{同一检查项目中的合格点数}{同一检查项目中的应检查点}\times 100\% \tag{3-8}$$

（4）结构性能

板梁结构性能的检验方法和要求应符合设计要求。

2. 质量评定

质量评定分为合格和优良两个等级。

1）当板梁符合下列要求时，为合格。

①主要检查项目的合格点率应达到100%。

②其他检查项目的合格点率应大于或等于70%，且最大偏差不超过允许偏差的1.5倍。

2）当板梁符合下列要求时，为优良。

①符合合格标准的条件。

②其他检查项目的合格点率应大于或等于85%。

三、后张法预应力混凝土“T”形梁

后张法预应力混凝土“T”形梁主要用于建造高架道路和桥梁，长度一般在30 m左右。后张法预应力混凝土“T”形梁的质量检验的要求和方法同先张法预应力空心板梁。

第五节　防水工程主要材料

随着我国新型建筑材料的发展，各类防水材料品种日益增加，根据建筑物的特点和防水要求合理选择与正确使用防水材料是确保防水成功的关键环节，是提高建筑物防水质量的重

要基础。

一、石油沥青

沥青是一种有机胶凝材料，是由高分子碳氢化合物及其衍生物组成的黑色或深褐色的不溶于水的混合物。常温下，沥青有固态、半固态两种状态。具有不导电、不吸水、耐酸碱、耐腐蚀等性能。在建筑中被广泛用来作为防水、防潮、防腐蚀的材料。工程中常用的沥青有石油沥青及改性沥青。

沥青的组分非常复杂。组成沥青的主要化学元素是碳和氢，一般采用碳和氢的含量之比来表示其化学组成。在研究沥青的化学组成时，将其化学成分及物理性质相似的而又具有相同特征的部分划分成几个组，称为沥青的组分。石油沥青主要包括油分、树脂和沥青质三大组分。

1）油分。油分为淡黄色至红褐色的油状液体，是沥青中相对分子质量最小和密度最小的组分。油分赋予沥青以流动性。

2）树脂（沥青脂胶）。沥青脂胶为黄色至黑褐色黏稠状物质（半固体），相对分子质量比油分大（600～1 000），密度为 1.0～1.1 g/cm^3。它赋予沥青以良好的黏结性、塑性和可流动性。中性树脂含量增加，石油沥青的延度和黏结力等品质越好。沥青脂胶使石油沥青具有良好的塑性和黏结性。

3）地沥青质（沥青质）。地沥青质为深褐色至黑色固态无定形物质（间体粉末），相对分子质量比树脂更大（1 000 以上），密度大于 1 g/cm^3，不溶于酒精、正戊烷，但溶于三氯甲烷和二硫化碳，染色力强，对光的敏感性强，感光后就不能溶解。地沥青质是决定石油沥青温度敏感性、黏性的重要组成部分，其含量越多，则软化点越高，黏性越大，即越硬越脆。

另外，石油沥青中含的沥青碳和似碳物是石油沥青中分子量最大的。它降低石油沥青的黏结力。石油沥青中还含有蜡，它会降低石油沥青的黏结性和塑性，同时对温度特别敏感（即温度稳定性差）。所以蜡是石油沥青的有害成分。

1. 石油沥青的主要技术性质

1）黏滞性。石油沥青的黏滞性又称黏性，指沥青在外力作用下抵抗发生变形的能力。

黏滞性应以绝对黏度表示，但因其测定方法较复杂，故工程中常用相对黏度（条件黏度）来表示黏滞性，对使用黏稠（半固体或固体）的石油沥青用针入度表示，对液体石油沥青则用黏滞度表示。

2）塑性。塑性指石油沥青在外力作用下产生变形而不破坏，除去外力后，仍能保持变形后的形状的性质。沥青的塑性对冲击振动荷载有一定吸收能力，并能减少摩擦时的噪声，故沥青是一种优良的道路路面材料。

石油沥青的塑性用延度表示。延度越大，塑性越好。

3）温度敏感性。温度敏感性是指石油沥青的黏滞性和塑性随温度升降而变化的性能。由于沥青是一种离分子非晶态热塑性物质，故没有一定的熔点。

沥青的黏滞性和塑性随温度变化而变化。石油沥青中地沥青质含量较多时，其温度敏感性较小。在工程中使用时往往加入滑石粉、石灰石粉等矿物填料，以减小其湿度敏感性。温度敏感性以软化点指标表示。

4）大气稳定性。石油沥青在热、阳光、氧气和潮湿等大气因素的长期综合作用下抵抗老化的性能，称为大气稳定性，也是沥青材料的耐久性。在大气因素的综合作用下，沥青中各组分会发生不断递变，低分子化合物将逐步转变成高分子物质，即油分和树脂逐渐减少，而地沥青质逐渐增多。石油沥青随着时间的进展，流动性和塑性将逐渐减小，硬脆性逐渐增大，直至脆裂，这个过程称为石油沥青的“老化”。所以大气稳定性即为沥青抵抗老化的性能。

石油沥青的大气稳定性以加热蒸发损失百分率和加热前后针入度比来评定。

2. 石油沥青的分类及标准

石油沥青牌号主要以针入度指标的范围及延度和软化点指标划分的。石油沥青的各项技术标准见表 3-23。

表 3-23　道路石油沥青、建筑石油沥青和防水防潮石油沥青技术标准

沥青品种	防水防潮沥青（SH/T 0002—1990）				建筑石油沥青（GB/T 494—2010）			道路石油沥青（NB/SH/T0522—2010）				
项目	质量指标				质量指标			质量指标				
	3 号	4 号	5 号	6 号	10 号	30 号	45 号	200 号	180 号	140 号	100 号	60 号
针入度（1/10mm），（25℃，100g，5s）	25～45	20～40	20～40	30～50	10～25	25～40	40～60	200～300	160～200	120～160	80～100	50～80
针入度指数 <	3	4	5	6	1.5	3	—	—	—	—	—	—
软化点/℃ ≥	85	90	100	95	95	70	—	30～45	35～45	38～48	42～52	45～55
溶解度/% ≥	98	98	95	92	99.5	99.5	99.5	99	99	99	99	99
闪点/℃ ≥	250	270	270	270	230	230	230	180	200	230	230	230
脆点/℃ ≥	−5	−10	−15	−20	—	—	—	—	—	—	—	—
蒸发损失/% ≤	1	1	1	1	1	1	1	1	1	1	1	1
垂度/℃			8	10	65	65	65	—	—	—	—	—
加热安定性	5	5	5	5	—			—	—	—	—	—
蒸发后针入度比/% ≥	—		—		—			50	60	60	65	70
延度（25℃，5cm/min）/cm ≥	—				—			20	100	100	100	100

由标准中可以看出，石油沥青牌号越大，针入度越大（黏性越小），延度值越大（延性越大），软化点越低（温度敏感性越大）。因此在选用石油沥青时，在满足使用要求的前提下应尽量选用较大牌号的沥青，可以保证较长的使用年限。

防水防潮沥青主要用作各类防水防潮工程中的黏结材料及做油毡的涂覆材料的石油沥青。

建筑沥青多用于屋面和地下防水工程以及作为建筑防腐材料。

道路沥青多用于拌制沥青砂浆和沥青混凝土，用于道路路面及厂房地面等。

二、煤沥青

煤沥青是炼焦厂或煤气厂的副产品。烟煤在干馏过程中的挥发物质，经冷凝而成黑色黏性液体称为煤焦油，煤焦油经分馏加工提取轻油、中油、重油、蒽油以后，所得残液即为煤沥青。

煤沥青的主要组分为油分、脂胶、游离碳等，常含有少量酸、碱物质。由于煤沥青的组分和石油沥青不同，故其性能也不同，主要表现在温度敏感性大，大气稳定性较差，塑性较差。煤沥青中的酸、碱物质都是表面活性物质，由于含表面活性物质较多，故与矿料表面的黏附力较好，防腐性好。因含酚等有毒物质，防腐蚀能力较强，故适用于木材的防腐处理。

在使用沥青时，为了区分石油沥青与煤沥青，避免混淆，鉴别方法见表 3-24。

表 3-24　石油沥青与煤沥青的建议鉴别方法

品种鉴别方法	煤沥青	石油沥青
密度法	＞1.1（约为 1.25）	接近 1.0
锤击法	音清脆，韧性差	音哑，有弹性，韧性好
燃烧法	黄烟	无色，无刺激性臭味
溶液比色法	用 30～50 倍的汽油或煤油溶解后，将溶液滴于滤纸上，斑点分为内外两圈，内黑外棕或黄色	溶解方法同煤沥青，斑点完全均匀散开，呈棕色

三、改性沥青

建筑上使用的沥青必须具有一定的物理性质和黏附性。即在低温条件下应有弹性和塑性；在高温条件下要有足够的强度和稳定性；在加工和使用条件下具有抗“老化”能力；还应与各种矿物料和结构表面有较强的黏附力；对构件变形的适应性和耐疲劳性等。通常，石油加工厂制备的沥青不一定能全面满足这些要求，如只控制了耐热性（软化点），其他方面就很难达到要求，致使目前沥青防水屋面渗漏现象严重，使用寿命短。为此，常用橡胶、树脂和矿物填料等对沥青改性。橡胶、树脂和矿物填料等通称为石油沥青改性材料。

1. 橡胶沥青

橡胶是沥青的重要改性材料，它和沥青有较好的混溶性，并能使沥青具有橡胶的很多优点，如高温变形小、低温柔性好。由于橡胶的品种不同，掺入的方法也有所不同，因而各种橡胶沥青的性能也有差异。常用的品种有：

1）氯丁橡胶沥青。沥青中掺入氯丁橡胶后，可使其气密性、低温柔性、耐化学腐蚀性、耐光性、耐臭氧性、耐气候性和耐燃烧性得到大大的改善。

氯丁橡胶掺入沥青中的方法有溶剂法和水乳法。先将氯丁橡胶溶于一定的溶剂（如甲苯）中形成溶液，然后掺入沥青（液体状态）中，混合均匀即成为氯丁橡胶沥青；或者分别将橡胶和沥青制成乳液，再混合均匀即可使用。

2）丁基橡胶沥青。丁基橡胶沥青具有优异的耐分解性，并有较好的低温抗裂性能和耐热性能。配制的方法是：将丁基橡胶碾切成小片，在搅拌条件下把小片加热到 170℃的基质沥青溶液中，混合料在温度为 190～210℃反应釜内搅拌并保温，溶胀 40～60 min 后，达到要求性能指标。

3）再生橡胶沥青。再生橡胶掺入沥青中后，可大大提高沥青的气密性、低温柔性、耐光性、耐热性、耐臭氧性、耐气候性。

再生橡胶沥青材料的制备方法是：先将废旧橡胶加工成小于 1.5 mm 的颗粒，然后与沥青混合，经加热搅拌脱硫，就能得到具有一定弹性、塑性和黏结力良好的再生胶沥青材料。废旧橡胶的掺量视需要而定，一般为 3%～15%。

2. 树脂沥青

用树脂改性石油沥青，可以改进沥青的耐寒性、黏结性和不透气性。由于石油沥青中含芳香性化合物很少，故树脂和石油沥青的相溶性较差，而且可用的树脂品种也较少。常用的品种有古马隆树脂沥青（香豆桐树脂沥青）、聚乙烯树脂沥青、无规聚丙烯树脂沥青等。

3. 橡胶和树脂改性沥青

橡胶和树脂同时用于改善石油沥青的性质，使石油沥青同时具有橡胶和树脂的特性，且树脂比橡胶便宜，橡胶和树脂有较好的混溶性，故效果较好。

橡胶、树脂和沥青在加热熔融状态下，沥青与高分子聚合物之间发生相互侵入和扩散，沥青分子填充在聚合物大分子的间隙内，同时聚合物分子的某些链节扩散进入沥青分子中，形成凝聚的网状混合结构，故可以得到较优良的性能。

配制时，采用的原材品种、配比、制作工艺不同，可以得到很多性能各异的产品。其产品主要有卷、片材，密封材料，防水材料等。

4. 矿物填充料改性沥青（沥青玛琋脂）

矿物填充料改性沥青是在沥青中掺入适量粉状或纤维状矿物填充料经均匀混合而成。矿物填充料掺入沥青中后，能被沥青包裹形成稳定的混合物，由于沥青对矿物填充料的湿润和吸附作用，沥青可能成单分子状排列在矿物颗粒（或纤维）表面，形成结合力牢固的沥青薄膜，具有较高的黏性和耐热性等。因而提高了沥青的黏结能力、柔韧性和耐热性，减少了沥青的温度敏感性，并可以节省沥青。常用的矿物填充料大多数是粉状的和纤维状材料，主要有滑石粉、石灰石粉、硅藻土和石棉等。掺入粉状填充料时，合适的掺量一般为沥青质量的 10%～25%；采用纤维状填充料时，其合适的掺量一般 5%～10%。

矿物填充料改性沥青主要用于粘贴卷材、嵌缝、接头、补漏及做防水层的底层。矿物填充料既可热用也可冷用。热用时，是将石油沥青完全熔化脱水后，再慢慢加入填充料，同时不停地搅拌至均匀为止，要防止粉状填充料沉入锅底。填充料在掺入沥青前应干燥并宜加热。热沥青玛琋脂的加热温度不应超过 240℃，使用温度不低于 190℃。冷用时，是将沥青熔化脱水后，缓慢加入稀释剂，再加入填充料搅拌而成。它可在常温下施工，改善劳动条件，同时减少沥青用量，但成本较高。

四、新型防水卷材

1. 高聚物改性沥青防水卷材

高聚物改性沥青防水卷材是以高分子聚合物改性沥青为涂膜层，纤维织物或纤维毡为胎体，粉状、粒状、片状或薄膜材料为覆盖面材料制成的可以卷曲的片状防水材料。

高聚物改性沥青防水卷材克服了传统沥青防水卷材温度稳定性差、延伸率小的不足，具有高温不流淌、低温不脆裂、拉伸强度高、延伸率较大等优异性能，且价格适中，在我国属于中低档防水卷材。常见的有SBS改性沥青防水卷材、APP改性沥青防水卷材、PVC改性焦油沥青防水卷材、再生胶改性沥青防水卷材等。

此类防水卷材按厚度可分为2 mm、3 mm、4 mm、5 mm等规格，一般单层铺设，也可复合使用。根据不同卷材可采用热熔法、冷粘法、自粘法施工。

（1）SBS改性沥青防水卷材

SBS改性沥青防水卷材是在石油沥青中加入SBS进行改性的卷材，以玻纤毡、聚酯毡等增强材料为胎体，以SBS改性石油沥青为浸渍涂盖层，上面撒以细砂、矿物粒（片）料或覆盖聚乙烯膜，下表面撒以细砂或覆盖聚乙烯膜（塑料薄膜为防粘隔离层），经过选材、配料、共熔、浸渍、复合成形、卷曲等工序加工而成的一种柔性防水卷材。SBS是由丁二烯和苯乙烯两种原料聚合而成的嵌段共聚物，是一种热塑性弹性体，它在受热的条件下呈现树脂特性，即受热可熔融成黏稠液态，可以和沥青共混，兼有热缩性塑料和硫化橡胶的性能，也称热缩性丁苯橡胶。具有弹性高、抗拉强度高、不易变形、低温性能好等优点。

作为塑料、沥青等脆性材料的增韧剂，填加量一般为沥青的10%～15%，能与沥青相互作用，使沥青产生吸收、膨胀，形成分子键合牢固的沥青混合物，从而显著改善了沥青的弹性、延伸率、高温稳定性和低温柔韧性，耐疲劳性和耐老化等性能。

SBS防水卷材的特点是：

1）可溶物含量高，可制成厚度大的产品，具有塑料和橡胶特性。

2）聚脂胎基有很高的延伸率、拉力、耐穿刺能力和耐撕裂能力；玻纤胎成本低，尺寸稳定性好，但拉力和延伸率低。

3）具有良好耐高温和耐低温性能，能适应建筑物因变形而产生的应力，抵抗防水层断裂。

4）具有优良的耐水性。由于改性沥青防水卷材采用的胎基以聚酯毡、玻纤毡为主，吸水性小，涂盖料延伸率高、厚度大，可以承受较高水的压力。

5）具有优良的耐老化和耐久性，耐酸、耐碱及微生物腐蚀。

6）施工方便，可以选用冷粘结、热粘结、自粘结，可以叠层施工。厚度大于4 mm的可以单层施工，厚度大于3 mm的可以热熔施工。

7）可选择性、配套性强，生产厚度范围在1.5～5 mm，不同涂盖料、不同的胎基和覆盖料，具有不同特点和功能，可根据需要进行合理选择和搭配。

8）卷材表面可撒布彩砂、板岩、反光铝膜等，既增加抗紫外线的耐老化性，又美化环境。SBS防水卷材广泛适用于工业建筑与民用建筑，如屋面及地下室等防水工程，尤其适用于高级和高层建筑物的屋面、地下室、卫生间等的防水防潮，以及桥梁、停车场、屋顶花园、游泳池、蓄水池、隧道等建筑的防水。由于其具有良好的低温柔韧性和极高的弹性延伸性，更适合于北方寒冷地区和结构易变形的建筑物。

（2）APP 改性沥青防水卷材

APP 改性沥青防水卷材是指采用 APP 塑性材料作为沥青的改性材料，属塑性体沥青防水卷材中的一种。该类卷材也使用玻纤毡或聚酯毡两种胎基，以 APP（无规聚丙烯）改性沥青为预浸涂盖层，上表面撒以细砂、矿物粒（片）料或覆盖聚乙烯膜，下表面撒以细砂或覆盖聚乙烯膜而成的沥青防水卷材。

聚丙烯可分为无规聚丙烯、等规聚丙烯和间规聚丙烯，无规聚丙烯是生产等规聚丙烯的副产品，是改性沥青用树脂与沥青性最好的品种之一，有良好的化学稳定性，无明显熔化点，在 165～176℃呈黏稠状态，随温度升高黏度下降，在 200℃流动性最好。APP 材料的最大特点是分子中极性碳原子少，因而单键结构不易分解，掺入石油沥青后，可明显提高其软化点、延伸率和黏结性能。软化点随 APP 的掺入比例增加而增高，因此，能够提高卷材耐紫外线照射性能，具有耐老化、性能优良的特点。

APP 改性沥青防水卷材的特点是：

1）高性能。对于静态和动态撞击以及撕裂具有非凡的抵抗能力（如聚酯胎基），在弹性沥青配合下，聚酯胎基可使防水卷材承受支撑物的重复性运动不产生永久变形。

2）耐老化性。材料以塑性为主，对恶劣气候和老化作用具备强有效的抵抗力，确保在各种气候下工程质量的永久性。

3）美观性。除抵御外界破坏（紫外线污染）的保护作用外，还可产生各种颜色的产品，能够完美地与周围环境融为一体。

这种防水卷材具有多功能性，适用于新、旧建筑工程，腐殖土下防水层，碎石下防水层，地下墙防水等。广泛用于工业与民用建筑的屋面和地下防水工程，以及道路、桥梁建筑的防水工程，与 SBS 改性沥青卷材相比，由于其耐热度更好和良好的耐紫外线抗老化性能，尤其适用于紫外线辐射强烈及炎热地区屋面。

（3）其他改性沥青卷材

1）氧化沥青防水卷材是以氧化沥青或优质氧化沥青（催化氧化沥青或改性氯化沥青）作为浸涂材料。以无纺玻纤毡、加纺玻纤毡、黄麻布、铝箔或玻纤铝箔复合为胎体加工制造而成。该卷材造价低，属中低档产品。优质氧化沥青卷材有很好的低温柔韧性，适合于北方寒冷地区建筑物的防水。

2）丁苯橡胶改性沥青防水卷材是采用低软化点氧化石油沥青浸渍原纸，然后以催化剂和丁苯橡胶改性沥青加填料涂盖两面，再铺以撒布料所制成的防水卷材。该类卷材适用于一般建筑物的防水、防潮，具有施工温度要求范围广的特点，在−15℃以上均可施工。

3）再生胶改性沥青防水卷材是由废橡胶粉掺入石油沥青，经高温脱硫为再生胶，再掺入填料经炼胶机混炼，以压延机压延而成的一种质地均匀的无胎体防水材料。该类卷材具有延伸性较大，柔韧性较好，耐腐蚀性强，耐水性及耐热稳定性良好等特点。其价格低廉，属低档防水卷材，适用于屋面或地下接缝和满堂铺设的防水层，尤其适用于基础沉降较大或沉降不均匀的建筑物变形缝处的防水。

4）自粘性改性沥青防水卷材是以自粘性改性沥青为涂盖材料，以无纺玻纤毡、加纺玻纤毡、无纺聚酯布为胎体，在浸涂胎体后，下表面用隔离纸覆盖，上表面用具有保护功能的隔离材料覆面，使用时只需揭开隔离纸便可铺贴，稍加压力就能粘贴牢固。它具有良好的低温柔韧性和施工方便等特点，除一般工程外更适合于北方寒冷地区建筑物的防水。

5）塑改性沥青聚乙烯胎防水卷材是以橡胶和 APP（其他树脂）为改性剂掺入沥青作浸渍涂盖材料，以高密度聚乙烯膜为胎体，经辊炼、辊压等工序而成。该卷材既有橡胶的高弹性和延伸性，也有塑料的强度和可塑性，综合性能优异。加上胎体本身有良好的防水性和延伸性，一般单层防水已有足够的防水能力。其施工方便，冷粘热熔均可，不污染环境，对基层伸缩和局部变形的适应能力强，适应于建筑物屋面、地下室、立交桥、水库、游泳池等工程的防水、防渗和防潮。

6）橡塑改性沥青防水卷材是以橡胶和聚氯乙烯复合改性石油沥青作浸渍涂盖材料，聚酯毡或麻布或玻纤毡为胎体，聚乙烯膜为底面隔离材料，软质银白色铝箔为表面保护层，经共熔、浸渍、复合、冷却等工序而成。该产品具有橡塑改性沥青防水卷材的众多优点，综合性能良好，再加上水密性、耐候性和阳光反射性良好的铝箔作保护层，增强耐老化能力，使用温度为−10～85℃，在−20℃时也有防水性。该卷材施工方便，冷粘热熔均可，不污染环境，而且低温柔韧性好，在较低温度下也可施工，适用于工业和民用建筑屋面的单层外露防水层。

2. 高分子防水卷材

高分子防水卷材是以合成橡胶、合成树脂或它们两者的共混体为基料，加入适量的化学助剂和填充料等，经混炼、压延或挤出等工序加工而制成的可卷曲的片状防水材料，其中又可分为加筋增强型与非加筋增强型两种。

该类防水卷材具有拉伸强度和抗撕裂强度高，断裂伸长率大，耐热性和低温柔性好、耐腐蚀、耐老化等一系列优异性能。它彻底改变了沥青基防水卷材施工条件差、污染环境等缺点，是值得大力推广的新型高档防水卷材。目前多用于高级宾馆、大厦、游泳池、厂房等要求有良好防水性的屋面、地下等防水工程。

根据主体材料的不同，合成高分子防水卷材一般可分为橡胶型、塑料型和橡塑共混型三大类，常见的有三元乙丙橡胶防水卷材、聚氯乙烯防水卷材、氯化聚乙烯防水卷材、氯化聚乙烯-橡胶共混防水卷材等。此类卷材按厚度分为 1 mm、1.2 mm、1.5 mm、2.0 mm 等规格，一般单层铺设，可采用冷粘法或自粘法施工。

（1）乙丙橡胶防水卷材

三元乙丙（EPDM）橡胶防水卷材，是以三元乙丙橡胶掺入适量的丁基橡胶硫化剂、促进剂、软化剂和补强剂等，经密炼、拉片过滤、挤出成形等工序加工而成。三元乙丙橡胶是由乙烯、丙烯和任何一种非共轭二烯烃共聚合成的高分子聚合物，由于主链具有饱和结构的特点，因此出现了高度的化学稳定性。

这种防水卷材的特点是：

1）耐老化性好，使用寿命长。由于三元乙丙橡胶分子结构中的主链上没有双键，因此，当它受到臭氧、紫外线、湿热的作用时，主链上不易发生断裂，所以它有优良的耐气候性、耐老化性，使用寿命可达50年以上。

2）耐化学性。当用于化学工业区的外露屋面和污水处理池的防水卷材时，对于多种极性化学药品和酸、碱、盐都有良好的抗耐性。

3）具有优异的耐绝缘性能。三元乙丙橡胶的电绝缘性能，超过电绝缘性能优良的丁基橡胶，尤其是耐电晕性突出。而且三元乙丙橡胶吸水性小，所以在浸水后的抗电性能仍然良好。

4）拉伸强度高，伸长率大。对伸缩或开裂变形的基层适应性强，能满足防水基层伸缩或开裂、变形的需要。

5）具有优异的耐低温和耐高温性能。在低温下，仍然具有很好的弹性、伸缩性和柔韧性。保持优异的耐候性和耐老化性，可在严寒和酷热的环境中期使用。

6）施工方便。采用单层防水施工法，冷施工，不仅操作方便、安全，而且不污染环境，不受施工环境条件的限制。

三元乙丙橡胶防水卷材广泛适用于各种工业建筑与民用建筑屋面的单层外露防水层，是重要等级防水工程的首选材料。尤其适用于受振动、易变形建筑工程的防水，如体育馆、火车站、港口、机场等；各种地下工程的防水工程，如地下储藏室、地下铁路、桥梁、隧道，也可用于有刚性保护层或倒置式屋面以及水渠、储水池、隧道等土木建筑工程防水；蓄水池、污水处理池、电站、水库、水渠等工程防水。

（2）聚氯乙烯防水卷材

聚氯乙烯防水卷材系以聚氯乙烯树脂为主要成分，以红泥（炼铝废渣）或经过特殊处理的黏土类矿物粉料为填充剂、掺入改性材料及增塑剂、抗氧剂等，经捏合、塑化、压延、整形、冷却等主要工艺流程加工而成。其中，以煤热油与聚氯乙烯树脂混溶料为基料的防水卷材是S型；以增塑聚氯乙烯为基料的防水卷材是P型。

这种防水卷材的特点是：

1）拉伸强度高，伸长率好，热尺寸变化率低。

2）抗撕裂强度高，能提高防水居的抗裂性能。

3）低温柔韧性好。

4）耐渗透、耐化学腐蚀、耐老化，延长防水层使用寿命。

5）良好的水汽扩散性，冷凝物易排释，留在基层的湿气易排出。

6）可焊接性好，即使经数年风化，也可焊接，在卷材正常使用范围内焊缝牢固可靠。

7）施工操作简便，安全、清洁、快速。

8）原料丰富，防水卷材价格合理，易于选用。

这种防水卷材适用于各种工业、民用新建或旧建筑混凝土屋面的修缮、大型屋面板、空心板的防水层，构筑物屋面外墙或有保护层的工程防水，以及地下室、防空洞、隧道、水库、水池、堤坝等土木建筑工程防水。

（3）氯化聚乙烯防水卷材

氯化聚乙烯防水卷材，是以氯化聚乙烯树脂为主体材料，掺入适当的化学助剂和一定量的填充材料，经过配料、密炼、塑化、压延出片而成。

这种防水卷材的特点是：

1）氯化聚乙烯树脂含氯量在35%～40%，是一种兼具塑性和弹性的材料，被誉为新橡胶，具备树脂耐老化性好、强度高，又具备橡胶高弹性及延伸性好的特点。

2）抗老化性好、强度高、耐腐蚀、可阻燃，按用户要求，可制成彩色卷材，美化环境；又可减少太阳辐射热的吸收，降低夏季室内温度。

3）这种防水卷材广泛适用于屋面外露工程、非外露防水工程、地下室外防外贴法或外防内贴法施工的防水工程，以及水池、堤坝等防水工程。

（4）氯磺化聚乙烯防水卷材

氯磺化聚乙烯防水卷材是以氯磺化聚乙烯为主体材料，加入各种填料、增塑剂、稳定剂、硫化剂、促进剂、防水剂等助剂，经过配料、捏合、混炼、压延成形等工序制成。

这种防水卷材的特点是：

1）耐老化性能好，使用寿命长。氯磺化聚乙烯的分子结构中，呈不含双键的高度饱和状态，所制成的防水卷材耐臭氧、耐紫外光、耐老化。

2）抗腐蚀性好，能抗酸、碱、盐及其他化学品。

3）耐高低温性好，适用温度广，既能应用在酷热地区，也能应用在严寒地区。

4）难燃性好，因氯磺化聚乙烯原料中含有一定的氯，具有难燃特点，离火自熄。

5）施工方便，适用于冷粘结的各种工法。

这种防水卷材适用于做重点工程的单层、外露防水，如屋面、工业厂房等。

（5）氯化聚乙烯-橡胶共混防水卷材

氯化聚乙烯-橡胶共混防水卷材选用高分子材料氯化聚乙烯与合成橡胶共混，经密炼、过滤、挤出成型和硫化等工序加工制成防水卷材。卷材铺贴采用冷施工，操作方便，没有环境污染。

这种防水卷材的特点是：

1）采用含氯量为 30%～40%的非结晶或微结晶橡胶类氯化聚乙烯为共混体系的主要原料，由于分子结构中氯原子的存在，从而提高了共混卷材在黏结方面的易黏性，黏结效果好，有效地提高卷材冷施工的整体效果。

2）因氯化聚乙烯分子结构中没有双键存在，属于高度饱和材料，制成的共混卷材稳定性好、耐老化、耐油、耐酸、耐碱、耐盐，延长防水卷材使用寿命。

3）综合性能优异，耐高、低温和阻燃。因与橡胶共混，又表现出橡胶的高弹性、高伸长率，以及优良的耐低温性能，对地基沉降、混凝土收缩的适应性强。

4）可以单层施工，冷作业，施工速度快。

这种防水卷材广泛适用于屋面外露用工程防水、非外露用工程防水、地下室外防外贴法或外防内贴法施工的防水工程，常用于新建和维修各种建筑屋面、墙体、地下建筑、卫生间及水池、水库等工程的防潮、防渗、防漏和其他土木建筑工程防水。

（6）TPO 防水卷材

TPO 防水卷材是以聚丙烯和三元乙丙橡胶（或乙丙橡胶）为主体材料，经共聚而成的热塑性聚烯烃材料，这种热塑性聚烯烃很容易压延或挤出形成卷材。在所有的 TPO 制造方法中，混料都要加热到高温以便成形和增强。

这种防水卷材的特点是：

1）具有三元乙丙橡胶耐候性、低温柔韧性等物理性能，同时具有聚丙烯可焊接性，将聚丙烯的坚韧性与橡胶的固有柔度结合在一起。

2）不含增塑剂，避免卷材中含有增塑剂可能产生迁移或挥发，引起卷材变脆。

3）织物增强产品，提供高强度、高耐刺穿性、高撕裂强度及最小的收缩。

4）配有抗紫外线的稳定剂，耐臭氧、耐化学物品、动物油及某些烃油。

5）阻燃剂和抗紫外线剂配合成为最佳协同效应，达到灭火、阻燃。

6）在松铺压顶应用中，耐微生物侵蚀。

7）对环境优异的非卤化的无氯和无溴产品，可用于垃圾填埋场。

8）白色膜有反射功能，起到节能，减少城市热岛效应。

9）采用热风焊接，施工速度快，也可采用机械固定法和全粘法。

这种防水卷材用于屋面单层外防水、地下室等建筑工程防水。

五、防水涂料

防水涂料是一种以高分子合成材料为主体，在常温下呈无定形液态，经涂布能在结构物表面结成坚韧防水膜的物料的总称。

防水涂料成膜后的防水涂膜具有良好的防水性能，能形成无接缝的完整防水膜，特别适合于各种复杂、不规则部位的防水。它大多采用冷施工，不必加热熬制，减少了环境污染，改善了劳动条件，并且施工方便、快捷。此外涂布的防水涂料既是防水层的主体，又是胶黏剂，因而施工质量易保证、维护也简便。只是若采用刷涂时，涂料的厚度较难保持均匀一致。

我国防水涂料一般按涂料的类型和涂料成膜物质的主要成分，有两种分类方法。按涂料成膜物质的主要成分，可分成合成树脂类、橡胶类、橡胶沥青类、沥青类等。按涂料类型，可分为溶剂型、水乳型和反应型，不同介质的防水涂料的性能特点见表3-25。

表3-25　溶剂型、水乳型和反应型防水涂料的性能特点

项目	溶剂型防水涂料	水乳型防水涂料	反应型防水涂料
成膜机理	通过溶剂的挥发、高分子材料的链接、缠结等过程成膜	通过水分子的蒸发，乳胶颗粒靠近、接触、变形等过程成膜	通过预聚体与固化剂发生化学反应成膜
干燥速度	干燥快，涂膜薄而致密	干燥较慢，一次成膜的致密性较低	可以一次形成致密性较厚的涂膜，几乎无收缩
储存稳定性	储存稳定性较好，应密封储存	储存期一般不宜超过半年	各组分应该分开密封存放
安全性	易燃、易爆、有毒，生产、运输和使用过程中应注意安全使用，注意防火	无毒、不燃，生产使用比较安全	有异味，生产、运输和使用过程中应注意防火
施工情况	施工时应通风好，保证人身安全	施工较安全，操作简单，可以在较为潮湿的找平层施工，施工温度不宜低于5℃	施工时须现场按照规定配方进行配料，搅拌均匀，以保证施工质量

防水涂料的品种很多，各品种之间的性能差异也很大，因此广泛适用于工业与民用建筑的屋面防水工程、地下室防水工程和地面防潮、防渗等。

无论何种防水涂料，其性能都是由以下几个指标来衡量：

1）固体含量。指防水涂料中所含固体比例。由于涂料涂刷后是依靠其中的固体成分形成涂膜，因此，固体含量多少与成膜厚度及涂膜质量密切相关。

2）耐热度。指防水涂料成膜后的防水薄膜在高温下不发生软化变形、不流淌的性能。它反映防水涂膜的耐高温性能。

3）柔性。指防水涂料成膜后的膜层在低温下保持柔韧性的性能。它反映防水涂料在低温下的施工和使用性能。

4）不透水性。指防水涂膜在一定水压（静水压或动水压）和一定时间内不出现渗漏的性能，是防水涂料满足防水功能要求的主要质量指标。

5）延伸性。指防水涂膜适应基层变形的能力。防水涂料成膜后必须具有一定的延伸性，以适应由于温差、干湿等因素造成的基层变形，保证防水效果。

防水涂料的使用，应考虑建筑的特点、环境条件和使用条件等因素，结合防水涂料的特点和性能指标选择。

1. 沥青基防水涂料

沥青基防水涂料是以沥青为基料配制而成的水乳型或溶剂型防水涂料。这类涂料对沥青基本没有改性或改性作用不大，有石灰乳化沥青、膨润土沥青乳液和水性石棉沥青防水涂料等。主要适用于Ⅲ级和Ⅳ级防水等级的工程与民用建筑屋面、混凝土地下室和卫生间防水等。

（1）石灰乳化沥青

石灰乳化沥青涂料是以石油沥青为基料、石灰膏为乳化剂，在机械强制搅拌下将沥青乳化制成厚质防水涂料。石灰乳化沥青涂料为水性、单组分涂料，具有无毒、不燃、较好的耐候性，可在潮湿基层上施工等特点。但石灰乳化沥青涂料伸长率较低，所以抗裂性较差，容易因基层变动而开裂，从而导致漏水、渗水。另外，由于材料中沥青未经改性，在低温下易变脆，还存在着单位面积涂料耗用量过大的缺点。一般结合嵌缝油膏、胶泥等密封材料用于工业厂房的屋面防水。渠道、下水道的防渗、材料表面防腐等。

（2）膨润土沥青乳液

膨润土沥青乳液是以油质石油沥青为基料，膨润土为分散剂，经机械搅拌而成的一种水乳型厚质沥青防水涂料。该涂料可涂在潮湿的基层上形成厚质涂膜，耐久性好。涂层与基层的黏结力强，耐热度高，可达 90～120℃，应用于各种沥青基防水层的维修，也可用作保护层或复杂屋面、保温面层上独立的防水层。

（3）水性石棉沥青

水性石棉沥青防水涂料是以石油沥青为基料，以碎石棉纤维为分散剂，在机械搅拌作用下制成的一种水溶性厚质防水涂料。该涂料无毒、无污染，水性冷施工，可在潮湿和无积水的基层上施工。由于涂料中含有石棉纤维，涂料的稳定性、耐水性、耐裂性和耐候性较一般的乳化沥青好，且能形成较厚的涂膜，防水效果好，原材料便宜，缺点是施工温度要求高，一般要求在10℃以上，气温过高则易粘脚，影响操作。施工时配以胎体增强材料，可用于工业和民用建筑钢筋混凝土屋面防水，地下室、卫生间的防水以及楼板层的防水和旧屋面的维修等。

2. 改性沥青防水涂料

改性沥青防水涂料指以沥青为基料，用合成高分子聚合物主要是各类橡胶进行改性，制成的水乳型或溶剂型防水涂料。这类涂料又可称为橡胶改性沥青防水涂料，其在柔韧性、抗裂性、拉伸强度、耐高低温性能，使用寿命等方面比沥青基涂料有很大的改善。主要品种有：再生橡胶改性沥青防水涂料、水乳型氯丁橡胶沥青防水涂料、SBS橡胶改性沥青防水涂料等。适用Ⅱ级、Ⅲ级、Ⅳ级防水等级的屋面、地面、混凝土地下室和卫生间等防水工程。

（1）再生橡胶改性沥青防水涂料

再生橡胶改性沥青防水涂料按分散介质的不同分为溶剂型和水乳型两种。

溶剂型再生橡胶改性沥青防水涂料是以再生沥青为改性剂，汽油为溶剂，添加其他填料如滑石粉、碳酸钙等，经加热搅拌而成。优点是改善了沥青防水涂料的柔韧性和耐久性等，而且原料来源广泛、成本低、生产简单，但是由于以汽油为溶剂，施工时需要注意防火和通风，并且需要多次涂刷才能形成较厚的涂膜。适用于工业和民用建筑墙面、地下室、水池、桥梁、涵洞等工程的抗渗、防潮、防水以及旧屋面的维修。

水乳型再生橡胶改性沥青防水涂料是由阴离子型再生乳胶和阴离子型沥青乳胶混合均匀构成，再生橡胶和石油沥青的微粒借助于阴离子表面活性剂的作用，稳定分散在水中而形成的乳状液。该涂料以水为分散剂，具有无毒、无味、不燃的优点，可在常温下冷施工作业，并可在稍潮湿无积水的表面施工。该涂料一般加衬玻璃纤维布或合成纤维加筋毡构成防水层，施工时配以嵌缝膏，以达到较好的防水效果。该涂料适用于工业与民用建筑混凝土基层屋面防水；以沥青珍珠岩为保温层的保温屋面防水；地下混凝土建筑防潮以及旧油毡屋面翻修和刚性自防水屋面的维修等。

（2）水乳型氯丁橡胶沥青防水涂料

水乳型氯丁橡胶沥青防水涂料是以阳离子型氯丁胶乳与阳离子型沥青乳液混合构成，是氯丁橡胶及石油沥青微粒，借助于阳离子型表面活性剂的作用，稳定分散在水中而形成的一种水乳型防水涂料。由于用氯丁橡胶进行了改性处理，使涂料具有氯丁橡胶和沥青的双重优点，其耐候性和耐腐蚀性好。具有较高的弹性、延伸性和黏结性，对基层变形的适应能力强、低温涂膜不脆裂，高温不流淌，涂膜较致密完整，耐水性好。而且水乳型氯丁橡胶沥青涂料以水为溶剂，不但成本低，而且具有无毒、无燃爆、施工中无环境污染等优点。适用于工业与民用建筑的屋面防水、墙身防水和楼地面防水、地下室和设备管道的防水，也适用于旧房屋的维修和补漏等。

（3）SBS橡胶改性沥青防水涂料

SBS橡胶改性沥青防水涂料是以沥青、橡胶SBS树脂（苯乙烯-丁乙烯-苯乙烯嵌段共聚物）及表面活性剂等高分子材料组成的一种水乳型弹性沥青防水涂料。该涂料的优点是低温柔韧性好、抗裂性强、黏结性能优良、耐老化性能好，与玻纤布等增强胎体复合，防水性能好，可冷施工作业，是较为理想的中档防水涂料。适用于复杂基层的防水防潮施工，如淋浴间、地下室、厨房、水池等，特别适合于寒冷地区的施工。

3. 高分子防水涂料

高分子防水涂料是指以合成橡胶或合成树脂为主要成膜物质，加入其他辅助材料而制成的单组分或多组分的防水涂料。这类涂料具有高弹性、高耐久性及优良的耐高低温性能。有聚氨酯防水涂料、丙烯酸酯防水涂料和有机硅防水涂料等多种类型。适用于Ⅰ级、Ⅱ级、Ⅲ级防水等级的屋面、地下室、水池及卫生间等的防水工程。

（1）聚氨酯防水涂料

聚氨酯防水涂料是一种化学反应性防水涂料，多以双组分形式使用。甲组分是含有异氰酸酯基的预聚体，乙组分含有多羟基或胺基的固化剂与增塑剂、稀释剂等，甲乙两组分混合后，经固化反应，形成均匀、具有弹性的防水涂膜。

聚氨酯防水涂料在固化前为无定形黏稠状液态物质，易在任何复杂的基面上施工，且端部收头容易处理，防水工程质量容易保证、防水层质量较高。该涂料为化学反应型，几乎不含溶剂，体积收缩小，易做成较厚的涂膜，而且涂膜呈整体，无接缝，有利于提离防水层质量。

该涂料属于橡胶系，涂膜具有橡胶弹性，延伸性好，抗拉强度和抗撕裂强度都较高。对一定范围内的基层变形裂缝有较强的适应性，是一种高档防水涂料。聚氨酯原料较贵、成本高，且具有一定的毒性和可燃性。

（2）丙烯酸酯防水涂料

丙烯酸酯防水涂料是以高固含量丙烯酸酯共聚乳液为基料，掺加填料、颜料及各种助剂经混炼研磨而成的水性单组分防水涂料。

这类涂料的优点是：

1）抗紫外线，耐候性好。

2）伸长率大，弹性好，抗基层变形能力强，能屏蔽裂缝，防水透气。

3）黏结强度高，附着力强，整体防水效果好。

4）可在潮湿基面上施工，施工简单，工具易清洗。

5）低温性能好，在−30～30℃范围内性能无大的变化，耐酸碱，具有防腐性能。

6）可以调制成各种色彩，兼有装饰和隔热效果。

适用于建筑屋面防水或屋面其他防水材料的照面层、彩色钢板屋面、墙面接缝防水密封，旧建筑屋面防水的修补或翻新、内外墙面、卫浴间墙面、地面防水、密封门窗与建筑物之间的缝隙。

（3）有机硅防水涂料

有机硅防水涂料是采用有机硅乳液、高档颜料及填料，添加紫外线屏蔽剂加工而成的一种单组分高分子防水涂料。这类涂料对水泥砂浆、混凝土基体、木材、陶瓷、玻璃等建筑材料有很好的黏结性、渗透性。该类涂料具有以下优点：透气性好，防潮、防霉、不长青苔，防污染、抗风化且保色，施工方便、使用安全，质量可靠、耐久性好等。适用于新旧屋面、楼顶、地下室、洗浴间、游泳池、仓库、桥梁工程的防水、防渗、防潮、隔气等用途。

六、建筑密封材料

建筑工程用防水密封材料，是嵌填于建筑物的接缝、门窗框四周、玻璃镶嵌部位及建筑裂缝等，能起到水密、气密性作用的材料。主要用于建筑物面、地下工程及其他部位的嵌缝密封防水，在自防水屋面中，也可配合构件板面涂刷防水涂料，以取得较好的防水效果。

建筑密封材料可分为不定型密封材料和定型密封材料两大类。前者指膏糊状材料，如腻子、各类嵌缝密封膏、胶泥等；后者指根据工程要求制成的带、条、垫状的密封材料，如止水条、止水带、防水垫、遇水自膨胀橡胶等。本节主要介绍不定型密封材料。

随着化工建筑材料的发展，建筑密封材料的品种也在不断增多，除以往的塑料防水油膏、橡胶沥青防水油膏、桐油沥青防水油膏外，又出现了许多性能优良的高分子嵌缝密封材料，如丙烯酸密封膏、聚氨酯密封材料、聚硫密封材料和硅酮密封材料等，具体分类见表 3-26。

表 3-26　密封材料的分类及主要品种

分类	类型	主要品种	
不定型密封材料	非弹性密封材料	油性密封材料	普通油膏
		沥青型密封材料	橡胶改性沥青油膏、桐油橡胶改性沥青油膏，石棉沥青腻子、苯乙烯焦油油膏
		热塑性密封材料	聚氯乙烯胶泥、改性聚氯乙烯胶泥塑料油膏、改性塑料油膏
	弹性密封材料	溶剂型密封材料	丁基橡胶密封膏、氯丁橡胶密封膏、氯磺化聚乙烯橡胶密封膏、丁基氯丁再生密封膏、橡胶改性聚酯密封膏
		水乳型密封材料	水乳丙乙烯密封膏、水乳型橡胶密封膏、改性 EVA 密封膏、丁苯胶密封膏
		反应型密封材料	聚氨酯密封膏、聚硫密封膏、硅酮密封膏
定型密封材料	密封条带	铝合金门窗橡胶密封条、自粘性橡胶、水膨胀橡胶、PVC 胶泥墙板防水带	
	止水带	橡胶止水带、嵌缝止水密封无机胶、无机材料止水带、塑料止水带	

1. 沥青嵌缝油膏

沥青嵌缝油膏是以石油沥青为基料，加入改性材料、稀释剂及填充料混合制成的密封膏。改性材料有废橡胶粉和疏化鱼油；稀释剂有桐油、松煤油、松节重油和机油；填充料有石棉绒和滑石粉等。

沥青嵌缝油膏主要作为屋面、墙面、沟和槽的防水嵌缝材料。使用沥青油膏嵌缝时，缝内应清洁干燥，先涂刷冷底子油一道，待其干燥后即嵌填油膏，油膏表面可加石油沥青、油毡、砂浆、塑料为覆盖层。

2. 聚氯乙烯接缝膏和塑料油膏

聚氯乙烯接缝油膏又叫聚氯乙烯胶泥，是以煤焦油为基料，按一定比例加入聚氯乙烯树脂、增塑剂、稳定剂及填充料，在 130～140℃温度下塑化而成的热施工防水接缝材料，简称 PVC 接缝膏。它可以在−25～80℃条件下适用于各种坡度的工业厂房与民用建筑屋面工程，也适用于有硫酸、盐酸、硝酸、氢氧化钠气体腐蚀的屋面工程。

塑料油膏，是在聚氯乙烯胶泥的基础上，改性发展起来的一种热施工弹塑性建筑防水材料，是以旧聚氯乙烯塑料、煤焦油、增塑剂、稀释剂、防老剂及填充料等配制而成。其性能常温下与氯乙烯接缝相似，具有弹性大、黏结力强、耐候性、低温柔韧性好、老化缓慢、耐酸碱、耐油等特点。低温下比聚氯乙烯接缝膏柔软，宜热施工并可冷用。塑料油膏成本较低。

塑料油膏有两种用途：一是用于各种新旧混凝土构筑物、构配件的嵌缝防水；二是用于涂刷各种工业与民用建筑屋面工程，可以防水、防渗、防潮和防腐，以及水渠、管道的接缝。

3. 丙烯酸类密封膏

丙烯酸类密封膏是丙烯酸树脂掺入增塑剂、分散剂、碳酸钙等配制而成，有溶剂型和水乳型两种，通常为水乳型。

丙烯酸类密封膏在一般建筑基底（包括砖、砂浆、大理石、花岗石、混凝土等）上不产生污渍。它具有优良的抗紫外线性能，尤其是对于透过玻璃的紫外线，它的伸长率很好，初期固化阶段为200%～600%，经过热老化，气候老化试验后达到完全固化时为100%～350%。在−34～80℃温度范围内有良好的性能，在美国和加拿大寒冷地区使用 17 年以上，还保持令人满意的性能。

丙烯酸类密封膏主要用于屋面、墙板、门、窗嵌缝，但它的耐水性不算很好，所以不宜用于经常泡在水中的工程，如不宜用于广场、公路、桥面等交通来往的接缝中，也不宜用于水池、污水处理厂、灌溉系统、堤坝等水下接缝中。丙烯酸类密封膏比橡胶类便宜，属于中等价格及性能的产品。一般在常温下用挤枪嵌填于各种清洁、干燥的缝内。为节省材料，缝宽不宜太大，一般为 9～15 mm。

4. 聚氨酯密封膏

聚氨酯密封膏一般用双组分配种，甲组分是含异氰酸基的预聚体，乙组分含有多羟基的固化剂与增塑剂、填充料、稀释剂等。使用时将甲乙两组分按比例混合，经固化反应成弹性体。

聚氨酯密封膏的弹性、黏结性及耐气候老化性能特别好，与混凝土的黏结性也很好，同时不需要打底，所以聚氨酯密封材料可以作屋面、墙面的水平或垂直接缝，尤其适用于游泳池工程。它还是公路及机场跑道的补缝、接缝的好材料，也可用于玻璃、金属材料的嵌缝。

5. 聚硫类防水密封材料

聚硫密封膏是以液态聚硫橡胶为主剂，和金属过氧化物等硫化剂反应，在常温下形成的一种双组分型密封材料。该材料具有优异的耐候性、极佳的气密性和水密性、良好的低温柔性，使用温度范围广，对金属、非金属（混凝土、玻璃、木材等）材质有良好的黏结力，常温或加温固化。主要用于高层建筑接缝及窗框周围防水、防尘密封；中空玻璃制造用密封；建筑门窗玻璃装嵌密封；游泳池、储水槽、上下管道、冷藏库等接缝的密封。

6. 硅酮密封膏

硅酮密封膏是以聚硅氧烷为主要成分的单组分和双组分室温固化型的建筑密封材料。目前大多为单组分系统，它以硅氧烷聚合物为主体，加入硫化剂、硫化促进剂以及增强填料组成。硅酮密封膏具有优异的耐热、耐寒性和良好的耐候性，与各种材料都有较好的黏结性能，耐拉伸、压缩疲劳性强，耐水性好。

硅酮建筑密封膏分为 F 类和 G 类两种类别，其中 F 类为建筑接缝用密封膏，适用于预制混凝土墙板、水泥板、大理石板的外墙接缝，混凝土和金属框架的黏结，卫生间和公路接缝的防水密封等；G 类为镶装玻璃用密封膏，主要用于镶嵌玻璃和建筑门窗的密封。

单组分硅酮密封膏是在隔绝空气的条件下，将各组分混合均匀后装于密闭包装筒中；施工后密封膏借助空气中的水分进行交联反应，形成橡胶弹性体。

七、防水剂

防水剂是由化学原料配制而成的一种能起到速凝和提高水泥浆或混凝土不透水性的外加剂。在使用时，一般按比例掺入水泥砂浆或混凝土中（也有涂刷在表面而渗透到水泥砂浆或混凝土中）以形成防水砂浆或防水混凝上，可起到防水作用。以往使用的防水剂有氯化物金属盐类防水剂、金属皂类防水剂和硅酸钠类防水剂。近几年又相继出现了有机硅建筑防水剂、无机铝盐防水剂、M1500 水泥密封剂、V 形混凝土膨胀剂和 Fs 系列混凝土防水剂等。

防水剂的性能要求：

1）相对密度及细度。相对密度是指 20℃时防水剂的最大相对密度值。细度是指通过规定筛孔筛上剩余的百分数。

2）凝结时间。防水剂掺量占水泥重 5%时，最早出现凝结的时间和凝结完全的时间，前者为早凝时间，后者为终凝时间。凝结时间应介于两者之间。

3）体积安定性。经沸煮、汽蒸及水浸后，应无翘曲现象。

4）抗压强度。防水剂掺量占水泥重 5%时，比未掺加防水剂抗压强度的提高或降低的百分数。

1. 金属皂类防水剂

金属皂类防水剂分可溶性金属皂类（以下简称可溶皂）防水剂和沥青质金属皂防水剂两类。可溶性金属皂类防水剂，以硬脂酸、氨水、氢氧化钾（或碳酸钠）和水等，按一定比例混合加热皂化配制而成，为有色浆状物，掺在水泥砂浆或混凝土中，可使水泥质点和焦料间形成憎水吸附层，并生成不溶性物质，起填充微小孔隙和堵塞毛细管通路的作用。

沥青质金属皂防水剂是由液体石油沥青、石灰和水混合搅拌，经烘干磨细而成。掺在水泥砂浆混凝土中，主要起填充微小孔隙和堵塞毛细管通路的作用。

2. 硅酸钠类防水剂

硅酸钠类防水剂是以硅酸钠、硫酸铜、重铬酸钾和水等制成的一种液体防水剂，它掺入水泥砂浆中，配制成防水水泥浆或防水砂浆，干后形成胶膜，可起防水作用，亦可用于堵漏。但此类防水剂有显著降低水泥不透水性和强度的不良作用，若用作水泥砂浆和混凝土防水外加剂，将会造成工程损失和浪费，根据该类防水剂的特性，仅能作阻止涌水、临时局部修补堵漏用，并对混凝上的收缩有显著的补偿作用，可提高混凝土的抗裂性，此外还有提高强度、减水和节约水泥的作用。

3. 有机硅防水剂

有机硅防水剂主要成分为甲基硅醇钠（钾）和高沸硅醇钠（钾）等，是一种小分子水溶性的聚合物，易被弱酸分解，形成甲基硅酸，然后很快聚合，形成不溶的有防水性能的甲基硅醚（即防水膜）。它无毒、无味、不挥发、不易燃，有良好的耐腐蚀性和耐候性，可用于混凝土、石灰石、砖石、石膏制品、矿物制品的防水。如用硫酸铝或硝酸铝中和后，可用作木材、纤维板、纸及其他工程等的防水，或将防水剂和水按一定比例混合均匀制成硅水，可用来配制防水砂浆、抹防水层。

有机硅防水剂的特点如下：

1）通风性。经过此类防水剂处理过的各种建筑材料，由于防水膜包围在材料的每微细粒子之上，因此，对粒子间的通风性能毫无妨碍，而且具有强力的排水作用。这就使水泥混凝土硬化时既不妨碍其内部水分的排放，又能够防止其本身的风化作用。

2）无色性。有机硅防水剂为无色或淡黄色透明液体。因此，涂刷后不影响原来饰面的原有色泽，是外墙饰面的良好保护剂。

3）防污染性。建筑物表面经喷刷该防水剂后，可防止原来饰面因降雨而被沾污形成斑点。另外，由于有防水膜的存在，污水不能渗透进去，故可保持建筑物饰面不受污染，耐久美观。

4. 无机铝盐防水剂

无机铝盐防水剂，是以铝和碳酸钙为主要原料，通过多种无机化学原料化合反应而成的油状液体，颜色呈淡黄色或褐黄色。该防水剂无毒、无味、无污染，掺入到水泥砂浆和混凝土中时，能产生促进水泥构件密实的复盐，填充水泥砂浆和混凝土在水化过程中形成的孔隙及毛细通道，形成刚性防水层。适应性强、施工简单。

5. 混凝土防水剂

混凝土防水剂主要有混凝土膨胀剂、混凝土防水剂、混凝土密封剂等。

1）混凝土膨胀剂。普通混凝土由于收缩开裂往往发生渗漏，因而降低了它的使用功能和耐久性。混凝土膨胀剂掺入水泥混凝土中，使混凝土产生适度膨胀，能在钢筋中建立预应力，可以抵消由于混凝土收缩、徐变等引起的拉应力，从而提高混凝上的抗裂防渗性能。

凡要求抗裂、防渗、接缝、填充用混凝土工程和水泥制品都可以用混凝土膨胀剂，特别适用于地下、水下、水池、储罐等结构的防水工程、二次灌注工程接缝处的处理等。

2）混凝土防水剂。混凝土防水剂能显著提高混凝土的抗渗性。它是无机化合物，不受水、阳光（紫外线）、温度等外界坏境的影响，具有永久的防水效果。

3）混凝土密封剂。混凝土密封剂具有优良的渗透性能，用于混凝土表面时，能渗入混凝土结构内，并和混凝土内的碱性物质起反应，生成凝胶。堵塞混凝土内的毛细管孔隙，从而提高混凝土的抗渗性、密封性、耐蚀性。施工一般采用低压喷雾器喷涂或刷涂，对厚度较大的混凝土构筑物，可多次涂刷，以达到彻底渗透的目的。二次涂刷的间隔时间为 24 h，如涂刷过程中混凝土表面析出白色物质，需用水冲洗干净。

6. 防裂型混凝土防水剂

防裂型混凝土防水剂包括 U 形混凝土膨胀剂和 Fs 系列混凝土防水剂、“水必克”-2 型混凝土（砂浆）防水剂、JK-7 防水剂、PC 防水剂。

第六节　装饰工程主要材料

装饰材料（建筑装饰材料）主要用于装饰建筑物内外墙壁、制作内墙，并在装饰的基础上实现部分使用功能。建筑装饰工程中最常用的建筑材料有石膏板、建筑玻璃、石材、金属装饰材料等。

一、常用的装饰材料

1. 石膏板

我国生产的石膏板主要有：纸面石膏板、无纸面石膏板、装饰石膏板、石膏空心条板、纤维石膏板、石膏吸音板、定位点石膏板等。

1）纸面石膏板。纸面石膏板是以石膏料浆为夹芯，两面用纸作护面而成的一种轻质板材。纸面石膏板质地轻、强度高、防火、防蛀、易于加工。普通纸面石膏板用于内墙、隔墙和吊顶。经过防火处理的耐水纸面石膏板可用于湿度较大的房间墙面，如卫生间、厨房、浴室等贴瓷砖、金属板、塑料面砖墙的衬板。

2）无纸面石膏板。是一种性能优越的代木板材，以建筑石膏粉为主要原料，以各种纤维为增强材料的一种新型建筑板材。是继纸面石膏板取得广泛应用后，又一次开发成功的新产品。由于外表省去了护面纸板，因此，应用范围除了覆盖纸面膏板的全部应用范围，还有所扩大，其综合性能优于纸面石膏板。

3）装饰石膏板。装饰石膏板是以建筑石膏为主要原料，掺加少量纤维材料等制成的有多种图案、花饰的板材，如石膏印花板、穿孔吊顶板、石膏浮雕吊顶板、纸面石膏饰面装饰板等。它是一种新型的室内装饰材料，适用于中高档装饰，具有轻质、防火、防潮、易加工、安装简单等特点。特别是新型树脂仿型饰面防水石膏板板面覆以树脂，饰面仿型花纹，其色调图案逼真，新颖大方，板材强度高、耐污染、易清洗，可用于装饰墙面，做护墙板及踢脚板等，是代替天然石材和水磨石的理想材料。

4）石膏空心条板。石膏空心条板是以建筑石膏为主要原料，掺加适量轻质填充料或纤维材料后加工而成的一种空心板材。这种板材不用纸和黏结剂，安装时不用龙骨，是发展比较快的一种轻质板材。主要用于内墙和隔墙。

5）纤维石膏板。纤维石膏板是以建筑石膏为主要原料，并掺加适量纤维增强材料制成。这种板材的抗弯强度高于纸面石膏板，可用于内墙和隔墙，也可代替木材制作家具。

除传统的石膏板外，还有新产品不断增加，如石膏吸音板、耐火板、绝热板和石膏复合板等。石膏板的规格也向高厚度、大尺寸方向发展。

6）植物秸秆纸面石膏板。不同于普通的纸面石膏板，它因采用大量的植物秸秆，使当地的废物得到了充分利用，既解决了环保问题，又增加了农民的经济收入，又使石膏板的重量减轻，降低了运输成本，同时减少了煤、电消耗的30%～45%，完全符合国家相关的产业政策。

此外，石膏制品的用途也在拓宽，除作基衬外，还用作表面装饰材料，甚至用作地面砖、外墙基板和墙体芯材等。

2. 建筑玻璃

建筑玻璃的主要品种是平板玻璃，具有表面晶莹光洁、透光、隔声、保温、耐磨、耐气候变化、材质稳定等优点。它是以石英砂、砂岩或石英岩、石灰石、长石、白云石及纯碱等为主要原料，经粉碎、筛分、配料、高温熔融、成型、退火、冷却、加工等工序制成。

1）窗用玻璃。也称平光玻璃或镜片玻璃，简称玻璃，是未经研磨加工的平板玻璃。主要用于建筑物的门窗、墙面、室外装饰等，起着透光、隔热、隔声、挡风和防护的作用，也可用于商店柜台、橱窗及一些交通工具（汽车、轮船等）的门窗等。窗用平板玻璃的厚度一般有2 mm、3 mm、4 mm、5 mm、6 mm五种，其中2～3 mm的，常用于民用建筑；4～6 mm的，主要用于工业及高层建筑。

2）磨光玻璃。也称镜面玻璃或白片玻璃，是经磨光抛光后的平板玻璃，分单面磨光和双面磨光两种，对玻璃磨光是为了消除玻璃中含有玻筋等缺陷。磨光玻璃表面平整光滑且有光泽，从任何方向透视或反射景物都不发生变形，其厚度一般为5～6 mm，尺寸可根据需要制作。常用于安装大型高级门窗、橱窗或制镜。

3）磨砂玻璃。也称毛玻璃，是用机械喷砂，手工研磨或使用氢氟酸溶液等方法，将普通平板玻璃表面处理为均匀毛面而成的。该玻璃表面粗糙，使光线产生漫反射，具有透光不透视的特点，且使室内光线柔和。它常被用于卫生间、浴室、厕所、办公室、走廊等处的隔断，也可作黑板的板面。

4）有色玻璃。也称彩色玻璃，分透明和不透明两种。该玻璃具有耐腐蚀、抗冲刷、易清洗等优点，并可拼成各种图案和花纹。适用于门窗、内外墙面及对光有特殊要求的采光部位。

5）彩绘玻璃。是一种用途广泛的高档装饰玻璃产品。屏幕彩绘技术能将原画逼真地复制到玻璃上，它不受玻璃厚度、规格大小的限制，可在平板玻璃上做出各种透明度的色调和图案，而且彩绘涂膜附着力强，耐久性好，可擦洗，易清洁。彩绘玻璃可用于家庭、写字楼、商场及娱乐场所的门窗、内外幕墙、顶棚吊灯、灯箱、壁饰、家具、屏风等，利用其不同的图案和画面来达到较高艺术情调的装饰效果。

6）光栅玻璃。也称镭射玻璃，是以玻璃为基材，经激光表面微刻处理形成的激光装饰材料，是应用现代高新技术采用激光全息变光原理，将摄影美术与雕塑的特点融为一体，使普通玻璃在白光条件下显现出五光十色的三维立体图像。光栅玻璃是依据不同需要，利用电脑设计，激光表面处理，编入各种色彩、图形及各种色彩变换方式，在普通玻璃上形成物理衍射分光和全息光栅或其他光栅，凹与凸部形成四面对应分布或散射分布，构成不同质感、空间感，不同立面的透镜，加上玻璃本身的色彩及射入的光源，致使无数小透镜形成多次棱镜折射，从而产生不时变换的色彩和图形，具有很高的观赏与艺术装饰价值。光栅玻璃耐冲击性、防滑性、耐腐蚀性均好，适用于家居及公共设施和文化娱乐场所的大厅、内外墙面、门面招牌、广告牌、顶棚、屏风、门窗等美化装饰。

7）装饰镜。是室内装饰必不可少的材料。可映照人及景物，扩大室内视野及空间，增加室内明亮度。可采用高质量浮法平板玻璃及真空镀铝或镀银的镜面。可用于建筑物（尤其是窄小空间）的门厅、柱子、墙壁、顶棚等部位的装饰。

二、建筑装饰石材

1. 天然装饰石材

天然石材在古代建筑物中主要用作结构材料和构筑材料，随着人造材料的不断增加，现代建筑中结构材料主要已被水泥混凝土、钢材所取代，天然石材主要用作装饰材料和构筑材料。

用于建筑工程的天然饰面石材品种繁多，但按其基本属性仅有花岗石和大理石两大类。

（1）花岗石

依据建筑学的概念即广义的花岗石是指具有装饰功能并可以磨光、抛光的各类岩浆岩及少量其他类岩石，主要是岩浆岩中的深成岩和部分喷出岩和变质岩。若以岩石学的概念看建筑中所说的花岗石，大致包括各种花岗岩、闪长岩、正长岩、辉长岩（以上属深岩）；辉绿岩、玄武岩、安山岩（以上属喷出岩）；片麻岩（属变质岩）等。这类岩石组织非常紧密，矿物全部结晶且颗粒粗大呈块状构造或粗晶嵌入玻璃质结构中的斑状构造，强度高，吸水性小，硬度、密度及传热性大，它们都可以磨光、抛光成镜面，呈现出斑点状花纹。

岩石学所说的花岗岩指由石英、长石及少量的云母和暗色矿物（橄榄石类、辉石类、角闪石类及黑云母等）组成全品质的岩石，多按结晶颗粒大小的不同，可分为细粒、中粒、粗粒及斑状等多种。花岗岩有明显的解理，其颜色与光泽由长石、云母及暗色矿物而定，通常呈黑、白、灰、浅黄、蔷薇色及红色。优质花岗岩晶粒规则均匀，构造紧密，石英含量多而云母少，不含有害的黄铁矿等杂质，多长石晶粒光泽明亮，无风化迹象。花岗石表观密度为 2 300～2 800 kg/m^3，抗强度高（120～250 MPa），孔隙率和吸水率均小于 1%，传热快［热导率约 2.9 W/（m·K)］，耐磨性、耐久性相当高，耐用年限为数十年至数百年。花岗岩中含石英 20%～40%。石英为酸性氧化物，具有耐酸性，花岗石中石英含量越多，其耐酸性越强，但石英在温度为 573℃及 870℃时发生晶态转变，体积膨胀较其他成分大，发生火灾时易发生开裂而不抗火。由于花岗岩具有质地坚硬、耐磨、耐久，外观稳重大方等特点，被认为是一种高级建筑装饰材料。

闪长岩由斜长石、角闪石及少量黑云母与辉石等矿物所组成，颜色有黑色、黑灰、黑绿色，故为暗色岩石，其组织是均粒结晶。含有大量普通角闪石的细粒闪长岩是一种非常坚硬的岩石，比花岗岩韧性大，强度高，耐久性好，是一种优良的承重及衬面材料，但加工很困难。

花岗石除作普通建筑石料、大型建筑物基础、踏步、栏杆、堤坝、桥梁、路面、街边石等外，主要用作建筑物内外装饰材料。不同的使用场合地点，应选择不同物理性能的花岗石，并加工成不同的表面形式。

根据不同的使用范围，装饰石材可分为三类：

第一类基本不承受任何荷载，主要用作建筑物内外墙、柱的饰面材料，着重考虑岩石的颜色、花纹符合建筑设计要求，作室外饰面石材还应考虑其抗冻性、抗拉强度、吸水性及热膨胀系数等；作室内装饰则应考虑抗冲击强度。饰面石材一般加工成板材，板材的标准厚度为 2 cm，但欧美国家开始向薄型板材方向发展，厚度为 1.2～1.5 cm，最薄厚度达 0.7 cm，再经磨光、抛光，呈现出高贵华丽的质感。

第二类要承受一定的荷载，这类石材主要作地面、台阶、踏步等，因此要求石材具有较高的耐磨性、抗冲击性和抗冻性。室内地面板材厚度为 1.5～2.0 cm。一般经磨光抛光加工；室外地面有板材、条石、方石、拳石等形式，为了防滑，一般不磨光而是凿成点状或条纹，呈现出朴素而粗犷的气质。

第三类主要用于纪念性建筑物，如大型的纪念碑、塔等。对此类岩石有多方面要求，其色彩、花纹、物理力学性能和耐久性要求均较高，有时还要求特大尺寸，重达数十吨至数百吨。

（2）大理石

广义的大理石是指具有装饰功能，并可磨光、抛光的各种沉积岩和变质岩，大致包括各种大理岩、石英岩、蛇纹岩（以上属变质岩），致密石灰岩、砂岩、石膏岩、白云岩等（以上属沉积岩）。除石英岩外，大理岩一般较花岗岩质软，强度低，结构细腻，磨光后无斑点状花纹。岩石学中所指的大理石是由石灰岩或白云岩变质而成，主要矿物成分是方解石或白云石，其主要化学成分为碳酸盐类（碳酸钙或碳酸镁）。大理石构造致密，但硬度不大（莫氏硬度 3～4），较花岗岩易于切割雕琢磨光。纯大理石为白色，我国常称汉白玉。大理石中一般常含有氧化铁、二氧化硅、云母、石墨、蛇纹石等杂质，使大理石呈现出红、黄、棕、黑、绿等各色斑驳纹理，磨光后极为美丽典雅。大理石、石灰岩、白云岩因其主要成分是碳酸盐，能抵抗碱的作用，但不耐酸。若用于城市建筑外部的饰面材料，则因城市空气中常含有二氧化硫，遇水时生成亚硫酸，以后变为硫酸与大理石中的碳酸盐作用，生成易溶于水的石膏，使表面失去光泽，变得粗糙多孔，从而降低装饰性能。若是含石英为主的砂岩、石英岩则不存在此种问题。

砂岩是母岩碎屑沉积物被天然胶结物质胶结而成，其主要成分是石英。砂岩的性能与胶结物种类和胶结的密实程度有关。致密坚硬的砂岩可作装饰石材，山东掖县产纯白砂岩，俗称白玉石，常作雕刻装饰石材。

石英岩是由硅质砂岩变质而成，其构造均匀致密无片理，矿物成分主要是结晶的二氧化硅。其强度和耐久性均很高，使用年限为数百年至千年；但硬度大加工困难，常作承重石材和纪念性建筑用石材。

石灰岩的主要矿物成分为方解石及少量黏土、有机物等杂质，其主要化学成分是碳酸钙。致密石灰岩又称青石。由于所含杂质不同常呈现出灰色、浅黄、暗红等颜色并有纹理，致密石灰岩可作装饰板材。

2. 人造装饰石材

天然装饰石材受产地和产量且加工不易的限制，现代建筑则要求更多、更新、质量优良的装饰材料，因此人造装饰石材大量出现。人造装饰石材品种很多，本节主要介绍最常用的水磨石及合成石。

（1）水磨石

水磨石是用水泥（或其他胶结材料）、石屑、石粉和颜料加水，经过搅拌、成型、养护、研磨等工序制成。水磨石具有天然石材的强度，耐磨性和耐水性能，其质地均匀，稳定性超过天然石材，成本低，因此水磨石是最常见的人造装饰石材。水磨石按不同的标准划分有许多品种，见表 3-27。

表 3-27　水磨石的品种

划分标准	种类	说明
按生产工艺	现浇水磨石	现场配料施工
	预制水磨石	工厂生产
按面层水泥	普通水磨石	用普通水泥作胶结材料
	美术水磨石	用白水泥或彩色水泥作胶结材料
按石屑形状及大小	小尖石石屑水磨石	石屑粒径为 3.5～15 mm
	小圆石石屑水磨石	
	大尖石石屑水磨石	石屑粒径为 16～30 mm
	大圆石石屑水磨石	
按形状	普通水磨石	正方形或长方形
	异型水磨石	多边形、曲线形或带图案的板材
按面层处理方式	普通磨光水磨石	经粗磨，细磨加工
	粗磨水磨石	经粗磨加工
	水刷石	初凝后将面层水泥洗去突出石碴
	聚合物面层板	面层以聚合物为胶结料或表面浸涂聚合物

水磨石的石碴，常用天然大理石、花岗石、白云石、方解石等加工块材、板材后的边角碎料，经破碎，分级处理而成。石碴在水磨石中与混凝土中的粗骨料相同，起骨架的作用。防止产生收缩裂纹，白色和彩色石碴还增加了水磨石的装饰效果。石粉常用白云石破碎磨细而成，要求白度达到 77%、粒径小于 0.8 mm，石粉主要起填充料的作用，减少水泥用量，增加拌合物和易性等。水磨石所用水泥一般为 32.5 号及以上的普通硅酸盐水泥或白色和彩色水泥。颜料选用耐光、耐碱、耐风化且对水泥无害的矿物颜料，掺入量不得大于水泥用量的 15%。

水磨石的配比分面层和底层两种。面层配比在满足装饰设计要求的花色品种所给定的石屑组合条件下确定各种材料的用量，并保证水磨石板抗折强度平均值不低于 5 MPa，单块最小值不低于 4 MPa。面层配合比设计与普通水泥混凝土配合比设计基本相同，常用配比水泥∶石粉∶石碴=1∶0.65∶3.0，水灰比为 0.30～0.45。水磨石板底层起结构热层的作用，为降低成本一般用 1∶2.5 的水泥砂浆。

预制水磨石板有人工和机械两种生产工艺，都要经过配料→成型→养护→粗磨→抹浆→细磨→干燥→抛光→检验包装的过程。预制水磨石平板尺寸为 300 mm×309 mm～500 mm×500 mm，厚 20～25 mm，为了防止运输或安装时碰撞损坏，板中常配以 ϕ4～ ϕ6 的圈筋或钢筋网，异型板尺寸各异，配筋较平板多。

现浇水磨石较预制水磨石板分格自由，厚度小、成本低、整体性好、平整光滑、易于保持清洁，适用于清洁度要求较高的场所如门厅、走廊、卫生间、盥洗室、厨房及人流较多的公共场所。但现浇水磨石湿作业多，工期长，劳动量大。其构造如图 3-8 所示。

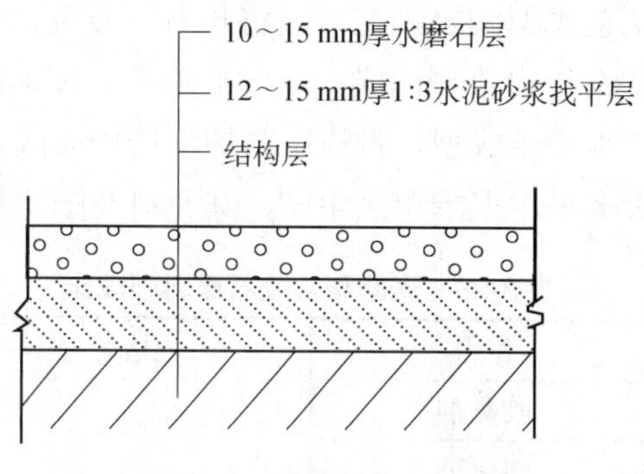

图 3-8 现浇水磨石地面

现浇水磨石施工时，先在结构层上做水泥砂浆找平层，24 h 后采用 2～3 mm 厚，10～15 mm 宽的铜条或铝条，或玻璃条分格嵌条，做法如图 3-9 所示。水泥浆养护 3～5 天后铺水泥石屑面层，美术水磨石应先铺彩色的、深色的和面积大的，再铺本色的、浅色的和面积较小的，水泥完全硬化后研磨三遍，第一遍研磨后进行填补抹浆，养护 2～3 天后再研磨第二遍，再进行抹浆修补，补浆硬化后进行抛光打磨，然后用草酸水或纯氧化铝进行洗拭，直到表面发亮为止，最后打蜡擦光。

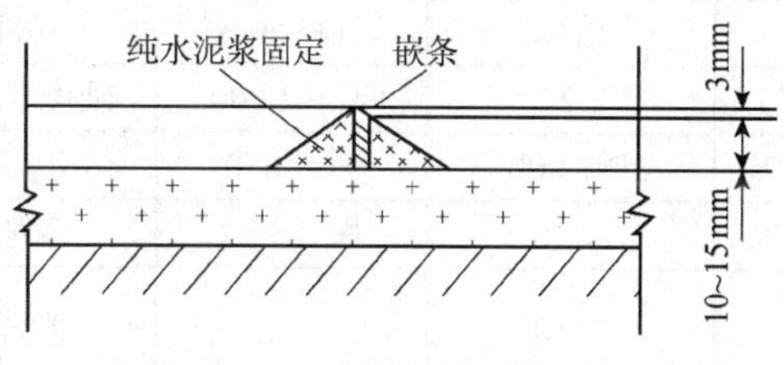

图 3-9 水磨石分格做法

（2）合成石

合成石又称人造石，包括人造大理石和人造花岗石，其中人造大理石应用最为广泛。合成石有聚酯型、硅酸盐型、复合型和烧结型四种。

聚酯型人造石是以石英砂、大理石（或花岗石）石屑、方解石石粉等无机填料，颜料经配合，以不饱和树脂为胶黏剂粘结，室温固化而成。

硅酸盐型人造石是以水泥或石灰、磨细砂为胶黏剂，砂为细骨料，大理石或花岗石石屑、铜碴、镍碴、高炉渣等工业废料为粗骨料，经配料，搅拌、成型、加压蒸养再经磨光、抛光而成。

复合型人造石是同时使用无机材料和有机材料为胶黏剂。胶黏剂的使用方法又有两种，一种是用无机胶黏剂，将填料、骨料胶结成型后，将坯体浸渍于有机单体中，有机单体进入坯体的孔隙中，单体在一定条件下聚合。浸渍坯体可用苯乙烯、甲基丙烯酸甲酯、醋酸乙烯、丙烯腈、二氯乙烯、丁二烯、异戊二烯等单体，这些单体可单独使用或组合使用，也可与聚合物混合使用。另一种是分两层制作，底层采用无机材料（各种水泥）为胶黏剂，面层用不饱和聚酯树脂与石粉石碴制作。

烧结法人造石的生产工艺类似陶瓷工艺，是将长石、石英、辉石、高岭土等原料磨细制成混合坯料，半干压成型在窑炉中焙烧而成；或以玻璃粉、玻璃屑、石碴、瓷粒等为填料，用糊精为胶黏剂制成坯料、半干压成型，带模在窑炉中焙烧而成。

目前我国人造大理石大多采用聚酯型法生产，其原料及配比见表 3-28。

表 3-28　聚酯型合成石原料硬配比

<table>
<tr><th>原料</th><th>作用</th><th>规格牌号</th><th>重量比</th></tr>
<tr><td>饱和聚酯</td><td>胶黏剂</td><td rowspan="6">196#
环烷酸钴：苯乙酸=1：3
14～28 目
60～80 目</td><td>100</td></tr>
<tr><td>过氧化环己铜</td><td>固化剂</td><td></td></tr>
<tr><td>环烷醇钴苯乙烯溶液</td><td>促进剂</td><td>2～4</td></tr>
<tr><td>石碴</td><td>填料</td><td>125～250</td></tr>
<tr><td>石粉</td><td>填料</td><td>125～250</td></tr>
<tr><td>颜料</td><td>着色剂</td><td>适量</td></tr>
</table>

北京市水磨石厂所产聚酯型人造大理石性能指标见表 3-29。

表 3-29　聚酯型人造大理石技术性能

规格/mm	项目	指标	规格/mm	项目	指标
长≤2 000	密度/（g/cm^3）	2.22	长≤2 000	硬度（HB）	≥35
宽≤650	抗压强度/MPa	≥1 000	宽≤650	吸水率/%	＜0.1
厚 8～12	抗折强度/MPa	≥30	厚 8～12	耐酸碱	表面无明显变化
	抗冲击强度/（J/cm^2）	＞10		光泽度	＞70

聚酯型人造大理石轻质高强，物理化学性能优良，色彩鲜明，花纹自然流畅，仿天然大理石逼真，广泛用于民用建筑及公共建筑中的墙面门套、柱面装饰、工作台面、卫生洁具及工艺美术品，但聚酯型人造大理石成本高，不及天然大理石耐摩擦、耐久。

合成石板材的粘贴，根据基层材料不同而选用水泥砂浆、107 胶水泥浆、聚酯树脂环氧树脂胶等为胶黏剂，在混凝土、砖、石墙面柱面上，一般采用 107 胶水泥浆，其程序是先用 1：3 的水泥砂浆打底、找平、划毛，再用水泥：107 胶：水=10：0.5：2.6 的 107 胶水泥浆作胶黏剂粘贴合成石板材，涂一块贴一块，贴后用手轻压或用橡皮锤轻轻敲击，使其与基层粘贴密实牢固，挤出的浆液用棉纱或干布擦净，并随时检查平直方正情况。107 胶水泥浆要随调随用，调和后应在 3～4 h 内用完，粘贴完毕可在板面均匀涂蜡，再用柔软织物涂擦。

三、金属装饰材料

金属材料在现代建筑中已由单一的结构材料，向着结构、功能及装饰材料多种用途方向发展，其品种也由单一品种发展到多品种、多系列以及与有机无机材料复合的形式，如铝合金、彩色镀膜铝合金、铜合金、彩色镀锌钢板、镁铝曲板、金属镀膜玻璃等。本节介绍作为建筑装饰用的铝合金、铜合金、不锈钢制品以及金属复合材料。

1. 铝合金

纯铝材质软，强度低，不适于建筑工程使用，因此常在纯铝中加入镁、锰、铜、硅、锌等元素，使之成为铝合金。铝合金质轻，比强度高，延性、加工性及耐蚀性能优良，是较为理想的建筑装饰材料。

变形铝合金的合金元素含量较低，合金为单一的固溶体组织，塑性好，适于锻造或挤压成形，其中热处理非强化型铝合金，由于从高温到低温生成的同溶体不发生组织变化，因此，不能用热处理方法进行强化。热处理强化型铝合金可以用热处理方法改变其晶体组织提高强度，如硬铝、超硬铝及锻铝属于此类。

铸造铝合金为共晶组织，在铸造时有良好的流动性，线收缩小，铸件致密，很少裂缝形成，耐蚀性优良，适于作铸造件，如重庆长江大桥桥头的春、夏、秋、冬四个塑像为铸造铝合金制成。铸造铝合金有铝硅、铝铜、铝镁及铝锌合金四组。

铝合金的牌号表示方法分汉字牌号和汉语拼音字母代号两种，汉字牌号用汉字表示，汉语拼音字母代号用汉语拼音字母和阿拉伯数字表示，见表 3-30。

表 3-30　铝合金的牌号和代号

类别	牌号	代号
防锈铝合金	一号防锈铝……二十一号防锈铝	LF1……LF12 及 LF21
硬铝合金	一号硬铝……十八号硬铝	LY1……LY18
超硬铝合金	一号超硬铝……十号超硬铝	LC1……LC5 及 LC10
锻铝合金	一号锻铝合金……六号锻铝台金	LD1……LD6 等
特殊铝合金	一号特殊铝合金	LT1
锻造铝合金	一〇一铸铝	ZL101
	二〇一铸铝	ZL201
	三〇一铸铝	ZL301
	四〇一铸铝	ZL401

注：铸造铝合金三位数字中，第一位数字（1～4）表示铝合金的组别，1 代表铝硅合金，2 表示铝铜合金，3 代表铝镁合金，4 代表铝锌合金，后面两位数字代表顺序号。

常用的防锈铝合金有 LF2、LF3、LF5、LF6、LF11、LF21 等。其中除 LF2 为铝锰合金外，其余均为铝镁合金。

铝合金的产品形状有板材、管材、棒材、线材等，它们是用铝合金锭坯经过压延、挤压、轧制、热处理、表面加工处理等不同的加工方法制成。

铝合金平板、花纹板、波纹板、压型板等都是经过压延加工制成，压延加工的铝锭先经均化处理，再在常温或加温状态下粗压、中压，退火（350～420℃）、精压、整形数道工序后得到尺寸准确、表面光洁度美观的板材，压延加工的铝合金一般是采用塑性良好的变形铝合金制成。形状和断面复杂的铝合金型材一般都是经过挤压成形的，仅在批量较大、断面形状简单、表面光洁度要求不高的情况下才采用轧制方法成形。挤压成形工艺其铝锭也要先经过加热均化后再一次挤压成形，以后再经淬火、矫正尺寸、时效处理等工序。挤压过程中铝合金受到很大压力，产生大量变形，晶粒破碎细化因而铝合金强度得以提高。

铝合金制品一般都要进行表面处理，表面处理的目的是提高铝合金的耐蚀、耐磨、耐光、耐气候性，同时可以得到各种美观大方的色泽。铝是一种活泼的金属，易氧化，新加工的铝及其合金在空气中很快在其表面形成一层氧化铝的薄膜，这层氧化铝很致密，能保护下面的金属不再受腐蚀，因此它们在大气中有较强的耐蚀性，但是这种自然氧化所形成的薄膜厚度只有 0.1 μm，极易被破坏，采用阳极氧化处理方法，可使铝合金表面形成比自然氧化厚得多的氧化膜层（5～20 μm），使其抗蚀性得到极大的提高。阳极氧化处理方法就是将铝或铝合金置于电解质溶液中作阳极进行水解，水解时阴极上放出氢气，阳极上产生氧，并与三价铝离子结合形成氧化铝膜层。

经阳极氧化处理后的铝合金呈光亮的银白色，若需其他颜色可再进行着色处理。电解着色法就是按电镀原理，把金属盐溶液中的金属离子通过电解沉积到氧化膜层上，光线在这些金属粒子上产生漫射，就呈现出颜色来，不同的金属盐可着上不同的颜色，见表 3-31。

表 3-31 金属盐和着色的关系

金属盐	所着颜色	金属盐	所着颜色	金属盐	所着颜色
Zn 盐	青铜色系	Sn 盐	青铜色系	Au 盐	紫红色
Cu 盐	青铜色系	Pb 盐	茶褐色	Mn 盐	金黄色
Fe 盐	红褐色系	Ag 盐	鲜黄绿色	K 盐	红棕色

铝合金和碳素钢主要性能比较见表 3-32。

表 3-32　铝合金和碳素钢性能比较

项目	铝合金	碳素钢	备注	项目	铝合金	碳素钢	备注
密度/（g/cm^3）	2.7～2.9	7.8	铝合金强度随合金元素及其含量不同而不同	抗拉强度	370～540	315～785	铝合金强度随合金元素及其含量不同而不同
热导率/[W/（m·K）]	203	46		比强度	72～186	26～75	
线膨胀系数 $\alpha\times10^{-6}$/（1/℃）	22～24	10.6～12.2		耐碱性	有明显变化	无明显变化	
弹性模量 E/MPa	（0.62～0.78）$\times10^5$	（2.06～2.16）$\times10^5$		耐酸性	无明显变化	有明显变化	
屈服点 δ_n/MPa	206～490	205～588		耐候性	无明显变化	有明显变化	

由表 3-32 可见铝合金的比强度大，可使结构断面减小，但铝合会弹性模量约为钢的 1/3，故受力后其变形很大，因此铝合金型材常制成复杂的断面，以便增加型材的刚度，铝合金耐

酸性、耐大气腐蚀性均较钢优良，不需涂层保护，但其耐碱性差，当其与碱接触时表面的氧化铝薄膜溶于碱溶液巾，失去保护膜的铝合金与水发生反应，铝合金即遭腐蚀，铝合金与铜、钢等金属接触时，由于电极电位不同而产生电化学腐蚀，因此在贮存和使用中要注意分别堆放和隔离。铝合金与水泥混凝土、石灰砂浆、石桶制品或潮湿木材等接触时，要用纯铝板、镀锌铝合金或沥青隔离。铝合金的热膨胀系数约为钢的 2 倍，因此必须考虑受热状态下产生的温度应力，且连接处留足伸缩缝。

防锈铝合金（Al—Mn 系、Al—Mg 系）中加入的合金元素锰或镁能溶于铝而形成固溶体，但溶解量甚微，超过溶解度的那一部分锰或镁与铝形成 Al_6Mn 或 Al_9Mg_6 化物。因此常温时防锈铝合金的晶体组够为 α-固溶体及铝锰（或铝镁）化合物两相共存。从常温到高温锰或镁在铝中的溶解度极少变化，故热处理或时效对防锈铝合金强度提高很少，只能冷加工强化。防锈铝合金的塑性、焊接性能好，但切削加工性不良；表面光洁美观、耐蚀性能好，据记载有使用 40 年以上的铝合金屋而至今仍就完好。防锈铝合金可用于承受中等以下荷载及要求耐蚀、表面光亮的制品、构件及管道等，如铝合金门窗常用铝锰合金 LF21，制成防锈铝合金在高温时强度低，易形成氧化膜，焊接时一般不用电弧焊而用乙炔焊，最好采用氩弧焊。

硬铝合金（Al-Mg-Si 合金及 Al-Cu-Mg 合金）经淬火时效处理后强度高，极限强度达 480 MPa，建筑中可作承重结构，是轻型结构的主要结构材料；硬铝合金耐蚀性好，塑性较低，伸长率为 12%～20%，焊接性和加工性能不及防锈铝合金，因此大多用铆接接头。

Al-Mg-Si 合金是国际上生产门窗、货架、柜台的主要品种。

以上铝合金常制成各种型材、板材、管材、线材、冲压件广泛应用于建筑工程中。

超硬铝（Al-Zn-Mg-Cu）合金强度最高，但耐蚀性、热稳定性较差，建筑工程中很少使用。

2. 铜合金及不锈钢

（1）铜合金

铜及其合金主要用作导电、导热、耐磨、耐腐蚀性的器材，如电器仪表、化工器材、造船、医药器械、机器轴承轴套、小齿轮等，建筑工程上铜合金主要用作装饰材料、建筑小五金、城市雕塑等。

铜合金按化学成分分为黄铜、青铜、白铜三大类。

1）黄铜：分普通黄铜与特殊黄铜两种。普通黄铜中只加入锌一种合金元素，因而又称二元黄铜，其牌号用“H”表示，H 后面的数字表示铜的含量百分数，如 H68 表示含铜量 68%。其余为锌的含量。H62 黄铜强度高，δ_a=110 MPa，δ_b=330 MPa，塑性比较好，δ=49%，HB=56；颜色由橙色至金黄色，是应用最广的铜合金，有“商业黄铜”之称。建筑工程中所用金属装饰材料，小五金如铜楼梯扶手、栏杆、踏步防滑条、地毡压条、水磨石嵌缝条、地弹簧及其他小五金，几乎都是采用 H62 黄铜制成，表面处理大都为本色抛光。

2）青铜：品种较多，建筑工程中常用的铸造青铜，主要合金元素是锡、锌，铅铸造青铜牌号用“ZQ”表示，并标出主要合金元素锡及其含量，如 ZQSn3-12-5，表示此青铜中锡含量 3%、含锌 12%、含铅 5%，其他为铜的含量。铸造青铜最主要的特点是耐腐蚀、耐磨、弹性好，铸件体积收缩小。青铜在空气中表面生成 Cu_2O 及 $2CuCO_3 \cdot Cu(OH)_2$ 的致密薄膜，保护下面金属不受腐蚀，在大气、海水、碱和无机盐溶液中有极高的抗蚀性，所以暴露在海水、海风中的船舶，矿山机械零件等广泛使用青铜铸造。青铜在酸性溶液中会遭腐蚀。由于铸造青铜铸造时体积收缩及热裂倾向小，因此能铸造复杂的工件及艺术品，铸件尺寸精确。

3）白铜：品种很多，普通白铜主要合金元素是镍和钴，代号用“B”表示。如 B16 表示白铜中镍与钴的含量为 16%，其余为铜的含量。

铜浮雕艺术装饰板由铜箔与浸渍树脂层压而成，集我国青铜器著名文物为图案，具有民族风格和艺术价值，施工时镶、贴、嵌均可采用，适用于高级建筑大厅、休息厅等内部装修。

（2）不锈钢

不锈钢是含铬或含铬镍的铁合金。不锈钢的晶种现在已有 170 余种，而且每年还不断有新的改进型品种出现。习惯上按使用状态的金相组织将不锈钢分为铁素体不锈钢、马氏体不锈钢和奥氏体不锈钢三类。

不锈钢牌号用一位数字表示平均含碳量，以千分之几计，平均含碳量小于千分之一的用“0”表示；含碳量不大于 0.03%的用“00”表示，后面是主要合金元素符号及其平均含量如 0Cr13 表示含碳量小于千分之一，平均含铬量为 13%的铁素体不锈钢。2Cr13Mn9Ni4 表示含碳量为 2‰，平均含铬量为 13%，平均含锰量为 9%，平均含镍量为 4%的奥氏体不锈钢。常用的不锈钢有 1Cr13、2Cr13、3Cr13、4Cr13、0Cr18Ni9 和 1Cr18Ni9，不锈钢的主要化学成分及机械性能见表 3-33。

表 3-33 不锈钢化学成分及机械性能

品种	主要化学成分/%					机械性能（经热处理后）			
	C	Cr	Ni	Mn	Si	δ_a/MPa	δ_b/MPa	δ/%	*HB*
铁素体不锈钢	≤0.15	12～30		≤0.8	≤1.0	250～350	450～550	16～24	—
马氏体不锈钢	0.08～1.0	12～19	0～2.5	0.8～1.2	≤0.8	≈430	≈630	10～18	≤220
奥氏体不锈钢	≤0.25	12～25	1～29	0.8～16	<4	180～1 200	500～1 350	6～45	—

不锈钢为非磁性体，膨胀系数大，是碳钢的 1.3～1.5 倍，但热导率小，只有碳钢的 1/3。不锈钢韧性及延展性均较好，常温下可加工，冷加工后其强度、硬度有较大提高，但脆性增加。不锈钢抗腐蚀性能强，但并非绝对不会腐蚀。在相同介质中，不同种类的不锈钢腐蚀速度不同；而同一种不锈钢，在不同介质中的腐蚀行为也不一样。例如，只加入单一的合金元素铬的不锈钢，它们在氧化性介质（如水蒸气、大气、海水、氧化性酸）中有较好的耐蚀性，在非氧化性介质（如盐酸、硫酸、碱溶液）中则耐蚀性很低。镍-铬不锈铜由于加入了镍元素，而镍对非氧化性介质耐蚀性强，因而使这种不锈钢的耐蚀性进一步提高。

建筑工程中除要求耐腐蚀的工业厂房、设备使用不锈钢外，现代建筑采用不锈钢制品制作装饰材料的也日益增多，如各大宾馆采用镜面不锈钢板包柱。

彩色不锈钢板是在不锈钢板上进行技术和艺术的加工，使其成为蓝、灰、紫、红、绿、金黄、橙及茶色等各种色彩绚丽的不锈钢板，色泽随光照角度改变而产生变幻的色调效果。彩色不锈钢板的耐盐雾腐蚀性能超过一般不锈钢，耐磨和耐刻划性能相当于箔层涂金的性能。彩色面层在 20℃的温度下或弯曲 90°不会变色损坏，彩色层经久不褪色，是极富现代气息的装饰材料，可作电梯厢板、厅堂墙板、天花板、建筑装潢、招牌之用。

四、建筑涂料

涂料是指涂敷于物体表面能与基体材料很好黏结并形成完整而坚韧保护膜的物料。由于涂料最早是以天然植物油脂、天然树脂（如亚麻子油、桐油、松香、生漆等）为主要原料，故而称油漆。根据科学技术发展的实际情况，合成树脂在很大范围内已经或正在取代天然材脂，所以我国已正式命名为涂料，而油漆仅仅是涂料中的油性涂料而已。

建筑涂料是指用于建筑物表面的涂料，具有色彩鲜艳、造型丰富、质感与装饰效果好的特点，品种多样，可满足各种不同要求。此外，建筑涂料还具有省工省料、造价低、工期短、工效高、自重轻、可在各种复杂的墙面上施工、维修更新方便等优点。因此，在建筑装饰工程中应用十分广泛。

各种涂料的组成不同，但基本上由主要成膜物质、次要成膜物质、辅助物质（稀释剂和助剂等）组成。各组成部分的常用原料见表 3-34。

表 3-34　涂料各组成部分的常用原料

组成	成分	原料类别
主要成膜物质	油脂	动物油、鲨鱼肝油、牛油等，植物油、桐油、豆油、蓖麻油等
	树脂	天然树脂，虫胶、松香等合成树脂，酚醛、醇酸、氨基酸、有机硅等
次要成膜物质	颜料	无机颜料：钛白、铬黄、铁蓝、炭黑等 有机颜料：甲苯胺红、酞菁篮等 防锈颜料：红丹、锌铬黄等
	填充料	滑石粉、碳酸钙、硫酸钡等
辅助成膜物质	助剂	增韧剂、催干剂、固化剂、乳化剂、稳定剂等
挥发物质	稀释剂	石油溶剂、苯、松节油、乙醇、水等

主要成膜物质包括基料、胶黏剂和固着剂。其作用是将涂料中的其他组分黏结在一起，并能牢固附着在基层表面形成连续均匀、坚韧的保护膜。主要成膜物质的性质对形成涂膜的坚韧性、耐磨性、耐候性以及化学稳定性等起着决定性的影响。

次要成膜物质包括颜料和填料，它们是构成涂膜的组成部分，以微细粉状均匀分散于涂料介质中，赋予涂膜以色彩、质感，使涂膜具有一定的遮盖力，减少收缩，还能增加涂膜的机械强度，防止紫外线的穿透，提高涂膜的抗老化性、耐候性等，但它们不能离开主要膜物质单独成膜。稀释剂又称为溶剂，是溶剂型涂料的一个重要组成部分。它是一种具有既能溶解油料、树脂，又易于挥发，能使树脂成膜的有机物质，其作用是：将油料、树脂稀释并将颜料和填料均匀分散；调节涂料的黏度，使涂料便于涂刷、喷涂在物体表面形成连续薄层以增加涂料的渗透力；改善涂料与基面的黏结能力、节约涂料等。但过多的掺用溶剂会降低涂膜的强度和耐久性。

辅助材料又称助剂，其用量很少，但种类很多，各有特点，且作用显著，是改善涂料某些性能的重要物质。

建筑物的装饰效果主要通过质感、线型和色彩三方面取得，其中线型主要由建筑结构及饰面方法所决定，而质感和色彩则是涂料装饰效果好坏的基本要素。耐久性包括保护效果和装饰效果两方面。涂膜的变色、沾污、剥落与装饰效果直接有关，而粉化、龟裂，剥落与保护效果有关。涂料装修比较经济。

在建筑中选择涂料时可参考下列几点：

1）建筑物的装饰部位选择不同功能的涂料。外部装饰主要有外墙、窗套、屋檐等部位，所用涂料必须有足够好的耐水性、耐候性（耐老化性）、耐沾污性和耐冻融性，才能保证有较好的装饰效果和耐久性。内部装饰主要有内墙立面、顶棚、地面。内墙涂料对颜色、平整度、丰富度、硬度、耐干擦性和湿擦性上有要求。一般内墙涂料原则上均可作顶棚涂料，但在较大型的建筑中，采用添加粗骨料的毛面顶棚涂料则更富有装饰效果。地面涂料应具有较好的耐磨性和隔声作用。

2）按不同的建筑结构材料来选择涂料及确定涂料体系。一幢建筑物需采用多种结构材料，如混凝土、水泥、砂浆、砖木材和钢铁、塑料等。因此，选用涂料应考虑到被涂底材的特性。例如，混凝土和水泥等无机硅酸盐底材用的涂料，必须具有较好的耐碱性，并能有效防止底材的碱分［$CaO \cdot Ca(OH)_2$］析出涂膜表面，引起“析碱”现象而影响装饰效果。对于钢铁等金属构件，必须注意防止生锈，因此，在考虑涂料体系时应先涂防锈底漆，然后再涂配套的面漆。

3）按建筑物所处的地理位置和施工季节选择涂料。建筑物所处地理位置及饰面经受不同的气候条件要求不一样，炎热多雨的南方所用的涂料不仅要求好的耐水性，而且应有好的防霉性，否则霉菌繁殖会很快使涂料失去装饰效果；严寒的北方对涂料的耐冻融性有着更高的要求；雨季施工应选择干燥迅速并具有较好的初期耐水性涂料；冬季施工则应特别注意涂料的最低成膜温度，选择成膜温度低的涂料。

4）按建筑标准和造价选择涂料和确定施工工艺。对于高级建筑可以选用高档涂料，并采用三道成活的施工工艺，即底为封闭层，中间层形成具有较好质感的花纹和凸凹状，面层则使涂料具有较好的耐水性、耐沾污性和耐修性，从而达到较好的装饰效果和耐久性。一般建筑可选用中档产品，采用二道成活的施工工艺。

一种好的涂料为取得好的装饰效果及耐久性，必须在基层表面创造有利的质感、线型、涂层附着条件以及合理的施工工艺。因此，当涂料选定以后，一定要对该涂料的施工要求和注意事项做全面了解，并按要求进行施工，才能取得预期的效果。

五、饰面砖及饰面板

1. 饰面砖

（1）陶瓷锦砖

陶瓷锦砖旧称“马赛克”，又叫“纸皮砖”。随着现代建筑的发展，这种砖的用途越来越广，已有不少高级建筑除用它做铺地砖外，还用它做外墙贴面及内墙饰面之用。

陶瓷锦砖是以优质瓷土烧制而成的，且单块砖边长不大于 50 mm 的陶瓷砖板。陶瓷锦砖有挂釉及不挂釉两种。按砖联分为单色、拼花两种。砖联分正方形、长方形等。这种砖质地坚实，经久耐用、色泽多样，耐酸、耐碱、耐火、耐磨，不渗水、易清洗、抗压力强、吸水率小，在±20℃温度下无开裂现象。

陶瓷锦砖的基本形状如图 3-10 所示。

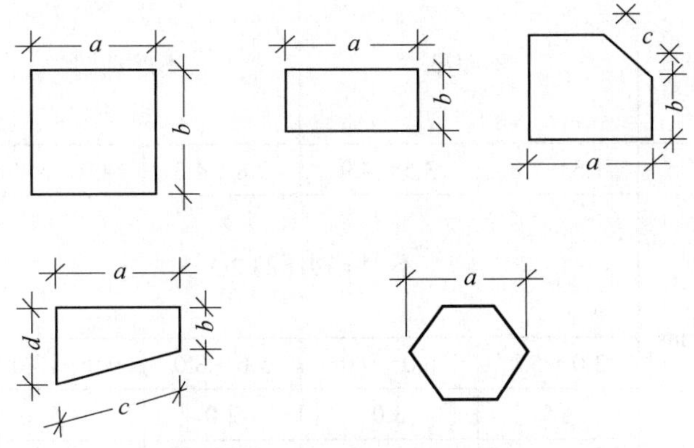

图 3-10　陶瓷锦砖的基本形状

陶瓷锦砖按尺寸偏差和外观质量分为优等品及合格品两个等级。其最大边长不大于 25 mm 或大于 25 mm 的陶瓷锦砖的外观质量应符合《陶瓷马赛克》（JC/T 456—2015）规定，见表 3-35 和表 3-36。

表 3-35　最大边长不大于 25 mm 的锦砖外观缺陷的允许范围

缺陷名称	表示方法	单位	缺陷允许范围				备注
			优等品		合格品		
			正面	背面	正面	背面	
夹层、釉裂、开裂			不允许				
斑点、起泡、麻面、波纹、缺釉、黏釉、棕眼			不明显		不严重		
缺角	斜边长	mm	1.5～2.3	3.5～4	2.3～3.5	4.3～5.6	斜边长小于 1.5 mm 的缺角允许存在；正背面缺角不允许在同一角部；正面只允许缺角 1 处
	深度		不大于砖厚的 2/3				
缺边	长度	mm	2.0～3.0	5.0～6.0	3.0～5.0	4.3～5.6	正背面缺边不允许出现在同一侧面；同一侧面边不允许出现 2 处缺边；正面只允许两处缺边
	宽度		1.5	2.5	2.0	3.0	
	深度		1.5	2.5	2.0	3.0	
变形	翘曲		不明显				
	大小头	mm	0.2		0.4		

表 3-36 最大边长大于 25 mm 的锦砖外观缺陷的允许范围

<table>
<tr><th rowspan="3">缺陷名称</th><th rowspan="3">表示方法</th><th rowspan="3">单位</th><th colspan="4">缺陷允许范围</th><th rowspan="3">备注</th></tr>
<tr><th colspan="2">优等品</th><th colspan="2">合格品</th></tr>
<tr><th>正面</th><th>背面</th><th>正面</th><th>背面</th></tr>
<tr><td>夹层、釉裂、开裂</td><td></td><td></td><td colspan="4">不允许</td><td></td></tr>
<tr><td>斑点、起泡、麻面、波纹、缺釉、黏釉、棕眼</td><td></td><td></td><td colspan="2">不明显</td><td colspan="2">不严重</td><td></td></tr>
<tr><td rowspan="2">缺角</td><td>斜边长</td><td rowspan="5">mm</td><td>1.5～2.8</td><td>3.5～4.9</td><td>2.8～4.3</td><td>4.9～6.4</td><td rowspan="2">斜边长小于 1.5 mm 的缺角允许存在；正背面缺角不允许在同一角部；正面只允许缺角 1 处</td></tr>
<tr><td>深度</td><td colspan="4">不大于砖厚的 2/3</td></tr>
<tr><td rowspan="3">缺边</td><td>长度</td><td>3.0～5.0</td><td>6.0～9.0</td><td>5.0～8.0</td><td>9.0～13.0</td><td rowspan="3">正背面缺边不允许出现在同一侧面；同一侧面边不允许出现 2 处缺边；正面只允许两处缺边</td></tr>
<tr><td>宽度</td><td>1.5</td><td>3.0</td><td>2.0</td><td>3.5</td></tr>
<tr><td>深度</td><td>1.5</td><td>3.0</td><td>2.0</td><td>3.5</td></tr>
<tr><td rowspan="2">变形</td><td>翘曲</td><td></td><td colspan="2">0.3</td><td colspan="2">0.5</td><td></td></tr>
<tr><td>大小头</td><td>mm</td><td colspan="2">0.6</td><td colspan="2">1.0</td><td></td></tr>
</table>

陶瓷锦砖密度为 2.3～2.4 g/cm^3，抗压强度为 15～25 MPa，无釉锦砖的吸水率＜0.2%，有釉锦砖吸水率应不大于 1.0%，使用温度为−20～100℃，耐酸度＞95%，耐碱度＞84%，莫氏硬度 6%～7%，耐磨值＜0.5。陶瓷锦砖可用于工业与民用建筑的洁净车间、门厅、走廊、餐厅、厕所、盥洗室、浴室、工作间、化验室等处的地面和内墙面等，并可作高级建筑物的外墙饰面材料。陶瓷锦砖可拼出各种美丽图案，如图 3-11 所示。

图 3-11 陶瓷锦砖的几种基本拼花图案

（2）釉面内墙砖

釉面内墙砖（又称瓷砖）是用瓷土烧制而成的。表面光滑、易于清洗、色泽多样、美观耐用。

釉面内墙砖按釉面颜色分为单色（含白色）、花色和图案砖；按正面形状分为正方形、长方形和异形配件砖。釉面砖的侧面形状和异形配件砖的形状如图 3-12 和图 3-13 所示。釉面砖的主要规格尺寸见表 3-37，异形配件砖规格尺寸如图 3-12 所示。

图中 R、r、H 值由生产厂自定，E 不大于 0.5 mm。

釉面内墙砖根据其外观质量分为优等品、一等品、合格品三个等级，见表 3-38。

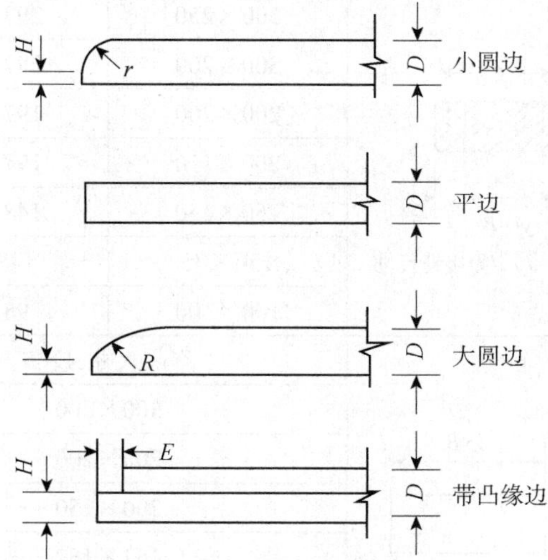

图 3-12　釉面砖的侧面形状

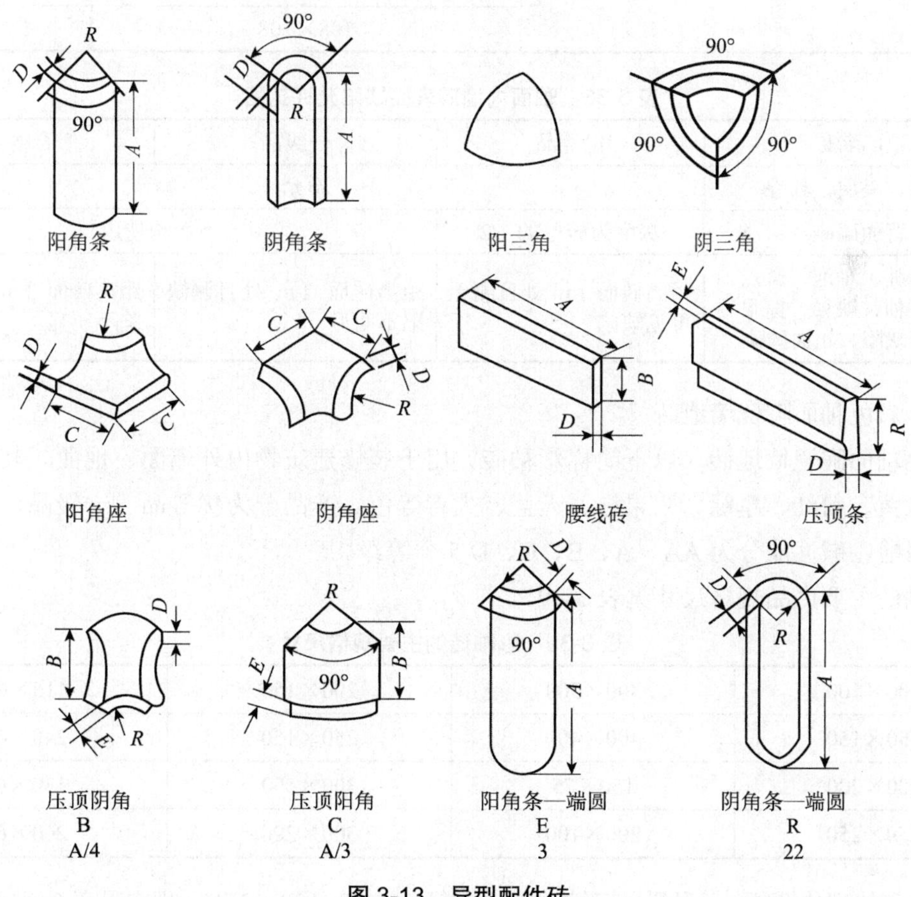

图 3-13　异型配件砖

表 3-37　釉面砖的主要规格尺寸　　单位：mm

图例		装配尺寸 C	产品尺寸 $A\times B$	厚度 D
模数化	C、D、$A\times B$、J $C=A$或$B+J$，J为接缝尺寸	300×250	297×247	
		300×200	297×197	
		200×200	197×197	
		200×150	197×148	
		150×150	148×148	5
		150×75	148×78	5
		100×100	98×98	5
非模数化	$A\times B$、D	产品尺寸 $A\times B$		厚度
		300×200		生产厂自定
		200×200		
		200×150		
		152×152		5
		152×75		5
		108×108		5

表 3-38　釉面内墙砖表面缺陷允许范围

缺陷名称	优等品	一级品	合格品
开裂、夹层、釉裂	不允许		
背面磕碰	深度为砖厚的 1/2	不影响使用	
剥边、落脏、釉泡、斑点、波纹、黏釉、缺釉、棕眼裂纹、图案缺陷、正面磕碰	距离砖面 1 m 处目测无可见缺陷	距离砖面 2 m 处目测缺陷不明显	距离砖面 3 m 处目测缺陷不明显

（3）彩色釉面陶瓷墙地砖

彩色釉面陶瓷墙地砖（以下简称彩釉砖）用于装修建筑物内外墙面、地面。其颜色有米黄、柠檬黄、粉红、草绿、苹果绿、天蓝、大青等色。产品分为优等品、一级品、合格品三级。按耐酸、碱性能分为 AA、A、B、C、D 5 个等级。

彩釉砖主要产品规格尺寸见表 3-39。

表 3-39　彩釉砖的主要规格尺寸

100×100	300×300	200×150	115×60
150×150	400×400	250×150	240×60
200×200	150×75	300×150	130×65
250×250	200×100	300×200	260×65

彩釉砖的理化性能、表观质量应符合《陶瓷砖》（GB/T 4100—2015）规定见表 3-40 和表 3-41。

表 3-40　彩色釉面陶瓷墙地砖物化性能

项目	指标
吸水率/%　≤	10
耐急冷急热性	经 3 次急冷急热循环不出现炸裂或裂纹
抗冻性	经 20 次冻融循环不出现破裂剥落或裂纹
弯曲强度平均值/MPa　≥	24.5

表 3-41　彩色釉面陶瓷墙地砖表面质量要求

缺点名称	优等品	一级品	合格品
缺釉、斑点、裂纹、落脏、开裂、波纹、剥边、溶洞、烟熏、釉缕	距离砖面 1 m 处目测，有可见的砖数不超过 5%	距离砖面 2 m 目测，有可见的砖数不超过 5%	距离砖面 3 m 处目测，缺点不明显
色差	距离砖面 3 m 处目测不明显		

（4）玻璃面砖

玻璃面砖是饰面玻璃的一种。将着色玻璃或着色乳浊玻璃裁切成小块或浇铸成与瓷砖大小相同的玻璃片；也可以在普通玻璃板表面喷涂色釉烧成。有方形、角形及各种异型制品。色彩多样、耐酸、耐碱、不吸水。多用于建筑物内外墙装修。

（5）玻璃锦砖

玻璃锦砖也称马赛克，是用各种颜色的乳浊、半乳浊玻璃压制成的或用粉料烧结的小型块状镶嵌制品，其规格有 20 mm×20 mm×4 mm 或 25 mm×25 mm×4.2 mm 等。玻璃锦砖的色彩丰富，可组合成各种艺术图案，并且色调稳定，光泽晶莹，主要用作住宅、公共设施等内、外装修材料，抗侵蚀材料及艺术镶嵌制品。

（6）劈离砖

劈离砖是我国近年来研制、生产的一种新型建筑装修材料。该砖是经过真空炼泥、高压挤出而成型的瓷砖。成型时两块砖背对背地同时挤出，烧成后才“劈离”成单块，因此而得名。“劈离砖”或称“劈裂砖”。它与外墙彩釉砖、釉地面砖、红地砖等相比具有密度大、强度高、耐磨、耐压、抗冻性好等特点。其品种有：平面砖、踏步砖、阴角砖、阳角砖、彩色釉面或表面压花等，而平面砖中又分长方形、条形、双联条形、方形等。

劈离砖有多种颜色，外观美观，可按需要拼砌成各种图案以适应建筑物和环境的需要。因其表面不反光、无亮点、外观质感好，所以用于外墙面时，质朴、大方，具有石材的装饰效果。用于室内外地面、台面、踏步、广场及游泳池、浴池等处的劈裂砖，因其表面具有黏土质的粗糙感，不易打滑，故其装饰和使用效果均佳。

2. 饰面板

用于饰面的石板分为天然的与人造的两类，天然大理石与天然花岗岩石建筑板材。

（1）人造石饰面板

人造石板又称合成石板，它具有天然石材的花纹和质感。其品种有人造大理石板、人造花岗岩板、人造玉石板、水磨石板等。

1）人造大理石板和人造花岗石板：是以石粉及粒径小于 3 mm 的石米为主要填料，以树脂为结合剂，在一定规格的模具上一次成型，加工而成。仿天然大理石板的色泽、花纹者，称为“人造大理石板”，仿天然花岗石板的色泽、花纹者，称为“人造花岗石板”。一般厚度在 5～8 mm，也可将四周边厚加到 20 mm 左右。其性能见表 3-42。

表 3-42　人造大理石或花岗石板的技术指标

项目	指标	项目	指标	项目	指标
密度/（g/cm^3）	2.22	抗冲击强度/（J·cm^2）	＞0.1	光泽度/度	＞70
抗压强度/MPa	≥100	硬度（HB）	≥35	耐酸	耐
抗折强度/MPa	≥100	吸水率/%	＜0.1	耐碱	耐

2）建筑水磨石板：水磨石是以水泥（白水泥、硅酸盐水泥或铝酸盐水泥）及石屑（大理石屑或彩色石屑）为主要原料，经成型、养护、研磨、抛光而制成。由它可制成各种类型的饰面板。如墙面、地面、柱面板、窗台板、台面板、踏步板、踢脚板等。

水磨石板的花色可根据需要加工。按其表面加工程度有粗磨石板、细磨石板和抛光石板三类。建筑水磨板的构造如图 3-14 所示，质量要求见表 3-43。

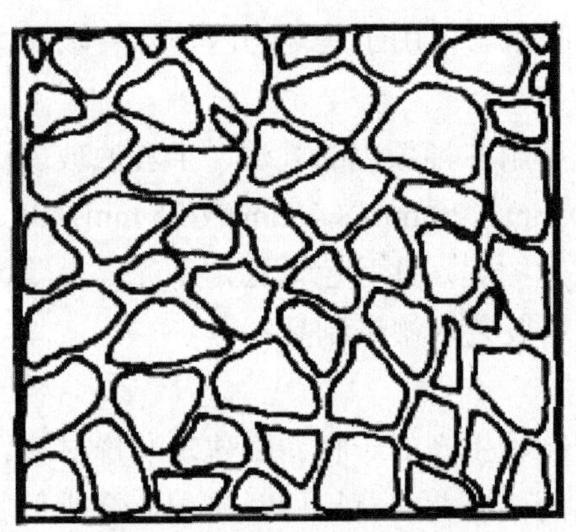

图 3-14　建筑水磨石板的构造

表 3-43　建筑水磨石板的质量标准

缺陷种类	合格标准	
	一级品	二级品
杂质、返浆	不许有	不超过 2 处 每处不大于 10 mm×10 mm
气孔、剥落、划痕、颜色、不均匀、杂石、漏砂	距 1.5 m 目测不明显	—

（2）彩色涂层钢板

彩色涂层钢板按涂层物质分为有机涂层、无机涂层和复合涂层三类。以有机涂层发展最快，常用的有机涂层为聚氯乙烯。此外，还有聚丙烯酸酯、环氧树脂、醇酸树脂等。由于有机涂层可配制成各种不同的色彩和花纹，故通常称为彩色涂层钢板。可用于热轧钢板和镀锌钢板。涂层与钢板的结合方法有薄膜层压法和涂料涂覆法两种。彩色涂层钢板用途很广，建筑中可用于墙板，防水、汽渗透板等。

（3）彩色不锈钢板

彩色不锈钢板是在不锈钢板上进行技术和艺术加工，使其成为各种色彩绚丽的不锈钢板。其颜色有蓝、灰、紫、红、青、绿、金黄、茶色及橙色等。由于彩色不锈钢板具有良好的抗腐蚀性及机械性能，耐磨、耐刻划性能好，耐高温（200℃），因此用于墙面，不仅坚固耐用，而且随光照角度的不同会产生变幻的色调效果，美观新颖。

（4）铝及铝合金装饰板

铝合金装饰板可分为铝合金花纹板、铝质浅花板、铝合金波纹板及铝合金压型板等。

铝合金花纹板是采用防锈铝合金等坯料，用特制的花纹轧辊轧制而成的。

铝合金压型板是选用纯铝 L5、铝合金 LF2 为原料，经辊压冷加工而成的各种波形的金属板材。其板型如图 3-15 所示。

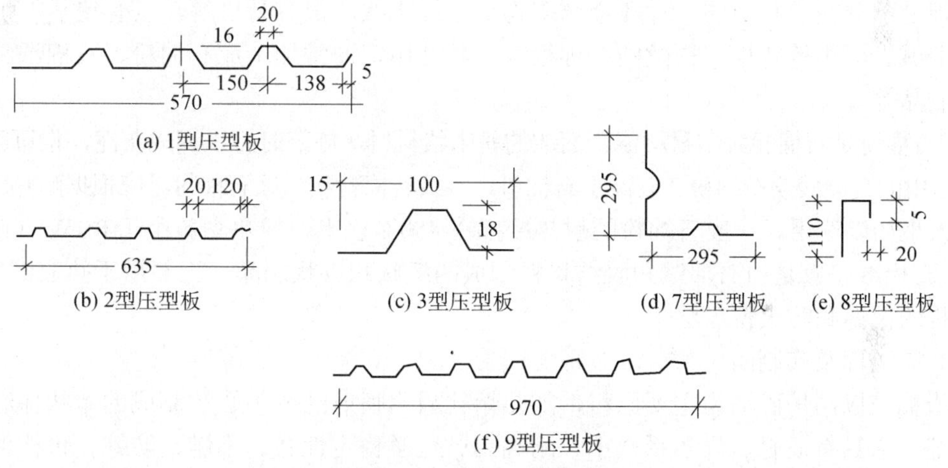

图 3-15　铝合金压板板型

铝合金装饰板具有自重轻（仅为铜的 3/10），耐久性好（在大气中使用 20 年不需修）、外形美观、表面光亮、可反射太阳光，便于运输和施工，并具有防火、防潮、耐腐蚀等特点，通过表面处理可以得到各种色彩的板材。因此，铝合金装饰板主要用于屋面和墙面。

（5）顶棚罩面板

用于顶棚罩面有玻璃棉装饰吸声板、膨胀珍珠岩装饰吸声板、石膏装饰板、矿棉装饰吸声板和贴塑矿（岩）棉吸声板等。

矿棉装饰吸声板是以矿棉为主要原料。加入适量的胶黏剂、防潮剂、防腐剂，经过加压、烘干饰面而制成的一种新型顶棚罩面板，如图 3-16 所示。具有质轻、吸声、防火、隔热、保温等特点。顶棚罩面板用于影剧院、会堂、音乐厅、播音室、录音室等，可控制和调整室内混响时间，消除回声，改善室内音质，用于喧哗场所（如工厂车间），可降低室内噪声级，改善环境条件。

(a) 枫叶

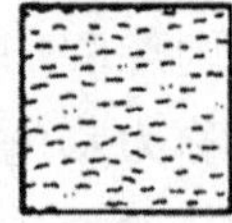
(b) 毛毛虫

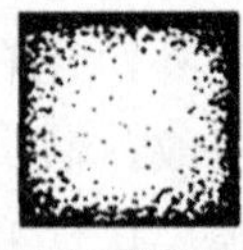
(c) 满天星

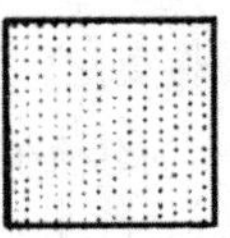
(d) 排空

图 3-16 矿棉装饰吸声板图案

第七节 保温工程主要材料

一、无机保温材料

无机保温材料按构造的不同可以分为纤维材料、粒状材料和多孔材料三类。

1. 纤维材料

（1）石棉及其制品

石棉是蕴藏在岩石中的一种非金属矿物，呈纤维状，很容易松解，具有绝热、耐火、耐热、耐酸碱、隔声等特性。松散的石棉很少单独使用，通常加工成石棉粉、石棉纸、板和石棉纺织制品等。

1）石棉粉是石棉和胶结材料混合而成的粉末状材料，施工时可以调成灰泥，也可事先做成板材。常用的有碳酸镁石棉粉、硅藻土石棉粉、一级石棉粉和二级石棉粉。应根据耐热度、导热系数的大小加以选用。一般石棉粉的耐热度都在450℃以上，导热系数小于0.1W/（m·K）。

2）石棉纸、板是由石棉绒和胶结材料制成的纸状和板状制品，主要用于热表面的隔热、建筑结构的保温和防火覆盖层。

（2）矿渣棉及其制品

矿渣棉是以高炉矿渣为主要原料，加热熔化后用喷射法或离心法制成的絮状保温材料，又称矿棉。它具有质轻、导热系数小、耐高温、化学稳定性强、不燃、防蛀、价格便宜等特点，可以作填充性保温材料。矿渣棉施工时对操作人员有刺激皮肤的缺点。为了解决这个问题，方便施工，通常用沥青或酚醛树脂作胶结剂，制成各种矿渣棉制品，如矿棉沥青毡、矿棉沥青贴面毡、矿棉半硬板、矿棉管壳等。

（3）岩棉及其制品

岩棉是以火山玄武岩为主要原料，经高温熔化，用喷射法或离心法制成。其特性大体上和矿渣棉相似，是一种新型的保温材料。除了填充使用作保温材料外，常制成各种岩棉制品使用，如岩棉板，分为尤贴面的和玻璃布贴面的两种，还有岩棉缝毡、岩棉管套等。

表 3-44 矿渣棉、岩棉、玻璃棉的若干性能

名称	纤维长度	容重/（kg/m^3）	导热系数/[W/（m·K）]，常温
岩棉	4～7	80	0.03
玻璃棉	＜15	80～100	0.052
矿渣棉	＜7	≤70	0.035～0.044

（4）玻璃棉及其制品

玻璃棉是将熔融状态的玻璃液，经一系列的工艺加工制成的棉絮状材料，包括短棉和超细棉两种。短棉的纤维长度为 50～150 mm，单纤维直径为 12 μm 左右，外观洁白似棉。超细棉的纤维直径比短棉的细得多，一般在 4 μm 以下。玻璃棉很轻、导热系数小，并且具有化学稳定性好、不燃烧、不腐烂、吸湿性极小等优点，因此它是一种高级保温材料，常做成各种玻璃棉制品，如毡、板、管壳等。

2. 粒状材料

粒状材料主要有膨胀蛭石和膨胀珍珠岩两种。

（1）膨胀蛭石及其制品

硬石是一种天然矿物，经烘干、破碎、筛选，然后在 850～100℃温度下煅烧，因体积急剧膨胀（约 20 倍），所以煅烧后的产物叫膨胀蛭石。

膨胀蛭石的容重很小，一般为 80～200 kg/m^3，导热系数为 0.047～0.070 W/（m・K），可以在 1 000～1 100℃的高温下使用，不会腐烂变质，不被虫蛀。缺点是吸水性很大，吸水后使保温性能下降，所以使用时应注意防潮。

膨胀蛭石是一种松散粒状材料，可以松散铺设于屋面、楼板、墙壁、地及其他围护结构等处作保温、隔声之用，也可用作冷库的围护结构。膨胀蛭石铺设之后，须轻轻捣实，目的是减少沉陷，对导热性能影响不大。

膨胀蛭石还可以和胶结材料一起使用制成各种制品。

水泥膨胀蛭石制品是用水泥作胶结材料，与膨胀蛭石、适量的水搅拌均匀，压制成型，经养护而成。

水玻璃膨胀蛭石制品是用膨胀蛭石、水玻璃和适量的氟硅酸钠，经拌和、浇注、成型、养护而成。

以上两类膨胀蛭石制品都可做成砖、板、管、瓦用于围护结构和管道保温。

（2）膨胀珍珠岩及其制品

生产膨胀珍珠岩的原料是珍珠岩。珍珠岩是一种天然的岩石，由于具有珍珠光泽而得名。珍珠岩经破碎、筛分、预热、瞬时高温焙烧体积急剧膨胀，所得产物就是膨胀珍珠岩。

膨胀珍珠岩是一种白色或灰白色的颗粒，呈蜂窝泡沫状，质量轻，容重为 40～300 kg/m^3。导热系数小，常温时 λ<0.047，高温时 λ=0.058～0.17，低温时 λ=0.028～0.038 W/（m・K），可在 800℃高温下使用，是一种高效能的保温材料。

这种材料还有无毒、不燃烧、抗菌、耐腐蚀、吸湿性小等优点；缺点是吸水性强，吸水后其保温性能和强度下降，使用时应当注意。膨胀珍珠岩广泛用于建筑物的围护结构以及烟囱、管道及热工设备的绝热、低温和超低温设备保冷等。

膨胀珍珠岩粉可以松铺或松填于屋面、楼板、墙壁、地面等处，也可以与水泥、石灰、沥青以及其他胶结材料配制膨胀珍珠岩涂料粉刷或喷涂墙面、天棚、屋面等处作保温用。

膨胀珍珠岩制品是以膨胀珍珠岩为主要材料，与适量胶结材料经过拌和、成型、养护或干燥、焙烧而成的产品。按所用胶结料的名称加以命名，如水泥珍珠岩制品、水玻璃珍珠岩制品、磷酸盐珍珠岩制品和沥青珍珠岩制品等。这四类珍珠岩制品都制成砖、板、管，用于围护结构和管道保温。

3. 多孔材料

这一类保温材料主要包括加气混凝土、泡沫混凝土和泡沫玻璃。

（1）加气混凝土

用于围护结构保温的加气混凝土砌块容重为 400～500 kg/m^3，抗压强度在 3 MPa 以上，导热系数为 0.1 W/（m·K）左右，加气混凝土具有可钉、可锯、可刨、不燃等特性，是一种性能良好的保温材料。

（2）泡沫混凝土

泡沫混凝土分两种：

一种是以通用水泥加泡沫剂及水等经机械搅拌、成型、养护而成，又称泡沫水泥，其容重为 300～500 kg/m^3。导热系数为 0.110～0.179 W/（m·K），抗压强度 3～4 MPa。

另一种是硅酸盐泡沫混凝土。它是以粉煤灰或其他类似的工业废料为主，加入适量石灰、石膏及泡沫剂，经机械搅拌、机械成型、自然养护而成。

（3）泡沫玻璃

泡沫玻璃是将碎玻璃磨成粉与发泡剂混合，在高温下烧胀而成。其内部有大量封闭、不连通的气泡，孔隙率高达 80%～90%，气泡直径为 0.1～5 mm。这种材料容重小（150～220 kg/m^3），导热系数为 0.4～0.5 W/（m·K），几乎不吸水，具有防火、可锯、可钉、可钻等特点，是一种较高级的保温材料。

二、有机保温材料

1. 泡沫塑料

泡沫塑料是以各种树脂为基料，加入一定量的发泡剂、催化剂、稳定剂等辅助材料，经加热、发泡而成的一种新型轻质、高效保温材料。这一类材料的共同特性是质轻、保温性能好。泡沫塑料种类很多，一般均以所用树脂取名，我国早前生产的有聚苯乙烯泡沫塑料、聚氯乙烯泡沫塑料、聚氨酯泡沫塑料和脲醛泡沫塑料等。它们的一般技术性能指标见表 3-45。

表 3-45 常用泡沫塑料的技术性能

材料名称	容重/（kg/m^3）	导热系数/[W/（m·K）]	抗压强度/MPa	耐热度/℃	耐寒度/℃
聚苯乙烯泡沫塑料	21～25	0.03～0.04	0.14～0.36	75	−80
硬质聚氯乙烯泡沫塑料	≤45	≤0.043	≥0.18	80	−35
硬质聚氨酯泡沫塑料	30～40	0.037～0.048	≥0.2	—	—
脲醛泡沫塑料	≤15	0.028～0.03	0.015～0.025	—	—

（1）软木板

软木板是用栓树的外皮或黄菠萝的树皮做原料，经碾碎、筛选后与胶拌和、加压成型、焙烘而成。由于软木中含有大量微小的封闭气孔，并含有大量的树脂，所以容重和导热系数都很小，防腐、防水性好。

软木板是一种高级保温材料，由于价格昂贵，只用于冷藏室和某些重要工程。

（2）木丝板

木丝板又名万利板。它是木材加工时的下脚料，经刨成均匀的木丝，加入水玻璃溶液与普通硅酸盐水泥，混合后经铺模、冷压成型、干燥、养护而成。根据密实程度，可分为保温用木丝板和构造用木丝板两种，其性能见表 3-46。

表 3-46 木丝板技术性能

<table>
<tr><th>材料种类</th><th>干燥状态下容重/（kg/m²）</th><th>自然含水状态下抗折强度/MPa</th><th>干燥状态下导热系数/[W/（m·K）]</th><th>电量吸水率/%</th><th>吸湿率/%</th></tr>
<tr><td rowspan="2">保温用木丝板</td><td>350</td><td>0.4</td><td>0.11</td><td>55</td><td>4</td></tr>
<tr><td>400</td><td>0.5</td><td>0.13</td><td>60</td><td>5</td></tr>
<tr><td rowspan="2">构造用木丝板</td><td>500</td><td>0.8</td><td>0.15</td><td rowspan="2">70</td><td>6</td></tr>
<tr><td>550</td><td>1.0</td><td>0.17</td><td>7</td></tr>
</table>

2. 轻质钙塑板

轻质钙塑板是由轻质碳酸钙和高压聚乙烯，加入适量发泡剂、交联剂、润滑剂及颜料等，经混炼、热压加工而成的板材。由于具有保温和防水性能，可用于屋面工程，起保温、防水双重作用。常用的一种轻质钙塑板性能见表 3-47。

表 3-47 轻质钙塑板保温的性能

规格/mm	性能					
	容重/（kg/m²）	导热系数/[W/（m·K）]	抗拉强度/MPa	抗压强度/MPa	吸水率/%	耐热度/℃
700×1 400×27	100～150	0.047	0.7～1.1	0.1～0.3	3～9	80

3. 蜂窝板

蜂窝板是由两块较薄的面板牢固地黏结在一层较厚的蜂窝状芯材两面而成的板材，也称蜂窝夹层结构。

蜂窝状芯材通常用浸渍过合成树脂（酚醛、聚酯等）的牛皮纸、玻璃布或铝片，经加工成为六角形空腹状。面板为浸渍过树脂的牛皮纸、玻璃布或未经浸渍的胶合板、纤维板、石膏板等，面板必须用适合的胶黏剂与芯材牢固地黏合在一起，才能显出蜂窝板的优异特性。

这种板质轻、导热系数小，具有足够的强度。根据材料的不同，可以制得轻质、高强的结构用蜂窝板，也可以制成保温好的非结构用板材。

第八节　管道工程主要材料

建筑管道作为一种重要的建筑工程材料，在工程实践中越来越受到关注，尤其是国家对塑料管道的大力应用推广政策，应运而生了各种塑料管道，逐步取代传统的金属管道、水泥管道等制品。塑料管道是节能的建筑材料，生产能耗和输水能耗低，产品生产对环境影响小，还具有耐蚀、耐久、资源可再利用等特点。本节着重介绍在实际工程中常用的建筑管道，并对其他建筑管道做一些简单阐述。

一、建筑排水管道

建筑排水管道的产品标准、应用技术规程和施工安装图现已配套，国内新建、改建的高层、多层建筑已普遍采用塑料管道，与原有铸铁管相比提高了使用功能，目前工程上应用有以下几个品种：

1. 室内排水管

（1）建筑排水用硬聚氯乙烯管材

以聚氯乙烯树脂为主要原料，加入必需的助剂，管材经挤出成型，管件经注塑成型，适用于民用建筑物内排水系统。我们通常也称其为直壁管，管径为 *DN*40～*DN*250 mm，管材管件采用承插黏接，目前被广泛应用于多层和高层建筑中，受到工程界普遍欢迎。

（2）建筑排水用硬聚氯乙烯管材

建筑排水用硬聚氯乙烯管材以聚氯乙烯树脂为主要原料，加入必要的添加剂，经复合共挤成型的芯层发泡复合管材，适用于建筑物内外或埋地排水用。该管管壁内外壳体间有聚氯乙烯发泡层，密度为 0.9～1.2 g/cm^3，在确保一定刚度条件下树脂用量比直壁管少 15%～20%，由于中间有发泡层能吸收一些因管壁振动而产生的噪声，与实壁管相比可降低噪声 2～3 dB。采用实壁管件承插黏接。

（3）螺旋排水管

管材以聚乙烯树脂单体为主，用挤压成型的内壁有数条凸出三角形螺旋肋的圆管，其三角形肋具有引导水流沿管内壁螺旋下落的功能，是一种建筑物内部生活排水管道系统上用作立管的专用管材。管件也是以聚乙烯树脂单体为主，接入支管与立管但中线不在同一平面上的三通和四通管件，具有侧向导流使进水沿立管内壁螺旋状下落的功能，是横管接入螺旋管立管的专用管件。正常排水时水流自上而下沿管壁旋转而下，在一定排量条件中间能形成柱状空隙，以平衡立管压力，确保系统正常工作。螺旋管特点在高层建筑内可设计为单立管系统，螺旋管在支管接入连接部位采用黏接或螺纹连接特种管件，其余管件与直壁管件相同，适用于中小高层建筑。

2. 建筑用硬聚氯乙烯雨落水管材及管件

以聚氯乙烯树脂为主要原料，加入适量的防老化剂及其他助剂，挤出成型的硬聚氯乙烯雨落水管材和注射成型的管件。产品分为矩形管材和管件、圆形管材和管件。适用于室外沿墙、柱敷设的雨水重力排放系统。当建筑高度超过 50 m 时屋面雨水排水管经常出现正压状态，管道应布置在室内。管材应采用 R-R 承口的橡胶密封圈连接的直壁排水管，屋面不应采用水平箅子的雨水斗，以免污物或塑料膜覆盖雨水斗表面，造成流水不畅或暴雨时立管部分管段抽泄真空而损坏管道。敷设在外墙屋面雨落水管，采用不加黏结剂或橡胶密封圈的承插连接形式。

1）建筑排水用硬聚氯乙烯管材管件，管材常见规格外径和壁厚见表 3-48。

表 3-48　管材公称外径与壁厚　　单位：mm

公称外径	平均外径极限偏差	壁厚	
		基本尺寸	极限偏差
40	0.30	2	0.40
50	0.30	2	0.40
75	0.30	2.3	0.40
90	0.30	3.2	0.60
110	0.40	3.2	0.60
125	0.40	3.2	0.60
160	0.50	4	0.60

注：管件壁厚应大于或等于同规格管材的壁厚。

2）建筑用硬聚氯乙烯雨落水管材及管件（表 3-49、表 3-50）。

表 3-49　矩形雨水管材规格尺寸及偏差　　单位：mm

规格	基本尺寸及偏差		壁厚		转角半径 *R*
	A	*B*	基本尺寸	偏差	
63×42	63.0+0.3	42.0+0.3	1.6	0.2	4.6
75×50	75.0+0.4	50.0+0.4	1.8	0.2	5.3
110×73	110.0+0.4	73.0+0.4	2	0.2	5.5
125×83	125.0+0.4	83.0+0.4	2.4	0.2	6.4
160×107	160.0+0.5	107.0+0.5	3	0.3	7
110×83	110.0+0.4	83.0+0.4	2	0.2	5.5
125×94	125.0+0.4	94.0+0.4	2.4	0.2	6.4
160×120	160.0+0.5	120.0+0.5	3	0.3	7

表 3-50　圆形雨水管材规格尺寸及偏差　　单位：mm

公称外径	允许偏差	壁厚	
		基本尺寸	偏差
50	50.0+0.3	1.8	0.3
75	75.0+0.3	1.9	0.4

续表

公称外径	允许偏差	壁厚	
		基本尺寸	偏差
110	110.0＋0.3	2.1	0.4
125	125.0＋0.4	2.3	0.5
160	160.0＋0.5	2.8	0.5

3. 室外埋地排水管

埋地排水管要求水利性能和系统密闭性好，有利于地下水资源保护，管道开挖面小，排水速度快对城市环境及交通影响小。埋地塑料排水管材的使用寿命不得低于 50 年。埋地排水管必须有刚度要求，管材的管壁结构形式是增加刚度重要部位，管材的环向弯曲刚度，应根据管道承受外压荷载的受力条件选用。管道位于道路及车行道下，其环向弯曲刚度不宜小于 8 kN/m^2，住宅小区非车行道及其他地段不宜小于 4 kN/m^2。随加工技术发展有各种管壁结构，目前实际运用中最大的矛盾是管径执行的标准问题，国家有关方面正在协调这些问题。目前市场主要有以下几个品种：

（1）埋地排污、排废水用硬聚氯乙烯管材

埋地排污、排废水用硬聚氯乙烯管材以聚氯乙烯树脂为主要原料，经挤出成型的埋地排污、排废水用硬聚氯乙烯管材。适用于外径从 110～630 mm 的弹性密封圈连接和外径从 110～200 mm 的黏接式连接的埋地排污、排废水用管材。管壁结构与室内排水直壁管相似，采用扩口黏接或橡胶密封圈连接。

（2）埋地排水用硬聚氯乙烯双壁波纹管材

埋地排水用硬聚氯乙烯双壁波纹管材以聚氯乙烯树脂为主要原料，经挤出成型的埋地排水用硬聚氯乙烯双壁波纹管材。适用于市政排水、埋地无压农田排水和建筑物外排水用。刚度大小为 2～16 kN/m^2。管壁内表面光滑，外表面呈波纹状，中间为不连通的空隙薄性壳体结构，产品用料省，刚性好，管道采用管墙扩口橡胶密封圈连接，因用料省、价格低，目前广泛应用于建筑小区建筑室外排水和市政排水工程。

埋地排水用硬聚氯乙烯双壁波纹管材在工程中的常用规格见表 3-51。

表 3-51　埋地排水用硬聚氯乙烯双壁波纹管材工程中的常用规格　　单位：mm

公称直径（*DN*）	最小平均内径（*DI*）	公称直径（*DN*）	最小平均内径（*DI*）
110	97	315	270
（125）	107	400	340
160	135	（450）	383
200	172	500	432
250	216	（630）	540

（3）埋地用硬聚氯乙烯加筋管材

埋地用硬聚氯乙烯加筋管材以聚乙烯树脂单体为主，管内壁光滑、外壁带有等距排列环形肋的管材，管材结构合理，刚性好，管道采用扩口橡胶密封圈连接，目前尚无国家或行业标准。

（4）埋地用聚乙烯缠绕结构壁管材

埋地用聚乙烯缠绕结构壁管材以聚乙烯为主要原料，以相同或不同材料作为辅助支撑结构，采用缠绕成型工艺，经加工制成的结构壁管材、管件。适用于长期温度在45℃以下的埋地排水用工程。

管材按结构形式分为A型和B型。A型管具有平整的外表面，在内外壁之间由内部的螺旋形肋连接的管材或内表面光滑，外表面平整，管壁中埋螺旋型中空管的管材；B型管的内表面光滑，外表面为中空螺旋形肋的管材。

管件采用相应类型的管材或实壁管二次加工成型，主要有各种连接方式的弯头、三通和管堵等。管材、管件可采用弹性密封件连接方式、承插口电熔焊接连接方式，也可采用其他连接方式。

表3-52　硬聚氯乙烯加筋管最小平均内径和最小壁厚　　单位：mm

公称直径（*DN*）	最小平均内径（*DI*）	最小壁厚（*e*）
150	145	1.3
200	195	1.5
225	220	1.7
250	245	1.8
300	294	2.0
400	392	2.5
500	490	3.0
600	588	3.5
800	785	4.5
1 000	985	5.0

（5）玻璃纤维增强塑料夹砂管

玻璃纤维增强塑料夹砂管以玻璃纤维及其制品为增强材料，以不饱和聚酯树脂、环氧树脂等为基体材料，以石英砂及碳酸钙等无机非金属颗粒材料为填料作为主要原料，采用定长缠绕工艺、离心浇铸工艺和连续缠绕工艺制成的，公称直径为200～2 500 mm，压力在0.1～2.5 MPa，管刚度在1 250～10 000 N/m^2。地下或地面用玻璃纤维增强塑料夹砂管。可用于给、排水，用于给水系统时，必须达到生活饮用水标准。

二、建筑给水管道

建筑给水管道在卫生性能、公称压力方面有比较严格的要求，因此工程实践中对建筑给水管道的总体要求高，各省市还对建筑给水管道实施了卫生许可批件管理，塑料管道在给水管道中所占比重日益增加，下面介绍几种较常见的建筑给水管道。

1. 给水用聚氯乙烯管材、管件

给水用聚氯乙烯管材、管件以聚氯乙烯树脂为主要原料，经挤出或注塑成型的给水用硬聚氯乙烯管材、管件，适用于建筑物内外（架空或埋地）压力下输送温度不超过45℃的水，包括一般用途和饮用水的输送。该产品具有足够的机械强度，且有相当的安全系数，管道连接主要采用溶剂型胶黏剂承插黏接。管材、管件及连接组合件，必须符合卫生要求。

表 3-53　管材公称压力和规格尺寸　单位：mm

公称外径	允许偏差	壁厚				
		公称压力				
		0.6 MPa	0.8 MPa	1.0 MPa	1.25 MPa	1.6 MPa
20	+0.3	—				2.0
25	+0.3	—				2.0
32	+0.3	—			2.0	2.4
50	+0.3	—	2.0	2.4	3.0	3.7
63	+0.3	2.0	2.5	3.0	3.8	4.7
75	+0.3	2.2	2.9	3.6	4.5	5.6
90	+0.3	2.7	3.5	4.3	5.4	6.7
110	+0.4	3.2	3.9	4.8	5.7	7.2
160	+0.5	4.7	5.6	7.0	7.7	9.5

壁厚偏差见产品标准《给水用硬聚氯乙烯（PVC-U）管材》（GB/T 10002.1—2006）的规定。

管件承插部位以外的主体壁厚不得小于同规格同压力等级管材壁厚。

其他规格尺寸详见管材产品标准《给水用硬聚氯乙烯（PVC-U）管材》（GB/T 10002.1—2006）的规定。

2. 冷热水用聚丙烯（PP-R）管道

聚丙烯管道分为均聚聚丙烯（PPH）、耐冲击共聚聚丙烯（PPB）和无规共聚聚丙烯（PPR）管道。现在工程中比较常用的是无规共聚聚丙烯管道，在本节中将着重介绍。其他可见国家标准《冷热水用聚丙烯管道系统　第 2 部分：管材》（GB/T 18742.2—2017）。

无规共聚聚丙烯管材以无规共聚聚丙烯管材料为原料，经挤出成型的圆形横断面。无规共聚聚丙烯管件以无规共聚聚丙烯管材料为原料，经挤出成型的管件。适用于建筑物内冷热水管道系统，包括工业及民用冷热水、饮用水和采暖系统等。该产品具有优良的耐热性和较高强度，管材管件连接采用承插热熔连接，也可带电热丝配件电热熔连接，与金属阀门采用铜镀铬金属丝扣连接，施工工具应由生产企业配套。

3. 给水用聚乙烯（PE）管材

给水用聚乙烯（PE）管材用聚乙烯树脂为主要原料，经挤出成型的给水用管材。适用于温度不超过 40℃，一般用途的压力输水以及饮用水的输送。

根据材料类型和分级数，可分为 PE63 级聚乙烯管材、PE80 级聚乙烯管材、PE100 级聚乙烯给水管材；标准尺寸比（*SDR*）是管材的公称外径与公称壁厚的比值，管材的公称压力与设计应力 σ_s、标准尺寸比（*SDR*）之间的关系为：$PN=2\sigma_s/(SDR-1)$。管道系统的设计和使用方可以采用较大的总使用（设计）系数 *C*，此时可选用较高公称压力等级而标准尺寸率较低的管材。管道采用承插热熔连接，其具有抗低温脆性、柔韧性及卫生性好等特点，在工程中也被广泛采用。

表 3-54 PE80 级聚乙烯管材公称压力和规格尺寸

公称外径/mm	工程壁厚/mm				
	标准尺寸比				
	*SDR*33	*SDR*21	*SDR*17	*SDR*13.6	*SDR*11
	公称压力/MPa				
	0.4	0.6	0.8	1.0	1.25
25	—	—	—	—	2.3
63	—	—	—	4.7	5.8
75	—	—	4.5	5.6	6.8
110	—	5.3	6.6	8.1	10.0
160	4.9	7.7	9.5	11.8	14.6
200	6.2	9.6	11.9	14.7	18.2

表 3-55 PE100 级聚乙烯管材公称压力和规格尺寸

公称外径/mm	工程壁厚/mm				
	标准尺寸比				
	*SDR*33	*SDR*21	*SDR*17	*SDR*13.6	*SDR*11
	公称压力/MPa				
	0.6	0.8	1.0	1.25	1.6
32	—	—	—	—	3
63	—	—	—	4.7	5.8
75	—	—	4.5	5.6	6.8
110	4.2	5.3	6.6	8.1	10.0
160	4.9	7.7	9.5	11.8	14.6
200	7.7	9.6	11.9	14.7	18.2

4. 交联聚乙烯（PE-X）管材

交联聚乙烯（PE-X）管材以高密度聚乙烯为主要原料，加入必要的助剂，经化学交联挤出成型的管材。适用于工作温度不超过 95℃（瞬间不大于 110℃）的建筑给水用。交联聚乙烯分子结构呈性能稳定的网状结构，从而提高了聚乙烯耐热、耐压、耐化学物质腐蚀性及使用寿命，被广泛用于热水系统。管道连接方式采用机械连接，管件应是金属材质，目前市场主要是内套式铜质（59 铜）或不锈钢（304）压制或精密铸造管件，采用外套金属箍用专用工具卡紧的卡箍式。交联聚乙烯管材由于回缩率较大，有的企业在工程中曾采用卡套式管件，因连接部位承受拉拔力小，管道从连接口拉脱情况时有发生，工程中造成严重后果。

5. 给水衬塑复合钢管

给水衬塑复合钢管采用复合工艺在钢管内衬硬聚氯乙烯、氯化聚氯乙烯、聚丙烯、聚乙烯、交联聚乙烯、耐热聚乙烯（PE-RT）。适用于工作压力不大于 1.0 MPa，输送生活饮用冷热水。内衬硬聚氯乙烯、聚乙烯时，仅能用于冷水输送。钢塑两种材料结合，材质材性特点互补，取长补短，具有表面硬度高、刚性好、管材耐蚀耐久等特点，管道可明敷暗设，管材管件采用丝扣连结，螺帽压紧式卡套连接，这类管道要求管件基体材料加工精度高，衬塑层厚度均匀，内径偏差小，管道施工时丝扣要求精确，且做好管材端部的防腐处理。

表 3-56　复合钢管公称通径和衬塑层壁厚　　单位：mm

<table>
<tr><th colspan="2">公称通径</th><th rowspan="2">内衬塑料管厚度</th></tr>
<tr><th>DN</th><th>in</th></tr>
<tr><td>15</td><td>1/2</td><td rowspan="7">1.5±0.2</td></tr>
<tr><td>20</td><td>3/4</td></tr>
<tr><td>25</td><td>1</td></tr>
<tr><td>32</td><td>11/4</td></tr>
<tr><td>40</td><td>11/2</td></tr>
<tr><td>50</td><td>2</td></tr>
<tr><td>65</td><td>21/2</td></tr>
<tr><td>80</td><td>3</td><td rowspan="3">2.0±0.2</td></tr>
<tr><td>100</td><td>4</td></tr>
<tr><td>125</td><td>5</td></tr>
<tr><td>150</td><td>6</td><td>2.5±0.2</td></tr>
</table>

6. 铜水管

铜水管采用拉制工艺生产的无缝铜水管。一般采用 T2 或 TP2 合金，状态分为硬态、半硬态、软态，又可分为直管和盘管。一般采用焊接、扩口或压紧的方式与管接头连接。因其成本高，价格高，在工程中没有大量使用。

第九节　电气工程主要材料

民用建筑安装工程中，电气材料是工程建设的一个重要组成部分，它一般由电线导管、电线电缆、开关、插座等组成。如何加强对电气材料的管理和选用，确保工程质量。与人们的日常生活、办公作业密切相关。因此电气材料的管理应该是企业综合管理的一部分，必须引起重视。它主要反映在两个方面：一是使用功能、安全功能必须得到有效的保障；二是质量、成本、利润和消耗必须得到有效控制。

本节着重介绍电线导管、电线电缆、开关、插座的材料性能和规格要求。有助于帮助材料员对电气材料的认识。

民用建筑安装工程中，电气材料的种类相当繁多，从预埋配管开始、进行管线敷设、导线穿入、电柜电箱和照明器具安装，在施工过程中，所用的电气材料有几十种。

一、电线导管

电线导管分三种：绝缘导管、金属导管和柔性导管。

1. 绝缘导管

绝缘导管是指刚性绝缘导管。主要适用于住宅、公共建筑和一般工业厂房内的照明系统，它可以直接埋设在混凝土中，可以墙面开槽后暗敷，可以在墙面粉刷层外明敷，也可以在吊顶内敷设，作照明电源的配管。有三种规格：轻型管、中型管和重型管。由于轻型管不适用于建设工程，根据规范要求，目前在建设工程中通常使用中型管、重型管，规格见表 3-57。

表 3-57　中型管、重型管的产品规格

序号	公称口径		外径尺寸/mm	壁厚		极限偏差/mm
	mm	in		中型管/mm	重型管/mm	
1	16	5/8	16	1.5	1.9	−0.3
2	20	3/4	20	1.57	2.1	−0.3
3	25	1	25	1.8	2.2	−0.4
4	32	11/4	32	2.1	2.7	−0.4
5	40	1	40	2.3	2.8	−0.4
6	50	2	50	2.85	3.4	−0.5
7	63	21/2	63	3.3	4.1	−0.6

无论绝缘导管间的连接或导管与配件的连接，它只能采用黏接方法进行连接。因此，在选用绝缘导管时，应配备胶黏剂。

2. 金属导管

金属导管分为薄壁钢管和厚壁钢管两种。金属薄壁电线导管一般用于工程内照明系统，弱电系统的配管，它的适用范围与绝缘电线导管相同。但不能在潮湿、易燃易爆场合、室外和埋地敷设。金属厚壁电线导管主要用于工程内的动力系统，可直接敷设在地下室潮湿、易燃易爆场合，室外、埋地等，也可用于与绝缘电线导管相同的敷设范围。

1）薄壁钢管又分为非镀锌薄壁钢管（俗称电线管）和镀锌电线管两种，见表 3-58、表 3-59。

表 3-58　非镀锌薄壁钢管的产品规格

序号	公称口径		外径尺寸/mm	壁厚/mm	理论重量/（kg/m）
	mm	in			
1	16	5/8	15.88	1.6	0.581

续表

序号	公称口径		外径尺寸/mm	壁厚/mm	理论重量/（kg/m）
	mm	in			
2	20	3/4	19.05	1.8	0.766
3	25	1	25.40	1.8	1.048
4	32	11/4	31.75	1.8	1.329
5	40	11/2	38.10	1.8	1.611
6	50	2	63.5	2.0	2.407
7	63	21/2	76.5	2.5	3.76

表 3-59　镀锌薄壁钢管的产品规格

序号	公称直径		外径尺寸/mm	壁厚/mm	理论重量/（kg/m）
	mm	in			
1	16	5/8	15.88	1.6	0.605
2	19	3/4	19.05	1.8	0.796
3	25	1	25.40	1.8	1.089
4	32	11/4	31.75	1.8	1.382
5	40	11/2	38.10	1.8	1.675
6	50	2	63.5	2.0	2.503
7	63	21/2	76.5	2.5	3.991

根据《薄壁镀锌钢管（JDG、KBG）敷设工程施工工艺标准》（J 604—2004）的规定，连接必须采用内螺丝配件作螺纹连接，钢筋电焊接地跨接，严禁采用对口熔焊连接和套管熔焊连接。

镀锌薄壁钢导管有以下三种连接方法：

①螺纹连接：它的连接方法与非镀锌薄壁钢导管相同。但导管的接口处，严禁钢筋电焊接地跨接，必须采用导线跨接，因此选用镀锌薄壁钢管螺纹连接方法，应根据施工规范配备专用接地卡和 4 mm^2 的铜芯软导线。

②套接紧定式连接：导管不用套丝，不进行导线接地跨接。因该套接的管接头，中间有一道用滚压工艺压出的凹槽，而形成一个锥度，可使导管插紧定位。确保接口处密封性能，在导管预埋混凝土中或预埋在水泥、砂浆中，水泥浆水不能渗入导管内部。管凹槽的深度与导管的壁厚一致，当管接头两端导管塞入后，内壁平整光滑，导线穿越时，不影响绝缘层。因此，当工程中，电线导管决定采用紧定式连接方法，在选用镀锌薄壁钢管时，应考虑选购紧定式接头。

③套接扣压式连接：该导管连接方法和功能与紧定式基本相同。所不同的是一个采用螺丝紧压固定，另一个采用扣压器，扣压固定。因此。当工程中电线导管决定采用扣压式连接方法，在选购镀锌薄壁钢导管时，应考虑选购扣压式接头。

2）厚壁钢管又分为焊接钢管（俗称黑铁管）和镀锌焊接钢管（俗称白铁管），见表 3-60、表 3-61。

表 3-60　焊接钢管的产品规格

序号	公称口径		外径尺寸/mm	壁厚/mm	理论重量/(kg/m)
	mm	in			
1	15	1/2	21.3	2.75	1.26
2	20	3/4	26.8	2.75	1.63
3	25	1	33.5	3.25	2.42
4	32	11/4	42.3	3.25	3.13
5	40	11/2	48.0	3.50	3.84
6	50	2	60.0	3.50	4.88
7	65	21/4	77.5	7.75	6.64
8	80	3	88.5	4.00	8.34
9	100	4	114.0	4.00	10.85

表 3-61　镀锌焊接钢管的产品规格

序号	公称口径		外径尺寸/mm	壁厚/mm	理论重量/(kg/m)
	mm	in			
1	15	1/2	21.3	2.75	1.34
2	20	3/4	26.8	2.75	1.73
3	25	1	33.5	3.25	2.57
4	32	11/4	42.3	3.25	3.32
5	40	11/2	48.0	3.50	4.07
6	50	2	60.0	3.50	5.17
7	65	21/4	77.5	7.75	7.04
8	80	3	88.5	4.00	8.84
9	100	4	114.0	4.00	11.50

厚壁钢导管的连接应为螺纹连接和套管熔焊连接 2 种。按照上海地区的要求，凡钢导管直径在 20 mm 及以下时，应采用螺纹连接，钢筋接地跨接。当钢导管直径在 20 mm 以上时，可螺纹连接亦可套管熔焊连接，不得对口熔焊连接。套管的直径应比钢导管大一个规格。钢导管的连接处不得熔焊跨接接地线。因此该导管只能作螺纹连接，导线跨接。当选用镀锌厚壁钢导管时，应配备相应规格专用接地卡和 4 mm^2 的铜芯软导线。

3. 柔性导管

柔性导管又分为绝缘柔性导管、金属柔性导管和镀塑金属柔性导管 3 种，主要用于电源的接线盒、接线箱与照明灯具、机械设备、母线槽和穿越建筑物变形缝等的连接，但不能代作绝缘电线导管、金属电线管使用。它的产品、规格应与电线导管相匹配。在选用柔性导管时，应根据柔性导管的规格，配备专用的柔性导管接头。金属柔性导管严禁中间有接头，这主要是防止导线穿越时，损坏绝缘层。

二、电线电缆

导体材料是用于输送和传导电流的一种金属，它具有电阻低、熔点高，机械性能好，密度小的特点，工程中通常是选用铜质或铝质作导体。

1. 电线

电线又名导线，在选用时，电线的额定电压与电流必须大于线路的工作电压。在一般民用建筑工程中，如住宅、公共建筑和一般工业厂房，使用的照明和动力电压一般在 220 V 和 380V。因此，当我们采购电线时，应选用额定电压不低于 500 V 的电线。

（1）橡皮绝缘电线

橡皮绝缘系列的电线是供室内敷设用，有铜芯和铝芯之分，在结构上有单芯、双芯和三芯之分。长期使用温度不得超过 60℃。

橡皮绝缘电线，具有良好的耐老化性能和不延燃性，并有一定的耐油、耐腐蚀性能，适用于户外敷设。其型号、用途及其他指标见表 3-62、表 3-63。

表 3-62　橡皮绝缘电线的型号和主要用途

型号	名称	主要用途
BX	铜芯橡皮线	供干燥和潮湿场所固定敷设用，用于交流额定电压 250 V 和 500 V 的电路中
BXR	铜芯橡皮软线	供安装在干燥和潮湿场所，连接电气设备的移动部分用，交流额定电压 500 V
BLX	铝芯橡皮线	与 BX 型电线相同
BXF	铜芯橡皮线	固定敷设，尤其适用于户外
BLXF	铝芯橡皮线	

表 3-63　橡皮绝缘电线芯数和截面

序号	型号	芯数	截面范围/mm^2
1	BX	1	0.75～500
2	BX	2、3、4	1.0～95
3	BXR	1	0.75～400
4	BLX	1	2.5～630
5	BLX	2、3、4	2.5～120
6	BXF	1	0.75～95
7	BLXF	1	2.5～95

（2）聚氯乙烯绝缘电线

聚氯乙烯绝缘系列的电线（以下简称塑料线），具有耐油、耐燃、防潮、不发霉与耐日光、耐大气老化和耐寒等特点。可供各种交直流电器装置、电工仪表、电信设备、电力及照明装置配线用，也可以穿窄使用。其线芯长期允许工作温度不超过 65℃，敷设温度不低于−15℃。主要性能见表 3-64、表 3-65。

表 3-64　聚氯乙烯绝缘电线的型号和主要用途

型号	名称	主要用途
BLV（BV）	铝（铜）芯塑料线	交流电压 500 V 以下，直流电压 1 000 V 以下室内固定敷设
BLVV（BVV）	铝（铜）芯塑料护套线	交流电压 500 V 以下，直流电压 1 000 V 以下室内固定敷设
BVR	铜芯塑料软线	交流电压 500 V 以下，要求电线比较柔软的场所敷设

表 3-65　聚氯乙烯绝缘电线芯数和截面范围

序号	型号	芯数	截面范围/mm^2
1	BV	1	0.03～185
2	BLV	1	1.5～185
3	BVR	1	0.75～50
4	BVV	2.3	0.75～10
5	BLVV	2.3	1.5～10

（3）聚氯乙烯绝缘电线（软）

聚氯乙烯绝缘系列的电线（软）（以下简称塑料软线），可供各种交直流移动电器、电工仪表、电器设备及自动化装置接线用，其线芯长期允许工作温度不超过 65℃，辐射温度不低于−15℃。截面为 0.06 mm^2 及以下的电线，只适用于做低压设备内部接线，其有关性能指标见表 3-66、表 3-67。

表 3-66　聚氯乙烯绝缘电线（软）的型号和用途

型号	名称	主要用途
RV	铜芯聚氯乙烯绝缘软线	供交流 250 V 及以下各种移动电器接线用
RVB	铜芯聚氯乙烯绝缘平型软线	
RVB	铜芯聚氯乙烯绝缘绞型软线	
RVS	铜芯聚氯乙烯绝缘双绞软线	
RVV	铜芯聚氯乙烯绝缘聚氯乙烯护套软线	同上，额定电压为 500 V 及以下

表 3-67　聚氯乙烯绝缘电线（软）芯数和截面范围

序号	型号	芯数	截面范围/mm^2
1	RV	1	0.012～6
2	RVB（平型）	2	0.012～2.5
3	RVB（绞型）	2	0.012～2.5
4	RVS	2	0.012～2.5
5	RVV	2、3、4	0.012～6
6	RVV	5、6、7	0.012～2.5
7	RVV	10、12、14、16、19	0.012～1.5

（4）丁腈聚氯乙烯复合物绝缘软线

丁腈聚氯乙烯复合物绝缘软线（以下简称复合物绝缘软线），可供各种移动电器、无线电设备和照明灯座等接线用。其线芯的长期允许工作温度为 70℃，主要性能指标见表 3-68、表 3-69。

表 3-68 丁腈聚氯乙烯复合物绝缘软线型号和主要用途

型号	名称	主要用途
RFB	铜芯丁腈聚氯乙烯复合物平型软线	供交流 250 V 及以下和直流 500 V 及以下各种移动式日用电器设备和照明灯座与电源连接用
RFS	铜芯丁腈聚氯乙烯复合物绞型软线	

表 3-69 丁腈聚氯乙烯复合物绝缘软线芯数和截面范围

序号	型号	芯数	截面范围/mm^2
1	RFB	2	0.12～2.5
2	RFS	2	0.12～2.5

（5）橡皮绝缘棉纱编织软线

橡皮绝缘棉纱编织软线适用于室内干燥场所，供各种移动式日用电器设备和照明灯座与电源连接用。线芯的长期允许工作温度不超过 65℃。其主要性能指标见表 3-70、表 3-71。

表 3-70 橡皮绝缘棉纱编织软线的型号和主要用途

型号	名称	主要用途
RXS	橡皮绝缘棉纱编织双绞软线	供交流 250 V 及以下和直流 500 V 及以下各种移动式日用电器设备和照明灯座与电源连接用
RX	橡皮绝缘棉纱编织软线	

表 3-71 橡皮绝缘棉纱编织软线的芯数和截面范围

序号	型号	芯数	截面范围/mm^2
1	RXS	1	0.2～2
2	RX	2	0.2～2
3	RX	2	0.2～2

（6）聚氯乙烯绝缘尼龙护套电线

聚氯乙烯绝缘尼龙护套电线系铜芯镀锡，用于交流 250 V 及以下、直流 500 V 及以下的低压线路中。线芯长期允许工作温度为−60～80℃，在相对湿度为 98%条件下使用环境温度应不小于＋45℃。型号 FVN 聚氯乙烯绝缘尼龙护套电线的芯数为 1，截面范围在 0.3～3 mm^2。

线芯标称截面与结构见表 3-72 至表 3-74。

表 3-72　BX、BLX、BV、BLV、BVV、BXF、BLXF 等型号电线的标称截面与线芯结构

标称截面/mm²	线芯结构	标称截面/mm²	线芯结构
	根数/线径/mm		根数/线径/mm
0.03	1/0.20	10	7/1.33
0.06	1/0.30	16	7/1.7
0.12	1/0.40	25	7/2.12
0.2	1/0.50	35	7/2.5
0.3	1/0.60	50	19/1.83
0.4	1/0.70	70	19/2.4
0.5	1/0.80	95	19/2.5
0.75	1/0.97	120	37/2.0
1.0	1/1.13	150	37/2.24
1.5	1/1.37	185	37/2.5
2.5	1/1.76	240	61/2.24
4	1/2.24	300	61/2.5
6	1/2.73	400	61/2.85

表 3-73　BVR 型号电线的标称截面与线芯结构

标称截面/mm²	线芯结构	标称截面/mm²	线芯结构
	根数/线径/mm		根数/线径/mm
0.75	7/0.37	10	49/0.52
1.0	7/0.43	16	49/0.64
1.5	7/0.52	25	98/0.58
2.5	19/0.41	35	133/0.58
4	19/0.52	50	133/0.68
6	19/0.64		

表 3-74　RFB、RFS、RXS、RX 型号电线的标称截面与线芯结构

标称截面/mm²	线芯结构	标称截面/mm²	线芯结构
	根数/线径/mm		根数/线径/mm
0.12	7/0.15	0.75	42/0.15
0.2	12/0.15	1	32/0.2
0.3	16/0.15	1.5	48/0.2
0.4	23/0.15	2.0	64/0.2
0.5	28/0.15	2.5	77/0.2

2. 电缆

电缆的种类很多，它是根据用途对象、敷设部位及电缆本身的结构而选用。通常电缆分成两大类，即电力电缆和控制电缆。电力电缆是用于输送和分配大功率功能的，由于目前工

程中，电源的高压部分是由供电部门负责施工，因此在一般情况下，选用额定电压 1 kV 的电缆。控制电缆是配电装置中传导操作电流，连接电气仪表、继电器。在选用时，应根据图纸要求，选用满足功能要求的多芯控制电缆。

电缆的种类较多，性能用途较广，在电缆选用上，往往着重于使用，对是否阻燃这方面不予重视。据有关资料反映在我国的火灾事故中，有相当部分的人因吸入电缆燃烧时释放出来的有毒气体而窒息死亡。因此人们必须根据电缆的有关性能，结合电缆敷设的环境、部位和施工图，严格选用电缆的型号。常见的辐照交联、低烟无卤、阻燃、耐热电缆在火烟中具有低烟无卤、无毒等功能。

（1）电力电缆

1）135℃辐照交联低烟无卤阻燃聚乙烯绝缘电缆：该电缆导体允许长期最高工作温度不大于 135℃，当电源发生短路时，电缆温度升至 280℃时，可持续时间达 5 min。电缆敷设时环境温度最低不能低于−40℃，施工时应注意电缆弯曲半径，一般不应小于电缆直径的 15 倍。常见的 135℃辐照交联低烟无卤阻燃聚乙烯绝缘电缆的型号、名称、用途、芯数及截面范围见表 3-75 和表 3-76，其他型号电缆性能指标见表 3-77 至表 3-79。

表 3-75　135℃辐照交联低烟无卤阻燃聚乙烯绝缘电缆的型号、名称、用途

型号	名称	主要用途
WDZ-BYJ（F）	铜芯辐照交联低烟无卤阻燃聚乙烯绝缘电线电缆	固定布线
WDZBYJ（F）R	软铜芯辐照交联低烟无卤阻燃聚乙烯绝缘电线电缆	固定布线要求柔软场合
WDZ-RYJ（F）	铜芯辐照交联低烟无卤阻燃聚乙烯绝缘电线电缆	固定布线要求柔软场合
WDZ-BYJ（F）EB	铜芯辐照交联低烟无卤阻燃聚乙烯绝缘低烟无卤阻燃聚乙烯护套平型电线电缆	固定布线
WDZN-BYJ（F）	铜芯辐照交联低烟无卤阻燃聚乙烯绝缘耐火电线电缆	固定布线

表 3-76　135℃辐照交联低烟无卤阻燃聚乙烯绝缘电缆芯数和截面范围

序号	型号	芯数	截面范围/mm^2
1	WDZ-BYJ（F）	1	0.5～400
2	WDZBYJ（F）R	1	0.75～300
3	WDZ-RYJ（F）	1	0.5～300
4	WDZ-BYJ（F）EB	2.3	0.75～10
5	WDZN-BYJ（F）	1	0.5～400

表 3-77　WDZ-BYJ（F）型号电缆的标称截面与线芯结构

标称截面/mm^2	线芯结构	标称截面/mm^2	线芯结构
	根数/线径/mm		根数/线径/mm
0.5	1/0.80	35	7/2.52
0.75	7/0.37	50	19/1.78

续表

标称截面/mm²	线芯结构	标称截面/mm²	线芯结构
	根数/线径/mm		根数/线径/mm
1	7/0.43	70	19/2.14
1.5	7/0.52	95	19/2.52
2.5	7/0.68	120	37/2.03
4	7/0.85	150	37/2.25
6	7/1.04	185	37/2.52

表 3-78　WDZ-BYJ（F）R 型号电缆的标称截面与线芯结构

标称截/mm²	线芯结构	标称截面/mm²	线芯结构
	根数/线径/mm		根数/线径/mm
0.75	19/0.22	35	133/0.58
1	19/0.26	50	133/0.68
1.5	19/0.32	70	259/0.58
2.5	19/0.41	95	259/0.68
4	19/0.52	120	427/0.60
6	49/0.40	150	427/0.67
10	49/0.52	185	427/0.74
16	49/0.64	240	427/0.85
25	133/0.49	300	427/0.83

表 3-79　WDZ-RPJ（F）型号电缆的标称截面与线芯结构

标称截/mm²	线芯结构	标称截面/mm²	线芯结构
	根数/线径/mm		根数/线径/mm
0.5	16/0.20	35	285/0.40
0.75	24/0.20	50	399/0.40
1	32/0.20	70	700/0.50
1.5	30/0.25	95	481/0.50
2.5	50/0.25	120	610/0.50
4	56/0.30	150	·732/0.50
6	84/0.30	185	915/0.52
10	77/0.40	240	1 220/0.50
16	133/0.40	300	1 525/0.50
25	190/0.40		

2）辐照交联低烟无卤阻燃聚乙烯电力电缆：该电缆导体允许长期最高工作温度不大于135℃，当电源发生短路时，电缆温度升至 280℃时，可持续时间达 5 min。电缆敷设时环境温度最低不能低于−40℃。施工时要注意单芯电缆弯曲应大于等于 20 倍电缆外径，多芯电缆应大于等于 15 倍电缆外径。其性能指标见表 3-80、表 3-81。

表 3-80 辐照交联低烟无卤阻燃聚乙烯电力电缆的型号、名称与主要用途

型号	名称	主要用途
WDZ-YJ（F） EWDZ-YJ（F）Y	铜芯或铝芯辐照交联低烟无卤阻燃乙烯绝缘低烟无卤阻燃聚乙烯护套电力电缆	敷设设在室外，可经受一定的敷设牵引。但不能承受机械外力作用的场合；单芯电缆不允许敷设在磁性管道中
WDZ-YJ（F） E2WDZ-YJ（F）Y22	铜芯或铝芯辐照交联低烟无卤阻燃乙烯绝缘钢带铠装低烟无卤阻燃聚乙烯护套电力电缆	适用于埋地敷设，能承受机械外力作用，但不能承受大的拉力
WDZN-YJ（F）E WDZN-YJ（F）Y	铜芯辐照交联低烟无卤阻燃乙烯绝缘低烟无卤阻燃聚乙烯护套耐火电力电缆	敷设在室内外，可经受一定的数设牵引。但不能承受机械外力作用的场合；单芯电缆不允许敷设在磁性管道中
WDZN-YJ（F）E22 WDZN-YJ（F）Y22	铜芯辐照交联低烟无卤阻燃乙烯绝缘钢带铠装低烟无卤阻燃聚乙烯护套耐火电力电缆	适用于埋地敷设，能承受机械外力作用，但不能承受大的拉力

辐照交联低烟无卤阻燃聚乙烯电力电缆线芯结构可参照 135℃辐照交联低烟无卤阻燃聚乙烯绝缘电缆。

表 3-81 辐照交联低烟无卤阻燃聚乙烯电缆芯数及截面范围

序号	型号	芯数	截面范围/mm^2
1	WDZ-YJ（F）E WDZ-YJ（F）Y	1～5	1.5～300
2	WDZ-YJ（F）E22 WDZ-YJ（F）Y22	1～5	4～300
3	WDZN-YJ（F）E WDZN-YJ（F）Y	1～5	1.5～300
4	WDZN-YJ（F）E22 WDZN-YJ（F）Y22	1～5	4～300

注：1. 芯数 1 为单芯电缆，标称截面为 1×（导线截面）。
2. 芯数 2 为双芯电缆，标称截面为 2×（导线截面）。
3. 芯数 3 为三芯电缆，标称截面为 3×（导线截面）。
4. 芯数 4 为四芯电缆，标称截面为 3×（导线截面）+1×（导线截面）。
5. 芯数 5 为五芯电缆，标称截面为 3×（导线截面）+2×（导线截面）。

（2）控制电缆

辐照交联低烟无卤阻燃聚乙烯控制电缆，该电缆导体允许长期工作温度不大于 135℃，当电源发生短路时，电缆温度升至 280℃时可持续时间达 5 min。电缆敷设时，环境温度最低不能低于−40℃。其弯曲时最小半径为电缆直径的 10 倍。其主要用途见表 3-82。

三、微型断路器

在电源线路中，常见的微型断路器，它具有当导线过载、短路和电压突然升高进行保护，并具有隔离功能。微型断路器的外壳是采用高绝缘性和高耐热性的材料制成，燃烧时没有熔

表 3-82　辐照交联低烟无卤阻燃聚乙烯控制电缆的型号、名称和主要用途

型号	名称	主要用途
WDZ-KYJ（F）E	铜芯辐照交联低烟无卤阻燃聚乙烯绝缘及低烟无卤阻燃聚乙烯护套控制电缆	报警系统、消防系统、可视系统、BA系统、可视系统等弱电系统，也可用作于强电配电柜箱内二次线的连接
WDZ-KYJ(F)E22	铜芯辐照交联低烟无卤阻聚乙烯绝缘及低烟无卤阻燃乙烯护套时带铠装控制电缆	
WDZKYJ（F）E32	铜芯或铝芯辐照交联低烟无卤阻聚乙烯绝缘及低烟无卤阻燃乙烯护套细钢丝铠装控制电缆	
WD2-KYJ（F）	铜芯辐照交联低烟无卤阻聚乙烯绝缘及低烟无卤阻燃乙烯护套铜丝编织屏蔽控制电缆	
WDZ-KYJ（F）EP	铜芯辐照交联低烟无卤阻聚乙烯绝缘及低烟无卤阻燃乙烯护套铜带屏蔽控制电缆	
WDZN-KYJ（F）E	铜芯辐照交联低烟无卤阻聚乙烯绝缘及低烟无卤阻燃乙烯护套耐火控制电缆	

点，即使是明火，也只会逐步炭化而不熔化，故使用相当安全。微型断路器的用途较广，在民用住宅、公共建筑、工业厂房内均可使用。民用住宅适用于电表箱和室内分户箱内。公共建筑适用于楼层照明控制，会议室和配电间。工业厂房适用于办公用房和车间内照明。它的特点是容量和控制范围大，能同时切断某个部位的电源，并对电源电流量升高提供线路保护。

微型断路器型号说明如下：

MBI 型号说明

MB1 - 63 / C 32 / 2P

- 2P：极数
- 32：额定电流
- C：脱扣特性
- 63：壳架等级电流
- 1：设计序号
- B：断路器
- M：公司代号

特性 C：对感性负荷和高感照明系统提供线路保护。

特性 D：对高感性负荷和有较大冲击电流产生的配电系统提供线路保护。

特性 K：对额定电流 40 A 以下的电动机系统及变压器配电系统提供可靠保护。

微型断路器品种及性能指标见图 3-17 和表 3-83。

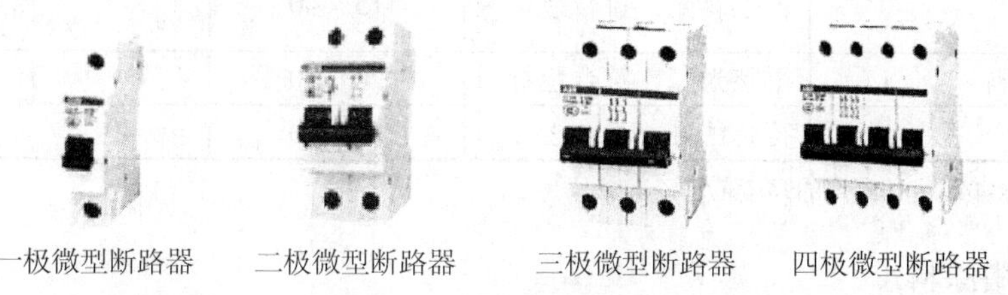

一极微型断路器　二极微型断路器　三极微型断路器　四极微型断路器

图 3-17　微型断路器

表 3-83　S250S、S260、S270、S280、S280DC、S290 系列产品

系列名称	额定电流/mA	一极	二极	三极	四极
S250S-C	1～63	S251S-C	S252S-C	S253S-C	S254S-C
S250S-D	4～63	S251S-D	S252S-D	S253S-D	S254S-D
S250S-K	1～40	S251S-K	S252S-K	S253S-K	S254S-K
S260-C	0.5～63	S261-C	S262-C	S263-C	S264-C
S260-D	0.5-～63	S261-D	S262-D	S263-D	S264-D
S270-C	6～63	S271-C	S272-C	S273-C	S274-C
S280-C	80～100	S281-C	S282-C	S283-C	S284-C
S280UC-C	0.5～63	S281UC-C	S282UC-C	S283UC-C	
S280UC-K	0.5～63	S281UC-K	S282UC-K	S283UC-K	
S290-C	80～125	S291-C	S292-C	S293-C	S294-C

注：1. 额定电流系列有 0.5、1、2、3、4、6、10、16、20、25、32、40、50、63 共 14 种分别的规格。

2. 表内额定电流（0.5～63）是系列 14 种规格的合写。

3. 应根据用电负荷量，按微型断路器的额定电流系列的规格，选择满足功能要求的微型断路器。

第十节　防腐工程主要材料

一、建筑常用防腐蚀涂料

1. 聚氨酯类涂料

聚氨酯类涂料技术指标见表 3-84。

表 3-84　聚氨酯类涂料技术指标

涂料名称	技术指标				
	涂层颜色及外观	黏度（涂-4）/s	含量/%	干燥时间/h	
				表干	实干
地面涂料	各色有光	—	—	≤4	≤24
各色聚氨酯耐油、防腐蚀面层涂料	各色有光，符合色标	15～40	—	≤6	≤22
聚氨酯防腐蚀涂料	平整光亮，符合色标	20～30	—	≤4	≤24
防水聚氨酯	符合色标	40～70	30	≤2	≤24

注：黏度是用涂-4 黏度计测定的黏度范围，其单位为 S。

2. 环氧树脂涂料

环氧树脂涂料及其配套底层涂料技术指标见表 3-85。

表 3-85　环氧树脂涂料及其配套底层涂料技术指标

涂料名称	技术指标				
	涂层颜色及外观	黏度（涂-4）/s	附着力/级	干燥时间/h	
				表干	实干
铁红环氧底层涂料	铁红，色调不规定，涂膜平整	50～80	1	≤4	≤36
环氧 19 膜涂料	透明无色机械杂质	60～90	1	≤4	24
环氧沥青涂料	黑色光亮	40～100	3	—	24

3. 氯化橡胶涂料

氯化橡胶系列涂料及配套底漆技术指标见表 3-86。

表 3-86　氯化橡胶系列涂料及其配套底漆技术指标

涂料名称	技术指标					
	涂层颜色及外观	黏度/（n/s）	密度/（g/m^3）	含固量/%	干燥时间/h	
					表干	实干
氧化橡胶磷片涂料	符合色泽	0.50±0.15	1.2±0.1	50±5	≤2	≤8
氯化橡胶厚膜涂料	符合色泽，各色半光	—	1.2±0.1	50±5	≤2	≤8
氯化橡胶涂料	符合色泽，各色半光	—	1.25±0.15	—	≤2	≤8

4. 锈面涂料

锈面涂料技术指标见表 3-87。

表 3-87　锈面涂料技术指标

涂料名称	涂料颜色及外观	黏度（涂-4）/s≥	含固量/%	干燥时间/h	
				表干	实干
环氧稳定型锈面涂料	铁红色，半光	—	70～7	≤14	≤24
稳定型锈面涂料	红棕色	70～120	35～45	≤2	≤44
渗透型锈面涂料	红棕色，半光	50～80	40～45	≤4	≤24
转化型锈面涂料	红棕色，半光	50～80	40～50	≤4	≤24

二、聚氯乙烯塑料板防腐材料

1. 软聚氯乙烯板材质量要求

（1）外观

1）表面光滑平整，无气泡、无裂缝、无明显杂质及未分散的辅料。直径 2～3 mm 的凹陷每平方米不应超过 5 个。

2）色泽基本均匀一致，允许存在手感不明显的波纹、挂料线与斑点，边缘整齐。

（2）软板质量指标（见表 3-88）

表 3-88　软板质量指标

项目	指标	项目		指标
相对密度/（g/cm^3）	1.38～1.60	腐蚀度/（g/m^2）	（40±1）%氢氧化钠	±1.0 之间
拉伸强度(纵、横向)/MPa≥	≥14		（35±1）%盐酸	±6.0 之间
断裂伸长率（纵、横向）/%	≥200		（40±1）%硝酸	±6.0 之间
邵氏硬度	75～85			
加热硬度/%	≤10		（30±1）%硫酸	±1.0 之间

（3）软板的规格及尺寸公差（见表 3-89）

表 3-89　软板规格及尺寸公差　　单位：mm

厚度	厚度公差	宽度公差	厚度	厚度公差	宽度公差
1	±0.2	±15	6	±0.5	±15
2	±0.2	±15	7	±0.5	±15
3	±0.3	±15	8	±0.5	±15
4	±0.4	±15	9	±0.5	±15
5	±0.5	±15	10	±0.5	±15

注：软板每段长度，应等于或大于 2 m。

2. 硬聚氯乙烯板材质量要求

（1）板材尺寸的极限偏差（见表 3-90）

表 3-90　硬聚氯乙烯板材尺寸极限偏差

项目	公称尺寸/mm	极限偏差/%	极限偏差/mm
厚度 d	$2 \leq d \leq 20$	±10	—
	$20 \leq d \leq 50$	±7	—
宽度 b	$b \leq 700$	—	+15.0
长度 l	$l \leq 1\,600$	—	+15.0

（2）外观质量要求（见表 3-91）

表 3-91　硬聚氯乙烯板材外观质量要求

项目	要求		
	优等品	一等品	合格品
色差	无	不明显	轻微
斑点	不允许	不明显	轻微
凹凸	无	明显	轻微

续表

项目	要求		
	优等品	一等品	合格品
板边	四边应成直线。四角应成直角，板边偏离真正直角边的距离在距角顶1 m处不得超过8 mm	四边应成直线，四角应成直角，板边偏离真正直角边的跑离在距角顶1 m处不得超过10 mm	
边陷	板材边缘不得有深度大于3 mm的缺口	板材边缘不得有深度大于5 mm的缺口	
不平整	不允许		
裂纹	不允许		
气泡	不允许		
杂质和热点	无明显杂质及分散不良的辅料		

（3）板材质量指标（见表3-92）

表3-92　硬聚氯乙烯板材质量指标

项目		指标	
		A类	B类
相对密度/（g/cm^3）		1.38～1.60	
拉伸强度（纵，横向）/MPa		≥49.0	≥45.0
冲击强度（缺口，平面、侧面）		≥3.2	≥3.0
热变形温度/℃		≥73.0	≥65.0
加热尺寸变化率（纵、横向）/%		±3.0	
整体性		无裂缝	
燃烧性能		A1级	
腐蚀度 [（60±2）℃/5h]/（g/m^2）	40%N_aOH溶液	±1.0%	
	40%HNO_3溶液	±1.0%	
	30%H_2SO_4溶液	±1.0%	
	35%HCl溶液	±2.0%	
	10%NaCl溶液	±1.5%	
	水	±1.5%	

3. 水玻璃类防腐蚀材料水玻璃技术指标见表3-93。

表3-93　水玻璃技术指标

项目	钠水玻璃技术指标
模数	2.6～2.9
密度/（g/cm^3）	1.44～1.47

注：1. 液体内不得混入油类或杂物，必要时使用前应过滤。

2. 水玻璃模数或密度如不符合本表要求。应按规定的方法进行调整。

（1）钠水玻璃材料的粉料、粗细骨料技术指标

1）粉料：常用的是铸石粉、石英粉及安山岩粉等，其技术指标见表 3-94。

表 3-94　粉料技术指标

<table>
<tr><th colspan="2">项目</th><th>技术指标</th></tr>
<tr><td colspan="2">耐酸度/%</td><td>≥95</td></tr>
<tr><td colspan="2">含水量/%</td><td>≤0.5</td></tr>
<tr><td rowspan="2">细度/%</td><td>0.15 mm 筛孔筛余量</td><td>≤5</td></tr>
<tr><td>0.09 mm 筛孔筛余量</td><td>10～30</td></tr>
</table>

注：1. 石英粉因粒度过细，收缩率大，易产生裂纹，因此不宜单独使用，可与等质量的铸石粉混合使用。

2. 现有商品供应的用于钾水玻璃的 KPI 粉料和用于钠水玻璃的 IGI 耐酸灰。耐酸性能均较好。

2）细骨料：常用的是石英砂，其技术指标见表 3-95。

表 3-95　细骨料技术指标

项目	技术指标
耐酸度/%	≥95
含水率/%	≤1
含泥量（用天然砂时）/%	≤1

3）粗骨料：常用的是石英石与花岗石，其技术指标见表 3-96。

表 3-96　粗骨料技术指标

项目	技术指标
耐酸度/%	≥95
含水率/%	≤0.5
吸水率/%	≤1.5
含泥量	不允许
浸酸安定性	合格

4）细、粗骨料的颗粒级配要求。当采用钠水玻璃砂浆铺砌块材时，细骨料的粒径不大于 1.25 mm。钠水玻璃混凝土用细骨料与粗骨料颗粒级配要求见表 3-97 和表 3-98。

表 3-97　钠水玻璃混凝土用细骨料级配要求

筛孔/mm	5	1.25	0.315	0.16
累计筛余量/%	0～10	20～55	70～95	95～100

表 3-98　钠水玻璃混凝土用粗骨料级配要求

筛孔/mm	最大粒径	最大粒径	5
累计筛余量/%	0～5	30～60	90～100

注：粗骨料的最大粒径应不大于结构最小尺寸的 1/4。

（2）氟硅酸钠技术指标（见表 3-99）

表 3-99 氟硅酸钠技术指标

项目	指标
纯度	≥98
含水率/%	≤1
细度（0.15mm 筛孔）	全部通过

注：受潮结块时，应在不高于 100℃的温度下烘干并研细过筛后使用。

（3）钠水玻璃制成品技术指标

钠水玻璃制成品技术指标见表 3-100 与表 3-101。

表 3-100 钠水玻璃胶泥技术指标

项目		技术指标
凝结时间	初凝/min	≥45
	终凝/h	≤12
抗拉强度/MPa		≥2.5
浸酸安定性		合格
吸水率/%		≤15
与耐酸砖黏结强度/MPa		≥1.0

表 3-101 钠水玻璃砂浆、钠水玻璃混凝土、密实型钠水玻璃混凝土技术指标

项目	指标		
	钠水玻璃砂浆	钠水玻璃混凝土	密实型钠水玻璃混凝土
抗压强度/MPa	≥15	≥20	≥25
浸酸安定性	合格	合格	合格
抗渗强度/MPa	—	—	≥1.2

第四章　工程材料市场调查分析

第一节　市场与建筑市场

一、市场与建筑市场的概念

1. 市场

“市场”的原始定义是指“商品交换的场所”，市场的形成必须具备几个基本条件：存在可供交换的商品；存在着提供商品的卖方和具有购买欲望和购买能力的买方；具备买卖双方都能接受的交易价格、行为规范及其他条件。随着商品交换的发展，市场突破了村镇、城市、国家，最终实现了世界贸易乃至网上交易，因此市场的广义定义是“商品交换关系的总和”。

一般来说，市场是由市场主体、市场客体、市场规则、市场价格和市场机制构成的。市场有不同的分类方法，如根据市场交易场所的实体性，市场可以分为有形市场和无形市场；根据供货的时限特征，市场可以分为现货市场和期货市场；根据企业角色分，市场又可以分为购买市场和销售市场等。

市场具有以下几大功能：

①平衡供求关系；

②商品交换和价值的实现；

③服务功能；

④传递信息功能；

⑤收益分配——市场通过价格、利率、汇率、税率等经济杠杆，对市场上从事交易活动的主体——生产者、消费者、中间商进行收益分配或再分配。例如，某工业品价格上涨时，生产者可以增加收入，但是如果中间商得利很多时，生产者的收入增加并不多。这时，可以通过征收增值税来进行利益调节。

2. 建筑市场

（1）建筑市场的概念

建筑市场是建设工程市场的简称，是进行建筑商品和相关要素交换的市场。建筑市场是固定资产投资转化为建筑产品的交易场所。建筑市场由有形建筑市场和无形建筑市场两部分构成，有形建筑市场如建设工程交易中心，收集与发布工程建设信息，办理工程报建手续、承发包、工程合同及委托质量安全监督和建设监理等手续，提供政策法规及技术经济等咨询服务。无形建筑市场是在建设工程交易之外的各种交易活动及处理各种关系的场所。建筑市场是一种产出市场，它是国民经济市场体系中的一个子体系。

所谓建筑活动，按《中华人民共和国建筑法》的规定，是指各类房屋建筑及其附属设施的建造和与其配套的线路、管道、设备的安装活动。建设活动要求有：建设活动应当确保建筑工程质量和安全，符合国家的建筑工程安全标准。节约能源和保护环境，提倡采用先进设备，先进工艺，新型建筑材料和现代管理方式；从事建筑活动应该遵守法律、法规，不得损害公共利益和他人利益；任何单位和个人不得妨碍和阻挠依法进行的建筑活动。

所谓交易关系，包括供求关系、竞争关系、协作关系、经济关系、服务关系、监督关系、法律关系等。

（2）建筑产品的特点

在商品经济条件下，建筑企业生产的产品大多数是为了交换而生产的，建筑产品是一种商品，但它是一种特殊的商品，它与其他商品不同的特点主要体现在以下几个方面：

1）建筑产品的固定性及生产过程的流动性。建筑产品地点的固定性决定了产品生产的流动性。一般的工业产品都是在固定的工厂、车间内进行生产，而建筑产品的生产是在不同的地区，或同一地区的不同现场，或同一现场的不同单位工程，或同一单位工程的不同部位组织工人、机械围绕着同一建筑产品进行生产。因此，使建筑产品的生产在地区与地区之间、现场之间和单位工程不同部位之间流动。

2）建筑产品的个体性和其生产的单件性。建筑产品地点的固定性和类型的多样性决定了产品生产的单件性。一般的工业产品是在一定的时期里，统一的工艺流程中进行批量生产，而具体的一个建筑产品应在国家或地区的统一规划内，根据其使用功能，在选定的地点上单独设计和单独施工。即使是选用标准设计、通用构件或配件，由于建筑产品所在地区的自然、技术、经济条件的不同，也使建筑产品的结构或构造、建筑材料、施工组织和施工方法等也要因地制宜加以修改，从而使各建筑产品生产具有单件性。

3）建筑产品生产周期长。建筑产品的固定性和体形庞大的特点决定了建筑产品生产周期长。因为建筑产品体形庞大，使得最终建筑产品的建成必然耗费大量的人力、物力和财力。同时，建筑产品的生产全过程还要受到工艺流程和生产程序的制约，使各专业、工种间必须按照合理的施工顺序进行配合和衔接。又由于建筑产品地点的固定性，使施工活动的空间具有局限性，从而导致建筑产品生产具有生产周期长、占用流动资金大的特点。

4）建筑产品施工生产的专业性。建筑产品生产的涉及面广，它涉及工程力学、建筑结构、建筑构造、地基基础、水暖电、机械设备、建筑材料和施工技术等学科的专业知识，要在不同时期、不同地点和不同产品上组织多专业、多工种的综合作业，因此建筑产品施工生产具有很强的专业性。

5）产品交易的长期性决定了风险高、纠纷多，应有严格的合同制度。

6）产品生产的不可逆性。

二、建筑市场的特点和构成

1. 建筑市场的特点

1）建筑产品交易一般分 3 次进行，即可行性研究报告阶段，业主与咨询单位之间的交易；勘察设计阶段，业主与勘察设计单位之间的交易；施工阶段，业主与施工单位之间的交易。

2）建筑产品价格是在招投标竞争中形成的。

3）建筑市场受经济形势与经济政策影响大，因此，政府在以下 4 个方面对建筑市场进行管理，即

①制定建筑法律、法规、规范和标准；

②安全和质量管理；

③对业主、承包商、勘察设计院和咨询监理等机构进行资质管理；

④发展国际合作和开拓国际市场等。

2. 建筑市场的构成

建筑市场的构成主要包括主体、客体及建设工程交易中心。

（1）建筑市场的主体

建筑市场的主体指参与建筑市场交易活动的主要各方，即业主、承包商和工程咨询服务机构、物资供应机构和银行等。

1）业主：指有进行某种工程的需求，具有工程建设资金，办妥项目建设的各种准建手续，承担在建筑市场中发包项目建设的咨询、设计、施工任务，以建成该项目达到其经营使用目的的法人、其他组织和个人。他们可以是学校、医院、工厂、房地产开发公司，或是政府及政府委托的资产管理部门，也可以是个人。在我国工程建设中常将业主称为建设单位或甲方、发包人。

2）承包商：指有一定生产能力、技术装备、流动资金，具有承包工程建设任务的营业资格，在建筑市场中能够按照业主的要求，提供不同形态的建筑产品，并最终获得工程价款的建筑业企业。承包商可以根据生产的主要形式、专业和承包方式进行分类。在我国工程建设中承包商又称为乙方。

上述各类型的业主，只有在其从事工程项目建设全过程中才成为建筑市场的主体，但承包商在其整个经营期间都是市场的主体，因此，一般只对承包商进行从业资格管理。

3）中介服务组织：指具有相应的专业服务能力，持有从事相关业务执照，在市场上受承包方，发包方或政府管理机构的委托，对工程建设提供估算测量、管理咨询、建设监理等智力型服务或代理，并取得服务费用的咨询服务机构和其他建设专业中介组织。

从市场中介服务组织所承担的职能和发挥的作用看，中介组织可以分为以下五类：

①协调和约束市场主体行为的自律性组织；

②为保证公平交易，公平竞争的公证机构；

③为监督市场活动，维护市场正常秩序的检查认证机构；

④为保证社会公平，建立公正的市场竞争秩序的各种公益机构；

⑤为促进市场发育、降低交易成本和提高效益服务的各种咨询、代理机构，即工程咨询服务机构。

（2）建筑市场的客体

建筑市场的客体指建筑市场的交易对象，即建筑产品，既包括有形的产品，如建筑工程、建筑材料和设备、建筑机械、建筑劳务等，也包括无形的产品，如各种咨询、监理等智力型服务。

（3）建设工程交易中心

建设工程交易中心是经政府主管部门批准，为建设工程交易提供服务的有形建筑市场。实践证明，设立有形市场是我国建设工程领域的一项有益尝试，从源头上预防工程建设领域腐败行为，具有重要作用。

交易中心是由建设工程招投标管理部门或政府建设行政主管部门授权的其他机构建立的、自收自支的非营利性事业法人，它根据政府建设行政主管部门委托实施对市场主体的服务、监督和管理。

根据我国有关规定，所有建设项目的报建、招标信息发布、合同签订、施工许可证的申领、招标投标、合同签订等活动均应在建设工程交易中心进行，并接受政府有关部门的监督。其应具有：集中办公功能、信息服务功能、为承发包交易活动提供场所及相关服务三大功能。

根据建设部《建设工程交易中心管理办法》的规定，交易中心要为政府有关部门提供办理有关手续和依法监督招标投标活动的场所，还应该设有信息发布厅、开标室、洽谈室、会议室、商务中心和有关设施。

我国的有关法规规定，建设工程交易中心必须经政府建设主管部门认可后才能设立，而且每个城市一般只能设立一个中心，特大城市可增设若干个分中心，但三项基本功能必须健全。

（4）建筑市场的资质管理

我国《建筑法》规定，对从事建筑工程的勘察设计单位施工单位和工程咨询监理单位实行资质管理。资质管理是指对从事建设工程的单位和专业技术人员进行从业资格审查，以保证建设工程质量和安全。

1）从业单位的资质管理：

①勘察设计单位资质管理。

我国工程勘察专业分为工程地质勘查、岩土工程、水文地质勘察和工程测量 4 个专业。工程设计分为建筑工程、市政工程、建材、电力等 28 个专业。

工程勘察设计单位参加建设工程招投标时，所投标工程必须在其勘察设计资质证书规定的营业范围内。

②施工企业（承包商）的资质等级管理。

我国施工企业可分为建筑、设备安装（共三级）、机械施工（共三级）、市政工程建设施工（共四级）和建筑装饰施工（共三级）五类。

我国《建筑法》明确规定，承包商资质评定的基本条件为注册资本、专业技术人员的人数和水平、技术装备和工程业绩四项内容。

③咨询、监理单位资质管理。

建设工程咨询与监理在我国起步已20多年。全国中等以上的建设工程已完全实行监理制。监理单位的资质分为甲级、乙级和丙级。其业务范围为：甲级监理单位可以跨地区、跨部门监理一等、二等、三等的工程；乙级监理单位只能监理本地区、本部门二等、三等的工程；丙级监理单位只能监理本地区、本部门三等的工程。

建设工程咨询公司的业务范围主要包括为建设单位服务和为施工企业服务两个方面。其中为施工企业服务的内容包括有：协助施工企业制定投标报价方案，进行有关投标的工作；中标后协助承包商与业主、分包商和材料供应商签订合同；施工期间处理各种索赔等事项；安排各阶段验收和工程款结算；进行成本、质量和进度等控制和竣工结算。

2）专业人员资质管理：

专业人员是指从事工程项目设计、建造、造价、监理、咨询等工作的专业工程师。他们在建筑市场运作中起着很重要的作用。尽管有完善的建筑法规，但没有专业人员的知识和技能的支持，政府一般难以对建筑市场进行有效的管理。

我国目前已建立了监理工程师、建筑师、结构工程师、造价工程师以及建造师的专业人士资质管理制度。资格注册条件为：具备工程类或工程经济类中等专科以上学历并从事建设工程项目施工管理工作满2年的人员，并通过统一的执业资格考试获得相应资格证书。

第二节　市场调查分析

一、市场调查分析的概念

市场调查就是指运用科学的方法，有目的地、有系统地搜集、记录、整理有关市场营销信息和资料，分析市场情况，了解市场的现状及其发展趋势，为市场预测和营销决策提供客观的、正确的资料。包括市场环境调查、市场状况调查、销售可能性调查，还可对消费者及消费需求、企业产品、产品价格、影响销售的社会和自然因素、销售渠道等开展调查。

市场的调查分析根据调查主、客体的不同可分为营销市场的调查分析和采购市场的调查分析，前者是指商品提供方（生产厂家或供应商）对消费者或应用厂家进行的需求市场调查分析，而后者是指产品消费者或者应用厂家对商品提供方进行的采购市场调查分析，本节所介绍的施工单位对所需设备材料的市场调查即属于后一种，即对采购市场的调查分析。

采购市场调查的对象一般为用户、零售商、批发商，在进行市场调查之前应确定到底对什么样的群体进行调查。因为供应商太多，一般应对信誉度高、执行合同能力强的供应商进行重点调查。如果调查中缺乏针对性，不仅影响调查效果，同时也浪费人力及物力资源。

二、工程材料市场调查的基本内容与方法

1. 调查的基本内容

调查的基本内容包括：建筑材料在市场上的品种、规模、生产厂家、厂家存货（生产效率）、销售价格、运输及储存要求、检测与验收规定、使用注意事项、施工现场堆放要求等。

采购市场调查是进行需求确定和编制采购计划的基础环节，对于施工企业来说，材料、设备采购市场调查的核心是市场供应状况的调查与分析。旨在进行需求确定的市场调查，是要解决企业“买什么”“买多少”的计划是否可行的问题。在生产经营的过程中，工程材料供应方受市场和供求关系变化影响，可能出现供货不及等问题，施工企业出现采购困难，导致施工受阻，这对整个建设项目影响巨大。因此需要提前进行市场调查与分析，为编制和修订采购计划提供资料和依据。

市场调查的内容涉及市场营销活动的整个过程，主要包括以下方面。

（1）市场环境调查

市场环境调查主要包括经济环境、政治环境、社会文化环境、科学环境和地理环境等。具体的调查内容可以是市场的购买力水平，经济结构，国家方针、政策和法律法规，风俗习惯，科学发展动态，气候等各种影响市场营销的因素。

（2）市场需求调查

市场需求调查主要包括消费者需求量调查、消费者收入调查、消费结构调查、消费者行为调查，包括消费者为什么购买、购买什么、购买数量、购买频率、购买时间、购买方式、购买习惯、购买偏好和购买后的评价等。

（3）市场供给调查

市场供给调查主要包括产品生产能力调查、产品实体调查等。具体为某一产品市场可以提供的产品数量、质量、功能、型号、品牌，生产供应企业的情况等。

（4）市场营销因素调查

市场营销因素调查包括产品、价格、渠道和促销的调查。产品的调查主要是为了了解市场上新产品开发的情况、设计的情况、消费者使用的情况、消费者的评价、产品生命周期阶段、产品的组合情况等。价格的调查主要是了解消费者对价格的接受情况，对价格策略的反应等。渠道调查主要包括了解渠道的结构、中间商的情况、消费者对中间商的满意情况等。促销的调查主要包括各种促销活动的效果，如广告实施的效果、人员推销的效果、营业推广的效果和对外宣传的市场反应等。

（5）市场竞争情况调查

市场竞争情况调查主要包括对竞争企业的调查和分析，了解同类企业产品、价格等方面的情况，他们采取了什么竞争手段和策略，做到知己知彼，通过调查帮助企业确定竞争策略。

2. 市场调查方法

市场调查的方法主要有观察法、实验法、访问法和问卷法。

（1）观察法

观察法是社会调查和市场调查研究的最基本的方法。它是由调查人员根据调查研究的对

象，利用眼睛、耳朵等感官以直接观察的方式对市场进行考察并收集资料。例如，市场调查人员到被访问者的销售场所去观察商品的品牌及包装情况。

（2）实验法

实验法是由调查人员根据调查要求，用实验的方式，将调查的对象控制在特定的环境条件下，对其进行观察以获得相应的信息。控制对象可以是产品的价格、品质、包装等，在可以控制的条件下观察市场现象，揭示在自然条件下不易发现的市场规律，这种方法主要用于市场销售实验和消费者使用实验。

（3）访问法

访问法可以分为结构式访问、无结构式访问和集体访问。

结构式访问是事先设计好的、有一定结构的访问问卷的访问。调查人员要按照事先设计好的调查表或访问提纲进行访问，要以相同的提问方式和记录方式进行访问。提问的语气和态度也要尽可能地保持一致。

无结构式访问没有统一问卷，是调查人员与被访问者自由交谈的访问。它可以根据调查的内容，进行广泛的交流。如对商品的价格进行交谈，了解被调查者对价格的看法。

集体访问是通过集体座谈的方式听取被访问者的想法，收集信息资料。可以分为专家集体访问和消费者集体访问。

（4）问卷法

问卷法是通过设计调查问卷，让调查者填写调查对象的信息。在调查中，将调查的资料设计成文件后，让接受调查的对象将自己的意见或者答案填写问卷中。在一般进行的实地调查中运用的较为普遍。

第五章　工程材料、构配件及设备计划和采购

第一节　工程材料、构配件及设备计划

一、材料计划管理概述

1. 材料计划管理的概念

材料管理确定了一定时期内材料工作的目标，材料计划就是为实现材料工作目标所做的具体部署和安排，是对建筑企业所需材料的质量、品种、规格、数量等在时间和空间上作出的统筹安排。材料计划是企业材料部门的行动纲领，对组织材料资源和供应，满足施工生产需要，提高企业经济效益，具有十分重要的作用。

材料计划管理，就是运用计划手段组织、指导、监督、调节材料的订货、采购、运输、供应、储备、使用等一系列工作的总称。

2. 材料计划管理的观念

社会主义市场经济的确立，要求企业根据生产经营的规律进行市场预测，有计划地安排材料的一系列工作，以适应灵活多变的市场形势。

（1）确立材料供求平衡的观念

供求平衡是材料计划管理的首要目标。宏观上供求平衡，使基本建设投资规模建立在社会资源条件允许的情况下，才有材料市场的供求平衡，才可寻求企业内部的供求平衡。材料部门应积极组织资源，在供应计划上不留缺口，使企业具备坚实的物质保证以完成施工生产任务。

（2）应确立指令性计划、指导性计划和市场调节相结合的观念

市场的作用在材料计划管理中所占份额越来越大，编制和执行计划均应在这种观念的指导下进行，这样才能使材料计划工作切实可行。

（3）应确立多渠道、多层次筹措和开发资源的观念

多渠道、少环节是我国物资管理体制改革的一贯方针。企业一方面应充分利用和占有市场，开发资源；另一方面应狠抓企业管理，依靠技术进步，提高材料使用效能，降低材料消耗。

3. 材料计划管理的任务

（1）为实现企业经济目标做好物质准备

建筑企业的经营发展，需要材料部门提供物质保证。材料部门必须适应企业发展的规模、

速度和要求，只有这样才能保证企业顺利运行。因此，材料部门应做到经济采购、合理运输、降低消耗、加速周转，以最少的资金获得最优的经济效果。

（2）做好平衡协调工作

材料计划的平衡是施工生产各部门协调工作的基础。材料部门一方面应掌握施工任务，核实需用情况；另一方面要查清内外资源，了解供需状况，掌握市场信息，确定周转储备量，搞好材料品种、规格与项目的平衡配套，保证生产顺利进行。

（3）采取措施促进材料的合理使用

露天作业、操作条件差等施工环境使浪费材料的问题长期存在。必须加强材料的计划管理，通过计划指标、消耗定额控制材料使用，具体可通过检查、考核、奖励等手段，加强材料的计划管理，提高材料的使用效率。

（4）建立健全材料计划管理制度

材料计划的有效作用是建立在材料计划的高质量的基础上的。建立科学、连续、稳定和严肃的计划指标体系，是保证计划制度良好运行的基础。健全计划流转程序和制度，可以保证施工有秩序、高效率地运行。

4. 材料计划的分类

（1）按材料的使用方向分类

材料计划按照材料的使用方向分为生产材料计划和基本建设材料计划。

1）生产材料计划：是指为完成生产任务而编制的材料计划，包括附属辅助生产用材料计划、经营维修用材料计划、建材产品生产用材料计划等。所需材料的数量按生产的产品数量和该产品的消耗定额计算确定。

2）基本建设材料计划：是指为完成基本建设任务而编制的材料计划，包括对外承包工程用材料计划、企业自身基本建设用材料计划等。通常应根据承包协议和分工范围及供应方式编制。

（2）按材料计划的用途分类

材料计划按其用途分为材料需用计划、申请计划、供应计划、加工订货计划、采购计划和运输计划。

1）材料需用计划：一般由最终使用材料的施工项目部门编制，是材料计划中最基本的计划，是编制其他计划的基本依据。材料需用计划应根据不同的使用方向，以单位工程为对象，结合材料消耗定额，逐项计算需用材料的品种、规格、质量、数量，最终汇总成实际的需用数量。

2）材料申请计划：是根据需用计划，经过项目或部门内部平衡后，分别向有关供应部门提出的材料申请计划。

3）材料供应计划：是负责材料供应的部门为完成材料供应任务，组织供需衔接的实施计划。除包括供应材料的品种、规格、质量、数量、使用项目外，还应包括供应时间。

4）材料加工订货计划：是项目或供应部门为获得材料或产品资源而编制的计划。计划中应包括所需材料或产品的名称、规格、型号、质量及技术要求和交货时间等，其中若属非定型产品还应附有加工图纸、技术资料或提供样品。

5）材料采购计划：是企业为了向各种材料市场采购材料而编制的计划。计划中应包括材料品种、规格、数量、质量，预计采购厂商名称及需用资金。

6）材料运输计划：是指为组织材料运输工作而编制的计划。

（3）按计划期限分类

按照计划期限，材料计划可分为年度材料计划、季度材料计划、月度材料计划、一次性用料计划及临时追加材料计划。

1）年度材料计划：是建筑企业保证全年施工生产任务所需用料的主要材料计划。它是企业向国家或地方计划物资部门、经营单位申请分配、组织订货、安排采购和储备提出的计划，也是指导全年材料供应与管理活动的重要依据。因此，年度材料计划必须与年度施工生产任务密切结合，计划质量（指反映施工生产任务落实的准确程度）的好坏对全年施工生产的各项指标能否实现，有着密切关系。

2）季度材料计划：是根据企业施工任务编制的季度计划，用以调整年度计划，具体组织订货、采购、供应，落实各项材料资源，为完成本季度施工生产任务提供保证。季度计划材料品种、数量一般须与年度计划相结合，有增或减的，要采取有效的措施，争取资源平衡或报请上级和主管部门调整。如果采取季度计划分月编制的方法，则需要具备可靠的依据，这种方法可以简化月度计划。

3）月度材料计划：是基层单位根据当月施工生产进度安排编制的需用材料计划，比年度、季度更细致，要求内容更全面、及时和准确。它以单位工程为对象，按形象进度实物工程量逐项分析计算汇总使用项目及材料名称、规格、型号、质量、数量等，是供应部门组织配套供料、安排运输，基层安排收料的具体行动计划。它是材料供应与管理活动的重要环节，对完成月度施工生产任务有更直接的影响。凡列入月计划的施工项目需用材料，都要进行逐项落实，如个别品种、规格有缺口，要采取紧急措施，如采用借、调、改、代、加工等办法进行平衡，以保证材料按计划供应。

4）一次性用料计划：也叫单位工程材料计划，是根据承包合同或协议书，按规定时间要求完成的施工生产计划或单位工程施工任务而编制的需用材料计划。它的用料时间与季度、月度材料计划不一定吻合，但在月度计划内要列为重点，专项平衡安排。因此，这部分材料需用计划，要提前编制交给供应部门，并对需用材料的品种、规格、型号、颜色、时间等作详细说明，供应部门应保证供应。内包工程可采取签订供需合同的办法。

5）临时追加材料计划：由于设计修改或任务调整，原计划品种、规格、数量的错漏，施工中采取临时技术措施，机械设备发生故障需及时修复等原因，需要采取临时措施解决的材料计划称为临时追加材料计划。列入临时追加材料计划的一般是急用材料，要作为重点供应。如费用超支和材料超用，应查明原因，分清责任，办理签证，由责任方承担经济责任。

5. 影响材料计划管理的因素

材料计划的编制和执行会受到诸多因素的制约，处理妥当与否极易影响材料计划的编制质量和执行效果。材料计划管理的主要影响因素有企业内部因素和外部因素。

企业内部影响因素主要是企业内各部门之间的衔接问题。例如，生产部门提供的生产计划、技术部门提出的技术措施和工艺手段、劳资部门下达的工作量指标等，各部门只有及时提供准确的资料，才能使计划制订有依据而且可行。同时，要经常检查计划执行情况，发现问题及时调整。计划期末必须对执行情况进行考核，为总结经验和编制下期计划提供依据。

企业外部影响因素主要表现在材料市场的变化因素和与施工生产相关的因素，如材料政策因素、自然气候因素、材料生产厂家及市场需求变化因素等。材料部门应及时了解和预测市场供求及变化情况，采取措施保证施工用料的稳定，掌握气候变化信息，特别是对冬、雨季期间的技术处理，劳动力调配，工程进度的变化调整等均应作出预计、考虑。

二、材料计划的编制和实施

1. 材料计划的编制原则

（1）综合平衡的原则

编制材料计划必须坚持综合平衡的原则。综合平衡是计划管理工作的一个重要内容，包括产需平衡、供求平衡、各供应渠道间平衡、各施工单位间的平衡等。

（2）实事求是的原则

编制材料计划必须坚持实事求是的原则，材料计划的科学性就在于实事求是，深入调查研究，掌握正确数据，使材料计划可靠合理。

（3）留有余地的原则

编制材料计划要留有余地，不能只求保证供应，扩大储备，结果形成材料积压。材料计划也不能留有缺口，避免供应脱节，影响生产。只有供需平衡，略有余地，才能确保供应充足。

（4）严肃性和灵活性相统一的原则

材料计划对供、需两方面都有严格的约束作用，同时建筑施工受多种主客观因素的制约，出现变化情况，也是在所难免的，所以在执行材料计划中，既要讲严肃性，又要适当重视灵活性，只有严肃性和灵活性相统一，才能保证材料计划的实现。

综上所述，在编制材料计划过程中应做到实事求是，积极稳妥，不留缺口，使计划切实可行；执行过程中应做到严肃、认真，为达到计划的预期目标打好基础；定期检查和指导计划的执行，提高计划制订水平和执行水平，不断考核材料计划的完成情况及效果。

2. 材料计划的编制程序

（1）计算需用量

1）计划期内工程材料需用量计算。

计划期内工程材料需用量通常有直接计算法和间接计算法两种。

①直接计算法：一般以单位工程为对象进行编制。在施工图纸到达并经过会审后，根据施工图计算分部分项实物工程量，结合施工方案与措施，套用相应的材料消耗定额编制材料分析表。按分部工程进行汇总，编制单位工程材料需用计划。再按施工形象进度编制季、月需用计划。

直接计算法的公式如下：

某种材料计划需用量=建筑安装实物工程量×某种材料消耗定额　　(5-1)

上述计算公式中的建筑安装实物工程量是按预算方法计算的在计划期应完成的分部分项工程实物工程量；材料消耗定额应根据使用对象分别选用预算定额和施工定额。如编制施工图预算，向建设单位、上级主管部门和物资部门申请计划分配材料指标，作为结算依据或据以编制订货、采购计划，应采用预算定额计算材料需用量；如企业内部编制施工作业计划，向单位工程承包负责人和班组实行定向供应材料，作为承包核算基础，则采用施工定额计算材料需用量。

②间接计算法（概算法）：当工程任务已经落实，但设计尚未完成，技术资料不全，有的工程甚至初步设计还没有确定，只有投资金额和建筑面积指标，不具备直接计算的条件，为提前备料提供依据，可采用间接计算法。凡采用间接计算法编制备料计划的，在施工图到达后，应立即用直接计算法核算材料实际需用量，进行调整。

根据概算定额的类别不同主要分为以下几种算法：

a. 已知工程类型、结构特征及建筑面积的工程项目，可用平方米定额计算，其计算公式为

某材料计划需用量=某类型工程建筑面积×某类型工程每平方米某材料消耗定额×调整系数　　(5-2)

b. 工程任务不具体，如企业的施工任务只有计划总投资，则采用万元定额计算。其计算公式为

某材料计划需用量=工程项目计划总投资×同类工程项目万元产值材料消耗定额×调整系数　　(5-3)

注意：由于材料价格浮动较大，因此计算时必须查清单价及其浮动幅度，折成调整系数，否则误差较大。

2）周转材料需用量计算。

根据计划期内的材料分析确定周转材料总需用量，结合工程特点，确定计划期内周转次数，最终算出周转材料的实际需用量。

3）施工设备和机械制造的材料需用量计算。

此类材料可按各项具体产品采用直接计算法计算材料需用量。

4）辅助材料及生产维修用料的需用量计算。

这部分材料可采用简介计算法计算。

（2）确定时机需用量

根据各工程项目计算的需用量，进一步核算实际需用量。核算的依据有以下几个方面：

1）对于一些通用性材料，在工程进行初期阶段，考虑到可能出现的施工进度超额因素，一般都略加大储备，其实际需用量就略大于计算需用量。

2）在工程竣工阶段，因考虑到工地完工清场地净，防止工程竣工材料挤压，一般是利用库存控制进料，这样实际需用量要略小于计划需用量。

3）对于一些特殊材料，为保证工程质量，往往要求一批进料，所以计划需用量虽只是一部分，但在申请采购中往往是一次购进，这样实际需用量就要大大增加。

实际需用量的计算公式为

实际需用量=计划需用量±调整因素

（3）编制材料申请计划

需要上级供应的材料，应编制申请计划。申请计划量的计算公式为

材料申请量=实际需用量＋计划储存量-期初库存量

（4）编制材料供应计划

供应计划是材料计划的实施计划。材料供应部门根据用料单位提交的申请计划及各种资源渠道的供货情况、储存情况，进行总需用量与总供应量的平衡，在此基础上编制对各用料单位或项目的供应计划，并明确供应措施。

（5）编制供应措施计划

在供应计划中所明确的供应措施，必须有相应的实施计划。如市场采购需相应编制采购计划，加工订货需有加工订货合同及进货安排计划，以确保供应工作的完成。

3. 材料计划的实施

材料计划的编制只是计划工作的开始，更重要的工作是材料计划之后，进行材料计划的实施，计划的实施阶段是材料计划工作的关键。

（1）组织材料计划的实施

材料计划工作是以材料需用计划为基础的，材料供应计划是企业材料经济活动的主导计划，可使企业材料系统的各部门不仅了解本系统的总目标和本部门的具体任务，而且了解各部门在完成任务中的相互关系，组织各部门从满足施工总体要求出发，采取有效措施，保证各自任务的完成，从而保证材料计划的实施。

（2）协调材料计划实施中出现的问题

材料计划在实施中常因受到内部或外部各种因素的干扰，影响材料计划的实现，一般有以下几种因素。

1）施工任务的改变：计划施工中施工任务改变主要是指临时增加任务或临时削减任务等，一般是由于国家基建投资计划的改变、建设单位计划的改变或施工力量的调整等引起的。任务改变后材料计划应作出相应调整，否则就要影响材料计划的实现。

2）设计变更：施工准备阶段或施工过程中，往往会遇到设计变更，影响材料的需用数量和品种规格，必须及时采取措施，进行协调，尽可能减少影响，以保证材料计划执行。

3）采购情况变化：材料到货合同或生产厂家的生产情况发生了变化，影响材料的及时供应。

4）施工进度变化：施工进度计划的提前或推迟也会影响材料计划的正确执行。

在材料计划发生变化时，要加强材料计划的协调作用，做好以下几项工作：

①挖掘内部潜力，利用库存储备以解决临时供应不及时的矛盾；

②利用市场调节的有利因素，及时向市场采购；

③同供料单位协商，临时增加或减少供应量；

④与有关单位进行余缺调剂；

⑤在企业内部有关部门之间进行协商，对施工生产计划和材料计划进行必要修改。

为了做好协调工作，必须掌握动态，了解材料系统各个环境的工作进程，一般通过统计检查、实地调查、信息交流等方法，检查各有关部门对材料计划的执行情况，及时进行协调，以保证材料计划的实现。

（3）建立材料计划分析和检查制度

为及时发现计划执行中的问题，保证计划的全面完成，建筑企业应从上到下按照计划的分级管理职责，在计划实施反馈信息的基础上进行计划的检查与分析。一般应建立以下几种计划检查与分析制度。

1）现场检查制度。基层领导人员应经常深入施工现场，随时掌握生产过程中的实际情况，了解工程形象进度是否正常，资源供应是否协调，各专业队组是否达到定额及完成任务的好坏，做到及早发现问题、及时加以处理解决，并按实际向上一级反映情况。

2）定期检查制度。建筑企业各级组织机构应有定期的生产会议制度，检查与分析计划的完成情况。例如，公司级生产会议每月两次，工程处一级每周一次，施工队则每日有生产碰头会。通过这些会议检查分析工程形象进度、资源供应、各专业队组完成定额的情况等，做到统一思想、统一目标，及时解决各种问题。

3）统计检查制度。统计是检查企业计划完成情况的有力工具，是企业经营活动的各个方面在时间和数量方面的计算与反映。它为各级计划管理部门了解情况、决策、指导工作、制订和检查计划提供可靠的数据与情况。通过统计报表和文字分析，及时准确地反映计划完成的程度和计划执行中的问题，反映施工中的薄弱环节，为揭露矛盾、研究措施、跟踪计划和分析施工动态提供依据。

（4）计划的变更和修订

实践证明，材料计划的变更是常见的、正常的。材料计划的多变，是由它本身的性质所决定的。计划总是人们在认识客观世界的基础上制订出来的，它受人们的认识能力和客观条件制约，所编制出的计划的质量就会有差异。计划与实际脱节往往不可能完全避免，重要的是一经发现，就应调整原计划。自然灾害、战争等突发事件一般不易被认识，一旦发生，会引起材料资源和需求的重大变化。材料计划涉及面广，与各部门、各地区、各企业都有关系，一方有变，牵动他方，也使材料资源和需要发生变化。这些主客观条件的变化必然引起原计划的变更。为了使计划更加符合实际，维护计划的严肃性，就需要对计划及时调整和修订。

1）变更或修订材料计划的一般情况。

材料计划的变更及修订，除上述基本原因外，还有一些具体原因。一般地讲，出现了下述情况，也需要对材料计划进行调整和修订。

①任务量变化：任务量是确定材料需用量的主要依据之一，任务量的增加或减少，将相应地引起材料需要量的增加或减少。在编制材料计划时，不可能将计划任务变动的各种因素都考虑在内，只有待问题出现后，通过调整原计划来解决。

a. 在项目施工过程中，由于技术革新，增加了新的材料品种，原计划需要的材料出现多余，就要减少需要；或者根据用户的意见对原设计方案进行修订，这时所需材料的品种和数量将发生变化；

b. 在基本建设中，由于编制材料计划时图纸和技术资料尚不齐全，原计划实属概算需要待图纸和资料到齐后，材料实际需要常与原概算情况有出入，这时也需要调整材料计划。同时，由于现场地质条件及施工中可能出现的变化因素，需要改变结构、改变设备型号，材料计划调整不可避免；

c. 在工具和设备修理中，编制计划时很难预计修理需要的材料，实际修理需用的材料与原计划中申请材料常常有出入，调整材料计划完全有必要。

②工艺变更：设计变更必然引起工艺变更，需要的材料当然就不一样。设计未变，但工艺变了，加工方法、操作方法变了，材料消耗可能与原来不一样，材料计划也要相应调整。

③其他原因：如计划初期预计库存不正确、材料消耗定额变了、计划有误等，都可能引起材料计划的变更，需要对原计划进行调整和修订。

根据我国多年的实践，材料计划变更主要是由生产建设任务的变更所引起的。其他变更对材料计划当然也产生一定影响，但变更的数量远比生产和基建计划变更少。

由于上述种种原因，必须对材料计划进行合理的修订及调整。如不及时进行修订，将使企业发生停工待料的危险，或使企业材料大量闲置积压。这不仅会使生产建设受到影响，而且直接影响企业的财务状况。

2）材料计划的变更及修订主要有如下三种方法：

①全面调整或修订：主要是指材料资源和需要发生了大的变化时的调整，加前述的自然灾害、战争或经济调整等，都可能使资源和需要发生重大变化，这时需要全面调整计划。

②专案调整或修订：主要是指由于某项任务的突然增减；或由于某种原因，工程提前或延后施工；或生产建设中出现突然情况等，使局部资源和需要发生了较大变化，一般用待分配材料安排或当年储备解决，必要时通过调整供应计划解决。

③临时调整或修订：如生产和施工过程中，临时发生变化，就必须临时调整，这种调整也属于局部性调整，主要是通过调整材料供应计划来解决。

3）材料计划的调整及修订中应注意的问题：

①维护计划的严肃性和实事求是地调整计划。

在执行材料计划的过程中，根据实际情况的不断变化，对计划作相应的调整或修订是完全必要的。但是要注意避免轻易地变更计划，无视计划的严肃性，认为有无计划都得保证供应，甚至违反计划、用计划内材料搞计划外项目，也通过变更计划来满足。当然，不能把计划看作是一成不变的，在任何情况下都机械地强调维持原来的计划，明明计划已不符合客观实际的需要，仍不去调整、修订、解决，这也和事物的发展规律相违背。正确的态度和做法是，在维护计划严肃性的同时，坚持计划的原则性和灵活性的统一，实事求是地调整和修订计划。

②权衡利弊后尽可能把调整计划压缩到最小限度。

调整计划虽然是完全必要的，但许多时候调整计划总要或多或少地造成一些损失。所以，在调整计划时，一定要权衡利弊，把调整的范围压缩到最小限度，使损失尽可能地减少到最小。

③及时掌握情况：

a. 做好材料计划的调整或修订工作，材料部门必须主动和各方面加强联系，掌握计划任务安排和落实情况，如了解生产建设任务和基本建设项目的安排与进度，了解主要设备和关键材料的准备情况，对一般材料也应按需要逐项检查落实。如果发生偏差，迅速反馈，采取措施，加以调整；

b. 掌握材料的消耗情况，找出材料消耗升降的原因，加强定额管理，控制发料，防止超定额用料而调整申请量；

c. 掌握资源的供应情况。不仅要掌握库存和在途材料的动态，还要掌握供方能否按时交货等情况。

掌握上述三方面的情况，实际上就是要做到需用清楚、消耗清楚和资源清楚，以利于材料计划的调整和修订。

④妥善处理、解决调整和修订材料计划中的相关问题。

材料计划的调整或修订，追加或减少的材料，一般以内部平衡调剂为原则，减少部分或追加部分内部处理不了或不能解决的，由负责采购或供应的部门协调解决。特别注意的是，要防止在调整计划中拆东墙补西墙、冲击原计划的做法。没有特殊原因，材料应通过机动资源和增产解决。

（5）考核材料计划的执行效果

材料计划的执行效果，应该有一个科学的考评方法，一个重要内容就是建立材料计划指标体系，它包括下列指标：

1）采购量及到货率。

2）供应量及配套率。

3）自有运输设备的运输量。

4）流动资金占用额及周转次数。

5）材料成本的降低率。

6）主要材料的节约率和节约额。

通过指标考评，激励各部门认真实施材料计划。

第二节　工程材料、构配件及设备采购方式和采购时机的确定

建筑企业材料采购有采购、运输、储存和供应四大业务环节，采购是首要环节。材料采购就是通过各种渠道，把建筑施工和生产用材料购买进来，保证施工生产的顺利进行。经济合理地选择采购对象和采购批量，并按质、按量、按时运入企业，对于保证施工生产、充分发挥材料使用效能、提高工程质量、降低工程成本、提高企业的经济效益，都具有重要的意义。

一、工程材料、构配件及设备采购方式及确定

1. 材料采购应遵循的原则

（1）遵守法律法规的原则

材料采购工作应遵守国家、地方的有关法律和法规，执行国家政策，由物资管理政策和经济管理法令指导采购，自觉维护国家物资管理秩序。

（2）按计划采购的原则

采购计划的依据是施工生产需要。按照生产进度安排采购时间、品种、规格和数量，可以减少资金占用，避免供需脱节或库存积压，发挥资金最大效益。

（3）择优选择的原则

材料采购的另一个目标，是加强材料成本核算，降低材料成本。在采购时应比质量、比价格、比运距及供应条件，经综合分析、对比、评价后择优选择供货，实现降低材料采购成本目标。

（4）遵合同、守信用的原则

材料采购工作，是企业经营活动的重要组成部分，体现着企业的信誉水平。材料采购部门和业务人员应做到遵合同、守信用，提高企业的信誉。

2. 影响材料采购的因素

流通环节的不断发展，社会物资资源渠道增多，市场的不断变化，企业内部项目管理办法和普通实施等，使材料采购受企业内、外诸多因素等影响。在组织材料采购时，应综合企业各方面各部门利益，确保整体利益。

（1）企业外部因素影响

1）资源渠道因素。按照物流流通经过的环节，资源渠道一般包括三类：一是生产企业，这一渠道供应稳定，价格较其他部门和环节低，并能根据需要进行加工处理，是一条较有保证的经济渠道；二是物资流通部门，特别是属于某行业或某种材料生产系统的物资部门，资源丰富，品种规格齐全，资源保证能力较强，是国家物资流通的主渠道；三是社会商业部门，这类材料经销部门数量较多，经营方式灵活，对于解决品种短缺能起到良好的作用。

2）供货方水平因素。供货方在时间、品种、质量及信誉上能否满足需货方要求，是考核其供应能力的基本依据。采购部门要定期分析供货方供应水平并作出定量考核指标，以确定采购对象。

3）市场供应因素。由于工商、税务、利率、投资、价格、政策等诸多方面影响，市场的供求因素经常变化，掌握市场行情、预测市场动态是采购人员的任务，也是在采购竞争中取胜的重要因素。

（2）企业内部影响因素

1）施工生产因素。建筑施工生产程序性、配套性强，物资需求呈阶段性，材料供应批量与零星采购交叉进行。由于设计、计划改变及施工工期调整等因素，材料需求非确定因素较多，各种变化都会波及材料需求和使用。采购人员应掌握施工规律，预测可能出现的问题，

使材料采购适应实际生产需用。

2）仓储能力因素。采购批量受料场、仓库堆放能力的限制，同时采购批量也影响着采购时间间隔。应根据施工生产平均每日需用量，在考虑采购间隔时间、验收时间和材料加工准备时间的基础上，确定采购批量和供应间隔时间等。

3）资金因素。采购批量是以施工生产需用为主要因素确定的，但采购资金的限制也将改变或调整批量，增减采购次数。当资金缺口较大时，可按缓急程度分别采购。

除上述影响因素外，采购人员自身素质、材料质量等对材料采购也有一定的影响。

3. 建设工程材料的主要采购方式

为工程项目采购材料、设备而选择供应商并与其签订物资购销合同或加工订购合同，一般采用如下三种方式之一。

（1）招标方式

招标投标，是在市场经济条件下进行的大宗货物的买卖、工程建设项目有发包与承包，以及服务项目的采购与提供时，所采用的一种交易方式。在这种交易方式下，通常是由项目采购（包括货物的购买、工程的发包和服务的采购）的采购方作为招标方，通过发布招标公告或者向一定数量的特定供应商、承包商发出招标邀请等方式发出招标采购的信息，提出所需采购项目的性质及其数量、质量、技术要求，交货期、竣工期或提供服务的时间，以及其他供应商、承包商的资格要求等招标采购条件，表明将选择最能够满足采购要求的供应商、承包商与之签订采购合同的意向，由各有意提供采购所需货物、工程或服务的报价及其他响应招标要求的条件，参加投标竞争。经招标方对各投标者的报价及其他的条件进行审查比较后，从中择优选定中标者，并与其签订采购合同。

（2）加工订货

材料加工订货是按照施工图纸要求将工程所需的制品、零件及配件委托加工制作，满足施工生产需求。进行加工订货的材料和制品，一般按照其组成材料的品种不同分为金属制品、木制品和混凝土制品。

1）金属制品的加工订货。

金属制品一般包括成型钢筋和铁件制品两大类。钢筋应按提供的图纸和资料进行加工成型。材料部门应及时提供所需钢筋，并加强钢筋的加工管理。从目前的管理水平和技术水平看，钢筋适宜集中加工。集中加工有利于材料的套裁、配料和综合利用，材料的利用率较高；同时通过集中加工可以提高加工工艺和加工质量。铁件制品包括预埋铁件、楼梯栏杆、垃圾斗、落水管等。品种规格多，容易丢失、漏项，加工成型的制品零散多样，不易保管。因此，金属制品必须按施工部位进度安排加工，制订详细的加工计划，逐项与施工图纸核对。

2）木制品（门窗）的加工订货。

木制品中门窗占有一定比例，门窗有钢质、铝质、塑料质和木质等多种类型。任何门窗都应先按图纸详细计算各种规格型号门窗数量，然后确定准确详细的加工订货数量，并按施工进度安排进场时间。对改形及异形门窗应附加工图，甚至可要求加工样品，直至认为完全符合加工意图后再进行批量加工订货。

3）混凝土制品的加工订货。

按照施工图纸核实确定混凝土制品的品种数量后，按照施工进度分批加工，避免混凝土制品到场后的码放、运输和使用困难，因此要求加工计划准确，加工质量优良。

4. 组织材料的其他方式

（1）与建设单位协作采购

建设项目的开发者或建设项目的业主参与采购活动的状况，目前仍占有一定比例。与建设单位协作进行采购必须明确分工，划分采购范围及结算方式，并按照施工图预算由施工部门提出其负责采购部分材料的具体品种、规格及进场的时间，以免造成停工待料。对于建设单位对工程所提出的特殊材料和设备，应由建设单位与设计部门、施工部门共同协商确定采购、验收、使用及结算事宜，并做好各业务环节的衔接工作。

（2）补偿贸易

补偿贸易是建筑企业与建材生产企业建立的补偿贸易关系。一般由施工企业提供部分或全部资金，用于补偿建材生产企业进行的新建、扩建、改建项目或购置机械设备。提供的资金分有偿投资和无偿投资两种。有偿投资分期归还，利息负担通过协商确定。补偿贸易企业生产的建筑材料，可以全部或部分作为补偿产品供应给建筑企业。

补偿贸易方式既可以建立长期稳定可靠的采购协作基地，又有利于开发新材料、新品种，促进建材生产企业提高产品质量和工艺水平，从而缓解社会供需矛盾。但实行补偿贸易应做好可行性调查，落实资金，签订补偿贸易含同，以保证经济关系的合法和稳定。

（3）联合开发

建筑企业与材料生产企业可以按照不同材料的生产特点和产品特点进行合资经营、联合生产、产销联合与技术协作，开发更宽的货源渠道，获得较优的材料资源。

1）合资经营：是指建筑企业与材料生产企业共同投资、共同经营管理、共担风险，实行利润分成。这种方式对稳定货源、扩大施工企业经营范围十分有利。

2）联合生产：是由建筑企业提供生产技术，将产品的生产过程分解到材料生产企业，所生产的产品由建筑企业负责全部或部分包销。

3）产销联合：是指建筑企业与材料生产企业之间对生产和销售的协作联合，一般是由建筑企业实行有计划的包销，这样不仅可以保证材料生产企业专心生产，而且可使材料生产企业成为建筑企业长期稳定的供应基地。

4）技术协作：是指企业间有偿转让科技成果、工艺技术、技术咨询、培训人员，以资金或建材产品偿付其劳动支出的合作形式。

（4）调剂与协作组织货源

企业之间本着互惠互利的原则，对短缺材料的品种规格进行调剂和串换，以满足临时、急需和特殊用料。一般可通过以下几种形式进行：

1）全国性的物资调剂会。

2）地区性的物资调剂会。

3）系统内的物资串换。

4）各部门设立积压物资处理门市。

5）委托商品部门代为处理和销售。

6）企业间相互调剂、串换及支援。

二、工程材料、构配件级设备采购时机及确定

现场材料需求与施工网络计划结合，材料供应从时间上考察，有如下特点：

1）从某个起点开始，连续性的供应，直至某个终点，如主体混凝土和钢筋供应。

2）从某个起点开始，间歇性的供应，直至某个终点，如砌体及拉结钢筋、管材。

3）随主进程进展，既有一定约束性，又有一定机动性的供应，直至过程结束，如防水卷材施工。

4）随主进程进展，有一定机动性的供应，直至过程结束，如窗户、栏杆、钢材。根据不同的施工安排，还可以总结出其他的供应特点，总之，核心还是与网络计划的结合，以不影响相应工序正常进展为条件。

其中一个重要原则是，只能提前不能滞后，这是因为提前材料供应是施工准备的一部分，滞后就意味着整个工序的延期。除非这种滞后在整体上更有利，如材料市场价格处于急剧下降中。

但是，超前供应到什么程度，整体上看企业的供料款源于业主拨款，必须考虑资金提前支付的财务成本。从市场波动看，必须把握整体供需情况变化，预测下一步价格变化，随机应变。从合同角度看，要根据甲乙方材料供应的分工及调价方式，确定各自的材料采购策略。

目前，大多数合同都没有供应时机的规定。但是，材料价格调价体系仍然会受到很多不确定因素的影响。这些不确定因素都与施工过程有关。在采购方式上，有一次进料方式，也有多次陆续进料方式，有与供料商合同包干的，也有零星市场采购的，还有自产自用的。如何计算某个时间段内的采购量，一般情况下，有两种计算方式可供借鉴：

1）根据实际采购过程确认。在这种管理环境下，必须严格地考核进场环节，如发票、进场检验、试验记录、工程使用进程等，建立完备的统计台账，为材料结算积累原始资料，这也是现场信息管理的重要一环。

2）根据工程进度推算。即根据工程进程，反推材料应该进场的时机，这需要有合同依据，在合同中明确一个提前量，也是合同制定应考虑的问题。推算是建立在双方认可的现场施工网络基础上的，必须建立完备的施工进展记录，有一个权威的网络进程为计算基础。由于网络的动态性，超前与滞后是常有的事，必须严格考核工期变化的原因，这样做对现场管理的制约很大。一定意义上，因为材料利益，可能形成进度安排上的博弈。

这两种方式都有利有弊。实践中，以前一种方式应用居多。但两种方式的共同弊端是：供应量没有明确的约束，随现场有一定的随机性，一定意义上，材料管理成本处于模糊和不确定状态。对于材料价格波动的风险，应设定相应的方式，如价格上涨因素再细分，根据不同的情况，制定不同的分担方式，可以修正量价计算中的纷争，从而平衡双方在材料管理上的利己倾向，为工程整体目标服务。

第三节　工程材料、构配件及设备采购合同的拟定

一、工程材料、构配件及设备采购合同的基本知识

材料采购合同的签订阶段，双方如何在平等、互利的基础上订立合同条款，是合同签订过程中的关键。采购合同类似买卖合同，所谓买卖合同是出卖人转移标的物的所有权于买受人，买受人支付价款的合同。买卖合同条款主要包括标的物的名称及规格、数量、单价和金额、标的物的验收、标的物的权属转移、交付期限和地点、付款方式及风险承担。具体到签订材料采购合同时，首先要对采购的材料进行全面了解，包括产品规格及特性、计价单位、验收标准、存放要求等。材料员应会同相关管理者、质检人员一起签订合同，签订过程中要注意的问题，包括产品的特性、运输方式及存放要求、验收标准、运费负担、付款方式、争端解决方式和出现不可抗力时的责任分担、质保期及质保金的规定。特别要指出的是：

1）《中华人民共和国合同法》（以下简称《合同法》）第 145 条规定："当事人没有约定交付地点或者约定不明确，标的物需要运输的，出卖人将标的物交付给第一承运人后，标的物的损毁，灭失的风险由买受人承担。"由此看来，在签订采购合同时，一定要注明具体的交付地点，避免不必要的风险承担。

2）关于在途运输标的物的风险转移。《合同法》第 144 条规定："出卖人出卖交由承运人运输的在途标的物，除当事人另有约定的以外，毁损、灭失的风险自合同成立时起由买受人承担。本着对采购方（即买受人）有利的角度出发，在签订合同时，应明确约定标的物在运输途中出现的毁损、灭失由出卖人负责，把可能出现的风险降到最低。"

3）违约金的问题。《合同法》第 114 条规定："违约金和违约行为造成的损失有密切联系，若违约金低于损失，可以请求法院予以增加，反之，可以要求法院予以减少。在实际签订合同中，应本着诚实信用、公平的原则，最好不约定违约金。如需约定，双方要制定合理的违约金范围，当发生违约事实时，不至于严重损害一方权益。"

在合同的履行阶段，不只是静止地按条款履行合同，而是在动态和变化中履行合同。由于双方经济利益的不同，对合同条款的理解、履行的程度均会有所不同，不仅在由谁履行上会产生理解差异，还会在履行多少、履行后果以及不履行的责任上产生争端。因此，如材料在进场验收时，材料人员应结合质检、工程相关人员，双方应本着互利、双赢的原则，最大限度地履行合同承诺。如产品进场验收合格，要及时组织进场卸货、存放、保管，及时办理入库与结算；如产品不合格，应及时与供货商协调、退货、办理相关退货手续，维护双方良好的信誉。

需要注意的两个问题如下：

1）合同主体与授权签约人的问题。通过笔者多年签订工程材料合同的经验，在签订合同

之前，对方最好能提供以下资料：

①年检合格并加盖企业公章的营业执照；

②法人身份证明和身份证复印件；

③如果合同签订人不是法人，还要提供一份法人授权委托书和加盖企业公章的被委托人身份证复印件。

2）关于合同履行完毕后付款的问题。付款的前提条件是签订的合同合法、有效，并已经按合同要求履行完毕。买受人付款时，除应向合同签订人索要上述提到的资质证件外，还要核实合同内容、原始单据及已履行债务情况。特别要注意的是，当经办人与合同主体不一致时，应向经办人索要债权转移证明和授权委托书，以上手续齐全后，才可办理付款。若付款不是一次性付清，而是分几次付清的，买受人在付最后一笔款项时，要与之签订合同终止协议书，作为原合同的附件存档。这样做是为了防止发生出卖人因合同付款不及时而要求赔偿的诉讼纠纷。

二、工程材料、构配件及设备采购合同的主要内容

采取订货方式采购材料，供需双方必须依法签订采购合同。材料采购合同是供需双方为了有偿转让一定数量的材料而明确的双方权利义务关系，依照法律规定而达成的协议。

合同依法成立即具有法律效力。

采购合同是指物资供需双方，为实现采购业务，明确相互权利义务关系的协议。利用合同保护采购双方的合法利益，督促供销双方履行义务。

1. 签订采购合同的基本要求

（1）符合法律规定

采购合同是一种经济合同，必须符合《中华人民共和国合同法》等法律、法规和政策的要求。

（2）主体合法

合同当事人必须符合有关法律规定，当事人应当是法人、有营业执照的个体经营户、合法的代理人等。

（3）内容合法

合同内容不得违反国家的政策、法规，损害国家及他人利益。物资经营单位采购的物资，不得超过工商行政管理部门核准登记的经营范围。

（4）形式合法

采购合同一般应采用书面形式，由法定代表人或法定代表人授权的代理人签字，并加盖合同专用章或单位公章。

2. 签订材料采购合同的原则

1）遵守国家法律，符合国家政策的要求，合同具有法律效力，双方权益才能受到保护。

2）平等互利、协商一致、等价有偿，双方权利、义务平等。

3. 采购合同的主要条款

（1）物资名称

物资名称应署全名，并注明商标、牌号、生产厂家、型号、规格、等级、花色等。

（2）技术标准

检查物资质量的标准，应注明标准的名称、代号、编号。如有特殊要求应写明。

（3）采购数量和计量方法

数量包括总量和分批交货的数量。计量方法按国家规定执行。

（4）包装标准及包装物的供应、回收

包装标准应按国家标准执行，若没有规定，由双方协商，并应明确包装物的供应与回收方法。

（5）交货方式与运输方式

交货方式有供方供货、供方代办运输、需方自提等，合同中应明确交货时间、地点。双方还应商定运输路线、运输工具、货运事故处理等。

（6）接（提）货单位或接（提）货人

接（提）货单位或接（提）货人可以是需方，也可以是代理经办人，但必须填写清楚。

（7）交货期限

交货期限可按日、旬、月、季交货，双方应明确。

（8）验收方法

验收方法包括数量清点方法和质量的检验方法。如需他人检验，应注明质量检验单位。

（9）价格

合同中应明确计价范围、价格水平等。

（10）结算方法

按国家有关规定执行。

（11）违约责任

当事人违约，应明确双方的责任、支付违约金的比例。

（12）合同纠纷的处理方式

如果出现合同纠纷，应选择正确的解决纠纷的方法，如协调、调解、仲裁、诉讼等。

（13）其他约定事项

4. 采购合同的签订

采购合同经合同双方当事人依法就主要条款协商一致即告成立。签订合同人必须具有法人资格的企事业单位的法定代表人或由法定代表人委托的代理人。签订合同的程序要经过要约和承诺两个步骤。

（1）要约

合同一方（要约方）当事人向对方（受要约方）明确提出签订材料采购合同的主要条款，以供对方考虑，要约通常用书面或口头形式。

（2）承诺

对方（受要约方）对他方（要约方）的要约表示接受，以及承诺对合同内容完全同意，合同即可签订。

（3）反要约

对方对他方的要约要增减或修改，则不能认为承诺，叫作反要约，经供需双方反复协商取得一致意见，达成协议，合同即告成立。

5. 采购合同的管理

签订材料采购合同，仅仅是落实货源，要使合同实施，还应注意合同的管理工作。

（1）签订合同的管理

1）必须遵守国家政策、法规，避免签订无效合同。

2）贯彻平等互利、协商一致的原则，为全面、实际履行合同打下基础。

3）合同条款力求准确、清楚，避免遗漏、错误、含糊不清的现象。

（2）履行合同的管理

1）已签订的合同，应及时分类整理，装订归档，由专人管理。

2）随时检查合同的履行情况，建立合同登记台账，记录应交、已交、欠交、超交的量和时间，已交材料的检查、验收情况。根据记录分析问题，提出处理意见。

3）对过期、误期合同，应组织催交、催运，追究对方的违约责任。

4）将合同附本或抄件分送有关业务部门，以便做好履行合同的各项工作。

6. 签订采购合同应注意的问题

1）签订采购合同前，应进行资质审查，查看对方是否具有货物或货款支付能力及信誉，避免合同欺诈或签订假合同。

2）签订合同应使用企事业单位章或合同专用章并有代表（理）人签字、盖章，而不能使用其他业务章。

3）不能以产品分配单或调拨单等代替合同，重要合同需经工商行政管理部门签证或经公证机关公证。

4）合同签订的时间和地点都要写在合同内。

5）企业（法人单位）名称应用全称，即营业执照上的注册名称，当事人双方的地址、电话不能写错。

6）补偿贸易合同必须由供方担保单位实行担保。

三、工程材料、构配件及设备采购合同的审定

合同在物资采购等所有经济活动中，起着极为重要的作用，它是保护合同双方当事人的合法权益、维护经济秩序的主要手段。因此，加强对合同的审查尤为重要。合同审查就是按照法律法规以及当事人的约定对合同的内容、格式进行审核。合同审查的主体由法规部门依据国家法律、法规及规章对物资采购项目合同进行审核把关。

1. 合同审查的主要内容

（1）项目决策依据

项目决策依据包括决定采购项目的上级批复；党组（党委）会议、局长（总经理）办公会议、预算管理委员会会议决议。

（2）审查项目招投标程序

根据《中华人民共和国招投标法》，法规部门联合纪检、审计等部门对招标、采购过程进行监督；法规部门重点负责对招标、采购活动中的法律问题进行审核把关。一是审查招投标手续是否完备；二是审查投标企业资格；三是招投标的法律程序；四是审查评标是否严格按招标文件评审。

（3）对招标准备阶段的监督

项目的审批是否按照程序经相关会议研究决定；采购项目是否经过审批，经费是否列入预算；招标形式是否与批准确定的形式相符；选定的招标代理机构是否经过比选等必要的程序；招标文件及其评分细则是否含有刻意设定的不合理排他条款，是否经过相关专业部门审核并签署意见；招标文件及其评分细则是否按程序进行研究并经过立项单位法定代表人签字同意，对外发布前是否经过了立项单位法定代表人的委托授权；对招标项目编制的工程概算，是否组织或聘请有资质且无利害关系的第三方进行论证和评估；属于基建技改项目的，招标文件是否约定双方要建立共管账户、履约保证金，以及明确材料共管机制。

（4）对开标阶段的监督

拟定的开标程序是否合法，是否公开、公平、公正；是否按照招标文件所规定的时间、地点开标，是否邀请所有投标人参加开标；是否按规定的投标截止时间终止投标文件的接收；开标时是否按照法定程序检查投标文件的密封情况；是否按照程序对投标人提交的投标文件当众拆封并宣读有关内容。

（5）对评标阶段的监督

评标委员会是否为 5 人以上的单数，其中技术、经济等方面的专家是否不少于成员总数的 2/3；专家是否从评标专家库中随机抽取并符合回避的有关规定；是否严肃评标纪律，实行封闭式评标，确保评标过程的独立性和公正性；评标结束后，评标委员会是否出具评标报告和明确推荐合格的中标候选人。

（6）对中标阶段的监督

项目实施机构是否在评标委员会提出的书面评标报告和推荐的中标候选人中确定中标人；在向中标人发出中标通知书后，项目实施机构是否按照招投标文件与中标人订立书面合同，是否与中标人签订廉政责任书。

（7）审查项目合同草案内容

审查合同主体是否合法，就是审查合同当事人是否具备相应的民事权利能力和民事行为能力。合同主体性质不同，审查的内容和方法也不同。

（8）对当事人资格审查

对法人资格审查，主要是看其是否有国家工商行政管理机关颁发的企业法人营业执照。

对法人单位设立的分支机构，主要审查其所从属的法人单位的资格及其授权。对自然人的资格审查主要是确定其是否具有相应的民事行为能力。

（9）对保证人的资格审查

合同的签订要求有保证人担保时，还应审查保证人的主体资格的合法性。首先，作为保证人必须具有民事行为能力；其次，保证人必须具有代为清偿债务的能力；最后，保证人还必须符合以下规定：

1）国家机关不得作为保证人，但是经国务院批准为使用外国政府或国际经济组织贷款进行转贷的除外。

2）学校、幼儿园、医院等以公益为目的的事业单位、社会团体不得作为保证人。

3）企业法人的分支机构（除有书面授权）、职能部门不得作为保证人。

（10）对代订立合同的代理人的资格审查

所谓代订立合同是指代理人在授权范围内以被代理人的名义与第三人签订合同，所签订合同的法律后果由被代理人承担。因此，在审查合同时一定要审查代理人的代理身份和代理资格（即是否有被代理人签发的授权委托书），最后审查其代理权是否超出了代理权限。

（11）对于特殊行业的当事人

如从事一些重要的生产资料或特殊商品的生产和经营等，法律或行政法规要求必须取得生产许可证、经营许可证或相应的资质。在这种情况下，在审查合同主体资格合法性的时候，还应要求对方出示相应的证明。

（12）审查合同形式是否合法

合同的形式应当符合要求。当事人订立合同，有书面形式、口头形式和其他形式。如果法律、行政法规规定采用书面形式的，应当采用书面形式。例如，《合同法》《担保法》规定：建设工程合同、融资租赁合同、技术开发合同、技术转让合同及借贷合同、保证合同、抵押合同等应采用书面形式，定金以书面形式约定。如果当事人约定采用书面形式订立合同，也应当采用书面形式。

（13）审查合同内容是否合法

进行合同内容合法性审查应当重点审查合同内容是否损害国家、集体或第三人的利益；是否以合法形式掩盖非法目的的情况，是否损害社会公共利益，是否违反法律法规的规定。这几种情况是《合同法》明确规定合同无效的情况。

2. 合同审查的方法

（1）送交

采购项目对外签订合同前，先由需求部门与外部供应商协商合同内容；合同正式签署前，需求部门必须将合同草案及相关资料送交法规部门审查。

（2）审查

法规部门对项目合同草案进行审查或委托公司法律顾问对合同草案进行审查。由法规部门直接审查的合同，法规部门出具《项目合同草案审查意见书》，详细注明合同草案中违法违规或不利于维护本单位合法权益的条款并提出修改意见，送达需求部门；由法规部门委托公司法律顾问审查的合同，法规部门根据公司法律顾问出具的《法律意见书》，出具《项目合同草案审查意见书》，并将《法律意见书》附后，送达需求部门。

第四节　工程材料、构配件及设备采购、订货的准备和谈判

一、材料采购对象确定、材料加工订货和采购信息管理

1. 材料采购对象确定

建筑工程原材料、构配件主要有钢材、水泥、砂、石、砖、商品混凝土和混凝土构件等，它直接决定着建筑结构的安全，因此，建筑工程材料的规格、品种、型号和质量等必须满足设计和有关规范、标准的要求。材料采购对象的确定来自两个方面：一是设计部门、技术部门提供的采购设备、材料或其他产品的技术文件；二是工程管理部门提供的采购设备、材料或其他产品的需求计划。材料采购部门据此编制采购清单，并结合项目进度计划进行材料的采购。

2. 材料加工订货

材料加工订货是按照施工图纸要求将工程所需的制品、零件及配件委托加工制作，满足施工生产需求。建筑企业加工订货是有计划、有组织进行的。其内容有计划、设计、洽谈、签订合同、验收、调运和付款等工作。

（1）加工订货业务过程

加工订货业务过程可分为以下 5 个阶段：

1）材料加工订货的准备。采购和加工订货业务，需要有一个较长时间的准备。无论是计划分配材料或市场采购材料，都必须按照材料采购计划，做好细致的调查研究工作，摸清需要采购和加工材料的品种、规格、型号、质量、数量、价格、供应时间和用途，以便落实货源。

2）材料加工订货业务的谈判。材料加工订货计划经有关单位平衡安排，市场采购和加工材料经部门领导批准后，即可开展业务谈判活动。业务谈判，就是材料采购人员与生产、物资和商业等部门进行具体的协商和洽谈。业务谈判，一般要经过多次反复协商，在双方取得一致意见时，业务谈判即告完成。

3）材料加工订货的成交。材料加工订货业务，经过与供应单位反复酝酿和协商，取得一致意见，达成采购、销售协议，称为成交。成交的形式有签订合同的订货形式、签发提货单的提货形式和现货现购等。

4）材料加工和订货业务的执行。交货和收货过程，就是加工和订货的执行阶段。供方应按规定日期交货，需方应按规定日期收（提）货。未按合同规定日期交货或提货，应做未履行合同处理。材料交货地点，一般在供应企业仓库、堆场或收料部门事先指定的地点。供需双方应按照成交确定的或合同规定的交货地点进行材料交接。如需方填错或临时变更到货地点，由此而多支付的费用，应由需方承担。由建筑企业派人对所加工和订货材料，

进行数量、质量验收。如发现数量短缺，应迅速查明原因，向供方提出。材料质量分为外观质量和内在质量，分别按照材料质量标准和验收办法进行验收。发现不符合规定质量要求的，不予验收。如属供方代运或送货的，应妥为保管。在规定期限内向供方提出书面异议。材料数量和质量验收通过后，应填写材料验收单，报本单位有关部门，表示该批材料已经接收完毕，并验收入库。

5）材料加工和订货的经济结算。经济结算，是建筑企业对采购的材料用货币偿付给供货单位价款的清算。采购材料的价款称为货款，加工的费用称为加工费。除应付货款和加工费外，还有应付委托供货和加工单位代付的运输费、装卸费、保管费和其他杂费。

（2）各类型材料的加工订货组织

1）金属制品的加工订货。金属制品一般包括成型钢筋和铁件制品两大类。钢筋的加工应按提供的图纸和资料，进行加工成型。材料部门应及时提供所需钢筋，并加强钢筋的加工管理。铁件制品包括预埋铁件、楼梯栏杆、垃圾斗、落水管等。由于加工制品的品种规格较多，容易丢失、漏项，而且加工成型的制品零散多样，不宜保管，因此金属制品的加工必须按施工部位进度安排加工，并制订详细的加工计划，并逐项与施工图纸核对。

2）木制品（门窗）的加工订货。木制品种门窗占有一定比例，而门窗有钢筋、铝制、塑料和木质等多种。任何门窗都应首先按图纸详细计算各种规格型号的门窗数量，确定准确详细的加工订货数量，并按施工进度安排进场时间。对改型及异型门窗应附加工图，甚至要求加工样品，待认为完全符合加工意图后再进行批量加工订货。

3）混凝土制品的加工订货。按照施工图纸核实混凝土制品的品种数量后，按照施工进度分批加工，避免出现混凝土制品到达现场后出现码放、运输和使用困难。因此要求加工计划准确，加工时间确定，加工质量优良。

3. 材料采购信息管理

采购信息是企业材料经营决策的依据，是采购业务咨询的基础资料，是进行货源开发、扩大货源渠道的条件。

（1）材料采购信息的种类

材料采购信息按照内容分类，一般有以下几种：资源信息、供应信息、价格信息、市场信息、新技术和新产品信息、政策信息。

1）资源信息

资源信息包括资源的分布，生产企业的生产能力、产品结构、销售动态、产品质量、生产技术发展，甚至原材料基地、生产用燃料和动力的保证能力、生产工艺水平、生产设备等。

2）供应信息

供应信息包括基本建设信息、建筑施工管理体制变化、项目管理方式、材料储备运输情况、供求动态、紧缺及呆滞材料情况。

3）价格信息

价格信息包括现行国家价格政策、市场交易价格及专业公司牌价、地区建筑主管部门颁布的预算价格、国家公布的外汇交易价格等。

4）市场信息

市场信息包括生产资料市场及物资贸易中心的建立、发展及其市场占有率，国家有关生产资料市场的政策等。

5）新技术和新产品信息

新技术和新产品信息包括新技术、新产品的品种、性能指标、应用性能及可靠性等。

6）政策信息

政策信息包括国家和地方颁布的各种方针、政策、规定、国民经济计划安排，材料生产、销售、运输管理办法，银行贷款、资金政策，以及对材料采购产生影响的其他信息。

（2）材料采购信息的来源

材料采购信息首先应具有及时性，即速度要快，效率要高，失去时效也就失去了其使用价值；其次应具有可靠性，有可靠的原始数据，切忌道听途说，以免造成决策失误；还应具有一定的深度，反映或代表一定的倾向性，提出符合实际需要的建议。因此，在收集信息时，应力求广泛，材料采购信息的来源主要有以下几种：

1）各种报刊杂志、网络媒体和专业性商业情报所刊载的资料。

2）有关学术、技术交流会提供的资料。

3）各种供货会、展销会、交流会提供的资料。

4）广告资料。

5）政府有关部门发布的计划、通报及情况报告。

6）采购人员提供的资料。

7）材料部门调查取得的信息资料。

（3）材料采购信息的整理

为了有效快速地采集信息、利用信息，企业应建立信息员制度和信息网络，并应用计算机、网络平台等管理工具，随时进行检索、查询和定量分析。采购信息整理常用的方法有：

1）运用统计报表的形式进行整理，按照需用的内容，从有关资料、报告中取得有关数据，分类汇总后，得到想要的信息。

2）对某些较重要的、经常变化的信息建立台账，做好动态记录，以反映该信息的发展状况。如按各供应项目分别设立采购供应台账，随时可以查询采购供应完成程度。

3）以调查报告的形式就某一类信息进行全面的调查、分析、预测，为企业经营决策提供依据。如针对是否扩大企业经营品种，是否改变材料采购供应方式等展开调查，根据调查结果整理出“是”或“否”的经营意向，并提出经营方式、方法的建议。

（4）材料采购信息的使用

收集、整理信息是为了使用信息，为企业采购业务服务。信息经过整理后，应迅速反馈给有关部门，以便进行比较分析和综合研究，制定合理的采购策略和方案。

二、工程材料、构配件及设备采购、订货的准备

采购和加工业务，一般需要较长时间的准备。无论是计划分配材料或市场采购材料，都

必须按照材料采购计划，做好细致的调查研究工作，摸清需要采购和加工材料的品种、规格、型号、质量、数量、价格、供应时间和用途等，以便落实货源。在采购的准备阶段，应该做好如下主要工作：

1. 材料采购清单表

按照材料分类，确定各种材料采购和加工的总数量计划，并制定材料采购清单表。材料采购清单表见表 5-1。

表 5-1　材料采购清单

工程名称：　　　　　　　　　　　　时间：　　　　　　　　　　　　编号：

<table>
<tr><th>序号</th><th>材料名称</th><th>规格</th><th>材质</th><th>单位</th><th>数量</th><th>厂家或加工图</th></tr>
<tr><td></td><td></td><td></td><td></td><td></td><td></td><td></td></tr>
<tr><td></td><td></td><td></td><td></td><td></td><td></td><td></td></tr>
<tr><td></td><td></td><td></td><td></td><td></td><td></td><td></td></tr>
<tr><td></td><td></td><td></td><td></td><td></td><td></td><td></td></tr>
<tr><td></td><td></td><td></td><td></td><td></td><td></td><td></td></tr>
<tr><td colspan="7">备注：日内到货</td></tr>
<tr><td colspan="3" rowspan="5">说明：材料检验报告、质量保证书、合格证请随货同行</td><td colspan="4">公司</td></tr>
<tr><td></td><td></td><td></td><td></td></tr>
<tr><td>下单</td><td></td><td>制单</td><td></td></tr>
<tr><td>批准</td><td></td><td>合同号</td><td></td></tr>
<tr><td></td><td></td><td></td><td>共　页　第　页</td></tr>
</table>

2. 采购标准

根据工程需要确定采购材料的标准（国家标准、部颁标准、企业专业标准和双方协商确定的质量标准）和验收方法，确定的依据包括施工图纸、图纸会审记录、图纸答疑纪要、图纸审查回复、设计变更单、现行材料质量验收规范、现行材料检测规范等。

3. 调查供应商，并确定供应商

1）为确保供方提供的材料满足设计、顾客、合同、质量和环境安全的要求，应对供方进行选择评价。

2）A、B 类材料必须对供方进行评价，C 类材料可不进行供方评价，由项目部比选确定。

3）评价内容主要包括供方的营业执照、税务登记证、生产资质有无，产品质量和环境安全保证能力、供货能力、服务和价格能否满足需要等。由项目部负责调查并填报“供方调查表”，物资供应部组织评价并填写“供方评价表”，报公司审批。

4）物资供应部门集中管理材料供方档案，且对材料供方每年度组织一次复审，复审内容主要是供方供应材料的质量、环境安全、价格、售后服务及供货业绩等。根据复审结果把不合格供方剔除后，将合格续用及新增合格供方编列成新一期“合格供方名单”。

5）供应商也可以通过招投标的方式确定。

4. 审批

按实际需要，编制市场采购和加工材料计划，报请相关部门领导审批。

三、工程材料、构配件及设备采购、订货的谈判

一个成功的谈判应做好两个部分的工作，第一部分是了解谈判的过程；第二部分是进行谈判的准备。谈判过程包括理解谈判的定义和目的、何时进行谈判、有效谈判有哪些障碍、成功谈判者的特点、推动谈判的技巧和谈判中的洞察力。谈判准备包括了解对方的意图、确立自己和对手的地位、确定关键问题之所在、制定谈判战略和战术以及合理地组织。

1. 谈判过程

从买方来讲，以下5个因素会导致谈判发生。

1）至少两个以上供应商。

2）卖方有意介入。

3）有了清楚的规格。

4）投标者间存在差异。

5）采购额大到足以涵盖竞标成本。

成功谈判者的特点，包括计划能力、清晰而敏捷的思路、有强烈成功感、对他人意见的采纳能力、自制力、了解人性、善于倾听等。但所有这些都需要经过不断的训练和实践以及团队人员的互相补充。

推动谈判的技巧。一是吸取以往的教训，对刚完成的谈判进行小结，哪里成功，哪里不对，哪里要改，对方如何，这对以后都有帮助。二是小组会议，它可用以解决谈判小组内的分歧，对战略、战术进行修订。

2. 谈判的准备

1）分析对方的方案。评估价格、运送、规格、付款和任何与自己的要求有出入的地方，记住对方的方案往往是对他们有利的。

2）确立自己的目标。具体定下自己的价格、质量、服务、运送、规格、支付等要求。

3）定下方案。对每个问题要定出最佳方案、目标方案以及最坏的方案，这可帮助制定相应策略。

4）分析对方的地位。可估计一下对方可能的地位，这易于预测其谈判策略。至此已可以大致感觉出谈判的尺度范围。

5）计划战略和战术：

①将问题按重要性排序；

②聪敏的提问，以得到尽量多的信息，而不是“是”或“不是”的回答；

③有效地听；

④保持主动；

⑤利用可靠的资料；

⑥利用沉默，这可使对方感到紧张而进行进一步的讨论；

⑦避免情绪化，这会使谈判对人而不是对事；

⑧利用谈判的间隙重新思考，避免被对方牵制；

⑨不要担心说“不”；

⑩清楚最后期限；

⑪注意体态语言；

⑫思路开阔，不要被预想的计划束缚创造性；

⑬把谈判内容记录下来，以便转成最终合同。

材料采购和加工计划经有关单位平衡安排；市场采购和加工材料经部门领导批准后，即可开展业务谈判活动。业务谈判，就是材料采购人员与生产、物资和商业等部门进行具体的协商与洽谈。

3. 采购业务谈判的主要内容

1）明确采购材料的名称、品种、规格和型号。

2）确定采购材料的数量和价格。

3）确定采购材料的质量标准（国家标准、部颁标准、企业专业标准和双方协商确定的质量标准）和验收方法。

4）确定采购材料的交货地点、方式、办法、交货日期、包装要求等。

5）确定采购材料的运输办法，如需方自理、供方代送或供方送货等。

6）确定违约责任、纠纷解决方法等其他事项。

4. 加工业务谈判的主要内容

1）明确加工品的名称、品种和规格。

2）确定加工品的数量。

3）确定供料方式，如由定做单位提供原材料的带料加工或由承揽单位自筹材料的包工包料，以及所需原材料的品种、规格、质量、数量和提供日期。

4）确定加工品的技术性能和质量要求，以及技术鉴定和验收方法。

5）确定加工品的加工费用和自筹材料的材料费用及结算办法。

6）确定原材料的运输办法及其费用负担。

7）确定加工品的运输办法、交货地点、方式、办法及交货日期、包装要求。

8）确定双方应承担的责任，如承揽单位对定做单位提供的原材料应负保管的责任，按规定质量、时间和数量完成加工品的责任，不得擅自更换定做单位提供的原材料的责任，不得把加工品任务转让给第三方的责任；定做单位按时、按质、按量提供原材料的责任；按规定期限付款的责任等。业务谈判一般经过多次反复协商，在双方取得一致意见时，业务谈判即告完成。

第五节　采购及订货成交、进场和结算

一、采购工程材料、构配件及设备及订货成交

材料设备采购和加工订货业务，经过与供方协商取得一致意见，履行买卖手续后即为成交。成交的形式有：签订购销合同、签发提货单据和现货现购等形式。

货物采购合同包括材料采购合同和设备供应合同。

1. 材料采购合同

（1）采购合同签订应注意的问题

1）签订合同前，应对对方进行资质审查，看其是否具有货物或货款支付能力及信誉情况，避免欺诈合同、皮包合同、倒卖合同或假合同的签订。

2）签订合同应使用企业、事业单位章或合同专用章并有法定代表（理）人签字或盖章，而不能使用计划、财务等其他业务章。

3）不能以产品分配单或调拨单等代替合同。重要合同要经工商行政管理部门签证或经公证机关公证。

4）签订合同时间和地点都要写在合同内。

5）户名应用全称，即公章上名称、地址、电话不能写错。

6）补偿贸易合同必须由供方（即供款企业）担保单位实行担保。

（2）采购合同的主要条款

1）材料名称（牌号、商标）、品种、规格、型号、等级。

2）材料质量标准和技术标准。

3）材料数量和计量单位。

4）材料包装标准和包装物品的供应和使用办法。

5）材料的交货单位、交货方式、运输方式、到货地点（包括专用线、码头）。

6）按（提）货单位和接（提）货人。

7）交（提）货期限。

8）验收方法。

9）材料单、总价及其他费用。

10）结算方式、开户银行、账户名称、账号、结算单位。

11）违约责任。

12）供需双方协商同意的其他事项。

2. 设备供应合同

设备供应合同的主要内容大体和材料采购合同相似，但在设备供应合同中还要考虑：

1）采购设备的数量。

2）采购设备的价格。

3）采购设备的技术标准。

4）设备采购的现场服务。

二、采购工程材料、构配件及设备的进场

1. 材料进场验收与复验的意义

建筑与市政工程材料质量的优劣对工程质量起着最直接的影响，对所用建筑材料进行合格性检验，是保证工程质量的最基本环节。国家标准规定，无出厂合格证明或没有按规定复验的原材料，不得用于工程建设；在施工现场配制的材料，均应在试验室确定配合比，并在现场抽样检验。各项建筑材料的检验结果，是工程施工及工程质量验收必需的技术依据。因此，在工程的整个施工过程中，始终贯穿着材料的试验、检验工作，它是一项经常化的、责任性很强的工作，也是控制工程施工质量的重要手段之一。

建筑与市政材料的验收和复验，均应以产品的现行标准及有关的规范、规程为依据。建筑材料的产品标准分为国家标准、行业标准、地方标准和企业标准，各级标准分别由相应的标准化管理部门批准并颁布，国家技术监督局是我国国家标准化管理的最高机关。

进场验收是对进入施工现场的材料、设备等进行外观质量检查和规格、型号、技术参数及质量证明文件进行核查，并形成相应验收记录的活动。

进场复验是在对进入施工现场的材料、设备等进场验收合格的基础上，按照有关规定从施工现场抽取试样送至试验室进行部分或全部性能参数检验的活动。

进场材料必须严格按照供需双方在合同中约定的内容，按国家或地方（行业）验收规范进行质量、数量、环保、职业健康、安全卫生等方面的标准验收和复验。

2. 材料进场验收的准备

现场材料人员接到材料进场的预报后，要做好以下 5 项准备工作：

1）检查现场施工便道有无障碍及是否平整通畅，车辆进出、转弯、调头是否方便，还应适当考虑回车道，以保证材料能顺利进场。

2）按照施工组织设计的场地平面布置图的要求，选择好堆料场地，要求平整、没有积水。

3）必须进现场临时仓库的材料，按照“轻物上架，重物近门，取用方便”的原则，准备好库位，防潮、防霉材料要事先铺好垫板，易燃、易爆材料一定要准备好危险品仓库。

4）夜间进料要准备好照明设备。在道路两侧及堆料场地，要有足够的亮度，以保证安全生产。

5）准备好装卸设备、计量设备、遮盖设备等。

3. 材料进场验收的步骤

现场材料的验收主要是检验材料品种、规格、数量和质量。验收步骤如下。

1）查看送料单，看是否有误送。

2）核对实物的品种、规格、数量和质量是否与凭证一致。

3）检查原始凭证是否齐全、正确。

4）做好原始记录，逐项详细填写收料日记，在验收情况登记栏中，必须将验收过程中发现的问题填写清楚。

5）按规定必须复验的材料，由项目相关部门根据分工进行取样复验。

4. 材料进场验收的基本要求

材料进场验收的基本要求是准确、及时、严肃。

1）准确。对入库材料的品种、规格型号、质量、数量、包装、价格及成套产品的配套性，进行认真验收，做到准确无误；执行合同条款的规定，如实反映验收情况，切忌主观臆断和存在偏见。

2）及时。要求材料验收及时，不能拖拉，尽快在规定时间内验收完毕，如有问题及时提出验收记录，以便财务部门办理部分或全部拒付货款；或在10天内向供方提出书面异议，过期供方可不受理而视为无问题。一批货到要待全部验收完毕并办清入库手续后才能发放，不能边验边发，但紧急用料可另作处理。

3）严肃。材料验收人员要有高度的责任感、严肃认真的态度、无私的精神，严格遵守验收制度和手续，对验收工作负全部责任，反对不正之风和不负责任的态度。

总之，材料验收工作要把好“三关”，做到“三不收”。“三关”是质量关、数量关、单据关；“三不收”是凭证手续不全不收、规格数量不符不收、质量不合格不收。

5. 材料进场验收中发生问题的处理

在材料进场验收中，如检查出数量不足，规格型号不符、质量不合格等问题，应实事求是地办理材料验收记录，及时报送业务主管部门处理。材料验收记录是退货、调换、索赔或追究违约责任的主要证明，应严肃、认真、如实地填写。

部分或全部材料由于数量、品种、规格、质量等问题不符合要求而不能验收的，除向供方提出书面异议外，对未验收的实物应妥善保存，不得动用，提前交货的产品、多交的产品和品种规格质量不符合规定的产品，应立即退货，若供方请求代管应办理委托代管手续，在代管期间实际支付的保管费、保养费及非因需方保管不善而发生的损失等，应由供方承担。但因需方保管不善而造成的代管品的损失，由需方承担。

除上述情况外，对下列问题应分别妥善处理：

1）凡是证件不全的到库材料，应作待验收处理、临时保管，及时与有关部门联系催办，待证件齐全后再验收，但危险品或贵重材料则按规定保管方法进行代管或先暂验收，待证件齐全后补办手续。

2）供方提供的质量证明书或技术标准与合同规定不符，应及时反映给业务主管部门处理；按规定应附质量证明书而到货无质量证明书的，在托收承付期内有权拒付货款，并将产品妥善保存，立即向供方索要质量证明书，供方应即时补送，超过合同交货期补送的，即作逾期交货处理。

3）凡部分产品规格、质量不符合要求，可先将合格部分验收，不合格的单独存放，妥善保存，并部分拒付货款，做出材料验收记录，交业务部门处理。

4）产品错发到货地点，供方除应负责转运到合同所定地方外，还应承担逾期交货的违约金和需方因此多支付的一切实际费用；需方在收到错发货物时，应妥善保存，通知对方处理；由于需方错填到货地点所造成的损失，由需方承担。

5）数量与合同规定数量不符，大于合同规定的数量，其超过部分可以拒收并拒付超过部分的货款，拒收的部分实物应妥善保存，在 10 天内通知供方处理；少于合同规定的数量，需方凭有关合法证明拒付少供部分的货款，并在 10 天内通知供方。供方接到通知后，应在 10 天内答复处理，否则视为默认需方意见。逾期交货部分，供方应在发货前与需方协商，需方需要的，供方应照数补交，并负逾期交货的责任，需方不再需要的，应当在接到通知 15 天内通知供方，办理解除合同手续，逾期不答复的，视为同意发货。

6）材料运输损耗，在规定损耗率以内的，仓库按数验收入库；不足数另填报运输损耗单冲销，达到账账相符。超过规定损耗率的，应填写运输损耗报告单。经业务主管批准后才能办理验收入库手续，未批准前材料不得动用。

三、采购工程材料、构配件及设备的结算

以货币支付材料和加工品价款及相关费用一般包括材料或产品自身的价款，另外还有加工费、运输费、包装费、保管费、装卸费和其他税费。工程项目的材料结算方式，是指在规定的期限内，需方以货币支付供方所提供的材料价值和服务价值的形式。正确选择材料结算方式，对于减少资金占用、加快周转具有重要作用。选择结算方式，应遵循既有利于资金周转又简便易行的原则。工程项目材料结算方式主要分为企业内部结算和对外结算两大类。

1. 企业内部结算方式

企业内部结算主要是指工程项目部与企业的结算，主要结算方式有：

（1）转账法

根据工程项目的材料到货验收凭证，通过企业财务（结算）中心，办理资金的支付和划转。这种方法简单方便，缺点是难以事先控制，易发生企业对工程项目的款项拖欠。这种结算方式主要用于大宗材料的结算。

（2）内部货币法

内部货币法也称为企业内部货币。由企业财务部门或内部银行发行并签认后生效使用。持证（或券）者在限额内申请和使用材料，供方在限额内供料，互相签认后供方凭签认量在企业财务（结算）中心结算。这种做法的优点是直观清晰，便于控制，缺点是证（或券）计算烦琐。主要适用于分散、零星的材料结算。

（3）预付法

工程项目月初申报材料计划的同时，将资金预付给供方，月底按工程实际验收量办理结算，多退少补。此种做法的优点是便于控制，缺点是易造成资金分散和呆滞。

2. 企业对外结算方式

企业对外结算主要是指工程项目直接与企业外部供方的结算。此类工程项目通常都设置独立的银行账号，单独设立账户的可委托本企业财务（结算）中心实施计算。主要结算方式有：

（1）托付承付

由收款单位根据采购合同规定发货后，委托银行向工程项目（或企业财务中心）收取货款，工程项目（或企业财务中心）根据采购合同核对收货凭证和付款凭证无误后，在承付期内承付的结算方式。

（2）信汇结算

收款单位在发货后，将收款凭证和有关发货凭证用挂号函件寄给工程项目，经工程项目审核无误后，通过银行汇给收款单位。

（3）委托银行付款结算

由工程项目（或企业财务中心）按采购和加工订货所需款项，委托银行从本单位账户中将款项转入指定的收款单位账户的一种同城结算方式。

（4）承兑汇票结算

工程项目（或企业财务中心）开具在一定期限后才可兑付的支票付给收款单位，兑现到期后，由银行将所指款项由付款账户转入收款方账户。

（5）支票结算

工程项目（或企业财务中心）签发支票，由收款单位通过银行，凭支票从工程项目（或企业财务中心）账户支付款项的一种同城结算方式。

（6）现金结算

工程项目（或企业财务中心）将价款直接交供应方，但每笔现金不应超过当地银行规定的现金限额。

第六章　工程材料招投标和合同管理

第一节　工程材料、构配件及设备招标

一、建设项目招标分类

招标是指招标人（买方）发出招标通知，说明采购的商品名称、规格、数量及其他条件，邀请投标人（卖方）在规定的时间、地点按照一定的程序进行投标的行为。

根据不同的分类方式，建设项目招标具有不同的类型。

1. 按建设项目建设程序分类

建设项目建设过程可划分为建设前期阶段、勘察设计阶段和施工阶段，因而按工程项目建设程序招标可分为建设项目开发招标、勘察设计招标和工程施工招标 3 种类型。

（1）项目开发招标

这种招标是业主为选择科学、合理的投资开发建设方案，为进行项目的可行性研究，通过投标竞争寻找满意的咨询单位的招标。投标人一般为工程咨询单位，中标人最终的工作成果是项目的可行性研究报告。中标人须对自己提供的研究成果负责，并得到业主的认可。

（2）勘察设计招标

勘察设计招标是指根据批准的可行性研究报告，择优选择勘察设计单位的招标。勘察和设计是两种不同性质的工作，可由勘察单位和设计单位分别完成。勘察单位最终提出包括施工现场的地理位置、地形、地貌、地质、水文等在内的勘察报告。设计单位最终提供设计图纸和成本预算结果，施工图设计可由中标的设计单位承担。

（3）工程施工招标

工程施工招标是在建设项目的初步设计或施工图设计完成后，用招标的方式选择施工单位的招标。施工单位最终向业主交付按招标设计文件规定的建筑产品。

2. 按工程承包的范围分类

（1）项目总承包招标

项目总承包招标，即选择项目总承包人招标。这种招标又可分为两种类型：其一是建设项目实施阶段的全过程招标；其二是建设项目建设全过程的招标。前者是在设计任务书完成后，从项目勘察、设计到交付使用进行一次性招标；后者则是从项目的可行性研究到交付使

用进行一次性招标，业主只需提供项目投资和使用要求及竣工、交付使用期限，其可行性研究、勘察设计、材料和设备采购、施工安装、生产准备和试运行、交付使用，均由一个总承包商负责承包，即所谓“交钥匙工程”。

（2）专项工程承包招标

专项工程承包招标指在工程承包招标中，对其中某项比较复杂或专业性强、施工和制作要求特殊的单项工程进行单独招标。

（3）按行业类别分类

按行业类别分类，即按与工程建设相关的业务性质分类的方式，按不同的业务性质，可分为工程招标、勘察设计招标、材料设备采购招标、安装工程招标、生产工艺技术转让招标、咨询服务（工程咨询）招标等。

3. 按招标方式分类

根据招标方式的不同，招标分为公开招标、邀请招标和议标。

（1）公开招标

公开招标又称为无限竞争招标，是由招标单位通过报刊、电台、电视台等信息媒介或委托招投标管理机构发布招标信息，公开邀请投标单位参加投标竞争，凡符合招标单位规定条件的投标单位，可在规定时间内向招标单位申请投标。

公开招标时招标单位必须做好下面的准备工作。

1）发布招标信息

公开发布的招标信息应包括：建设单位名称，建设项目名称，结构形式，层数，建筑面积，设备的名称、规格、性能参数等；对投标单位资质要求；招标单位的联系人、联系地址和联系电话等内容。

这种招标方式的优点是：投标的承包商多、范围广、竞争激烈，业主有较大的选择余地，有利于降低工程造价，提高工程质量和缩短工期。其缺点是：由于投标的承包商多，招标工作量大，组织工作复杂，需投入较多的人力、物力，招标过程所需时间较长，因而此类招标方式主要适用于投资额度大，工艺、结构复杂的较大型建设项目。

2）受理投标申请

投标单位在规定期限内向招标单位申请参加投标，招标单位向申请投标单位发放资格审查表格，以表示需经资格预审查后才能决定是否同意对方参加投标。

3）确定投标单位名单

申请投标单位按规定填写《投标申请书》及资格审查表格，并提供相关资料，接受招标单位的资格预审查。一般选定参加投标的单位为4～10个。

4）发出招标文件

招标单位向选定的投标单位发函通知，领取或购买招标文件。对那些发给投标申请书而未被选定参加投标的单位，招标单位也应该及时通知。公开招标使招标单位有较大的选择范围，可在众多的投标单位之间选择报价合理、工期较短、信誉良好的投标单位。公开招标有助于开展竞争，打破垄断，促使投标单位努力提高工程质量和服务质量水平，缩短工期和降低成本。但是招标单位审查投标者资格及其证书的工作量比较大，招标费用的支出也比较大。

（2）邀请招标

邀请招标又称为有限竞争性招标。这种方式不发布广告，业主根据自己的经验和所掌握的各种信息资料，向有承担该项工程施工能力的3个以上（含3个）承包商发出招标邀请书，收到邀请书的单位才有资格参加投标。

选择投标单位的条件一般有以下几点：

1）近期内承担过类似建设项目，工程经验比较丰富；

2）企业的信誉较好；

3）对本项目有足够的管理组织能力；

4）对本项目的承担有足够的技术力量和生产能力保证；

5）投标企业的业务、财务状况良好。

这种方式的优点是：目标集中，招标的组织工作较容易，工作量比较小。其缺点是：由于参加的投标单位较少，竞争性较差，使招标单位对投标单位的选择余地较小，如果招标单位在选择邀请单位前所掌握信息资料不足，则会失去发现最适合承担该项目的承包商的机会。

邀请招标中的投标单位数量有限，招标单位可以减少资格审查的工作量，节省招标费用，也提高了招标单位的中标率，这样对招投标双方都有利。但这种招标方式限制了竞争范围，把许多可能的竞争者排除在外，不符合自由竞争机会均等的原则。我国部分地区试行一种“半公开”的招标方式，即由招标单位邀请一半数量的投标单位，再从公开报名参加投标的单位中抽选一半数量进行投标，这样做既有利于增大透明度和竞争性，也有利于规范招标行为。

（3）协商议标

对于涉及国家安全的工程、军事保密的工程、紧急抢险救灾工程，或专业性、技术性要求较高的特殊工程，不适合采用公开招标和邀请招标的建设项，经招投标管理机构审查同意，可以进行协商议标。

议标仍属于招标范畴，同样需要通过投标企业的竞争，由招标单位选择中标者。议标过程较为简单，但必须符合以下条件：

1）建设项目具备招标条件；

2）建设项目具备标底，对于技术特殊或内容复杂的项目也要有一个相当于标底的投资限额；

3）至少有两个投标单位；

4）议标的结果必须由所签合同来体现。

4. 招标项目的标准

必须招标的工程建设项目范围：在中华人民共和国境内进行下列工程建设项目包括项目的勘察、设计、施工、监理及工程建设有关的重要设备、材料等的采购，必须进行招标。

①大型基础设施、公用事业等关系社会公共利益、公共安全的项目；

②全部或者部分使用国有资金投资或者国家融资的项目；

③使用国际组织或者外国政府贷款、援助资金的项目。

（1）关系社会公共利益、公共安全的公用事业项目的范围

1）供水、供电、供气、供热等市政工程项目；

2）科技、教育、文化等项目；

3）体育、旅游等项目；

4）卫生、社会福利等项目；

5）商品住宅，包括经济适用住房；

6）其他公用事业项目。

（2）使用国有资金投资项目的范围

1）使用各级财政预算资金的项目；

2）使用纳入财政管理的各种政府性专项建设基金的项目；

3）使用国有企业、事业单位自有资金，并且国有资产投资者实际拥有控制权的项目。

（3）国家融资项目的范围

1）使用国家发行债券所筹资金的项目；

2）使用国家对外借款或者担保所筹资金的项目；

3）使用国家政策性贷款的项目；

4）国家授权投资主体融资的项目；

5）国家特许的融资项目。

（4）使用国际组织或者外国政府资金项目的范围

1）使用世界银行、亚洲开发银行等国际组织贷款资金的项目；

2）使用外国政府及其机构贷款援助资金的项目；

3）使用国际组织或者外国政府援助资金的项目。

5. 必须招标项目的规模标准

《工程建设项目招标范围和规模标准规定》规定的上述各类工程建设项目，包括项目的勘察、设计、施工、监理以及与工程建设有关的重要设备、材料类的采购，达到下列标准之一的，必须进行招标。

①施工单项合同估算价在200万元人民币以上的；

②重要设备、材料等货物的采购，单项合同估算价在100万元人民币以上的；

③勘察、设计、监理等服务的采购，单项合同估算价在50万元人民币以上的；

④单项合同估算价低于第①、第②、第③项规定的标准，但项目总投资额在3 000万元人民币以上的。

二、建设项目招标的程序和方式

1. 招标的程序

（1）工程施工公开招标的一般程序

《招标投标法》规定，招标投标活动应当遵循公开、公平、公正和诚实信用的原则。

建设工程招标的基本程序主要包括：履行项目审批手续、委托招标代理机构、编制招标

文件及标底、发布招标公告或投标邀请书、资格审查、开标、评标、中标和签订合同，以及终止招标等。

1）履行项目审批手续：《招标投标法》规定，招标项目按照国家有关规定需要履行项目审批手续的，应当先履行审批手续，取得批准。招标人应当有进行招标项目的相应资金或者资金来源已经落实，并应当在招标文件中如实载明。

《招标投标法实施条例》进一步规定，按照国家有关规定需要履行项目审批、核准手续的依法必须进行招标的项目，其招标范围、招标方式、招标组织形式应当报项目审批、核准部门审批、核准。项目审批、核准部门应当及时将审批、核准确定的招标范围、招标方式、招标组织形式通报有关行政监督部门。

2）委托招标代理机构：《招标投标法》规定，招标人具有编制招标文件和组织评标能力的，可以自行办理招标事宜。任何单位和个人不得强制其委托招标代理机构办理招标事宜。依法必须进行招标的项目，招标人自行办理招标事宜的，应当向有关行政监督部门备案。

《招标投标法实施条例》进一步规定，招标人具有编制招标文件和组织评标能力，是指招标人具有与招标项目规模和复杂程度相适应的技术、经济等方面的专业人员。

招标代理机构是依法设立、从事招标代理业务并提供相关服务的社会中介组织。《招标投标法》规定，招标人有权自行选择招标代理机构，委托其办理招标事宜。招标代理机构应当具备下列条件：

①有从事招标代理业务的营业场所和相应资金；

②有能够编制招标文件和组织评标的相应专业力量。

按照《招标投标法实施条例》的规定，招标代理机构在其资格许可和招标人委托的范围内开展招标代理业务，任何单位和个人不得非法干涉。招标代理机构不得在所代理的招标项目中投标或者代理投标，也不得为所代理的招标项目的投标人提供咨询。

3）编制招标文件、标底及工程量清单计价：《招标投标法》规定，招标人应当根据招标项目的特点和需要编制招标文件。招标文件应当包括招标项目的技术要求、对投标人资格审查的标准、投标报价要求和评标标准等所有实质性要求和条件以及拟签订合同的主要条款。国家对招标项目的技术、标准有规定的，招标人应当按照其规定在招标文件中提出相应要求。

招标文件不得要求或者标明特定的生产供应者以及含有倾向或者排斥潜在投标人的其他内容。招标人对已发出的招标文件进行必要的澄清或者修改的，应当在招标文件要求提交投标文件截止时间至少 15 日前，以书面形式通知所有招标文件收受人。该澄清或者修改的内容为招标文件的组成部分。

招标人应当确定投标人编制投标文件所需要的合理时间；但是依法必须进行招标的项目，自招标文件开始发出之日起至投标人提交投标文件截止之日止，最短不得少于 20 日。

《招标投标法实施条例》进一步规定，招标人可以对已发出的资格预审文件或者招标文件进行必要的澄清或者修改。澄清或者修改的内容可能影响资格预审申请文件或者投标文件编制的，招标人应当在提交资格预审申请文件截止时间至少 3 日前，或者投标截止时间至少 15 日前，以书面形式通知所有获取资格预审文件或者招标文件的潜在投标人；不足 3 日或者 15

日的，招标人应当顺延提交资格预审申请文件或者投标文件的截止时间。

招标人对招标项目划分标段的，应当遵守招标投标法的有关规定，不得利用划分标段限制或者排斥潜在投标人。依法必须进行招标的项目的招标人不得利用划分标段规避招标。招标人应当在招标文件中载明投标有效期。投标有效期从提交投标文件的截止之日起算。

潜在投标人或者其他利害关系人对招标文件有异议的，应当在投标截止时间 10 日前提出。招标人应当自收到异议之日起 3 日内作出答复；作出答复前，应当暂停招标投标活动。招标人编制招标文件的内容违反法律、行政法规的强制性规定，违反公开、公平、公正和诚实信用原则，影响潜在投标人投标的。依法必须进行招标的项目的招标人应当在修改招标文件后重新招标。

招标人可以自行决定是否编制标底。一个招标项目只能有一个标底。标底必须保密。接受委托编制标底的中介机构不得参加受托编制标底项目的投标，也不得为该项目的投标人编制投标文件或者提供咨询。招标人设有最高投标限价的，应当在招标文件中明确最高投标限价或者最高投标限价的计算方法。招标人不得规定最低投标限价。

《国务院办公厅关于促进建筑业持续健康发展的意见》中要求，完善工程量清单计价体系和工程造价信息发布机制，形成统一的工程造价计价规则，合理确定和有效控制工程造价。

2013 年 12 月住房和城乡建设部发布的《建筑工程施工发包与承包计价管理办法》中规定，国有资金投资的建筑工程招标的，应当设有最高投标限价；非国有资金投资的建筑工程招标的，可以设有最高投标限价或者招标标底。最高投标限价应当依据工程量清单、工程计价有关规定和市场价格信息等编制。招标人设有最高投标限价的，应当在招标时公布最高投标限价的总价，以及各单位工程的分部分项工程费、措施项目费、其他项目费、规费和税金。招标标底应当依据工程计价有关规定和市场价格信息等编制。

全部使用国有资金投资或者以国有资金投资为主的建筑工程，应当采用工程量清单计价；非国有资金投资的建筑工程，鼓励采用工程量清单计价。工程量清单应当依据国家制定的工程量清单计价规范、工程量计算规范等编制。工程量清单应当作为招标文件的组成部分。

4）发布招标公告或投标邀请书：《招标投标法》规定，招标人采用公开招标方式的，应当发布招标公告。招标公告应当载明招标人的名称和地址、招标项目的性质、数量、实施地点和时间以及获取招标文件的办法等事项。

招标人采用邀请招标方式的，应当向 3 个以上具备承担招标项目的能力、资信良好的特定的法人或者其他组织发出投标邀请书。投标邀请书也应当载明招标人的名称和地址、招标项目的性质、数量、实施地点和时间以及获取招标文件的办法等事项。

招标人可以根据招标项目本身的要求，在招标公告或者投标邀请书中，要求潜在投标人提供有关资质证明文件和业绩情况，并对潜在投标人进行资格审查。招标人不得以不合理的条件限制或者排斥潜在投标人，不得对潜在投标人实行歧视待遇。

招标人不得向他人透露已获取招标文件的潜在投标人的名称、数量以及可能影响公平竞争的有关招标投标的其他情况。招标人设有标底的，标底必须保密。招标人根据招标项目的具体情况，可以组织潜在投标人踏勘项目现场。

《招标投标法实施条例》进一步规定，招标人应当按照资格预审公告、招标公告或者投标邀请书规定的时间、地点发售资格预审文件或者招标文件。资格预审文件或者招标文件的发售期不得少于 5 日。招标人发售资格预审文件、招标文件收取的费用应当限于补偿印刷、邮寄的成本支出，不得以营利为目的。

5）资格审查：资格审查分为资格预审和资格后审。

《招标投标法实施条例》规定，招标人采用资格预审办法对潜在投标人进行资格审核的，应当发布资格预审公告、编制资格预审文件。招标人应当合理确定提交资格预审申请文件的时间。依法必须进行招标的项目提交资格预审申请文件的时间，自资格预审文件停止发售之日起不得少于5日。

资格预审应当按照资格预审文件载明的标准和方法进行。国有资金占控股或者主导地位的依法必须进行招标的项目，招标人应当组建资格审查委员会审查资格预审申请文件。资格审查委员会及其成员应当遵守招标投标法和本条例有关评标委员会及其成员的规定。资格预审结束后，招标人应当及时向资格预审申请人发出资格预审结果通知书。未通过资格预审的申请人不具有投标资格。通过资格预审的申请人少于 3 个的，应当重新招标。

潜在投标人或者其他利害关系人对资格预审文件有异议的，应当在提交资格预审申请文件截止时间 2 日前提出。招标人应当自收到异议之日起 3 日内作出答复；作出答复前，应当暂停招标投标活动。招标人编制资格预审文件的内容违反法律、行政法规的强制性规定，违反公开、公平、公正和诚实信用原则，影响资格预审结果的，依法必须进行招标的项目的招标人应当在修改资格预审文件后重新招标。

招标人采用资格后审办法对投标人进行资格审查的，应当在开标后由评标委员会按照招标文件规定的标准和方法对投标人的资格进行审查。

6）开标：《招标投标法》规定，开标应当在招标文件确定的提交投标文件截止时间的同一时间公开进行；开标地点应当为招标文件中预先确定的地点。

开标由招标人主持，邀请所有投标人参加。开标时，由投标人或者其推选的代表检查投标文件的密封情况，也可以由招标人委托的公证机构检查并公证；经确认无误后，由工作人员当众拆封，宣读投标人名称、投标价格和投标文件的其他主要内容。招标人在招标文件要求提交投标文件的截止时间前收到的所有投标文件，开标时都应当当众予以拆封、宣读。开标过程应当记录，并存档备查。

《招标投标法实施条例》进一步规定，招标人应当按照招标文件规定的时间、地点开标。投标人少于 3 人的，不得开标；招标人应当重新招标。投标人对开标有异议的，应当在开标现场提出，招标人应当当场作出答复，并制作记录。

7）评标：《招标投标法》规定，评标由招标人依法组建的评标委员会负责。招标人应当采取必要的措施，保证评标在严格保密的情况下进行。任何单位和个人不得非法干预、影响评标的过程和结果。

依法必须进行招标的项目，其评标委员会由招标人的代表和有关技术、经济等方面的专家组成，成员人数为 5 人以上单数，其中技术、经济等方面的专家不得少于成员总数的 2/3。

与投标人有利害关系的人不得进入相关项目的评标委员会；已经进入的应当更换。评标委员会成员的名单在中标结果确定前应当保密。

评标委员会可以要求投标人对投标文件中含义不明确的内容作必要的澄清或者说明，但是澄清或者说明不得超出投标文件的范围或者改变投标文件的实质性内容。评标委员会应当按照招标文件确定的评标标准和方法，对投标文件进行评审和比较；设有标底的，应当参考标底。评标委员会完成评标后，应当向招标人提出书面评标报告，并推荐合格的中标候选人。评标委员会经评审，认为所有投标都不符合招标文件要求的，可以否决所有投标。依法必须进行招标的项目的所有投标被否决的，招标人应当依法重新招标。

《招标投标法实施条例》进一步规定，评标委员会成员应当依照招标投标法和本条例的规定，按照招标文件规定的评标标准和方法，客观、公正地对投标文件提出评审意见。招标文件没有规定的评标标准和方法不得作为评标的依据。评标委员会成员不得私下接触投标人，不得收受投标人给予的财物或者其他好处，不得向招标人征询确定中标人的意向，不得接受任何单位或者个人明示或者暗示提出的倾向或者排斥特定投标人的要求，不得有其他不客观、不公正履行职务的行为。

招标项目设有标底的，招标人应当在开标时公布。标底只能作为评标的参考，不得以投标报价是否接近标底作为中标条件，也不得以投标报价超过标底上下浮动范围作为否决投标的条件。

有下列情形之一的，评标委员会应当否决其投标：

①投标文件未经投标单位盖章和单位负责人签字；

②投标联合体没有提交共同投标协议；

③投标人不符合国家或者招标文件规定的资格条件；

④同一投标人提交两个以上不同的投标文件或者投标报价，但招标文件要求提交备选投标的除外；

⑤投标报价低于成本或者高于招标文件设定的最高投标限价；

⑥投标文件没有对招标文件的实质性要求和条件作出响应；

⑦投标人有串通投标、弄虚作假、行贿等违法行为。

投标文件中有含义不明确的内容、明显文字或者计算错误，评标委员会认为需要投标人作出必要澄清、说明的，应当书面通知该投标人。投标人的澄清、说明应当采用书面形式，并不得超出投标文件的范围或者改变投标文件的实质性内容。评标委员会不得暗示或者诱导投标人作出澄清、说明，不得接受投标人主动提出的澄清、说明。

评标完成后，评标委员会应当向招标人提交书面评标报告和中标候选人名单。中标候选人应当不超过 3 个，并标明排序。评标报告应当由评标委员会全体成员签字。对评标结果有不同意见的评标委员会成员应当以书面形式说明其不同意见和理由，评标报告应当注明该不同意见。评标委员会成员拒绝在评标报告上签字又不书面说明其不同意见和理由的，视为同意评标结果。

8）中标和签订合同：《招标投标法》规定，招标人根据评标委员会提出的书面评标报告和推荐的中标候选人确定中标人。招标人也可以授权评标委员会直接确定中标人。

招标人和中标人应当自中标通知书发出之日起30日内，按照招标文件和中标人的投标文件订立书面合同。招标人和中标人不得再行订立背离合同实质性内容的其他协议。

《招标投标法实施条例》进一步的规定，招标人和中标人应当依照招标投标法和本条例的规定签订书面合同，合同的标底、价款、质量、履行期限等主要条款应当与招标文件和中标人的投标文件的内容一致。

2004 年 10 月发布的《最高人民法院关于审理建设工程施工合同纠纷案件适用法律问题的解释》第 21 条规定："当事人就同一建设工程另行订立的建设工程施工合同与经过备案的中标合同实质性内容不一致的，应当以备案的中标合同作为结算工程价款的根据。"因此，招标人与中标人另行签订合同的行为属违法行为，所签订的合同是无效合同。

9）终止招标：《招标投标法实施条例》规定，招标人终止招标的，应当及时发布公告，或者以书面形式通知被邀请的或者已经获取资格预审文件、招标文件的潜在投标人。已经发售资格预审文件、招标文件或者已经收取投标保证金的，招标人应当及时退还所收取的资格预审文件、招标文件的费用，以及所收取的投标保证金及银行同期存款利息。

（2）政府采购的招标程序

①采购人编制计划，报政府财政厅采购办审核；

②采购办与招标代理机构办理委托手续，确定招标方式；

③进行市场调查，与采购人确认采购项目后，编制招标文件；

④发布招标公告或发出招标邀请函；

⑤出售招标文件，对潜在投标人进行资格预审；

⑥接受投标人标书；

⑦在公告或邀请函中的规定时间、地点公开开标；

⑧由评标委员对投标文件评标；

⑨依据评标原则及程序确定中标人；

⑩向中标人发送中标通知书；

⑪组织中标人与采购单位签订合同；

⑫进行合同履行的监督管理，解决中标人与采购单位的纠纷。

2. 招标方式

招标工作的方式有两种，一种是业主自行组织；另一种是招标代理机构组织。业主具备编制招标文件和组织评标能力的，可以自行办理招标事宜。不具备的，招标人有权自行选择招标代理机构，委托其办理招标事宜。招标代理机构是依法设立从事招标代理业务并提供服务的社会中介组织。

（1）委托招标

我国《招标投标法》规定：招标人有权自主选择招标代理机构，不受任何单位和个人的影响与干预。招标人和招标代理机构的关系是委托代理关系。招标代理机构应当与招标人签订书面委托合同，在委托范围内，以招标人的名义组织招标工作和完成招标任务。

（2）自行招标

自行招标是指招标人依靠自己的能力，依法自行办理和完成招标项目的招标任务。

自行招标要求招标人具有编制招标文件和组织评标能力，并采取事前监督和事后管理的方式进行监管。事前监督要求招标人向项目主管部门上报具有自行招标条件的书面材料，由主管部门对自行招标书面材料进行核准。事后管理主要体现在要求招标人提交招标投标情况的书面报告。

三、建设项目投标的工作机构及投标程序

进行建设项目承包的施工企业为了占领工程承包市场，扩大业务范围，就必须参与投标竞标工作。而参与建设项目投标活动不仅要花费投标单位大量的精力和时间，而且还要耗费大量的资金。因此，对于要进行建设项目投标的工程公司，就必须了解和熟悉有关投标活动的业务和方法，认真研究作为投标者去参与投标活动成功的概率，投标工作中将会遇到什么风险，以决定是否去参与投标竞争。如果决定参加该建设项目投标，则要做好充分准备，知己知彼，以利夺标。

1. 投标的工作机构

建设项目招投标的市场情况千变万化，为适应这种变化，进而在投标竞争中获胜，项目实施单位应设置投标工作机构，积累各种资料，掌握市场动态，遇到招标项目则研究投标策略，编制标书，争取中标。

（1）投标工作机构的职能

1）收集和分析招标、投标的各种信息资料。这项工作主要内容为：收集各类与招投标文件有关的政策规定；收集整理本单位内部的各项资质证书、资信证明、优良工程证书等竞争性材料；收集本单位外部的市场动态资料；收集整理主要竞争对手的有关资料；收集整理工程技术经济指标。

2）从事建设项目的投标活动。这项工作主要内容为：接受招标通知、研究分析招标文件；研究分析各种信息，提出投标方案；安排投标工作程序，编制投标文件，办理投标手续；参加投标会议，勘察建设项目现场；中标后负责起草合同，参加合同洽谈等。

3）总结投标经验，研究投标策略。这项工作包括：投标中的策略、方法、标价计算；分析比较同类建设项目报价、技术经济指标等资料；积累有关报价的各种原始数据、基础资料等。这可为以后搞好投标工作打下良好的基础。

（2）投标工作机构的组成

1）投标工作组织机构分为两层。第一个层次是决策层，由施工企业有关领导组成，负责全面投标活动的决策；第二个层次是工作层，担任具体工作，为决策层提供信息和决策的依据。

2）投标工作机构的人员组成一般为：经理或业务副经理作为决策者；总工程师或主任工程师负责施工方案及技术措施的编审；合同预算或经营部门负责投标报价的具体工作。此外，材料部门提供材料价格消息；劳务部门提供人员工资信息；设备管理部门提供机械设备供应

与价格信息；财务部门提供有关成本信息。

3）为了保守投标报价的秘密，投标工作机构的人员不宜过多，特别是最后的决策阶段，应尽量缩小范围，并采取一定的保密措施。

2. 建设项目投标的程序

建设项目投标的程序主要包括：报名参加投标、办理资格审查、取得招标文件、研究招标文件、调查投标环境、确定投标策略、制定施工方案、编制标书、投送标书等工作内容。

（1）投标准备工作

准确、全面、及时地收集各项技术经济信息是投标准备工作的主要内容，也是投标成败的关键。需要收集的信息涉及面很广，其主要内容可以概括为以下几方面。

1）通过各种途径，尽可能在招标公告发出前获得建设项目信息。所以必须熟悉当地政府的投资方向、建设规划，综合分析市场的变化和走向。

2）招标项目所在地的信息，包括当地的自然条件、交通运输条件、价格行情等。

3）施工技术发展的信息，包括新规范、新标准、新结构、新技术、新材料、新工艺的有关情况。

4）招标单位的情况，包括招标单位的资金状况、社会信誉以及对招标工程的工期、质量、费用等方面的要求。

5）及时了解其他投标单位的情况，有哪些竞争者，分析他们的实力、优势、在当地的信誉以及对工程的兴趣、意向。

6）有关报价的参考资料，包括当地近几年类似工程的施工方案、报价、工期及实际成本等资料。

7）投标单位内部资料，包括能反映本单位技术能力、信誉、管理水平、工程业绩的各种资料。

（2）投标资格预审资料

投标工作机构日常要做好投标资格预审资料的准备工作，资格预审资料不仅起到通过资格预审的作用，而且还是施工企业重要的宣传材料。

（3）研究招标文件

单位报名参加或接受邀请参加某一项目的投标，通过资格审查并取得招标文件后，首先要仔细认真地研究招标文件，充分了解其内容和要求，以便统一安排投标工作，并发现应提请招标单位予以澄清的疑点。

招标文件的研究工作包括以下几方面：

1）研究招标项目综合说明，熟悉建筑项目全貌。

2）研究设计文件，为制定报价或制定施工方案提供确切的依据。所以，要认真阅读设计图纸，详细弄清楚各部门做法及对材料品种规格的要求，发现不清楚或互相矛盾之处，可在招标答疑会上提请招标单位解释或更正。

3）研究合同条款，明确中标后的权利与义务。其主要内容有承包方式、开竣工时间、工期奖罚、材料供应方式、价款结算办法、预付款及工程款支付与结算方法、工程变更及停工、窝工损失处理办法、保险办法、政策性调整引起价格变化的处理办法等。这些内容直接影响施工方案的安排、施工期间的资金周转，最终影响施工企业的获利，因此应在标价上有所反映。

4）研究投标单位须知，提高工作效率，避免造成废标。

（4）调查投标环境

招标建设项目的社会、自然及经济条件会影响项目成本，因此在报价前应尽可能了解清楚。主要调查内容有以下三方面：

1）经济条件，如劳动力资源及工资标准、专业分包能力、地产材料的供应能力等。

2）自然条件，如影响施工的天气、山脉、河流等因素。

3）施工现场条件，如场地地质条件、承载能力，地上及地下建筑物、构筑物及其他障碍物，地下水位，道路、供水、供电、通信条件，材料及构配件堆放场地等。

（5）确定投标策略

竞争的胜负不仅取决于参与竞争单位的实力，而且取决于竞争者的投标策略是否正确，研究投标策略的目的是取得竞争的胜利。

（6）施工组织设计或施工方案

施工方案或施工组织设计是投标的必要条件，也是招标单位评标时需要考虑的因素之一。为投标而编制的施工组织设计与指导具体施工的施工方案有两点不同：一是读者对象不同。投标中的施工方案是向招标单位或评标小组介绍施工能力，应简洁明了，突出重点和长处；二是作用不同。投标中的施工方案是为了争取中标，因此应在技术措施、工期、质量、安全以及降低成本方面对招标单位有恰当的吸引力。

（7）报价

报价是投标的关键工作。报价的最佳目标是既接近招标单位的标底，又能胜过竞争对手，而且能取得较大的利润。报价是技术与决策相协调的一个完整过程。

（8）编制及投送标书

投标单位应按招标文件的要求，认真编制投标书。投标书的主要内容有以下几方面：

1）综合说明。

2）标书情况汇总表，工期、质量水平承诺，让利优惠条件等。

3）详细造价及主要材料用量。

4）施工方案和选用的机械设备、劳动力配置、进度计划等。

5）保证工程质量、进度、施工安全的主要技术组织措施。

6）对合同主要条件的确认及招标文件要求的其他内容。

投标书、标书情况汇总表，密封签，必须有法人单位公章、法定代表人或其委托代理人的印鉴。投标单位应在规定时间内将投标书密封送达招标文件指定的地点。若发现标书有误，需在投标截止时间前用正式函件更正，否则以原标书为准。

投标单位可以提出设计修改方案、合同条件修改意见，并作出相应标价和投标书，同时密封寄送招标单位，供招标单位参考。

四、标价的计算与确定

1. 标价的计算依据

投标建设项目的标底按定额编制，代表行业的平均水平。标价是企业自定的价格，反映企业的管理水平、装备能力、技术力量、劳动效率和技术措施等。因此，不同投标单位对同一建设项目的报价是不同的。

计算标价的主要依据有以下几方面：

1）招标文件，包括工程范围、技术质量和工期的要求等。

2）施工图纸和工程量清单。

3）现行的预算基价、单位估价表及收费标准。

4）材料预算价格、材差计算的有关规定。

5）施工组织设计或施工方案。

6）施工现场条件。

7）影响报价的市场信息及企业的内部相关因素。

2. 标价的费用组成

投标标价的费用由直接费、间接费、利润、税金、其他费用和不可预见费等组成。投标费用，包括购买标书文件费、投标期间差旅费、编制标书费等。承包企业委托中介人办理各项承包手续、协助收集资料、通报信息、流通环节等需支付的报酬以及为日常应酬而发生的少量礼品及招待费，也可按国家政策和规定考虑计算。

不可预见费是指标价中难以预料的工程费用，在标价中可视情况适当考虑。

3. 标价的计算与确定

（1）计算工程预算造价

按计价方法计算工程预算造价，这一价格接近于标底，是投标报价的基础。

（2）分析各项技术经济指标

把投标建设项目的各项技术经济指标与同类型建设项目的相关指标对比分析，或用其他单位报价资料加以分析比较，从而发现报价中的不合理的内容，并作调整。

（3）通过报价技巧与策略确定标价

投标报价应根据建设项目条件和各种具体情况来确定。报“高标”利润高，但中标概率小；报“低标”中标概率大，但利薄；多数投标单位报“中标”。一般情况下，报价为工程成本的 1.15 倍时，中标概率较高，企业的利润也较好。

4. 评标

评标工作由招标单位组织的评标委员会秘密进行。评标委员会应具有一定的权威性，一般由招标单位邀请有关的技术、经济、合同等方面的专家组成。为了保证评标的科学性和公正性，评标委员会成员由 5 人以上的单数人员组成，其中的技术经济专家不得少于总人数的 2/3。不得邀请与投标人有直接经济业务关系的人员参加。评标过程中有关评标情况不得向投标人或与招标工作无关的人员透露。凡招标申请公证的，评标过程应在公证部门的监督下进行，招标投标管理机构派人参加评标会议，对评标活动进行监督。设备、材料招标的评标工作一般不超过10天，大型项目设备承包的评标工作最多不超过30天。评标过程中，如有必要可请投标人对其投标内容作澄清解释，澄清时不得对投标内容作实质性修改。澄清解释内容必要时可作局部纪要，经投标单位授权代表签字后，作为投标文件的组成部分。机电设备采购的评标不仅要看采购时所报的现价是多少，还要考虑设备在使用寿命期内可能投入的运营和管理费的高低。尽管投标人所报的货物价格较低，但运营费很高时，仍不符合业主以最合理的价格采购的原则。下面就评标阶段的工作加以介绍。

（1）评标主要考虑的因素

1）投标价。投标人的报价，既包括生产制造的出厂价格，还包括他所报的安装、调试、协作等售后服务的价格。

2）运输费。包括运费、保险费和其他费用，如超大件运输时对道路桥梁加固所需的费用等。

3）交付期。以招标文件中规定的交货期为标准，如投标书中所提出的交货期早于规定时间，一般不给予评标优惠，因为当施工还不需要时要增加业主的仓储管理费和货物的保养费。如果迟于规定的交货日期，但推迟日期尚属于可以接受的范围之内，则在评标时应考虑这一因素。

4）设备的性能和质量。主要比较设备的生产效率和适应能力，还应考虑设备的运营费用，即设备的燃料、原材料消耗，维修费用和所需运行人员费等。如果设备性能超过招标文件要求，使业主得到收益，评标时也应将这一因素予以考虑。

5）备件价格。对于各类备件，特别是易损备件，考虑其取得的途径和价格。

6）支付要求。合同规定了购买货物的付款条件，如果标书中投标人提出了付款的优惠条件或其他的支付要求，尽管与招标文件规定偏离，但业主可以接受，也应在评标时加以计算和比较。

7）售后服务。包括可否提供备件、进行维修服务，以及安装监督、调试、人员培训等可能性和价格。

8）其他与招标文件偏离或不符合的因素等。

（2）评标方法

设备、材料采购的评标方法通常有低价投标法、综合评标价法、以寿命周期成本为基础的评标价法及打分法等几种形式。

1）低价投标法。采购简单商品、半成品、原材料，以及其他性能质量相同或容易进行比较的货物时，价格可以作为评标时考虑的唯一因素，以此作为选择中标单位的尺度。国内生产的货物，报价应为出厂价，出厂价包括为生产所提供的货物购买的原材料和支付的费用，以及各种税款，但不包括货物售出后所征收的销售税及其他类似税款。如果所提供的货物是投标人早已从国外进口、目前已在国内的，则应报仓库交货价或展室价，该价格应包括进口货物时所交付的进口关税，但不包括销售税。

2）综合评标价法。综合评标价法是指以报价为基础，将其他评标时所考虑的因素也折算为一定价格而加到投标价上，去计算评标价，然后以各评标价的高低决出中标人。采购机组、车辆等大型设备时，大多采用这种方法。

3）以寿命周期成本为基础的评标价法。在采购生产线、成套设备、车辆等运行期内各种后续费用（零配件、油料及燃料、维修等）很高的货物时，可采用以设备的寿命周期成本为基础的评标价法。评标时应首先确定一个统一的设备运行期，然后根据各标书的实际情况，在标书报价中加上一定年限运行期间所发生的各项费用，再减去一定年限运行期后的设备残值（扣除这几年折旧费后的设备剩余值）。在计算各项费用或残值时，都应按招标文件中规定的贴现率折算成现值。这种方法是在综合评标价法的基础上，进一步加上运行期内的费用，这些以贴现值计算的费用包括估算寿命期内所需的燃料费、估算寿命期内所需零件及维修费用。零配件费用可以投标人在技术规范的答复中提供的担保数字，或过去已用过可作参考的类似设备实际消耗数据及估算寿命期末的残值 3 个部分为基础，并以运行时间来计算。

4）打分法。打分法是指评标前将各评分因素按其重要性确定评分标准，按此标准对各投标人提供的报价和各种服务进行打分，得分最高者中标。采用打分法时，首先要确定各种因素所占的比例，再以计分评标。下面是世界银行贷款项目通常采用的比例：

投标价	65～70 分
零配件价格	0～10 分
技术性能、维修、运行费	0～10 分
售后服务	0～5 分
标准备件等	0～5 分
总计	100 分

打分法简便易行，能从难以用金额表示的各个标书中。将各种因素量化后进行比较，从中选出最好的投标。但其缺点是各评标人独立给分，对评标人的水平和知识面要求高，否则主观随意性较大。另外，难以合理确定不同技术性能的有关分值和每一性能应得的分数，有时会忽视一些重要的指标。若采用打分法评标，评分因素和各个因素的分数分配均应在招标文件中说明。

评标定标以后，招标单位应尽量向中标单位发出中标通知，同时通知其他未中标单位。中标单位从接到中标通知书之日起，一般应在 30 日内与需方签订设备、材料供货合同。如果中标单位拒签合同，则投标保证金不予退还；招标单位拒签合同，则按中标总价 2%的款额赔偿中标单位的经济损失。合同签订后 10 日内，由招标单位将一份合同副本报招标投标管理部门备案，以便实施监督。

随着建筑材料采购规模的不断扩大、采购范围的不断拓展，参与建筑材料采购的供应商也日益增多，各地评标基准价的确定不尽相同。有些地方是根据投标报价的算术平均值或加权平均值确定的。对投标报价进行平均时，应舍去非正常的投标报价，减少其对报价平均值的影响，使报价平均值作为评标基准价更具有代表性。最高或最低报价高于或低于次高或次低报价一定百分比时，不参与评标基准价的计算；规定报价平均值上下一定的百分率，超出此限的报价舍去，不参与评标基准价的计算。

在确定评标基准价时，招标人可以提出自己的报价，此报价可参与评标基准价的修正，也可仅仅作为投标控制价来确定投标人的报价是否有效。

招标人的报价确定方法如下：

①询价信息员必须经常分析或手机资料，了解市场价格波动情况，以此作为议价的依据；

②价格调查，询价信息员有责任向供应商索取详细的价格资料，同时通过其他途径掌握相关物资价格信息，建立价格体系，确保采购价格的合理性；

③询价完成后，采购部门在“采购物资订单价格表”中填上供应商资料（附上供应商的营业执照副本复印件、开户银行账号、税证号码）、物资规格及询价结果，作为招标控制价。

在确定招标控制价时还要遵循以下原则：

①成本测算原则。招标前，物料控制部门要对招标物料进行市场和成本分析，对其原材料及加工、制造成本进行测算；

②目标价格拟定原则。按以下公式拟定目标价格：

目标价格=供应商完全成本＋小于等于5%利润

③保密原则。设定的目标价格应保密，不向投标单位公开；

④供货比例调整原则。中标方的供货比例分配为意向比例，公司可根据实际情况进行月度比例调整（原则上按该中标比例安排，若质量保证体系审核不达标、供货质量出现重大质量问题等，公司可相应调整该月的供货比例）。

第二节　合同管理

一、合同的法律基础

《合同法》规定：“本法所称合同是平等主体的自然人、法人、其他组织之间设立、变更，终止民事权利义务的协议”。

（1）合同是一种协议

从本质上说，合同是一种协议，由两个或两个以上的当事人参加，通过协商一致达成协议，就产生了合同。但合同法规定的合同，是一种有特殊意义的合同，是一种有严格的法律界定的协议。

（2）合同是平等主体之间的协议

在法律上，平等主体是指在法律关系中，享受权利的权利主体和承担义务的义务主体，他们在订立和履行合同过程中的法律地位是平等的。在民事活动中，他们各自独立，互不隶属。合同法在这一条中所列合同的平等主体（即当事人）共包括三类，他们都具有平等的法律地位。

1）自然人。自然人是基于出生而依法成为民事法律关系主体的人。在我国《民法通则》中，公民与自然人在法律地位上是一样的。但实际上，自然人的范围要比公民的范围广。公民是指具有本国国籍，依法享有宪法和法律所赋予的权利和承担宪法和法律所规定的义务的人。在我国，公民是社会中具有我国国籍的一切成员，包括成年人、未成年人和儿童。自然人则既包括公民，又包括外国人和无国籍人。各国的法律一般对自然人都没有条件限制。

2）法人。法人具有民事权利能力和民事行为能力，依法独立享有民事权利和承担民事义务的组织。我国《民法通则》依据法人是否具有营利性，把法人分为企业法人和非企业法人两类。

企业法人。指具有国家规定的独立财产，有健全的组织机构、组织章程和固定场所，能够独立承担民事责任，享有民事权利和承担民事义务的经济组织。

非企业法人。是为了实现国家对社会的管理及其他公益目的而设立的国家机关、事业单位或者社会团体，包括机关法人、事业单位法人和社会团体法人。

3）其他组织。其他组织是指依法或者依据有关政策成立，有一定的组织机构和财产，但又不具备法人资格的各类组织。

（3）合同是平等主体之间民事权利义务关系的协议

合同法所调整的，是人们基于物质财富、基于人格而形成的财产关系，即以财产关系为核心内容的民事权利义务关系，主要是民事主体之间的债权债务关系，但不包括基于人的身份而形成的民事权利义务关系，如婚姻、收养、监护等。

（4）合同是平等主体之间设立、变更、终止民事权利义务关系的协议

设立时当事人之间合同关系的达成或确认，当事人已经准备接受合同的约束，行使其规定的权利，履行其规定的义务。

变更时合同在签订后未履行，或者在履行过程中，当事人双方就合同条款修改达成新的协议。

终止是因法律规定的原因或当事人约定的原因出现时，合同所规定的当事人双方权利义务关系归于消灭的状况，包括自然终止、裁决终止和协议终止。

二、合同的订立和效力

1. 合同订立原则

《合同法》基本原则是合同当事人在合同的签订、执行、解释和争执的解决过程中应当遵守的基本准则，也是人民法院、仲裁机构在审理、仲裁合同时应当遵循的原则。合同法关于合同订立、效力、履行、违约责任等内容，都是根据这些基本原则规定的。

（1）自愿原则

自愿原则是合同法中一个重要的基本原则，是市场经济的基本原则之一，也是一般国家的法律准则。自愿原则体现了签订合同作为民事活动的基本特征。平等是自愿的前提。在合同关系中当事人无论具有什么身份，相互之间的法律地位是平等的，没有高低从属之分。

自愿原则贯穿于合同全过程，在不违反法律、行政法规、社会公德的情况下：

1）当事人依法享有自愿签订合同的权利。合同签订前，当事人通过充分协商，自由表达意见，自愿决定和调整相互权利义务关系，取得一致而达成协议。

2）在订立合同时当事人有权选择对方当事人。

3）合同构成自由。包括合同的内容、形式、范围在不违法的情况下由双方自愿商定。

4）在合同履行过程中，当事人可以通过协商修改、变更、补充合同内容，也可以协商解除合同。

5）双方可以约定违约责任。在发生争议时，当事人可以自愿选择解决争议的方式。

（2）守法原则

合同的签订、执行绝不仅仅是当事人之间的事情，它可能会涉及社会公共利益和社会经济秩序。因此，遵守法律、行政法规，不得损害社会公共利益是合同法的重要原则。

合同都是在一定的法律背景条件下签订和实施的，合同的签订和实施必须符合合同的法律原则。具体体现在：

1）合同不能违反法律，不能与法律相抵触，否则合同无效。

2）签订合同的当事人在法律上处于平等地位，享有平等的权利和义务。

3）法律保护合法合同的签订和实施。

合同的法律原则对促进合同圆满地履行，保护合同当事人的合法权益有重要的意义。在我国《合同法》是适用于合同的最重要的法律。首先，《合同法》属于强制性的规定，必须履行；其次，《合同法》根据自愿原则，大部分条文是倡导性的，由当事人双方约定；最后，合同当事人有选择的权利，有权依法提请法院审理或裁决。

（3）诚实信用原则

合同是在双方诚实信用基础上签订的，合同目标的实现必须依靠合同双方真诚协作。如果双方缺乏诚实信用，则合同不可能顺利实施。诚实信用原则具体体现在合同签订、履行以及终止的全过程。

（4）公平原则

公平是民事活动应当遵循的基本原则。合同调解双方民事关系，应不偏不倚，公平地维持合同双方的关系。将公平作为当事人之间的行为准则，有利于防止当事人滥用权利，保护和平衡合同当事人的合法权益，使之更好地履行合同义务，实现合同目的。

2. 合同的订立程序

当事人订立合同，应当具有相应的民事权利能力和民事行为能力。

合同订立的过程，指当事人双方通过对合同条款进行协商达成协议的过程。合同订立采取要约、承诺方式。

（1）要约

《合同法》对要约作出了明确规定。要约是一方当事人希望和他人订立合同的意思表示，该意思表示应当符合下列规定：

1）要约内容具体确定，表明经受要约人承诺，要约人即受该意思表示约束。

2）要约邀请是希望他人向自己发出要约的意思表示。

3）要约到达受要约人时生效。

4）要约可以撤回，也可以撤销。撤回要约的通知应当在要约到达受要约人之前或与要约同时到达。

5）受要约人撤销要约的通知应当在受要约人发出承诺通知前到达受要约人。

有下列情形之一的要约失效：

1）拒绝要约的通知到达要约人。

2）要约人依法撤销要约。

3）承诺期限届满，受要约人未作出承诺。

4）受要约人对要约的内容作出实质性变更。

（2）承诺

《合同法》规定承诺是受要约人同意要约的意思表示。承诺应当在要约确定的期限内到达要约人。承诺生效时合同成立。承诺可以撤回。撤回承诺的通知应当在承诺通知到达要约人之前或与承诺通知同时到达要约人。超过承诺期限发出的承诺，是迟到的承诺，除要约人及时通知受要约人该承诺有效的以外，为新的要约。当事人签订合同，一般经过要约和承诺两个步骤，但实践中往往是通过要约→新要约→新新要约……承诺多个环节最后达成的。

3. 合同主要条款

合同的内容是指当事人享有的权利和承担的义务，主要以各项条款确定。

合同内容由当事人约定，一般包括以下条款：

（1）当事人的名称或姓名和住所

这是每个合同必须具备的条款，当事人是合同的主体，要把名称或姓名、住所规定准确、清楚。

（2）标的

标的是当事人权利义务共同所指向的对象。没有标的或标的不明确，权利义务就没有客体，合同关系就不能成立，合同就无法履行。不同的合同其标的也有所不同。标的可以是物、行为、智力成果、项目或某种权利。

（3）数量

数量是对标的的计量，是以数字和计量单位来衡量标的的尺度。表明标的多少，决定当事人权利义务的大小范围。没有数量条款的规定，就无法确定双方权利义务的大小，双方的权利义务就处于不确定的状态。因此，合同中必须明确标的数量。

（4）质量

质量指标准、技术要求，表明标的内在素质和外观形态的综合，包括产品的性能、效用、工艺等，一般以品种、型号、规格、等级等体现出来。当事人约定质量条款时，必须符合国家有关规定和要求。

（5）价款或报酬

价款或报酬是一方当事人向对方当事人所付代价的货币支付，凡是有偿合同都有价款或报酬条款。当事人在约定价款或报酬时，应遵守国家有关价格方面的法律和规定，并接受工商行政管理机关和物价管理部门的监督。

（6）履行期限、地点和方式

履行期限是合同中规定当事人履行自己的义务的时间界限，是确定当事人是否按时履行或延期履行的客观标准，也是当事人主张合同权利的时间依据。履行地点是指当事人履行合同义务和对方当事人接受履行的地点。履行方式是当事人履行合同义务的具体做法。合同标的不同，履行方式也有所不同，即使合同标的相同，也有不同的履行方式。当事人只有在合同中明确约定合同的履行方式，才便于合同的履行。

（7）违约责任

违约责任指当事人一方或双方不履行合同义务或履行合同义务不符合约定的，依照法律的规定或按照当事人的约定应当承担的法律责任。合同依法成立后，可能由于某种原因使得当事人不能按照合同履行义务。合同中约定违约责任条款，不仅可以维护合同的严肃性，督促当事人切实履行合同，而且一旦出现当事人违反合同的情况，便于当事人及时按照合同承担责任，减少纠纷。

（8）解决争议的方法

解决争议的方法指合同争议的解决途径，对合同条款发生争议时的解释以及法律适用等。合同发生争议时，及时解决争议可有效维护当事人的合法权益。根据我国现有法律规定，争议解决的方法有和解、调解、仲裁和诉讼，其中仲裁和诉讼是最终解决争议的两种不同的方法，当事人只能在这两种方法中选择其一。因此，当事人订立合同时，在合同中约定争议解决的方法，有利于当事人在发生争议后，及时解决争议。

4. 合同的形式

合同形式指协议内容借以表现的形式。合同的形式由合同的内容决定并为内容服务。

合同的形式有书面形式、口头形式和其他形式。法律、行政法规规定采用书面形式的，应当采用书面形式。当事人约定采用书面形式的，应当采用书面形式。

建设工程合同应当采用书面形式，这是《合同法》第二百七十条规定的。

5. 合同的法律效力

合同的效力是指合同所具有的法律约束力。《合同法》第三章——合同的效力，不仅规定了合同生效、无效合同，而且还对可撤销或变更合同进行了规定。

（1）有效合同

合同生效即合同发生法律效力。合同生效后，当事人必须按约定履行合同，以实现其所追求的法律后果。《合同法》规定了合同生效的3种情形：

1）成立生效。对一般合同，只要当事人在合同主体、合同内容、合同形式等方面符合法律的要求，经协商达成一致意见，合同成立即可生效。

2）批准登记生效。《合同法》规定，法律、行政法规规定应当办理批准、登记等手续生效的，依照其规定。按照我国现有的法律和行政法规的规定，有的将批准登记作为合同成立的条件，有的将批准登记作为合同生效的条件。例如，中外合资经营企业合同必须经过批准后才能生效。

3）约定生效。约定生效是指合同当事人在订立合同时，约定附条件，自条件成立时生效。附解除条件的合同，自条件成立时失效。但是当事人为自己的利益不正当地阻止条件成立的，视为条件已成立；不正当地促成条件成立的，视为条件不成立。

（2）效力待定合同

合同或合同某些方面不符合合同的有效要件，但又不属于无效合同或可撤销合同，应当采取补救措施，有条件的尽量促使其成为有效合同。合同效力待定主要有以下情况：

1）限制民事行为能力人订立的合同。此种合同经法定代理人追认后，该合同有效。

2）无权代理合同。

这种合同具体又分为 3 种情况：

①行为人没有代理权，即行为人事先没有取得代理权却以代理人自居而代理他人订立的合同；

②无权代理人超越代理权，即代理人虽然获得了被代理人的代理权，但他在代订合同时超越了代理权限的范围；

③代理权终止后以被代理人的名义订立合同，即行为人曾经是被代理人的代理人，但在以被代理人的名义订立合同时，代理权已终止。

3）无处分权的人处分他人财产的合同。这类合同是指无处分权的人以自己的名义对他人的财产进行处分而订立的合同。根据法律规定，财产处分权只能由享有处分权的人行使。《合同法》规定："无处分权的人处分他人财产，经权利人追认或者无处分权的人订立合同后取得处分权的，该合同有效。"

（3）无效合同

1）无效合同的确认《合同法》规定，有下列情形之一的，合同无效：

①一方以欺诈、胁迫的手段订立合同，损害国家利益；

②恶意串通，损害国家、集体或者第三人利益；

③以合法形式掩盖非法目的；

④损害社会公众利益；

⑤违反法律、行政法规的强制性规定。

无效合同的确认权归合同管理机关和人民法院。

2）无效合同的处理

①无效合同自合同签订时就没有法律约束力；

②合同无效分为整个合同无效和部分无效，如果合同部分无效的，不影响其他部分的法律效力；

③合同无效，不影响合同中独立存在的有关解决争议条款的效力；

④因该合同取得的财产，应予返还；有过错的一方应当赔偿对方因此所受到的损失。

（4）可变更或者可撤销合同

可变更合同是指合同部分内容违背当事人的真实意思表示，当事人可以要求对该部分内容的效力予以撤销的合同。可撤销合同是指虽经当事人协商一致，但因非对方的过错而导致一方当事人意思表示不真实，允许当事人依照自己的意思，使合同效力归于消灭的合同。

《合同法》规定下列合同当事人一方有权请求人民法院或者仲裁机构变更或撤销：

1）因重大误解订立的。

2）在订立合同时显失公平的。

3）一方以欺诈、胁迫的手段或者乘人之危，使对方在违背真实意思的情况下订立的。

可撤销合同与无效合同有着本质的区别，主要表现在：

1）效力不同。可撤销合同是由于当事人表达不清、不真实，只一方有撤销权；无效合同内容违法，自然不发生效力。

2）期限不同。可撤销合同中具有撤销权的当事人从知道撤销事由之日起一年内没有行使撤销权或者知道撤销事由后明确表示，或者以自己的行为表示放弃撤销权，则撤销权消灭。无效合同从订立之日起就无效，不存在期限。

三、合同的履行和担保

1. 合同的履行

合同的履行是指合同生效后，当事人双方按照合同约定的标的、数量、质量、价款、履行期限、履行地点和履行方式等，完成各自应承担的全部义务的行为。

（1）合同履行的基本原则

1）全面履行的原则。当事人订立合同不是目的，只有全面履行合同，才能实现当事人所追求的法律后果使其预期目的得以实现。如果当事人所订立的合同，有关内容约定不明确或者没有约定，《合同法》允许当事人协议补充。如果当事人不能达成协议的，按照合同有关条款或交易习惯确定。如果按此规定仍不能确定的，则按《合同法》规定处理。

①质量要求不明确的，按照国家标准、行业标准履行；没有国家标准、行业标准的按照通常标准或者符合合同目的的特定标准履行；

②价款或者报酬不明确的，按照订立合同时履行地的市场价格履行；依法应当执行政府定价或者指导价的，按照规定履行；

③履行地点不明确给付货币的，在接受货币一方所在地履行；交付不动产的，在不动产所在地履行；其他标的，在履行义务一方所在地履行；

④履行期限不明确的，债务人可以随时履行，债权人也可以随时要求履行，但应当给对方必要的准备；

⑤履行方式不明确的，按照有利于实现合同目的的方式履行；

⑥履行费用的负担不明确的，由履行义务一方负担。

2）诚实信用原则。《合同法》规定，当事人应当遵循诚实信用原则，根据合同的性质、目的和交易习惯，履行通知、协助、保密等义务。

3）实际履行原则。合同当事人应严格按照合同规定的标的完成合同义务，而不能用其他标的代替。鉴于客观经济活动的复杂性和多变性，在具体执行该原则时，还应根据实际情况灵活掌握。

（2）合同履行的保护措施

为了保证合同的履行，保护当事人的合法权益，维护社会经济秩序，促使责权能够实现，防范合同欺诈，在合同履行过程中，需要通过一定的法律手段使受损害一方的当事人能维护自己的合法权益。为此，合同法专门规定了当事人的抗辩权和保全措施。

1）抗辩权。所谓抗辩权，就是一方当事人有依法对抗对方要求或否认对方权利主张的权利。合同规定了同时履行抗辩权和异时履行抗辩权。同时履行抗辩权是指对于双方合同当事人双方应同时履行，一方在对方履行债务前或在对方履行债务不符合约定时，有权拒绝其相应的履行要求。

异时履行抗辩权分为后履行抗辩权和不安履行抗辩权。后履行抗辩权是指合同有先后履行顺序的，若先履行一方未履行债务，后履行一方有权拒绝其履行要求。不安履行抗辩权是指当事人互欠债务，如果应当先履行债务的当事人有确切证据证明对方有丧失或可能丧失履行债务能力情形时，可以中止履行债务。规定不安履行抗辩权是为了保护当事人的合法权益，防止借合同欺诈，也可促使对方履行合同。

2）保全措施。为了防止债务人的财产不适当减少而给债权人带来危害，合同法允许债权人为保全其债权的实现采取保全措施。保全措施包括代位权和撤销权。

①代位权：是指因债务人怠于行使其到期债权，对债权人造成损害，债权人可以向人民法院请求以自己的名义代位行使债务人的债权。债权人依照《合同法》规定提起代位权诉讼，应当符合下列条件：

a. 债权人对债务人的债权合法；

b. 债务人怠于行使其到期债权，对债权人造成损害；

c. 债务人的债权已到期；

d. 债务人的债权不是专属于债务人自身的债权。

债务人怠于行使其到期债权，对债权人造成损害是指债务人不履行其对债权人的到期债务，又不以诉讼方式或者仲裁方式向其债务人主张其享有的具有金钱给付内容的到期债权，致使债权人的到期债权未能实现。专属于债务人自身的债权是指基于抚养关系、赡养关系、继承关系产生的给付请求权和劳动报酬、退休金、养老金、抚恤金、安置费、人寿保险、人身伤害赔偿请求权等权利。当然，代位权的行使范围以债权人的债权为限，债权人行使代位权的必要费用由债务人负担。

②撤销权：是指因债务人放弃其到期债权或者无偿转让财产，或者债务人以明显不合理的低价转让财产，对债权人造成损害，并且受让人也知道该情形，债权人可以请求人民法院撤销债务人的行为。债权人依照合同法规定提起撤销权诉讼，请求人民法院撤销债务人放弃债权或转让财产的行为，人民法院应当就债权人主张的部分进行审理，依法撤销的，该行为自始无效。

2. 合同的担保

（1）合同担保的概念

合同担保是指法律规定或者由当事人双方协商约定的确保合同按约履行所采取的具有法律效力的一种保证措施。

（2）合同担保的方式

我国《担保法》规定的担保方式为保证、抵押、质押、留置和定金。

1）保证。我国《担保法》规定："保证是指保证人和债权人约定，当债务人不履行债务时，保证人按照约定履行债务或者承担责任的行为。"

保证具有以下法律特征：

①保证属于人的担保范畴，并不是用特定的财产提供担保，而是以保证人的信用和不特定的财产为他人债务提供担保；

②保证人必须是主合同以外的第三人，保证必须是债权人和债务人以外的第三人为他人债务所作的担保，债务人不得为自己的债务作保证；

③保证人应当具有代为清偿债务的能力，保证是以保证人的信用和不特定的财产来担保债务履行的，因此，设定保证关系时，保证人必须具有足以承担保证责任的财产。具有代为清偿能力是保证人应当具备的条件；

④保证人和债权人可以在保证合同中约定保证的方式，享有法律规定的权利，承担法律规定的义务。

《担保法》对保证人的资格作了规定。保证人必须是具有代为清偿债务能力的人，既可以是法人也可以是其他组织或公民。不可以作为保证人的有：国家机关（经国务院批准为使用外国政府或者国际经济组织贷款进行转贷的除外）、学校、幼儿园、医院等以公益为目的的事业单位和社会团体；企业法人的分支机构、职能部门（企业法人的分支机构有法人书面授权的，可以在授权范围内提供保证）。

保证合同是保证人与债权人以书面形式订立的合同。合同应包括：被保证的主债权种类、数量；债务人履行债务的期限；保证的方式；保证担保的范围；保证的期间和双方认为需要约定的其他事项。

保证的方式有一般保证和连带责任保证两种。一般保证是指当事人在保证合同中约定，债务人不能履行债务时，由保证人承担保证责任的保证方式。连带责任保证是指当事人在保证合同中约定保证人与债务人对债务承担连带责任的保证方式。

保证范围包括主债务及利息、违约金、损害赔偿金和实现债权的费用。保证合同另有约定的，按照约定。当事人对保证范围无约定或约定不明确，保证人应对全部债务承担责任。

一般保证的担保人与债务人未约定保证期间的，保证期间为主债务履行期间届满之日起6 个月。债权人未在合同约定的和法律规定的保证期间内主张权利，保证人免除保证责任；如债权人已主张权利的，保证期间适用于诉讼时效中断规定。连带责任保证人与债权人未约定保证期间的，债权人有权自主债务履行期满之日起 6 个月内要求保证人承担保证责任。在合同约定或法律规定的保证期间内，债权人未要求保证人承担保证责任的，保证人免除保证责任。

2）抵押。抵押是债务人或第三人不专一对抵押财产的占有，将该财产折价或以拍卖、变卖该财产的价款优先受偿。

抵押具有以下法律特征：

①抵押权是一种他物权，抵押权是对他人所有物取得利益的权利，当债务人不履行时，债权人（抵押权人）有权依照法律以抵押物价折价或者从变卖抵押物的价款中得到清偿；

②抵押权是一种从物权，抵押权将随着债权的发生而发生，随着债权的消失而消失；

③抵押权是一种对抵押权的优先受偿权，在以抵押物的折价受偿债务时，抵押权人的受偿权优先于其他债权人；

④抵押权具有追及力，当抵押人将抵押物擅自转让他人时，抵押人可追及抵押物而行使权力。

根据《担保法》的规定，可以抵押的财产有：

a. 抵押人所有的房屋和其他地上定着物；

b. 抵押人所有的机器、交通工具和其他财产；

c. 抵押人依法有权处分的国有的土地使用权、房屋和其他地上定着物；

d. 抵押人依法有权处分的国有的机器、交通运输工具和其他财产；

e. 抵押人依法承包并经发包方同意抵押的荒山、荒沟、荒丘等荒地的土地所有权；

f. 依法可以抵押的其他财产。

抵押人可以将前面所列财产一并抵押，但抵押人所担保的债权不得超出其抵押物的价值。

根据《担保法》的规定，禁止抵押的财产有：

a. 土地所有权；

b. 耕地、宅基地、自留地、自留山等集体所有的土地使用权，但法律有规定的可抵押物除外；

c. 学校、幼儿园、医院等以公益为目的的事业单位、社会团体的教育设施、医疗卫生设施和其他社会公益设施；

d. 所有权、使用权不明确或有争议的财产；

e. 依法被查封、扣押、监管的财产；

f. 依法不得抵押的其他财产。

⑤采用抵押方式担保时，抵押人和抵押权人应以书面形式订立抵押合同，法律规定应当办理抵押物登记的，抵押合同自登记之日起生效。

抵押合同应包括如下内容：

a. 被担保的主债权的种类、数额；

b. 债务人履行债务的期限；

c. 抵押物的名称、数量、质量、状况、所在地、所有权权属或者使用权权属；

d. 抵押担保的范围；

e. 当事人认为需要约定的其他事项。

《担保法》还对办理抵押物登记部门进行了规定：

a. 以无地上定着物的土地使用权抵押的，为核发土地使用权证书的土地管理部门；

b. 以城市房地产或者乡镇、村企业的厂房等建筑物抵押的，为县级以上地方人民政府规定的部门；

c. 以林木抵押的，为县级以上林木主管部门；

d. 以航空器、船舶、车辆抵押的，为运输工具的登记部门；

e. 以企业的设备和其他动产抵押的，为财产所在地的工商行政管理部门。

3）质押。质押分为动产质押和权利质押。

动产质押是指债务人或者第三人将其动产移交债权人占有，将该动产作为债权的担保。债务人不履行债务时，债权人有权依照法律规定以该动产折价或者以拍卖、变实该动产的价款优先受偿。债务人或者第三人为出质人，债权人为质权人，移交的动产为质物。法律规定出质人和质权人应当以书面形式订立质押合同。

质押合同应当包括以下内容：

a. 被担保的主债权种类、数额；

b. 债务人履行债务的期限；

c. 质物的名称、数量、质量、状况；

d. 质押担保的范围；

e. 质物移交的时间；

f. 当事人认为需要约定的其他事项。

质押担保的范围包括主债权及利息、违约金、损害赔偿金、质物保管费用和实现质权的费用。

在权利质押中以下权利可以质押：

a. 汇票、支票、本票、债券、存款单、仓单、提单；

b. 依法可以转让的股票、股份；

c. 依法可以转让的商标专用权、专利权、著作权中的财产权；

d. 依法可以质押的其他权利。

权利出质后，出质人不得转让或者许可他人使用，但经出质人与质权人协商同意的可以转让或者许可他人使用。出质人所得的转让费、许可费应当向质权人提前清偿所担保的债权或向与质权人约定的第三人提存。

4）留置。留置是指债权人按照合同约定占有债务人的动产，债务人不按照合同约定的期限履行债务的，债权人有权依照法律规定留置该财产，以该财产折价或以拍卖、变卖该财产的价款优先受偿的担保形式。

留置具有如下法律特征：

①留置权是一种从权利；

②留置权属于他物权；

③留置权是一种法定担保方式，它依据法律规定而发生，而非以当事人之间的协议而成立。担保法规定：因保管合同、运输合同、加工承揽合同发生的债权，债务人不履行债务的，债权人有留置权。

留置担保范围包括主债权及利息、违约金、损害赔偿金、留置物保管费用和实现留置权的费用。

法律规定留置权可能因为下列原因消灭：

①债权消灭的；

②债务人另行提供担保并被债权人接受的。

5）定金。定金是合同当事人约定一方向对方给付定金作为债权的担保形式。债务人履行合同后，定金应当抵作价款或者收回。给付定金的一方不履行约定的债务的，无权请求返还定金。收受定金的一方不履行约定的债务的，应当双倍返还定金。当事人约定以交付定金作为订立主合同担保的，给付定金的一方拒绝订立主合同的，无权要求返还定金；收受定金的一方拒绝订立合同的，应当双倍返还定金。

定金应当以书面形式约定。当事人在定金合同中应当约定交付定金的期限。定金合同从实际交付定金之日起生效。

定金的具体数额由当事人约定，但不得超过主合同标的额的20%。

建设工程合同的担保一般采用定金的形式。一般在投标时需交纳投标保证金，施工单位中标签订合同前，需交纳履约保证金。施工合同也可约定在建设单位不能履行付款义务时，承包商有权留置建筑物，但这种担保方式采用不多。

四、合同的变更、转让和终止

1. 合同的变更

合同的变更是指合同依法成立后，在尚未履行或尚未完全履行时，当事人双方依法对合同的内容进行修订或调整所达成的协议。例如，对合同约定的数量、质量标准、履行期限、履行地点和履行方式等进行变更。合同变更一般不涉及已履行部分，而只对未履行的部分进行变更，因此，合同变更不能在合同履行后进行，只能在完全履行合同之前。

《合同法》规定，当事人协商一致，可以变更合同。因此，当事人变更合同的方式类似订立合同的方式，经过提议和接受两个步骤。要求变更合同的一方首先提出建议，明确变更的内容，以及变更合同引起的后果处理。另一当事人对变更表示接受。这样，双方当事人对合同的变更达成协议。一般来说，书面形式的合同，变更协议也应采用书面形式。

应当注意的是，当事人对合同变更只是一方提议，而未达成协议时，不产生合同变更的效力；当事人对合同变更的内容约定不明确的，同样也不产生合同变更的效力。

2. 合同的转让

合同的转让，是指当事人一方将合同的权利和义务转让给第三人，由第三人接受权利和承担义务的法律行为。合同转让可以部分转让，也可全部转让。随着合同的全部转让，原合同当事人之间的权利和义务关系消灭，与此同时，在未转让一方当事人和第三人之间形成新的权利义务关系。

《合同法》规定了合同权利转让、合同义务转让和合同权利义务一并转让的3种情况：

（1）合同权利的转让

合同权利的转让也称债权让于，是合同当事人将合同中的权利全部或部分转让给第三方的行为。转让合同权利的当事人称为让于人，接受转让的第三人称为受让人。

《合同法》规定不得转让的情形有：

1）根据合同性质不得转让。

2）按照当事人约定不得转让。

3）依照法律规定不得转让。

债权人转让权利的，应当通知债务人。未经通知，该转让对债务人不发生效力。除非受让人同意，债权人转让权利的通知不得撤销。

（2）合同义务的转让

合同义务的转让也称债务转让，是债务人将合同的义务全部或部分地转移给第三人的行为。《合同法》规定了债务人转让合同义务的条件，债务人将合同的义务全部或部分转让给第三人，应当经债权人同意。

（3）合同权利和义务一并转让

指当事人将债权债务一并转让给第三人，由第三人接受这些债权债务的行为。

《合同法》规定：总承包人或勘察、设计、施工承包人经发包人同意，可以将自己承包的部分工作交由第三人完成。第三人就其完成的工作成果与总承包人或勘察、设计、施工承包人向发包人承担连带责任。承包人不得将其承包的全部建设工程转包给第三人或将其承包的全部建设工程肢解以后以分包的名义分别转包给第三人。禁止承包人将工程分包给不具备相应资质条件的单位。禁止分包单位将其承包的工程再分包。建设工程主体结构的施工必须由承包人自行完成。

3. 合同的终止

合同的终止是指合同当事人之间的合同关系由于某种原因不复存在，合同确立的权利义务消灭。

《合同法》规定在下列情形下合同终止：

（1）合同已按照约定履行

合同生效后，当事人双方按照约定履行自己的义务，实现了自己的全部权利，订立合向的目的已经实现，合同确立的权利义务关系消灭，合同因此而终止。

（2）合同解除

合同生效后，当事人一方不得擅自解除合同。但在履行过程中，有时会产生某些特定情况，应当允许解除合同。

《合同法》规定合同解除有两种情况：

1）协议解除。当事人双方通过协议可以解除原合同规定的权利和义务关系。

2）法定解除。合同成立后，没有履行或者没有完全履行以前，当事人一方可以行使法定解除权使合同终止。为了防止解除权的滥用，《合同法》规定了十分严格的条件和程序。有下列情形之一的，当事人可以解除合同：

①因不可抗力致使不能实现合同目的；

②在履行期限届满之前，当事人一方明确表示或者以自己的行为表示不履行主要债务；

③当事人一方迟延履行主要债务，经催告后在合理期限内仍未履行；

④当事人一方迟延履行债务或者有其他违约行为致使不能实现合同目的；

⑤法律规定的其他情形。

关于合同解除的法律后果，《合同法》规定："合同解除后，尚未履行的，终止履行；已经履行的，根据履行情况和合同性质，当事人可以要求恢复原状、采取其他补救措施，并有权要求赔偿损失。"

合同终止后，虽然合同当事人的合同权利义务关系不复存在了，但合同责任并不一定消灭，因此，合同中结算和清理条款不因合同的终止而终止，仍然有效。

五、违约责任承担与争议处理

1. 违约责任承担方式

违约责任是指合同当事人违反合同约定，不履行义务或者履行义务不符合约定所承担的责任。违约责任制度是保证当事人履行合同义务的重要措施，有利于促进合同的全部履行。

《合同法》规定，当事人一方不履行合同义务或者履行合同义务不符合约定的，应当承担继续履行、采取补救措施或者赔偿损失等违约责任。在这里不管主观上是否有过错，除不可抗力免责外，都要承担违约责任。

违约责任有如下几种承担形式。

（1）违约金

违约金是指按照当事人的约定或者法律直接规定，一方当事人违约的，应向另一方支付的金钱。违约金的标的物是金钱，也可约定为其他财产。

当事人可以约定一方违约时应当根据违约情况向对方支付一定数额的违约金，也可以约定因违约产生的损失赔偿额的计算方法。在合同实施中，只要一方有不履行合同的行为，就得按合同规定向另一方支付违约金，而不管违约行为是否造成对方损失。以这种手段对违约方进行经济制裁，对企图违约者起警戒作用。违约金的数额应在合同中用专用条款详细约定。

违约金同时具有补偿性和惩罚性。《合同法》规定："约定的违约金低于违反合同所造成的损失的，当事人可以请求人民法院或者仲裁机构予以增加；若约定的违约金过分高于所造成的损失，当事人可以请求人民法院或者仲裁机构予以减少。"这保护了受损害方的利益，体现了违约金的惩罚性，有利于对违约者的制约，同时体现了公平原则。

当事人可以约定一方向对方给付定金作为债权的担保。即为了保证合同的履行，在当事人一方应付给另一方的金额内，预先支付部分款额，作为定金。若支付定金一方违约，则定金不予退还。同样，如果接受定金的一方违约，则应加倍偿还定金。

（2）赔偿损失

赔偿损失是指合同当事人就其违约而给对方造成的损失给予补偿的一种方法。《合同法》规定："当事人一方不履行合同义务或者履行合同义务不符合约定的，在履行义务或者采取措施后，对方还有其他损失的应当赔偿损失。"

1）赔偿损失的构成。赔偿损失包括违约的赔偿损失、侵权的赔偿损失及其他的赔偿损失。

承担赔偿损失责任由以下要件构成：

①有违约行为，当事人不履行合同或者不适当履行合同；

②有损失后果，违约责任行为给另一方当事人造成了财产等损失；

③违约行为与财产等损失之间有因果关系；

④违约人有过错，或者虽无过错，但法律规定应当赔偿的。

2）赔偿损失的范围。赔偿损失的范围可由法律直接规定，或由双方约定。在法律没有特别规定和当事人没有另行约定的情况下，应按完全赔偿原则，赔偿全部损失，包括直接损失和间接损失。赔偿损失不得超过违反合同一方订立合同时预见到或者应当预见到的因违反合同可能造成的损失。

3）赔偿损失的方式。一是恢复原状；二是金钱赔偿；三是代物赔偿。恢复原状指恢复到损害发生前的原状。代物赔偿指以其他财产替代赔偿。

4）赔偿损失的计算。关键在确定物的价格的计算标准，涉及标的物种类以及计算的时间、地点。

合同标的物价格可以分为市场价格和特别价格。一般标的物按市场价格确定其价格。特别标的物按特别价格确定，确定特别价格往往考虑精神因素，带有感情色彩，如纪念物。

计算标的物的价格，还要确定计算的时间及地点，不同的时间、地点价格往往不同。如果法律规定了或者当事人约定了赔偿损失的计算方法，则按该方法计算。

（3）继续履行

继续履行合同要求违约人按照合同的约定，切实履行所承担的合同义务。具体来讲包括两种情况：一是债权人要求债务人按合同的约定履行合同；二是债权人向法院提出起诉，由法院判决强迫违约一方具体履行其合同义务。当事人违反金钱债务的，一般不能免除其继续履行的义务。《合同法》规定，当事人一方未支付价款或者报酬的，对方可以要求其支付价款或者报酬。当事人违反非金钱债务的，除法律规定不适用继续履行的情形外，也不能免除其继续履行的义务。当事人一方不履行非金钱债务或者履行非金钱债务不符合规定的，对方可以要求履行。但有下列规定之一的情形除外：

①法律上或者事实上不能联系；

②债务的标的不适合强制履行或者履行费用过高；

③债权人在合理期限内未要求履行。

（4）采取补救措施

采取补救措施是在当事人违反合同后，为防止损失发生或者扩大，由其依照法律或者合同约定而采取的修理、更换、退货、减少价款或者报酬等措施。采用这一违约责任的方式，主要是在发生质量不符合约定的时候。《合同法》规定，质量不符合约定的，应当按照当事人的约定承担违约责任。对违约责任没有约定或者约定不明确，依照《合同法》的规定。仍不能确定的，受损害方根据标的性质以及损失的大小，可以合理选择要求对方承担修理、更换、退货、减少价款或报酬等违约责任。

（5）违约责任的免除

合同生效后，当事人不履行合同或者履行合同不符合合同约定的，都应承担违约责任。但如果是由于发生了某种非常情况或者意外事件，使合同不能按约定履行时，就应当作为例外来处理。《合同法》规定，只有发生不可抗力才能部分或者全部免除当事人的违约责任。不可抗力是指不能预见、不能避免并不能克服的客观情况。

2. 合同争议处理

目前我国市场机制逐步完善，合同观念深入人心，越来越多的市场主体在经营活动中要靠合同来进行。与之相应，合同当事人之间因对合同权利行使、义务履行以及利益分配存在不同的观点、意见和请求，发生的合同争议也越来越多。所以，合同当事人针对自身的实际情况，依据相关的法律规定制订有效的合同争议条款已成为合同制订过程中的重要环节。在订立合同争议条款时应注意以下几点：

（1）选择最佳的争议解决方式

根据我国《合同法》第一百二十八条的规定，合同争议的解决方式有和解、调解、仲裁和诉讼 4 种。其中，和调解并非解决合同争议必经的程序，即使合同当事人在合同争议条款中作了相应的规定，当事人也可不经协商和解或调解而直接申请仲裁或提起诉讼。故选择仲裁还是诉讼解决合同争议是订立合同争议条款要解决的一个重要问题。

仲裁指双方当事人根据有效的仲裁协议，将纠纷提交给仲裁机构进行处理的一种争议解决方式。仲裁协议一旦依法成立，当事人不得再就争议事项向法院提起诉讼。同诉讼相比，仲裁具有快速、便捷、高度保密、裁决便于执行、能够充分体现双方当事人的意思自治，有利于维持和发展争议双方之间的商事关系等特点。

诉讼是解决合同争议中使用得最多的纠纷解决方式。它是一种强制管辖，假若合同中没有有效的仲裁条款，也没有另外达成有效的仲裁协议，即使合同中没有约定诉讼，当事人仍有权就该合同争议向人民法院起诉。我国诉讼制度比较仲裁制度而言具有程序严格、公正、对当事人的诉权保障全面、法官审判经验丰富等特点。

（2）选择以仲裁方式解决合同争议应注意的问题

合同当事人将合同争议提请仲裁，必须基于有效的仲裁协议。根据《仲裁法》第十六条第二款的规定，仲裁协议内容必须具备 3 个要素：一是要有请求仲裁的意思表示；二是要有仲裁事项；三是要有选定的仲裁委员会。其中对第一项和第三项的规定，合同当事人往往会由于不了解仲裁制度和仲裁机构的设置，在合同争议条款中做出以下几种不规范的仲裁协议：

①约定了仲裁地点，但没有约定仲裁机构，或虽然有约定，但约定的仲裁机构名称的方式、术语不规范。如争议在“合同签订地（履行地）仲裁解决”“争议所在地仲裁解决”、争议由“本市仲裁机关仲裁”“本市有关部门仲裁”“当地仲裁委员会仲裁”、争议由“××市经济合同仲裁委员会仲裁”等。

②同时约定两个仲裁机构仲裁。如争议可提交“a 市有关仲裁机构仲裁”或“b 市有关仲裁机构仲裁”。

③既约定仲裁，又选择诉讼。如发生争议向“合同履行地（签订地）仲裁机关申请仲裁，也可以直接向人民法院起诉”、争议由“合同履行地仲裁机关仲裁，对仲裁不服，向人民法院起诉”等。

在现实案例中，上述各类不规范的仲裁协议，虽不是一律被认定为无效，但多数会因为无法明确当事人的仲裁意思表示或无法确定仲裁机构而导致无效。

此外，合同当事人如何对仲裁事项进行规定也是应注意的问题。我国《仲裁法》规定：平等主体的公民、法人和其他组织之间发生的合同纠纷和其他财产权益纠纷，可以仲裁。这项规定不难理解，但在实际操作中合同当事人如何针对自身的情况确定将提请仲裁的事项是一个值得注意的问题。如合同当事人属长期合作关系，双方在前合同尚未履行完毕时又签订了含有仲裁条款的合同，且两合同的履行具有一定的交叉性，这样会导致合同当事人之间的纠纷一部分在仲裁管辖范围内，一部分在诉讼管辖范围内，所以一旦发生合同争议，就会出现合同当事人既要进行仲裁，又要到法院诉讼的情况。故为防止类似问题的产生，合同当事人在约定仲裁协议时，应将对前期没有约定仲裁方式的前合同一并写入新合同争议条款中。

（3）选择以诉讼方式解决合同争议应注意的问题

根据我国《民事诉讼法》的规定，只有因合同发生的纠纷，可以由双方当事人通过订立合同争议条款自由约定由哪个法院来管辖，这在法律上称为“协议管辖”。合同当事人可以通过约定一个对自己有利的法院（往往规定在本地法院）来管辖案件，以节省费用，避免地方保护主义因素产生的不利影响。应注意的是，合同当事人的这种自由选择权是有条件限制的，这些限制主要表现在以下几个方面：

1）协议管辖不得违反级别管辖与专属管辖。如按照规定，在天津市一般财产案件诉讼标的超过 200 万元人民币的，应由天津市中级人民法院管辖。对于标的低于 200 万元的合同，约定“有关本合同的一切纠纷，应由天津市某中级人民法管辖”是无效的。又如，海事案件，只能由海事法院管辖，合同当事人约定由普通法院管辖是无效的。

2）被选择的法院必须与合同有关联，即只能在被告住所地、合同履行地、合同签订地、原告住所地、标的物所在地的法院中进行选择，而当事人在制订合同争议条款时应做到表述明确，选择的管辖法院是确定、单一的，不能含糊不清，更不能协议选择两个以上管辖法院。如类似“因本合约发生的任何诉讼，双方均可向原告所在地人民法院提起诉讼”的约定，虽在一般情况下不会被认定为无效，但若发生合同双方当事人同时提起诉讼的情况，则很容易引起管辖争议，造成诉讼程序的延长，诉讼成本的增加，给当事人带来很多不必要的麻烦。

3）合同当事人只能就第一审案件决定管辖法院，而不能以协议决定第二审法院。

4）双方必须以书面方式约定管辖法院，口头约定无效。

可以看出，虽然法律赋予了合同当事人自由选择解决合同争议方式的权利，但如何运用好这项权利，订立适当的合同争议条款，应该引起高度的重视。

第七章　工程材料、构配件及设备验收、储存、供应

第一节　工程材料、构配件及设备验收、储存

一、建筑工程主要材料、构配件及设备的验收、储存

1. 水泥的物理性检测

本节主要依据《通用硅酸盐水泥》（GB 175—2007）和《混凝土结构工程施工质量验收规范》（GB 50204—2015）。

（1）水泥的检验配、取样数量及方法

水泥按同一厂家、同一等级、同一品种、同一编号且连续进场的水泥，袋装不超过 200 t 为一批，散装不超过 500 t 为一批，每一批抽样不少于一次。水泥抽样应连续取，也可以从 20 个以上不同部位取等量样品，总量至少 12 kg。

（2）水泥物理性能检验的技术指标

通用硅酸盐水泥强度检验标准应符合表 7-1 中要求。

表 7-1　通用硅酸盐水泥强度检验标准　　单位：MPa

<table>
<tr><th rowspan="2">品种</th><th rowspan="2">强度等级</th><th colspan="2">抗压强度</th><th colspan="2">抗折强度</th></tr>
<tr><th>3d</th><th>28d</th><th>3d</th><th>28d</th></tr>
<tr><td rowspan="6">硅酸盐水泥</td><td>42.5</td><td>≥17.0</td><td rowspan="2">≥42.5</td><td>≥3.5</td><td rowspan="2">≥6.5</td></tr>
<tr><td>42.5R</td><td>≥22.0</td><td>≥4.0</td></tr>
<tr><td>52.5</td><td>≥23.0</td><td rowspan="2">≥52.5</td><td>≥4.0</td><td rowspan="2">≥7.0</td></tr>
<tr><td>52.5R</td><td>≥27.0</td><td>≥5.0</td></tr>
<tr><td>62.5</td><td>≥28.0</td><td rowspan="2">≥62.5</td><td>≥5.0</td><td rowspan="2">≥8.0</td></tr>
<tr><td>62.5R</td><td>≥32.0</td><td>≥5.5</td></tr>
<tr><td rowspan="4">普通硅酸盐水泥</td><td>42.5</td><td>≥17.0</td><td rowspan="2">≥42.5</td><td>≥3.5</td><td rowspan="2">≥6.5</td></tr>
<tr><td>42.5R</td><td>≥22.0</td><td>≥4.0</td></tr>
<tr><td>52.5</td><td>≥23.0</td><td rowspan="2">≥42.5</td><td>≥4.0</td><td rowspan="2">≥7.0</td></tr>
<tr><td>52.5R</td><td>≥27.0</td><td>≥5.0</td></tr>
</table>

续表

品种	强度等级	抗压强度		抗折强度	
		3d	28d	3d	28d
矿渣硅酸盐水泥 火山灰硅酸盐水泥 粉煤灰硅酸盐水泥	32.5	≥10.0	≥32.5	≥2.5	≥5.5
	32.5R	≥15.0		≥3.5	
	42.5	≥15.0	≥42.5	≥3.5	≥6.5
	42.5R	≥19.0		≥4.0	
	52.5	≥21.0	≥52.5	≥4.0	≥7.0
	52.5R	≥23.0		≥4.5	
细度	比表面积			不少于 300 m^2/kg	
	80 μm			不大于 10%	
	初凝			不小于 45 min	
凝结时间	终凝			不大于 390 min	
安定性	沸煮法、试饼法			用沸煮法检验必须合格	

（3）水泥不合格品的判定

水泥检验结果有下列任何一项技术要求不符合的，为不合格产品：

①水泥化学成分检验的不溶物、烧失量、三氧化硫、氧化镁、氯离子等任何一项不符合要求的；

②水泥凝结时间检验不符合要求的；

③水泥体积安定性检验不符合要求的。

（4）水泥存储管理办法

①根据工程需要搭建防潮、防漏、防风的专用水泥库房（宜搭建在地势较高处）；

②水泥入库要仔细核对产品名称、代号、净含量、强度等级、生产许可证、生产厂家和地址、出厂编号、执行标准号，包装年、月、日等包装信息。经相关人员验收后方可入库；

③存放水泥时，地面垫板要离地 20～30 cm，四周离墙 30 cm。袋装水泥堆垛 10 袋为宜，最高不超过 15 袋，各垛之间应留置宽度不小于 70 cm 的通道。如遇特殊情况需露天存放时，应在地势高、无积水、地面垫板高于 30 cm 的地方堆放，并用雨布覆盖严密，防止雨露侵入使水泥受潮；

④水泥库不得混入杂物，不同品种和标号的水泥应分开堆放，标识清楚；

⑤水泥的储存应按照水泥到场的先后依次堆码，做到先入先出、依序出库；

⑥水泥储存时间不宜过长，以免受潮而降低水泥强度，储存期一般水泥为 3 个月，高级水泥为一个半月，快硬水泥为一个月，硅酸盐膨胀水泥为两个月，过期的必须重新进行复试试验，合格后方可使用；

⑦严格按规定办理水泥出库，并根据品种标号、数量照实发放；

⑧库内要严禁烟火，不准用明火照明、取暖、电灯要人走灯灭，应配置齐备完好有限的

防火用具，放在明显易取得位置，库管人员要学会操作消防器材。

2. 混凝土验收标准

（1）保证项目

①水泥、砂、石、外加剂必须符合施工规范及有关标准的规定，有出厂合格证、试验报告；

②混凝土配合比、搅拌、养护符合规范的规定；

③按标准对混凝土进行取样（普通混凝土 3 组每组 3 块，抗渗混凝土 3 组每组 6 块）、制作、养护和试验，评定混凝土强度并符合设计要求。

（2）基本项目：混凝土应振捣密实，不得有蜂窝、孔洞、露筋、缝隙、夹渣。

（3）成品保护

①浇筑混凝土时，不得污染其他已完成的工程；

②振捣混凝土时，不得碰动钢筋、埋件，防止移位；

③钢筋有踩弯、移位或脱落时，及时调整、补好；

④散落在楼板上的混凝土应及时清理干净。

（4）一般规定

①检查混凝土配料单，核对混凝土配合比，确认混凝土强度等级，检查混凝土运输时间，测定混凝土坍落度，必要时还应测定混凝土扩展度；

②混凝土运输、输送、浇筑过程中严禁加水，混凝土运输、输送、浇筑过程中散落的混凝土严禁用于结构浇筑；

③混凝土应布料均衡。应对模板及支架进行观察和维护，发生异常情况应及时进行处理；

④输送混凝土的管道、容器、溜槽不应吸水、漏浆，并应保证输送通畅。输送混凝土时应根据工程所处环境条件采取保温、隔热、防雨等措施。

（5）混凝土缺陷规定

①对于露筋、蜂窝、孔洞、夹渣、疏松、外表缺陷，应凿除胶结不牢固部分的混凝土，应清洁表面，洒水湿润后应用 1∶2～1∶2.5 水泥砂浆抹平；

②应封闭裂缝；

③连接部位缺陷、外形缺陷可与面层装饰施工一并处理。

（6）混凝土结构外观严重缺陷修正应符合下列规定

对于露筋、蜂窝、孔洞、夹渣、疏松、外表缺陷，应凿除胶结不牢固部分的混凝土至密实部位，清理表面，支设模板，洒水湿润，涂抹混凝土界面剂，应采用比原混凝土强度等级高一级的细石混凝土密实，养护时间不应少于 7 天。

（7）开裂缺陷修整应符合下列规定

①对于民用建筑的地下室、卫生间、屋面等接触水介质的构件，均应注浆封闭处理，注浆材料可采用环氧、聚氨酯、氰凝、丙凝等。对于民用建筑不可接触水介质的构件，可采用注浆封闭，聚合物砂浆粉刷或其他表面封闭材料进行封闭；

②对于无腐蚀介质工业建筑的地下室、屋面、卫生间等接触水介质的构件以及有腐蚀介

质的所有构件，均应注浆封闭处理，注浆材料可用环氧、聚氨酯、氰凝、丙凝等。对于无腐蚀介质工业建筑不接触水介质的构件，可采用注浆封闭、聚合物矿砂粉刷或其他表面封闭材料进行封闭；

③清水混凝土的外形和外表严重缺陷，宜在水泥砂浆或细石混凝土修补后用磨光机械磨平。

（8）混凝土试块的检验批、取样数量及方法

①桩基检验批

混凝土灌注桩每浇筑 50 m³ 混凝土必须有一组试件，小于 50 m³ 的桩，每根桩必须有一组试件。桩基础为一个检验批；

②基础、主体混凝土检验批；

③同一强度等级的混凝土，基础工程应为一个检验批，主体工程可为一个或几个检验批。结构工程的混凝土试块应在混凝土浇筑地点随机抽取。

取样与试件留置应符合下列规定：

a. 每拌制 100 盘且不超过 100 m³ 的同配合比的混凝土，取样不得少于一次；

b. 每工作班拌制的同一配合比的混凝土不足盘，取样不得少于一次；

c. 当一次连续浇筑超过 1 000 m³ 时，同一配合比的混凝土每 200 m³ 取样不得少于一次；

d. 每一楼层、同一配合比的混凝土，取样不得少于一次；

e. 每次取样应至少留置一组标准养护试件，（其中 28 天、7 天养护试块各一组）；

f. 检测方法：检查施工记录及试件强度试验报告。

（9）混凝土试块检测技术指标

检验混凝土强度是指按标准成型方法、标准养护条件，并经 28 天龄期，按标准试验方法检测的混凝土强度。详见表 7-2。

表 7-2　混凝土试块检测技术指标

骨料最大粒径/mm	试件尺寸/mm	强度的尺寸换算系数
≤31.5	100×100×100	0.95
≤40.4	150×150×150	1.00
≤63.6	200×200×200	1.05

（10）混凝土验收内容

①混凝土运输、浇筑及间歇的全部时间不应超过混凝土的初凝时间。同一施工段的混凝土应连续浇筑，并应在底层混凝土初凝之前将上一层混凝土浇筑完毕；

②当底层混凝土初凝后浇筑上一层混凝土时，应按施工技术方案中对施工技术方案中施工缝的要求进行处理。

a. 检查数量：全数检查；

b. 检查方法：观察、检查施工记录。

③混凝土浇筑完毕后，应按施工技术方案及时采取有效的养护措施，并符合下列规定：

a. 应在浇筑完毕后 12 h 以内对混凝土加以覆盖并保湿养护；

b. 混凝土浇水养护的时间：对采用硅酸盐水泥、普通硅酸盐水泥或矿渣硅酸盐水泥拌制的混凝土，不少于 7 天；对掺用缓凝型外加剂或抗渗要求的混凝土，不少于 14 天；

c. 浇水次数应能保持混凝土处于湿润状态；混凝土养护用水应与拌制用水相同；

d. 采用塑料薄膜覆盖养护的混凝土，其敞露的全部表面应覆盖严密，并保持塑料薄膜内有凝结水；

e. 混凝土强度达到 1.2 N/mm^2 前，不得在其上踩踏或安装模板及支架。

注：当日平均气温低于 5℃时，不得浇水；当采用其他品种水泥时，混凝土的养护时间应根据所采用水泥的技术性能确定；混凝土表面不便浇水或使用塑料薄膜时，应涂刷养护剂；对大体积混凝土的养护，应根据气候条件按施工技术方案采取控温措施。

④混凝土外观质量缺陷详见表 7-3；

表 7-3　混凝土外观质量缺陷

名称	现象	严重缺陷	一般缺陷
露筋	构件内钢筋未被混凝土包裹而外露	纵向受力钢筋有露筋	其他钢筋有少量露筋
蜂窝	混凝土表面缺少水泥砂浆而石子外露	构件主要受力部位有蜂窝	其他部位有少量蜂窝
孔洞	混凝土中空隙深度和长度均超过保护层厚	构件主要受力部位有孔洞	其他部位有少量孔洞
夹渣	混凝土中夹有杂物且深度超过保护厚度	构件主要受力部位有夹渣	其他部位有少量夹渣
疏松	混凝土中局部不密实	构件主要受力部位有疏松	其他部位有少量疏松
裂缝	缝隙从混凝土表面延伸混凝土内部	构件主要受力部位有影响结构性能或使用功能的裂缝	其他部位有少量不影响结构性能或使用功能的裂缝
连接部位缺陷	构件连接处混凝土缺陷及连接钢筋连接松动	连接部位有影响结构传力性能的缺陷	连接部位有少量不影响结构传力性能的缺陷
外形缺陷	缺棱掉角，棱角不直，翘曲不平，临边凸肋等	清水混凝土构件有影响使用功能或装饰效果的外形缺陷	其他混凝土构件有不影响使用功能的外形缺陷
外表缺陷	构件表面麻面，掉皮、起砂、沾污等	具有重要装饰效果的清水混凝土构件有外表缺陷	其他混凝土构件有不影响使用功能的外表缺陷

注：现浇结构拆模后，应由监理（建设）单位、施工单位对外观质量和尺寸偏差进行检查，做出记录，并应及时按施工技术方案对缺陷进行处理，并重新检查验收。

⑤混凝土结构外观质量主控项目：

a. 现浇结构的外观质量不应有严重缺陷；

b. 对已出现的严重缺陷，应由施工单位提出技术处理方案，并经监理（建设）单位认可后进行处理。对处理部位，应重新检查验收；

c. 检查数量：全数检查；

d. 检查方法：观察、检查技术处理方案。

注：外观质量的严重缺陷通常会影响到结构性能、使用功能或耐久性。对已经出现的严重缺陷，应由施工单位根据缺陷的具体情况提出技术处理方案，经监理（建设）单位认可后进行处理，并重新检查验收。本条为强制性条文，应严格执行。

⑥混凝土结构实体检验用同条件养护试件强度检验，同条件养护试件的留置方式和取样数量，应符合下列要求：

a. 同条件养护试件所对应的结构构件或结构部位，应由监理（建设）、施工等各方共同选定；

b. 对混凝土结构工程中的各混凝土强度等级，均应留置同条件养护试件；

c. 同一强度的同条件养护试件，其留置的数量应根据混凝土工程量和重要性确定，不宜少于 10 组且不应少于 3 组。每连续两层楼取样不少于一组，每 2 000 m^2 取样不少于一组；

d. 同条件养护试件拆模后，应放置在靠近相应结构构件或结构部位的适当位置，并应采取相同的养护方法。

注：同条件养护试件应由各方在混凝土浇筑入模处见证取样。同条件养护试件应在达到等效养护龄期时进行强度试验。

3. 钢筋原材料检测

1）验收规范：《混凝土结构工程施工质量验收规范》（GB 50204—2015）、《建筑工程施工质量验收统一标准》（GB 50300—2013）。

2）检验批划分。混凝土结构工程采用的材料、构配件、器具及半成品应按进场批次进行检验。属于同一工程项目且同期施工的多个单位工程，对同一厂家生产的同批材料、构配件、器具及半成品，可统一划分检验批进行验收。如钢筋原材，可按进场批次（时间）、使用部位进行划分。

3）《混凝土结构工程施工质量验收规范》（GB 50204—2015）中的相关规定：

①钢筋进场时，应按国家现行标准的规定抽取试件做屈服强度、抗拉强度、伸长率、弯曲性能和重量偏差检验，检验结构应符合相关规定：

a. 检查数量：按进场批次和产品的抽样检验方案确定；

b. 检验方法：检查质量证明文件和抽样检验报告。

②成型钢筋进场时，应抽取试件做屈服强度、抗拉强度、伸长率和重量偏差检验，检验结构应符合国家现行相关标准规定。对由热轧钢筋制成的成型钢筋，当有施工单位或监理单位的代表驻厂监督生产过程，并提供原材钢筋力学性能第三方检验报告时，可仅进行重量偏差检验：

a. 检查数量：同一厂家、同一类型、同一钢筋来源的成型钢筋，不超过 30 t 为一批，每批中每种钢筋牌号、规格均应至少抽取 1 个钢筋试件，总数不应少于 3 个；

b. 检验方法：检查质量证明文件和抽样检验报告。

③对按一级、二级、三级抗震等级设计的框架和斜撑构件（含梯段）中的纵向受力普通钢筋应采用 HRB335E、HRB400E、HRB500E、HRBF335E、HRBF400E、HRB500E 钢筋，其强度和最大拉力下总伸长率的实测值应符合下列规定：

a. 抗拉强度实测值与屈服强度实测值的比值不应小于 1.25；

b. 屈服强度实测值与屈服强度标准值的比值不应大于 1.30；

c. 最大拉力下总伸长率不应小于 9%；

d. 检查数量：按进场的批次和产品的抽样检验方案确定；

e. 检验方法：检查抽样检验报告。

4）一般项目。

①钢筋应平直、无损伤，表面不得有裂纹、油污、颗粒状或片状老锈：

a. 检查数量：全数检查；

b. 检查数量：人工观察法。

②成型钢筋外观质量和尺寸偏差应符合国家现行相关标准规定：

a. 检查数量：同一厂家、同一类型的成型钢筋，不超过 30 t 为一批，每批随机抽取 3 个成型钢筋试件；

b. 检查方法：观察、尺量；

c. 钢筋原材料验收尺寸允许偏差详见表 7-4。

表 7-4　钢筋原材料验收尺寸允许偏差

公称直径/mm	横截面积/mm	公称重量/(kg/m)	内径		横肋高度		允许偏差/mm	横肋宽/mm	纵肋宽/mm	间距	
			公称尺寸/mm	允许偏差/mm	公称尺寸/mm	允许偏差/mm				公称尺寸/mm	允许偏差/mm
8	50.27	0.395	7.7	±0.4	0.8	0.4 −0.2	±0.5	0.5	1.5	5.5	±0.5
10	78.54	0.617	9.6		1	0.4 −0.3		0.6	1.5	7	
12	113.1	0.888	11.5		1.2	±0.4	±0.8	0.7	1.5	8	
14	153.9	1.21	13.4		1.4			0.8	1.8	9	
16	201.1	1.58	15.4		1.5			0.9	1.8	10	
18	254.5	2.00	17.3		1.6	0.5 −0.4		1	2	10	
20	314.2	2.47	19.3	±0.5	1.7	±0.5		1.2	2	10	
22	380.1	2.98	21.3		1.9	±0.6	±0.9	1.3	2.5	10.5	±0.8
25	490.9	3.85	24.2		2.1			1.5	2.5	12.5	
28	615.8	4.83	27.2	±0.6	2.2			1.7	3	12.5	
32	804.2	6.31	31		2.4	0.8 −0.7	±1.1	1.9	3	14	±1
36			35		2.6	1 −0.8		2.1	3.5	15	
40			38.7	±0.7	2.9	±1.1		2.2	3.5	15	

5）钢筋连接主控项目。

①纵向受力钢筋的连接方式应符合设计要求：

a. 检查数量：全数检查；

b. 检查方法：观察。

②在施工现场，应按国家现行标准《钢筋机械连接技术规程》（JGJ 107—2016）、《钢筋焊接及验收规程》（JGJ 18—2012）的规定抽取钢筋机械连接接头、焊接接头试件作力学性能检验，其质量应符合有关规程的规定。

a. 检查数量：按有关规程确定；

b. 检验方法：检查产品合格证、接头力学性能试验报告。

6）钢筋连接一般项目。

①钢筋的接头已设置在受力较小处。同一纵向受力钢筋不宜设置两个或两个以上接头。接头末端至钢筋弯起点的距离不应小于钢筋直径的 10 倍：

a. 检查数量：全数检查；

b. 检验方法：观察，钢尺检查。

②当受力钢筋采用机械连接接头或焊接接头时，设置在同一构件内的接头宜相互错开。纵向受力钢筋机械连接接头及焊接接头连接区的长度为 35 倍 D（D 为纵向受力钢筋的较大直径）且不小于 500 mm，凡接头中点位于该连接区段长度内的接头均属于同一连接区段。同一连接区段内，纵向受力钢筋机械连接及焊接的接头面积百分率为该区段内有接头的纵向受力钢筋截面面积与全部纵向受力钢筋截面面积的比值；

③同一连接区段内，纵向受力钢筋的接头面积百分率应符合设计要求；当设计无具体要求时，应符合下列规定：

a. 受拉区不宜大于 50%；

b. 接头不宜设置在有抗震设防要求的框架梁端、柱端的箍筋加密区；当无法避开时，对等强度高质量机械连接接头，不应大于 50%；

c. 直接承受动力荷载的结构构件中，不宜采用焊接接头；当采用机械连接接头时，不应大于 50%；

d. 检查数量：在同一检验批内，对梁、柱和独立基础，应抽查构件数量的 10%，且不少于 3 件；对墙和板，应按有代表性的自然间抽查 10%，且不少于 3 间；对大空间结构，墙可按相邻轴线间高度 5 m 左右划分检查面，板可按纵横轴线划分检查面，抽查 10%，且均不少于 3 面。

e. 检查方法：观察，钢尺检查。

④同一构件中相邻纵向受力钢筋的绑扎搭接接头宜相互错开，绑扎搭接接头中钢筋的横向净距不应小于钢筋直径，且不小于 25 mm；

⑤钢筋绑扎搭接接头连接区段的长度为 1.3LL（LL 为搭接长度），凡搭接接头中点位于该连接区段长度内的搭接接头属于同一连接区段。同一连接区段内，纵向钢筋搭接接头面积百分率为该区段内有搭接接头的纵向受力钢筋截面面积与全部纵向受力钢筋截面面积的比值；

⑥同一连接区段内，纵向受拉钢筋搭接接头面积百分率应符合设计要求；当设计无具体要求时，应符合下列规定：

a. 对梁类、板类及墙类构件，不宜大于 25%；

b. 对柱类构件，不宜大于 50%；

c. 当工程中确有必要增大接头面积百分率时，对梁类构件，不应大于 50%；对其他构件，可根据实际情况放宽；

d. 检查数量：在同一检验批内，对梁、柱和独立基础，应抽查构件数量的 10%，且不少于 3 件；对墙和板，应按有代表性的自然间抽查 10%，且不少于 3 间；对大空间结构，墙可按相邻轴线高度 5 m 左右划分检查面，板可按纵、横轴线划分检查面。抽查 10%，且均不少于 3 面；

e. 检查方法：观察、钢尺检查。

⑦在梁、柱类构件的纵向受力钢筋搭接长度范围内，应按设计要求设置箍筋。当设计无要求时，应符合下列规定：

a. 箍筋直径不应小于搭接钢筋较大直径的 0.25 倍；

b. 受拉搭接区段的箍筋间距不应大于搭接钢筋较小直径的 5 倍，且不应大于 100 mm；

c. 受压搭接区段的箍筋间距不应大于搭接钢筋较小直径的 10 倍，且不应大于 200 mm；

d. 当柱中纵向受力钢筋直径大于 25 mm 时，应在搭接接头两个端面外 100 mm 范围内各设置两个箍筋，其间距宜 50 mm；

e. 检查数量：在同一检验批内，对梁、柱和独立基础，应抽查构件数量的 10%，且不少于 3 件；对墙和板，应按有代表性的自然间抽查 10%且不少于 3 间；对大空间结构，墙可按相邻轴线间高度 5m 左右划分检查面，板可按纵、横轴线划分检查，抽查 10%，且均不少于 3 面；

f. 检查方法：钢尺检查。

4. 构配件检查与验收

1）脚手架钢管的检查：

①钢管表面应平直光滑，不应有裂缝、结疤、分层、错位、硬弯、毛刺、压痕和深的划道；

②钢管上严禁打孔；

③钢管上必须涂有防锈漆；

④旧扣件使用前应进行质量检查，有裂缝、变形的严禁使用，出现滑丝的螺丝必须更换；脚手架检查与验收情况；

⑤基础完工后及脚手架搭设前进行；

⑥作业层上施加荷载前进行；

⑦在搭设过程中，每 10～13 m 高度检查一次；

⑧达到设计高度后；

⑨遇到 6 级大风与大雨后；

⑩停止使用超过一个月。

2）脚手架在使用过程中，应定期检查下列项目：

①杆件的设置和连接，连墙件、支撑等构造是否符合要求；

②地基是否积水，底层是否松动，立杆是否悬空；

③扣件螺栓是否松动；

④安全防范措施是否符合要求；

⑤是否超载；

⑥安装后的扣件螺栓拧紧扭力矩应采用扭力扳手检查，抽样方法应随机分布原则进行。不合格的必须重新拧紧，直至合格为止。具体验收要求见表 7-5。

表 7-5　脚手架主要构配件质量验收检查表

搭设部位			搭设高度		
序号	检查项目	质量要求	抽检数量	检查方法与工具	抽检结果
1	钢管外径及壁厚	应有产品质量合格证，出厂质量检验报告	750 根为一批，每批抽取一根	检查资料	
2		钢管表面应平整光滑，不应有裂缝、硬弯、严重锈蚀等缺陷、严禁打孔、钢管使用前必须涂刷防锈漆或镀锌处理	全数	目测	
3		旧钢管表面锈蚀深度应符合《建筑施工扣件式钢管脚手架安全技术规范》（JGJ 130—2011）表 8.1.8 序号 3 的规定	在锈蚀严重的钢管中抽取 3 根，锈蚀严重部位横向截断	游标卡尺	
4		旧钢管弯曲变形应符合《建筑施工扣件式钢管脚手架安全技术规范》（JGJ 130—2011）表 8.1.8 序号 4 号的规定	3%	钢板尺	
5		钢管和扣件等构配件应有模板脚手架一体化企业的标志	全数	目测	
6		扣件式钢管：外径 48.3 mm，允许偏差 ±0.5 mm；壁厚 3.6 mm，允许偏差 ±0.36 mm	3%	游标卡尺	
7		碗扣式钢管：外径 48.3 mm，允许偏差 ±0.5 mm；壁厚 3.5 mm，不应为负偏差			
8		承插型盘扣式钢管：外径 33 mm、38 mm、42 mm、48 mm，允许偏差 +0.2，−0.1 mm；外径 60 mm，允许偏差 +0.3，−0.1 mm。壁厚应符合《建筑施工承插型盘扣式钢管支架安全技术规程》（JGJ 231—2010）附录 A 表 A-1 的规定，壁厚允许偏差 ±0.1 mm	3%	游标卡尺	
9	扣件	应由生产许可证、出厂质量检测报告、产品合格证以及进场抽样复试检测报告	按《钢管脚手架扣件》（GB 15831—2006）的规定	检查资料	
10		扣件拧紧力矩值不应小于 40 N·m，且不应大于 65 N·m	按《建筑施工扣件式钢管脚手架安全技术规范》（JGJ 130—2011）第 8.2.5 条	扭力扳手	

续表

搭设部位			搭设高度		
序号	检查项目	质量要求	抽检数量	检查方法与工具	抽检结果
11	扣件	严禁使用有裂缝、变形、螺栓出现滑丝的扣件，扣件表面应进行防锈处理	当进场扣件数量少于 1 万件时，直角扣件、旋转扣件和对接扣件各抽取 10 件进行检查，当扣件数量超过 1 万件时，3 种类型扣件各抽取 20 件进行检查	目测	
12		模板支撑架采用铸造扣件的直角扣件重量不得小于 1.1 kg，旋转扣件重量不得小于 1.15 kg，对接扣件重量不得小于 1.25 kg		电子秤	
13	上下碗扣	上碗扣能上下窜动、转动灵活，无卡滞现象	全数	目测	
14		碗扣的铸造件表面平整光滑，无砂眼、缩孔、裂纹、浇冒口残余等缺陷，表面黏砂清除干净	全数	目测	
15		各焊缝饱满，无未焊透、夹砂、咬肉、裂纹等缺陷	全数	目测	

3）塔吊安全检查验收的重点内容：

①力矩限制器：塔吊应安装灵敏可靠的起重力矩限制器。当达到额定起重力矩时，限制器应发出报警信号；当起重力矩超过额定值的 8%时，限制器应切断上升和增幅电源，但塔吊可做下降和减幅运动。

②限位器：塔吊根据不同型号应装设行程限位（包括小车和驾驶室）、起重臂变幅限位和起升超高限位，各限位装置灵敏可靠。

③保险装置：

a. 塔吊吊钩应设置防止掉物滑脱的保险装置；

b. 卷扬机卷筒应设置防止钢丝绳滑出的防护保险装置。

④当爬梯高度超过 5 m 时，从 2.5 m 处开始应设置直径为 0.65～0.8 m、间距为 0.5～0.7 m 的护圈。当爬梯设于结构内部且与结构的距离小于 1.2 m 时，可不设护圈。

4）附墙装置与夹轨器：

①塔吊高度超过说明书规定的自由高度时必须安装附墙装置，附墙装置应符合说明书要求。非原厂生产制造的附墙装置不得在施工现场使用；

②行走式塔吊必须安装防风夹轨器，以保证塔吊在非工作力作用下保持静止。

5）安装与拆卸：

①塔吊安装拆卸必须有专项施工方案，能够指导现场施工，塔吊基础要有设计计算书和施工详图。施工方案必须经拆装单位企业技术负责人和总监理工程师审批签字；

②拆装作业队伍必须具有相应的资质证书，作业人员必须持有建筑起重机械安装拆卸工

操作证书。

6）塔吊指挥：

①塔吊指挥、司机必须持证上岗；

②塔吊指挥应使用旗语或对讲机。

7）路基与轨道：

①路基应坚实、平整，两侧或中间应设排水沟，路基无积水。固定式塔吊的基础必须符合设计要求；

②轨道式塔吊的枕木铺设要符合要求，枕木之间应填满碎石，不得松动，道钉坚固，道轨接头螺栓齐全，接头下垫枕木；

③道轨轨距误差不大于 1/1 000，且不得超过±6 mm，平整度误差不超过 1/1 000，接头空隙不大于 4 mm，高差不大于 2 mm；

④道轨应设置极限位置阻挡器。

8）电气安全：

①行走式塔吊必须设置有效的卷线器；

②塔吊上任何部位与架空输电线应保持安全距离：1 kV 以下垂直 1.5 m，水平 1 m；1～15 kV 垂直 3 m，水平 1.5 m，小于安全距离的必须采取有效的防护措施；

③塔吊除做好保护接零外，还必须做重复接地（兼避雷接地），电阻不大于 10 Ω。

9）多塔作业：处于低位的塔吊臂架端部与另一台塔吊的塔身之间至少有 2 m 的安全距离，处于高位的塔吊（吊钩升至最高点）与低位塔吊的垂直距离在任何情况下不得小于 2 m。

10）安装验收：塔吊使用前必须按规定组织验收，验收内容中数据必须量化，验收责任人员在验收记录上签字。多数塔吊因安全限位装置（“四限位”“两保险”）不齐全或不可靠可能造成事故。其中“四限位”主要指力矩、超高、变幅、行走限位装置，“两保险”主要指吊钩保险和卷筒保险装置，这是一般塔吊应该具有的安全装置，否则为验收不合格。具体如下：

①塔吊无登记备案手续的，不得进行安装；

②安装后无检测检验合格手续的，不得使用；

③基础隐蔽工程验收资料齐全；

④定期对塔身垂直度进行观测，超过范围应采取措施。

二、安装工程主要材料、构配件及设备的验收、储存

1. 建筑工程电气材料验收控制标准

1）线管：分为 PVC 管、JDG 钢管、普通焊接钢管。

①PVC 管：

a. 壁厚符合标准是验收的重要环节。测量工具是游标卡尺。相关规格型号的管材壁厚有：$\Phi16 \geq 1.5$ mm；$\Phi20 \geq 1.8$ mm；$\Phi25 \geq 2.0$ mm；$\Phi32 \geq 2.2$ mm；

b. 颜色。PVC 管的是一种使用一个氯原子取代聚乙烯中的一个氢原子的高分子材料。聚

氯乙烯的最大特点是阻燃。颜色呈鲜亮白色；

c. 弯曲变形度。将 PVC 管弯曲 180°后自然恢复，看管材恢复程度，弯曲处是否有裂缝。

②JDG 钢管：

a. JDG 镀锌钢管管壁厚要求 1.6 mm，内外壁镀锌层合格，不能出现镀锌不均匀、漏镀锌等现象。这两项合格就可以使用；

b. JDG 钢导管管壁厚要求 1.6 mm。

③普通焊接钢管：

a. 壁厚符合标准是验收的重要环节。测量工具是游标卡尺。相关规格型号的管材壁厚有：Φ16～Φ50≥2.5 mm；Φ70～Φ100≥3.0 mm；

b. 注意钢管外观，最主要是的看钢管的腐蚀程度。标准是腐蚀的程度是不可出现结斑、结块等表面锈蚀、不能影响钢管的壁厚。

2）线盒：钢制接线盒的壁厚要求 1.2 mm，盒底底厚大于 1.0 mm。PVC 线盒同样，且线盒的颜色要鲜亮。PVC 接头和锁母要从颜色、壁厚、强度检验是否符合要求。

3）电缆、桥架等：

①电缆桥架钢板厚度要求：400 mm 以下 1.5 mm（不含 400 mm）；400～800 mm 为 2.0 mm；800 mm 以上为 2.5 mm；

②电缆桥架、线槽外观检查：部件齐全，表面光滑、不变形；镀锌或喷塑钢制桥架涂层完整，无锈蚀；玻璃钢制桥架色泽均匀，无破损碎裂；铝合金桥架涂层完整，无扭曲变形，不压扁，表面不划伤。

4）配电箱（柜）应符合以下规范要求：

①各类箱内电气部件（不含支架类、辅材类）的规格、型号必须符合设计要求，并应有出厂合格证、“CCC”认证标志和认证证书复印件、检测报告。合格证、认证证书复印件同规格、同型号应各备一张。进口的电工产品和设备等应有商检证明（国家认证委员会公布的强制性认证[CCC]产品除外）、中文版的质量证明文件、性能检测报告以及中文版的安装、维修、使用、试验要求等技术文件；

②金属配电箱体及电气元件品牌要求，配电箱（柜）钢板厚度不应小于 1.5 mm，钢板箱（柜）门盘面厚度不应小于 2.0 mm，箱（柜）内电气安装系统图应与箱（柜）内电气安装一致，绘图正确、清晰、整齐、适用；

③器件及导线按相序及用途分色一致，线鼻子根部用热缩管或绝缘塑料带包扎，颜色与分色一致，包扎整齐、美观。箱体及底板应具有符合合同约定要求厚度，并平整、无弯翘变形等现象，并有产品合格证。防腐漆涂层均匀、无漏板现象，采用金属刮试，不易脱落。

5）接线端子箱内地线接线柱必须按照图集《低压电装置》92DQ3 的第 34 页配置。

6）配电箱、配电柜的金属部分，包括电器的安装板（支架）和电器的金属外壳等均应有良好的接地。配电箱、柜盖、门、覆板等处装有电器并可开启时也应以裸铜软线与接地的金属构架可靠连接。

7）电器安装底板后的配线必须排列整齐，用尼龙绑带扎成束或敷设于专用塑料线槽内，并卡固在板后或柜内安装架处。配线应留有适当余度。所有一次回路的线路截面应与设计的进出线径相匹配。

8）烫锡。如为多芯铜线时须采用套管线鼻压接。与电度表连接的导线须用独股铜芯导线。

9）导线穿过铁制安装板面时在板面处加装橡皮垫或塑料护圈。以保护导线绝缘外皮完好。

10）配电箱、配电柜所装各种刀开关及断路器当处于断开状态时可动部分不宜带电。垂直安装时上端接电源下端接负荷。水平安装时左端接电源右端接负荷（面对配电装置）。

11）处于公共场所的配电箱（柜）内须有保护板（二次板、覆板）使带电部分不应裸露。

12）配电箱、配电柜内的电源指示灯应接在总开关前侧。

13）照明箱内电气干线宜用硬母线。出线断路器应与电气干线单独连接，不宜采用导线套接。

14）采用 TN—S 系统供电时，PE 线不得断开。在配电箱、配电柜内应设置 N、PE 母线或端子板（排），PE、N 线经端子板配出。户箱内采用 PE 线专用端子板与 PE 干线直接连接方式（不得铰接），并处理好绝缘放置于层板内侧。

15）采用 TN—C—S 系统时，E、PE 线在建筑物第一进线柜处分开。电源进线的 PEN 线应先接到 PE 线上，再用连接板与母线连接。此后配电箱、柜内 PE、N 线按 TN—S 系统设置。即 N 线均应与金属盘面、支架、箱体等绝缘。零、地端子分开设置，有合适的孔径及安装位置，牢固可靠。

16）配电箱、配电柜内端子板排列位置应与熔断器、断路器位置相对应。

17）配电箱、配电柜内的电源母线应有分相标志，一般按下列规定布置。特殊情况需与当地供电部门协商。

18）所有存在二次线路的箱、柜均需附出厂原理图 4 份（一份采用压模或过塑工艺可靠粘贴在箱门后，一份采用蓝图提交甲方现场人员，另外两份图纸待供货完毕后编集成册提交甲方进行结算），二次线路敷设（电子回路除外）采用横截面积不小于 1.5 mm^2 的软线，线号齐全且与原理图相符。相别色标母线安装位置垂直安装水平安装引下线 L_1 黄上后（内）左 L_2 绿中 L_3 红下前（外）右 N 淡黄下最后最右 PE 绿/黄。

19）柜、屏、箱、盘的金属框架及基础型钢必须接地（PE）或接零（PEN）可靠；装有电器的看开启门、门和框架的接地端子间应用裸编织铜线连接，且有标识。

20）低压成套配电柜、控制柜（屏）和动力、照明配电箱（盘）应有可靠的电击保护。柜（屏、箱、盘）内保护导体应有裸露的连接外部保护导体的端子，当设计无要求时，柜（屏、箱、盘）内保护导体最小截面积 S_p 不应小于以下规定，见表 7-6。

表 7-6　柜（屏、箱、盘）内保护导体最小截面积 S_p 要求

相线截面积 S/mm^2	相应保护导体的最小截面积/mm^2
$S \leqslant 16$	16
$16 < S \leqslant 35$	$S/2$

续表

相线截面积 S/mm^2	相应保护导体的最小截面积/mm^2
35＜S≤400	200
400＜S≤800	S/4

注：S 指柜（屏、箱、盘）电源进线相线截面积，且两者（S、S_p）材质相同。

21）弱电箱验收应符合下列规定：

①等电位箱加工订货技术要求；

②厂家必须按等电位联结系统图的设计功能加工总等电位箱、卫生间等电位箱；

③总等电位箱、卫生间等电位箱加工具体做法依据图集《等电位联结安装》（02D501—2）的 23～33 页所示；

④箱体钢板厚度不小于 1.5 mm，箱门厚度不小于 2.0 mm；

⑤箱门有“等电位联结端子箱，不可触动”标志。

2. 室外防雷测试点接线箱加工订货技术要求

1）接线箱 300×200 以下规格采用 1.2 mm 厚冷轧钢板制作，安装盖板时加防水垫；

2）进扁钢孔统一由厂家加工，要求扁钢与箱体绝缘，箱盖的颜色为白色；

3）箱盖有黑色的接地标志；

4）有线电视放大器、分配器箱；UPS 电源箱、对讲箱加工定货技术要求：

①箱体钢板厚度不小于 1.5 mm，箱门厚度不小于 2.0 mm；单开门带锁；喷塑，颜色。

②放大器箱门有“VH”标志。

③分配器箱门有“VP”标志。

④UPS 电源箱门有“UPS”标志。

⑤合同有其他要求的，以合同规定为依据。

3. 电线电缆进场验收

1）电缆外表需打印长度标识（以米作单位）以及其他规范规定标识，长度标记以“0”开始计数，标识应做到不易褪色；

2）电缆线芯相别采用色带或颜色（不宜过深的颜色）区分；

3）乙方采取合理的包装、运输方式，确保电缆进场验收时外表完好、电缆起始端封头完整。

检验规则：

①检验方式：抽检；

②抽检办法：批数量在 10 捆（每捆 100 m）及以下时抽检一捆，批数量在 10 捆以上时抽检 2 捆，从被抽检中的每捆中至少相隔 1 m 的 3 处各取一段作为试样；

③接收质量限制：批数量在 10 捆以上时允许有一段不合格。

4）检验项目及要求：

①检查产品的规格、型号、数量应与申请验收单填写相符；

②检查外观质量：绝缘层应无气泡、裂痕等缺陷，色泽应与申请验收单相符；

③用精度为 0.02 mm 的卡尺测量绝缘厚度规定值、导线外径、导线内径等，应符合规范要求规定；

④标志耐擦试验：用浸过水的棉布轻轻擦拭印刷标志，共擦 10 次，标志应耐擦。

4. 建筑电气工程构配件及设备验收规范

1）高压的电气设备、布线系统以及继电保护系统必须交接试验合格。

2）电气设备的外露可导电部分应单独与保护导体相连接，不得串联连接，连接导体的材质、截面积应符合设计要求。

3）电动机、电加热器及电动执行机构检查连接。

电动机、电加热器及电动执行机构的外露可导电部分必须与保护导体可靠连接。

4）母线槽安装。

母线槽的金属外壳等外露可导电部分应与保护导体可靠连接，并应符合下列规定：

①每段母线槽的金属外壳间应连接可靠，且母线槽全长与保护导体可靠连接不应少于 2 处；

②分支母线槽的金属外壳末端应与保护导体可靠连接；

③连接导体的材质、截面积应符合设计要求。

5）梯架、托盘和槽盒安装：金属梯架、托盘或槽盒本体之间的连接应牢固可靠，与保护导体的连接应符合下列规定：

①梯架、托盘或槽盒全长不大于 30 m 时，不应少于 2 处与保护导体可靠连接；全长大于 30 m 时，每隔 20～30 m 应增加一个连接点，起始端和终点端均应可靠接地；

②非镀锌梯架、托盘或槽盒本体之间连接板的两端应跨接保护联结导体，保护联结导体的截面积应符合设计要求；

③镀锌梯架、托盘或槽盒本体之间不跨接保护联结导体时，连接板每端不应少于 2 个有防松螺帽或防松垫圈的连接固定螺栓。

6）导管敷设：钢导管不得采用对口熔焊连接；镀锌钢导管或壁厚小于或等于 2 mm 的钢导管，不得采用套管熔焊连接。

7）电缆敷设：

①金属电缆支架必须与保护导体可靠连接；

②交流单芯或分相后的每相电缆不得单根独穿于钢导管内，固定用的夹具和支架不应形成闭合磁路。

8）导管内穿线和槽盒内敷线：同一支流回路的绝缘导线不应敷设于不同的金属槽盒内或穿于不同金属导管内。

9）塑料护套线直敷布线：塑料护套线严禁直接敷设在建筑顶棚内、墙体内、抹灰层内、保温层内或装饰面内。

10）普通灯具安装：

灯具固定应符合下列规定：

①灯具固定应牢固可靠，在砌体和混凝土结构上严禁使用木楔、尼龙塞或塑料塞固定；

②质量大于 10 kg 的灯具，固定装置及悬吊装置应按灯具重量 5 倍恒定均布载荷做强度

试验，且持续时间不得少于 15 min。

11）普通灯具的 I 类灯具外露可导电部分必须采用铜芯软导线与保护导体可靠连接，连接处应设置接地标识，铜芯软导线的截面积应与进入灯具的电源线截面积相同。

12）专用灯具安装：专用灯具的 I 类灯具外露可导电部分必须采用铜芯软导线与保护导体可靠连接，连接处应设置接地标识，铜芯软导线的截面积应与进入灯具的电源线截面积相同。

13）景观照明灯具安装应符合下列规定：

①在人行道等人员来往密集场所安装的落地式灯具，当无围栏防护时，灯具距地面高度应大于 2.5 m；

②金属构架及金属保护管应分别与保护导体采用焊接或螺栓连接，连接处应设置接地标识。

14）开关、插座、风扇安装。

插座接线应符合下列规定：

①对于单相两孔插座，面对插座的右孔或上孔应与相线连接，左孔或下孔应与中性导体（N）连接；对于单相三孔插座，面对插座的右孔应与相线连接，左孔应与中性导体（N）连接；

②单相三孔、三相四孔及三相五孔插座的保护接地导体（PE）应接在上孔；插座的保护接地导体端子不得与中性导体端子连接；同一场所的三相插座，其接线相序应一致；

③变配电室及电气竖井内接地干线敷设。

15）接地干线应与接地装置可靠连接。

16）防雷引下线及接闪器安装。

17）接闪器与防雷引下线必须采用焊接或卡接器连接，防雷引下线与接地装置必须采用焊接或螺栓连接。

5. 建筑给水排水及采暖工程材料质量验收规范

1）建筑给水、排水及采暖工程所使用的主要材料、成品半成品、配件、器具和设备必须具有中文质量合格证明文件，规格、型号及性能检测报告应符合国家技术标准或设计要求。进场时应做检查验收，并经监理工程师核查确认。

2）所有材料进场时应对品种、规格、外观等进行验收。包装应完好，表面无划痕及外力冲击破损。

3）主要器具和设备必须有完整的安装使用说明书。在运输、保管和施工过程中，应采取有效措施防止损坏或腐蚀。

4）阀门安装前，应作强度和严密性试验。试验应在每批（同牌号、同型号、同规格）数量中抽查 10%，且不少于一个。对于安装在主干管上起切断作用的闭路阀门，应逐个作强度和严密性试验。

5）阀门的强度和严密性试验，应符合以下规定：阀门的强度试验压力为公称压力的 1.5 倍；严密性试验压力为公称压力的 1.1 倍；试验压力在试验持续时间内保持不变，且壳体填料及阀瓣密封面无渗漏。

6）管道上使用冲压弯头时，所使用的冲压弯头外径应与管外径相同。

7）建筑给水、排水及采暖工程与相关专业之间，应进行交接质量检验，并形成记录。

8）隐蔽工程应在隐蔽前经验收各方检验合格后，才能隐蔽，并形成记录。

9）地下室或地下构筑物外墙有管道穿过的，应采取防水措施。对有严格防水要求的建筑物，必须采用柔性防水套管。

10）管道穿过结构伸缩缝、抗震缝及沉降缝敷设时，应根据情况采取下列保护措施：

①在墙体两侧采取柔性连接。

②在管道或保温层外皮上、下部留有不小于 150 mm 的净空。

③在穿墙处做成方形补偿器，水平安装。

11）在同一房间内，同类型的采暖设备、卫生器具有管道配件，除有特殊要求外，应安装在同一高度上。

12）明装管道成排安装时，直线部分应互相平和。曲线部分：当管道水平或垂直并行时，应与直线部分保持等距；管道水平上下并行时，弯管部分的曲率半径应一致。

13）管道支、吊、托架的安装，应符合下列规定：

①位置正确，埋设应平整牢固；

②固定支架与管道接触应紧密，固定应牢靠；

③滑动支架应灵活，滑托与滑槽两侧间应留有 3～5 mm 的间隙，纵向移动量应符合设计要求；

④无热伸长管道的吊架、吊杆应垂直安装；

⑤有热伸长管道的吊架、吊杆应向热膨胀的反方向偏移；

⑥固定在建筑结构上的管道支、吊架不得影响结构的安全。

14）采暖，给水及热水供应系统的金属管道立管管卡安装应符合下列规定：

①楼层高度小于或等于 5 m，每层必须安装 1 个；

②楼层高度大于 5 m，每层不得少于 2 个；

③管卡安装高度，距地面应为 1.5～1.8 m，2 个以上管卡应匀称安装，同一房间管卡应安装在同一高度上。

15）管道及管道支墩（座），严禁铺设在冻土和未经处理的松土上。

16）管道穿过墙壁和楼板，应设置金属或塑料套管。安装在楼板内的套管，其顶部高出装饰地面 20 mm；安装在卫生间及厨房内的套管，其顶部应高出装饰地面 50 mm，底部应与楼板底面相平；安装在墙壁内的套管其两端与饰面相平。穿过楼板的套管与管道之间缝隙宜用阻燃密实材料填实，且端面应光滑。管道的接口不得设在套管内。

17）弯制钢管，弯曲半径应符合下列规定：

①热弯：应不小于管道外径的 3.5 倍；

②冷弯：应不小于管道外径的 4 倍；

③焊接弯头：应不小于管道外径的 1.5 倍；

④冲压弯头：应不小于管道外径。

18）管道接口应符合下列规定：

①管道采用粘接接口，管端插入承口的深度不得小于表 7-7 的规定；

表 7-7　管端插入承口的深度

公称直径/mm	20	25	32	40	50	75	100	125	150
插入深度/mm	16	19	22	26	31	44	61	69	80

②熔接连接管道的结合面应有均匀的熔接圈，不得出现局部熔瘤或熔接圈凸凹不匀现象；

③采用橡胶圈接口的管道，允许沿曲线敷设，每个接口的最大偏转角不得超过 2℃；

④法兰连接时衬垫不得凸入管内，其外边缘接近螺栓孔为宜。不得安放双垫或偏垫；

⑤连接法兰的螺栓，直径和长度应符合标准，拧紧后，突出螺母的长度不应大于螺杆直径的 1/2；

⑥螺栓连接管道安装后的管螺纹根部应有 2～3 扣的外露螺纹，多余的麻丝应清理干净并做防腐处理；

⑦承插口采用水泥捻口时，油麻必须清洁、填塞密实，水泥应捻入并密实饱满，其接口面凹入承口边缘的深度不得大于 2 mm；

⑧卡箍（套）式连接两管口端应平整、无缝隙，沟槽应均匀，卡紧螺栓后管道应平直，卡箍（套）安装方向应一致。

19）各种承压管道系统和设备应做水压试验，非承压管道系统和设备应做灌水试验。

20）适用于工作压力不大于 0.1 MPa 的室内给水和消火栓系统管道安装工程的质量检验与验收。

21）给水管道必须采用管材相适应的管件。生活给水系统所涉及的材料必须达到以饮用水卫生标准。

22）管径小于或等于 100 mm 的镀锌钢管应采用螺纹连接，套丝扣时破坏的镀锌层表面外采用法兰或卡套式专用管件连接，镀锌钢管与法兰的焊接处应二次镀锌。

23）给水塑料管和复合管可以采用橡胶圈接口、粘接接口、热熔连接、专用管件的连接应使用专用管件连接，不得在塑料管上套丝。

24）给水铸铁连接可采用水泥捻口或橡胶圈接口方式进行连接。

25）铜管连接可采用专用接头或焊接，当管径小于 22 mm 时宜采用插或套管焊接，承口应迎介质流向安装；当管径大于或等于 22 mm 时宜采用对口焊接。

26）给水立管和装有 3 个或 3 个以上配水点的支管始端，均应安装可拆卸的连接件。

27）冷、热水管道同时安装应符合下列规定：

①上、下平行安装时热水管就在冷水管上方；

②垂直平行安装时热水管应在冷水管左侧。

28）室内给水管道的水压试验必须符合设计要求。当设计未注明时，各种材质的给水管道系统试验压力均为工作压力的 1.5 倍，但不得小于 0.6 MPa。检验方法：金属及复合管给水管道在试验压力下观测 10 min，压力降不应大于 0.02 MPa，然后降到工作压力进行检查，应不渗不漏；塑料管给水系统应在试验压力下稳压 1 h，压力降不得超过 0.05 MPa，然后在工作压力的 1.15 倍状态下稳压 2 h，压力降不得超过 0.03 MPa，同时检查各连接处不得渗漏。

29）给水系统交付使用前必须进行通水试验并做好记录。

30）生产给水系统管道在交付使用前必须冲洗和消毒，并经有关部门取样检验，符合《生活饮用水标准》方可使用。

31）室内直埋给水管道（塑料管道和复合管道除外）应做防腐处理。埋地管道防腐层材质和结构应符合设计要求。

32）给水引入管与排水排出管的水平净距不得小于 1 m。室内给水与排水管道平行敷设时，两管间的最小水平净距不得小于 0.5 m；交叉铺设时，垂直净距不得小于 0.15 m。给水管应铺在排水管上面，若给水管必须铺在排水管下面时，给水管应加套管，其长度不得小于排水管管道径的 3 倍。

33）管道及管件焊接的焊缝表面质量应符合下列要求：

①焊缝外形尺寸应符合图纸和工艺文件的规定，焊缝高度不得低于母材表面，焊缝与母材应圆滑过渡；

②焊缝及热影响区表面应无裂纹、未熔合、未焊透、夹渣、弧坑和气孔等缺陷。

34）给水水平管道应有 2‰～5‰的坡度坡向泄水装置。

35）给水道和阀门安装的允许偏差应符合表 7-8 的规定。

表 7-8　给水道和阀门安装的允许偏差和检验方法

项次	项目			允许偏差/mm		检验方法
1	水平管道纵横方向弯曲	钢管	每米全长 25m 以上	1	≯25	用水平尺、直尺、拉线和尺量检查
		塑料复合管	每米全长 25m 以上	1.5	≯25	
		铸铁管	每米全长 25m 以上	2	≯25	
2	立管垂直度	钢管	每 5m 以上	3	≯8	吊线和尺量检查
		塑料复合管	每米 5m 以上	2	≯8	
		铸铁管	每米 5m 以上	3	≯10	
3	成排管段和成排阀门		在同一平面上间距	3		尺量检查

36）管道的支、吊架安装应平整牢固。

37）水表应安装在便于检修、不受暴晒、污染和冻结的地方。安装螺翼式水表，表前与阀应有不小于 8 倍水表接口直径的直线管段。表外壳距墙表面净距为 10～30 mm；水表进水口中心标高按设计要求，允许偏差为±10 mm。

38）室内消火栓系统安装完成后应取屋顶层（或水箱间内）试验消火栓和首层取二处消火栓做试射试验，达到设计要求为合格。

39）安装消火栓水龙带，水龙带与水枪和快速接头绑扎好后，应根据箱内构造将水龙带挂放在箱内的挂钉、托盘或支架上。

40）箱式消火栓的安装应符合下列规定：

①栓口应朝外，并不应安装在门轴侧；

②栓口中心距地面为 1.1 m，允许偏差±20 mm；

③阀门中心距箱侧面料 140 mm，距箱后内表面为 100 mm，允许偏差±5 mm；

④消火栓箱体安装的垂直度允许偏差为 3 mm。

41）水泵就位前的基础混凝土强度、坐标、标高、尺寸和螺栓孔位置必须符合设计规定。

42）水泵试运转的轴承温升必须符合设备说明书的规定。

43）敞口水箱的满水试验和密闭水箱（罐）的水压试验必须符合设计与本规范的规定。检验方法：满水试验静置 24h 观察，不渗不漏；水压试验在试验压力下 10 min 压力不降，不渗不漏。

44）水箱支架或底座安装，其尺寸及位置应符合设计规定，埋设平整牢固。

45）水箱溢流管和泄放管应设置在排水地点附近但不得与排水管直接连接。

46）立式水泵的减振装置不应采用弹簧减振器。

47）室内给水设备安装的允许偏差应符合表 7-9 的规定。

表 7-9　室内给水设备安装的允许偏差和检验方法

<table>
<tr><th>项次</th><th colspan="3">项目</th><th>允许偏差/mm</th><th>检验方法</th></tr>
<tr><td rowspan="3">1</td><td rowspan="3">静置设备</td><td colspan="2">坐标</td><td>15</td><td>经纬仪或拉线、尺量</td></tr>
<tr><td colspan="2">坐标</td><td>±5</td><td>用水准仪、拉线和尺量检查</td></tr>
<tr><td colspan="2">垂直度/m</td><td>5</td><td>吊线和尺量检查</td></tr>
<tr><td rowspan="4">2</td><td rowspan="4">离心式水泵</td><td colspan="2">立式泵体垂直度/m</td><td>0.1</td><td>水平尺和塞尺检查</td></tr>
<tr><td colspan="2">卧式泵体水平度/m</td><td>0.1</td><td>水平尺和塞尺检查</td></tr>
<tr><td rowspan="2">联轴器同心度</td><td>轴向倾斜/m</td><td>0.8</td><td rowspan="2">在联轴器互相垂直的 4 个位置上用水准仪、百分表或测微螺钉和塞尺检查</td></tr>
<tr><td>径向位移</td><td>0.1</td></tr>
</table>

48）管道及设备保温层的厚度和平整度的允许偏差应符合表 7-10 的规定。

表 7-10　管道及设备保温的允许偏差和检验方法

<table>
<tr><th>项次</th><th colspan="2">项目</th><th>允许偏差/mm</th><th>检验方法</th></tr>
<tr><td>1</td><td colspan="2">厚度</td><td>$+0.1\delta \sim 0.05\delta$</td><td>用钢针刺入</td></tr>
<tr><td rowspan="2">2</td><td rowspan="2">表面平整度</td><td>卷材</td><td>5</td><td rowspan="2">用 2 m 靠尺和楔形塞尺检查</td></tr>
<tr><td>涂抹</td><td>10</td></tr>
</table>

注：δ 为保温层厚度。

49）适用于室内排水管道、雨水管道安装工程的质量检验与验收。

50）生活污水管道应使用塑料管、铸铁管或混凝土管（由成组洗脸盆或饮用喷水器到共用水封之间的排水管和连接卫生器具的排水短管，可使用钢管）。雨水管道宜使用塑料管、铸铁、镀锌钢管或混凝土管等。悬吊管道定应使用塑料管、铸铁管或塑料管。易受振动的雨水管道（如锻造车间等）应使用钢管。

51）隐蔽或埋地的排水管道在隐蔽前必须做灌水试验，其灌水高度应不低于底层卫生器具的上边缘或底层地面高度。检验方法：满水 15 min 水面下降后，再灌满观察 5 min，液面不降，管道及接口无渗漏为合格。

52）生活污水铸铁管道的坡度必须符合设计或表 7-11 的规定。

表 7-11　生活污水铸铁管道的坡度

管径/mm	标准坡度/‰	最小坡度/‰
50	35	25
75	25	15
100	20	12
125	15	10
150	10	7
200	8	5

53）生活污水塑料管道的坡度必须符合设计或表 7-12 的规定。

表 7-12　生活污水塑料管道的坡度

项次	管径/mm	标准坡度/‰	最小坡度/‰
1	50	25	12
2	75	15	8
3	110	12	6
4	125	10	5
5	160	7	4

54）排水塑料管必须按设计要求及位置装设伸缩节。如设计无要求时，伸缩节间距不得大于 4 m。高层建筑中明设排水塑料管道应按设计要求设置阻火圈或防火套管。

55）排水主立管及水一干管管道均应做通球试验，通球球径不小于排水管道管径的 2/3，通球率必须达到 100%。

56）在生活污水管道上设置的检查口或清扫口，当设计无要求时应按下列规定：

①在立管上应每隔一层设置一个检查口，但在最底层和有卫生器具的最高层必须设置。如为两层建筑时，可仅在底层设置立管检查口；如有乙字弯管时，则在该层乙字弯管的上部设置检查口。检查口中心高度距操作地面一般为 1 m，允许偏差±20 mm；检查口的朝向应便于检修。暗装立管，在检查口处应安装检修门；

②在连接 2 个及 2 个以上大便器或 3 个及 3 个以上卫生器具的污水横管上应设置清扫口。当污水管在楼板下悬吊敷设时，可将清扫口设在上一层楼地面上，污水管起点的清扫口与管道相垂直的墙面距离不得小于 200 mm；若污水管起点设置堵头代替清扫口时，与墙面距离不得小于 400 mm；

③在转角小于135°的污水横管上，应设置检查口或清扫口；

④污水横管的直线管段，应按设计要求的距离设置检查口或清扫口。

57）埋在地下或地板下的排水管道的检查口，应设在检查井内。井底表面标高与检查口的法兰相平，井底表面应有5%坡度，坡向检查口。

58）金属排水管道上的吊钩或卡箍应固定在承重结构上。固定件间距：横管不大于2 m；立管不大于3 m。楼层高度小于或等于4 m，立管可安装1个固定件。立管底部的弯管处应设支墩或采取固定措施。

59）排水塑料管道支、吊架间距应符合表7-13的规定。

表7-13　排水塑料管道支、吊架最大间距

管径/mm	50	75	110	125	160
立管/m	1.2	1.5	2.0	2.0	2.0
横管/m	0.5	0.75	1.10	1.30	1.6

60）排水通气管不得与风道或烟道连接，且应符合下列规定：

①通气管应高出屋面300 mm，但必须大于最大积雪厚度；

②在通气管出口4 m以内有门、窗时，通气管应高出门、窗顶600 mm或引向无门、窗一侧；

③在经常有人停留的平屋顶上，通气管应高出屋面2 m，并应根据防雷要求设置防雷装置；

④屋顶有隔热层从隔热层板面算起。

61）安装未经消毒处理的医院含菌污水管道，不得与其他排水管道直接连接。

62）饮食业工艺设备引出的排水管及饮用水水箱的溢流管，不得与污水道直接连接，并应留出不小于100 mm的隔断空间。

63）通向室外的排水检查井的排水管，穿过墙壁或基础必须下返时，应采用45°三通和45°弯头连接，并应在垂直管段顶部设置清扫口。

64）由室内通向室外排水检查井的排水管，井内引入管应高于排出管或两管顶相平，并不小于90°的水流转角，如跌落差大于300 mm可不受角度限制。

65）用于室内排水的室内管道、水平管道与立管的连接，应采用45°三通或45°四通和90°斜三通或90°斜四通。立管与排出管端部的连接，应采用两个45°弯头或曲率半径不小于4倍管径的90°弯头。

66）室内排水管道安装的允许偏差应符合表7-14的相关规定。

表7-14　室内排水和雨水管道安装的允许偏差和检验方法

项次	项目	允许偏差/mm	检验方法
1	坐标	15	用水准仪（水平尺）、直尺、拉线和尺量检查
2	标高	±15	

续表

<table>
<tr><th>项次</th><th colspan="4">项目</th><th>允许偏差/mm</th><th>检验方法</th></tr>
<tr><td rowspan="10">3</td><td rowspan="10">横管纵横方向弯曲</td><td rowspan="2">铸铁管</td><td colspan="2">每 1 m</td><td>≯1</td><td rowspan="10">用水准仪（水平尺）、直尺、拉线和尺量检查</td></tr>
<tr><td colspan="2">全长（25 m 以上）</td><td>≯25</td></tr>
<tr><td rowspan="4">钢管</td><td rowspan="2">每 1 m</td><td>管径小于或等于 100 mm</td><td>1</td></tr>
<tr><td>管径大于 100 mm</td><td>1.5</td></tr>
<tr><td rowspan="2">全长 25 m 以上</td><td>管径小于或等于 100 mm</td><td>≯25</td></tr>
<tr><td>管径大于 100 mm</td><td>≯308</td></tr>
<tr><td rowspan="2">塑料管</td><td colspan="2">每 1 m</td><td>1.5</td></tr>
<tr><td colspan="2">全长（25 m 以上）</td><td>≯38</td></tr>
<tr><td rowspan="2">钢筋混凝土管、混凝土管</td><td colspan="2">每 1 m</td><td>3</td></tr>
<tr><td colspan="2">全长（25 m 以上）</td><td>≯75</td></tr>
<tr><td rowspan="6">4</td><td rowspan="6">立管垂直度</td><td rowspan="2">铸铁管</td><td colspan="2">每 1 m</td><td>3</td><td rowspan="6">吊线和尺量检查</td></tr>
<tr><td colspan="2">全长（25 m 以上）</td><td>≯15</td></tr>
<tr><td rowspan="2">钢管</td><td colspan="2">每 1 m</td><td>3</td></tr>
<tr><td colspan="2">全长（25 m 以上）</td><td>≯10</td></tr>
<tr><td rowspan="2">塑料管</td><td colspan="2">每 1 m</td><td>3</td></tr>
<tr><td colspan="2">全长（25 m 以上）</td><td>≯15</td></tr>
</table>

67）安装在室内的雨水管道安装后应做灌水试验，灌水高度必须到每根立管上部的雨水斗。

检验方法：灌水试验持续 1 h，不渗不漏。

68）雨水管道如采用塑料管，其伸缩节安装应符合设计要求。

69）悬吊式雨水管道的敷设坡度不得小于 5‰；埋地雨水管道的最小坡度，应符合表 7-15 的规定。

表 7-15 地下埋设雨水排水管道的最小坡度

项次	管径/mm	最小坡度/‰
1	50	20
2	75	15
3	100	8
4	125	6
5	150	5
6	200～400	4

70）雨水管道不得与生活污水管道相连接。雨水斗管的连接应固定在屋面承重结构上。雨水斗边屋面连接处应严密不漏。连接管管径当设计无要求时，不得小于 100 mm。

71）悬吊式雨水管道的检查口或带法兰堵口的三通的间距不得大于表 7-16 的规定。

表 7-16　悬吊管检查口间距

项次	悬吊直径/mm	检查口间距/mm
1	≤150	≯15
2	≥200	≯20

72）雨水钢管管道焊口允许偏差应符合表 7-17 的规定。

表 7-17　钢管管道焊口允许偏差和检验方法

项次	项目			允许偏差	检验方法
1	焊口平直度	管壁厚 10 mm 以内		管壁厚 1/4	焊接检验尺和游标卡尺检查
2	焊缝加强面	高度		+1 mm	
		宽度			
3	咬边	深度		小于 0.5 mm	直尺检查
		长度	连续长度	25 mm	
			总长度（两侧）	小于焊缝长度的 10%	

6. 室内热水供应系统安装验收

1）适用于工作压力不大于 0.1 MPa，热水温度不超过 75℃的室内热水供应管道安装工程的质量检验与验收。

2）热水供应系统的管道应采用塑料管、复合管、镀锌钢管和铜管。

3）热水供应系统管道及配件安装应按相关规定执行。

7. 管道及配件安装

1）热水供应系统安装完毕，管道保温之前应进行水压试验。试验压力应符合设计要求。当设计未注明时，热水供应系统水压试验压力应为系统顶点的工作压力加 0.1 MPa，同时在系统顶点的试验压力不小于 0.3 MPa。

检验方法：钢管或复合管道系统试验压力下 10 min 内压力降不大于 0.02 MPa，然后降至工作压力检查，压力应不降，且不渗不漏；塑料管道系统在试验压力下稳压 1 h 压力降不得超过 0.05 MPa，然后在工作压力 1.5 倍状态下稳压 2 h，压力降不得超过 0.03 MPa，连接处不得渗漏。

2）热水供应管道应尽量利用自然弯补偿热伸缩，直线段过长则应设置补偿器。补偿器型式、规格、位置应符合设计要求，并按有关规定进行预拉伸。

3）热水供应系统竣工后必须进行冲洗。

4）管道安装坡度应符合设计规定。

5）温度控制器及阀门应安装在便于观察和维护的位置。

6）热水供应系统管道应保温（浴室内明装管道除外），保温材料、厚度、保护壳等应符合设计规定。

8. 辅助设备安装

1）在安装太阳能集热器玻璃前，应对集热排管和上、下集管作水压试验，试验压力为工作压力的 1.5 倍。

检验方法：试验压力下 10 min 内压力不降，不渗不漏。

2）热交换器应以工作压力的 1.5 倍作水压试验。蒸汽部分应不低于蒸汽供汽压力加 0.3 MPa；热水部分应不低于 0.4 MPa。

检验方法：试验压力下 10 min 内压力不降，不渗不漏。

3）水泵就位前的基础混凝土强度、坐标、标高、尺寸和螺栓孔位置必须符合设计要求。

4）水泵试运转的轴承温升必须符合设备说明书的规定。

5）敞口水箱的满水试验和密闭水箱（罐）的水压试验必须符合设计与规范的规定。

检验方法：满水试验静置 24h，观察不渗不漏；水压试验在试验压力 10 min 压力不降，不渗不漏。

6）安装固定式太阳能热水器，朝向应正南。如果受条件限制时，其偏移角不得大于 15°。集热器的倾角，对于春、夏、秋 3 个季节使用的，应采用当地纬度为倾角；若以夏季为主，可比当地纬度减少 10°。

7）由集热器上、下集管接往热水箱的循环管道，应有不小于 5‰的坡度。

8）自然循环的热水箱底部与集热器上集管之间的距离为 0.3～1.0 m。

9）制作吸热钢板凹槽时，其圆度应准确，间距应一致。安装集热排管时，应用卡箍和钢丝紧固在钢板凹槽内。

10）太阳能热水器的最低处应安装泄水装置。

11）热水箱及上、下集管等循环管道均应保温。

12）凡以水作介质的太阳能热水器，在 0℃以下地区使用，应采取防冻措施。

13）热水供应辅助设备安装的允许偏差应符合表 7-18 的规定。

14）太阳能热水器安装的允许偏差符合表 7-18 的规定。

表 7-18　太阳能热水器安装的允许偏差和检验方法

项目			允许偏差/mm	检验方法
板式直管太阳能热水器	标高	中心线距地面/mm	±20	尺量
	固定安装朝向	最大偏移角	不大于 15°	分度仪检查

9. 卫生器具安装

1）适用于室内污水盆、洗涤盆、洗脸（手）盆、盥洗槽、浴盆、淋浴器、大便器、小便器、小便槽、大便部洗槽、妇女卫生盆、化验盆、排水栓、地漏、加热器、煮沸消毒器和饮水器等卫生器具安装的质量检验与验收。

2）卫生器具的安装应采用预埋螺栓或膨胀螺栓安装固定。

3）卫生器具安装高度如设计无要求时，应符合表 7-19 的规定。

表 7-19　卫生器具的安装高度

项次	卫生器具名称		卫生器具安装高度/mm		备注
			居住和公共建筑	幼儿园	
1	污水盆（池）	架空式 落地式	800 500	800 500	

续表

项次	卫生器具名称			卫生器具安装高度/mm		备注
				居住和公共建筑	幼儿园	
2	洗涤盆（池）			800	800	自地面至器具上边缘
3	洗脸盆、洗手盆（有塞、无塞）			800	500	
4	盥洗槽			800	500	
5	浴盆			≯520		
6	蹲式大便器	高水箱 低水箱		1 800 900	1 800 900	自台阶面至高水箱底 自台阶面至低水箱底
7	蹲式大便器	高水箱		1 800	1 800	自地面至高水箱底 自地面至低水箱底
		低水箱	外露排水管式 虹吸喷射式	510 470	 370	
8	小便器	挂式		600	450	自地面至下边缘
9	水便槽			200	150	自地面至台阶面
10	大便槽冲洗水箱			≮2 000		自台阶面至水箱底
11	妇女卫生盆			360		自地面至器具上边缘
12	化验盆			800		自地面至器具上边缘

4）卫生器具给水配件的安装高度，如设计无要求时，应符合表 7-20 的规定。

表 7-20　卫生器具给水配件的安装高度　　单位：mm

项次	给水配件名称		配件中心距地面高度	冷热水龙头距离
1	架空式污水盆（池）水龙头		1 000	—
2	落地式污水盆（池）水龙头		800	
3	洗涤盆（池）水龙头		1 000	150
4	住宅集中给水龙头		1 000	—
5	洗手盆水龙头		1 000	—
6	洗脸盆	水龙头（上配水）	1 000	150
		水龙头（下配水）	800	150
		角阀（下配水）	450	—
7	盥洗槽	水龙头	1 000	150
		冷热水管其中热水龙头上下并行	1 100	150
8	浴盆	水龙头（上配水）	670	150
9	淋浴器	截止阀	1 150	95
		混合阀	1 150	
		淋浴喷头下沿	2 100	—

续表

项次	给水配件名称		配件中心距地面高度	冷热水龙头距离
10	蹲式大便器（台阶面算起）	高水箱角阀及截止阀	2 040	
		低水箱角阀	250	—
		手动式自闭冲洗阀	600	—
		脚踏式自闭冲洗阀	150	—
		拉管式冲洗阀（从地面算起）	1 600	—
		带防污助冲器阀门（从地面算起）	900	—
11	坐式大便器	高水箱角阀及截止阀	2 040	—
		低水箱角阀	150	—
12	大便槽冲洗水箱截止阀（从台阶面算起）		≯2 400	—
13	立式小便器角阀		1 130	—
14	挂式小便器角阀及截止阀		1 050	—
15	小便槽多孔冲洗管		1 100	—
16	实验室化验水龙头		1 000	—
17	妇女卫生盆混合阀		360	—

注：装设在幼儿园的洗手盆、洗脸盆和盥洗槽水嘴中心离地面安装高度应 700 mm，其他卫生器具给水配件的安装高度，应按卫生器具实际尺寸相应减少。

5）卫生器具：

①排水栓和地漏的安装应平正、牢固，低于排水表面，周边无渗漏。地漏水封高度不得小于 50 mm；

②卫生器具交工前应做满水和通水试验；

③卫生器具安装的允许偏差应符合表 7-21 的规定；

表 7-21　卫生器具安装的允许偏差和检验方法

项次	项目		允许偏差/mm	检验方法
1	坐标	单独器具	10	拉线、吊线和尺量检查
		成排器具	5	
2	坐标	单独器具	±15	
		成排器具	±10	
3	器具水平度		2	用水平尺和尺量检查
4	器具垂直度		3	吊线和尺量检查

④有饰面的浴盆，应留有通向浴盆排水口的检修门；

⑤小便槽冲洗管，应采用镀锌钢管或硬质塑料管。冲洗孔应斜向下方安装，冲洗水流向同墙面成 45°角。镀锌钢管钻孔后应进行二次镀锌；

⑥卫生器具的支、托架必须防腐良好，安装平整、牢固，与器具接触紧密、平稳；

⑦卫生器具给水配件：

a. 卫生器具给水配件应完好无损伤，接口严密，启闭部分灵活；

b. 卫生器具给水配件安装标高的允许偏差符合表 7-22 的规定；

c. 浴盆软管淋浴器挂钩的设计，如设计无要求，应距地面 1.8 m。

表 7-22　卫生器具给水配件安装标高的允许偏差和检验方法

项次	项目	允许偏差/mm	检验方法
1	大便器高、低水箱角阀及截止阀	±10	尺量检查
2	水嘴	±10	
3	淋浴器喷头下沿	±15	
4	浴盆软管淋浴器挂钩	±20	

6）卫生器具排水管道安装：

①与排水横管连接的各卫生器具的受水口和立管均应采取妥善可靠的固定措施；管道与楼板的接合部位应采取牢固可靠的防渗、防漏措施；

②连接卫生器具的排水管道接口应紧密不漏，其固定支架、管卡支撑位置应正确、牢固，与管道的接触应平整；

③卫生器具排水管道安装的允偏差应符合表 7-23 的规定；

表 7-23　卫生器具排水管道安装的允许偏差及检验方法

项次	检查项目		允许偏差/mm	检验方法
1	横管弯曲度	每 1 m 长	2	用水平尺量检查
		横管长度≤m，全长	＜8	
		横管长度＞10 m，全长	10	
2	卫生器具的排水管口及横支管的纵横坐标	单独器具	10	用尺量检查
		成排器具	5	
3	卫生器具的接口标高	单独器具	±10	用水平尺和尺量检查
		成排器具	±5	

④连接卫生器具的排水管径和最小坡度，如设计无要求时，应符合表 7-24 的规定。

表 7-24　连接卫生器具的排水管道管径和最小坡度

项次	卫生器具名称	排水管管径/mm	管道的最小坡度/‰
1	污水盆（池）	50	25
2	单、双格洗涤盆（池）	50	25
3	洗手盆、洗脸盆	32～50	20
4	浴盆	50	20
5	淋浴器	50	20

续表

项次	卫生器具名称		排水管管径/mm	管道的最小坡度/‰
6	大便器	高低、水箱	100	12
		自闭式冲洗阀	100	12
		拉管式冲洗阀	100	12
7	小便器	手动、自闭式冲洗阀	40～50	20
		自动冲洗水箱	40～50	20
8	化验盆（无塞）		40～50	25
9	净身器		40～50	20
10	饮水器		20～50	10～20
11	家用洗衣机		50（软管为 30）	

10. 室内采暖系统安装

1）适用于饱和蒸汽压力不大于 0.7 MPa，热水温度不超过 130℃的室内采暖系统安装的质量检验与验收。

2）焊接钢管的连接，管径小于或等于 32 mm，应采用螺纹连接；管径大于 32 mm，采用焊接。

11. 管道及配件安装

1）管道安装坡度，当设计未注明时，应符合下列规定：

①气、水同向流动的热水采暖管道和汽、水同向流动的蒸汽管道及凝结水管道，坡度应为 3‰，不得小于 2‰；

②气、水逆向流动的热水采暖管道和汽、水逆向流动的蒸汽管道，坡度不应小于 5‰；

③散热器支管的坡度应为 1%，坡向应利于排气和泄水。

2）补偿器的型号、安装位置及预拉伸和固定支架的构造及安装位置应符合要求。

3）平衡阀及调节阀型号、规格、公称压力及安装位置应符合设计要求。安装完后应根据系统平衡要求进行调试并作出标志。

4）蒸汽减压和管道及设备上安全阀的型号、规格、公称压力及安装位置应符合设计要求。安装完毕后应根据系统工作压力进行调试，并做出标志。

5）方形补偿器制作时，应用整根无缝钢管煨制，如需要接口，其接口应设在垂直臂的中间位置，且接口必须焊接。

6）方形补偿器应水平安装，并与管道的坡度一致；如其臂长方向垂直安装必须设排气及泄水装置。

7）热量表、疏水器、除污器、过滤器及阀门的型号、规格、公称压力及安装位置应符合设计要求。

8）钢管管道焊口尺寸的允许偏差应符合相关规定。

9）采暖系统入口装置及分户热计量系统入户装置，应符合设计要求。安装位置应便于检修、维护和观察。

10）散热器支管长度超过 1.5 m 时，应在支管上安装管卡。

11）上供下回式系统的热水干管变径应顶平偏心连接，蒸汽干管变径应底平偏心连接。

12）在管道干管上焊接垂直或水平分支管道时，干管开孔所产生的钢渣及管壁等废弃物不得残留管内，且分支管道在焊接时不得插入干管内。

13）膨胀水箱的膨胀管及循环管上不得安装阀门。

14）当采暖热媒为 110～130℃的高温水时，管道可拆卸件应使用法兰，不得使用长丝和接头。法兰垫料应使用耐热橡胶板。

15）焊接钢管管径大于 32 mm 的管道转弯，在作为自然补偿时应使用煨弯。塑料管入复合管除必须使用直角弯头的场合外应使用管道直接弯曲转弯。

16）管道、金属支架和设备的防腐和涂漆应附着良好，无脱皮、起泡、流淌和漏涂缺。

17）采暖管道安装的允许偏差应符合表 7-25 的规定。

表 7-25 采暖管道安装的允许偏差

<table>
<tr><th>项次</th><th colspan="3">项目</th><th>允许偏差</th><th>检验方法</th></tr>
<tr><td rowspan="4">1</td><td rowspan="4">横管道纵、横方向弯曲/mm</td><td rowspan="2">每 1 m</td><td>管径≤100 mm</td><td>1</td><td rowspan="4">用水平尺、直尺、拉线和尺量检查</td></tr>
<tr><td>管径＞100 mm</td><td>1.5</td></tr>
<tr><td rowspan="2">全长
（25 m 以上）</td><td>管径≤100 mm</td><td>≯13</td></tr>
<tr><td>管径＞100mm</td><td>≯25</td></tr>
<tr><td rowspan="2">2</td><td rowspan="2">立管垂直度/mm</td><td colspan="2">每 1 m</td><td>2</td><td rowspan="2">吊线和尺量检查</td></tr>
<tr><td colspan="2">全长（5 m 以上）</td><td>≯10</td></tr>
<tr><td rowspan="4">3</td><td rowspan="4">弯管</td><td rowspan="2">椭圆率
$(D_{max}-D_{min})/D_{max}$</td><td>管径≤100 mm</td><td>10%</td><td rowspan="4">用外卡钳和尺量检查</td></tr>
<tr><td>管径＞100 mm</td><td>8%</td></tr>
<tr><td rowspan="2">折皱不平度/mm</td><td>管径≤100 mm</td><td>4</td></tr>
<tr><td>管径＞100 mm</td><td>5</td></tr>
</table>

注：D_{max}、D_{min} 分别为管子最大外径及最小外径。

12. 辅助设备及散热器安装

1）散热器组对后，以及整组出厂的散热器在安装之前应作水压试验。试验压力如设计无要求时应为工作压力的 1.5 倍，但不小于 0.6 MPa。

检验方法：试验时间为 2～3 min，压力不降且不渗不漏。

2）散热器组对应平直紧密，组对后的平直度应符合表 7-26 规定。

表 7-26 组对后的散热器平直度允许偏差

<table>
<tr><th>项次</th><th>散热器类型</th><th>片数</th><th>允许偏差/mm</th></tr>
<tr><td rowspan="2">1</td><td rowspan="2">长翼型</td><td>2～4</td><td>4</td></tr>
<tr><td>5～7</td><td>6</td></tr>
<tr><td rowspan="2">2</td><td rowspan="2">铸铁片式
钢制片式</td><td>3～15</td><td>4</td></tr>
<tr><td>16～25</td><td>6</td></tr>
</table>

3）组对散热器的垫片应符合下列规定：

①组对散热器垫片应使用成品，组对后垫片外露不应大于 1 mm；

②散热器垫片材质当设计无要求时，应采用耐热橡胶。

4）散热器支架、托架安装，位置应准确，埋设牢固。散热器支架、托架数量，应符合设计或产品说明书要求。如设计未注时，则应符合表 7-27 的规定。

表 7-27 散热器支架、托架数量

项次	散热器型式	安装方式	每组片数	上部托钩或卡架数	下部托钩或卡架数	合计
1	长翼型	挂墙	2～4	1	2	3
			5	2	2	4
			6	2	3	5
			7	2	4	6
2	柱型 柱翼型	挂墙	3～8	1	2	3
			9～12	1	3	4
			13～16	2	4	6
			17～20	2	5	7
			21～25	2	6	8
3	柱型 柱翼型	带足落地	3～8	1	—	1
			8～12	1	—	1
			13～16	2	—	2
			17～20	2	—	2
			21～25	2	—	2

5）散热器背面与装饰后的墙内表面安装距离，应符合设计或产品说明书要求。如设计未注明，应为 30 mm。

6）散热器安装允许偏差应符合表 7-28 的规定。

表 7-28 散热器安装允许偏差和检验方法

项次	项目	允许偏差/mm	检验方法
1	散热器背面与墙内表面距离	3	尺量
2	与窗中心线或设计定位尺寸	20	
3	散热器垂直度	3	吊线和尺量

7）铸铁或钢制散热器表面的防腐及面漆应附着良好，色泽均匀，无脱落、起泡、流淌和漏涂缺陷。

13. 室外给水管网安装

1）适用于民用建筑群（住宅小区）及厂区的室外给水管网安装工程的质量检验与验收。

2）输送生活给水的管道应采用塑料管、复合管、镀锌钢管或给水铸铁管。塑料管、复合管给水管的管材、配件，应是同一厂家的配套产品。

3）架空或在地沟内敷设的室外给水管道其安装要求按室内给水管道的安装要求执行。塑料管道不得露天架空铺设，必须露天架空铺设时应有保温和防晒等措施。

4）消防水泵接合器及室外消火栓的安装位置、形式必须符合设计要求。

14. 给水管道安装

1）给水管道在埋地敷设时，应在当地的冰冻线以下，如必须在冰冻线以下铺设时，应做可靠的保温防潮措施。在无冰冻地区，埋地敷设时，管顶的覆土埋深不得小于 50 mm，穿越道路部位的埋深不得小于 700 mm。

2）给水管道不得直接穿越污水、化粪池、公共厕所等污染源。

3）管道接口法兰、卡扣、卡箍等应安装在检查井或地沟内，不应埋在土壤中。

4）给水系统各种井室内的管道安装，如设计无要求，井壁距法兰或承口的距离：管径小于或等于 450 mm 时，不得小于 250 mm；管径大于 450 mm 时，不得小于 350 mm。

5）管网必须进行水压试验，试验压力为工作压力的 1.5 倍，但不得小于 0.6 MPa。

检验方法：管材为钢管、铸铁管时，试验压力下 10 min 内压力降不应大于 0.05 MPa，然后降至工作压力进行检查，压力应保持不变，不渗不漏；管材为塑料管时，试验压力下，稳压 1 h 压力降不大于 0.05 MPa，然后降至工作压力进行检查，压力应保持不变，不渗不漏。

6）镀锌钢管、钢管的埋地防腐必须符合设计要求，如设计无规定时，可按表 7-29 的规定执行。卷材与管材间应粘贴牢固，无空鼓、滑移、接口不严等。

表 7-29　管道防腐层种类

防腐层层次	正常防腐层	加强防腐层	特加强防腐层
（从金属表面起）1	冷底子油	冷底子油	冷底子油
2	沥青涂层	沥青涂层	沥青涂层
3	外包保护层	加强包扎层（封闭层）	加强保护层（封闭层）
4		沥青涂层	沥青涂层
5		外保护层	加强包扎层（封闭层）
6			沥青涂层
7			外包保护层
防腐层厚度不小于/mm	3	6	9

7）给水管道在竣工后，必须对管道进行冲洗，饮用水管道还要在冲洗后进行消毒，满足饮用水卫生要求。

8）管道的坐标、标高、坡度应符合设计要求，管道安装的允许偏差应符合表 7-30 的规定。

表 7-30　室外给水管道的允许偏差和检验方法

<table>
<tr><th>项次</th><th colspan="3">项目</th><th>允许偏差/mm</th><th>检验方法</th></tr>
<tr><td rowspan="4">1</td><td rowspan="4">坐标</td><td rowspan="2">铸铁管</td><td>埋地</td><td>100</td><td rowspan="4">拉线和尺量检查</td></tr>
<tr><td>敷设在沟槽内</td><td>50</td></tr>
<tr><td rowspan="2">钢管、塑料管、复合管</td><td>埋地</td><td>100</td></tr>
<tr><td>敷设在沟槽内</td><td>40</td></tr>
<tr><td rowspan="4">2</td><td rowspan="4">标高</td><td rowspan="2">铸铁管</td><td>埋地</td><td>±50</td><td rowspan="4">拉线和尺量检查</td></tr>
<tr><td>敷设在沟槽内</td><td>±30</td></tr>
<tr><td rowspan="2">钢管、塑料管、复合管</td><td>埋地</td><td>±50</td></tr>
<tr><td>敷设在沟槽内</td><td>±30</td></tr>
<tr><td rowspan="2">3</td><td rowspan="2">水平管纵横向弯曲</td><td>铸铁管</td><td>直段（25 m 以上）起点—终点</td><td>40</td><td rowspan="2">拉线和尺量检查</td></tr>
<tr><td>钢管、塑料管、复合管</td><td>直段（25 m 以上）起点—终点</td><td>30</td></tr>
</table>

9）管道和金属支架的涂漆应附着良好，无脱皮、起泡、流淌和漏涂等缺陷。

10）管道的连接应符合工艺要求，阀门、水表等安装位置应正确。塑料给水管道上的水表、阀门等设施其重量或启闭装置扭矩不得作用于管道上，当管径≥50 mm 时，必须设独立的支承装置。

11）给水管道与污水管道在不同标高平行敷设，其垂直间距在 500 mm 以内时，给水管管径小于或等于 200 mm 的，管壁水平间距不得小于 1.5 m；管径大于 200 mm 的，不得小于 3 m。

12）铸铁管承插捻口连接的对口间隙应不小于 3 mm，最大间隙不得大于表 7-31 的规定。

表 7-31　铸铁管承插捻口的对口最大间隙

管径/mm	沿直线敷设/mm	沿曲线敷设/mm
75	4	5
100～250	5	7～13
300～500	6	14～22

13）铸铁管沿直线敷设，承插捻口连接的环型间隙应符合表 7-32 的规定；沿曲线敷设，每个接口允许有 2°转角。

表 7-32　铸铁管承插捻口的环型间隙

管径/mm	标准环型间隙/mm	允许偏差/mm
75～200	10	+3，-2
250～450	11	+4，-2
500	12	+4，-2

14）捻口用的油麻填料必须清洁，填塞后应捻实，其深度应占整个环型间隙深度的 1/3。

15）捻口用水泥强度应不低于 32.5 MPa，接口水泥应密实饱满，其接口水泥面凹入承口边缘的深度不得大于 2 mm。

16）采用水泥捻口的给水铸铁管，在安装地点侵蚀性的地下水时，应在接口处涂抹沥青防腐层。

17）采用橡胶圈接口的埋地给水管道，在土壤或地下水对橡胶圈有腐蚀的地段，在回填土前应用沥青胶泥、沥青麻丝或沥青锯末等材料封闭橡胶圈接口。橡胶圈接口的管道，每个接口的最大偏转角不得超过表 7-33 的规定。

表 7-33　橡胶圈接口最大允许偏转角

公称直径/mm	100	125	150	200	250	300	350	400
允许偏转角度	5°	5°	5°	5°	4°	4°	4°	3°

15. 消防水泵接合器及室外消火栓安装

1）系统必须进行水压试验，试验压力为工作压力的 1.5 倍，但不得小于 0.6 MPa。

检验方法：试验压力下，10 min 内压力降不大于 0.05 MPa，然后降至工作压力进行检查，压力保持不变，不渗不漏。

2）消防管道在竣工前，必须对管道进行冲洗。

3）消防水泵接合和消火栓的位置标志应明显，栓口的位置应方便操作。消防水泵接合器和室外消火栓当采用墙壁式时，如设计未要求，进、出水栓口的中心安装高度距地面为 1.10 m，其上方应设有防坠落物打击的措施。

4）室外消火栓和消防水泵接合器的各项安装尺寸应符合设计要求，栓口安装设计允许偏差为±20 mm。

5）地下式消防水泵接合器顶部进水口或地下式消火栓顶部出水口与消防井盖底面的距离不得大于 400 mm，井内应有足够的操作空间，并设爬梯。寒冷地区井内应做防冻保护。

6）消防水泵接合器的安全阀门及止回阀安装位置和方向应正确，阀门启闭应灵活。

16. 管沟及井室

1）管沟的基层处理和井室的地基必须符合设计要求。

2）各类井室的井盖应符合设计要求，应有明显文字标识，各种井盖不得混用。

3）设在通车路面上下或小区道路下的各种井室，必须使用重型井圈和井盖，井盖上表面应与路面相平，允许偏差为±5 mm。绿化带上和不通车的地方可采用轻型井圈和井盖，井盖的上表面应高出地坪 50 mm，并在井口周围以 2%的坡度向外做水泥砂浆护坡。

4）重型铸铁或混凝土井圈，不得直接放在井室的砖墙上，砖墙上应做不小于 80 mm 厚的细石混凝土垫层。

5）管沟的坐标、位置、沟底标高应符合设计要求。

6）管沟的沟底层应是土层，或是夯实的回填上，沟底应平整，坡度应顺畅，不得有尖硬的物体、块石等。

7）如沟基为岩石、不易清除的块石或为砾石时，沟底应下挖 100～200 mm，填铺细砂或粒径不大于 5 mm 的细土，夯实到沟底标高后，方可进行管道敷设。

8）管沟回填土，管顶上部 200 mm 以内应用砂子或无块石及冻土块的土，并不得用机械回填；管顶上部 500 mm 以内不得回填直径大于 100 mm 的块石和冻土块；500 mm 以上部分回填土中的块石或冻土块不得集中。上部用机械回填时，机械不得在管沟上行走。

9）井室的砌筑应按设计或给定的标准图施工。井室的底标高在地下水位以上时，基层应为素土夯实；在地下水位以下时，基层应打 100 mm 厚的混凝土底板。砌筑应采用水泥砂浆，内表面抹灰后后应严密不透水。

10）管道穿过井壁处，应用水泥砂浆分两次填塞严密、抹平，不得渗漏。

17. 室外排水管网安装

1）适用于民用建筑群（住宅小区）及厂区的室外排水管网安装质量检验与验收。

2）室外排水管道应采用混凝土管、钢筋混凝土管、排水铸铁管或塑料管。其规格及质量必须符合现行国家标准及设计要求。

3）排水管沟及井池的土方工程、沟底的处理；管道穿井壁处的处理、管沟及井池周围的回填要求等，均参照给水管沟及井室的规定执行。

4）各种排水池应按设计给定的标准图施工，各种排水井和化粪池均应用混凝土做底板（雨水井除外），厚度不小于 100 mm。

18. 排水管道安装

1）排水管道的坡度必须符合设计要求，严禁无坡或倒坡。

2）管道埋设前必须做灌水试验和通水试验，排水应畅通，无堵塞，管接口无渗漏。

检验方法：按排水检查井分段试验，试验水头应以试验段上游管顶加 1 m，时间不小于 30 min，逐段观察。

3）管道的坐标和标高应符合设计要求，安装的允许偏差应符合表 7-34 的规定。

表 7-34　室外排水管道安装的允许偏差和检验方法

项次	项目		允许偏差/mm	检验方法
1	坐标	埋地	100	拉线尺量
		敷设在沟槽内	50	
2	标高	埋地	±20	用水平仪、拉线和尺量
		敷设在沟槽内	±20	
3	水平管道纵横向弯曲	每 5 m 长	10	拉线尺量
		全长（两井间）	30	

4）排水铸铁管采用水泥捻口时，油麻填塞应密实，接口水泥应密实饱满，其接口面凹入承口边缘的深度不得大于 2 mm。

5）排水铸铁管外壁耷安装前应除锈，涂两遍石油沥青漆。

6）承插接口排水管道安装时，管道和管件的承口应与水流方向相反。

7）混凝土管或钢筋混凝土管采用抹带接口时，应符合下列规定：

①抹带前应将管口的外壁毛扫净，当管径小于或等于 500 mm 时，抹带可一次完成；当管径大于 500 mm 时，应分两次抹成，抹带不得有裂纹；

②钢丝网应在管道就位前放入下方，抹压砂浆时应将钢丝网抹压牢固，钢丝不得外露；

③抹带厚度不得小于管壁的厚度，宽度宜为 80～100 mm。

19. 建筑给水排水及采暖工程施工质量验收规范

1）地下室或地下构筑物外墙有管道穿过的，应采取防水措施。对有严格防水要求的建筑物，必须采用柔性防水套管。

2）各种承压管道系统和设备应做水压试验，非承压管道系统和设备应做灌水试验。

3）给水管道必须采用以管材相适应的管件，生活给水系统所涉及的材料必须达到饮用水卫生标准。

4）生活给水系统管道在交付使用前必须冲洗和消毒，并经有关部门取样检验，符合《生活饮用水卫生标准》（GB 5749—2006）方可使用。

检验方法：检查有关部门提供的检测报告。

5）室内消火栓系统安装完成后应取屋顶层（或水箱间内）试验消火栓和首层取两处消火栓做试射试验，达到设计要求为合格。

6）隐蔽或埋地的排水管道在隐蔽前必须做灌水试验，其灌水高度应不低于底层卫生器具的上边缘或底层地面高度。

检查方法：满水 15 min 水面下降后，再灌满观察 5 min，液面不下降，管道及接口无渗漏为合格。

7）管道安装坡度，当设计未注明时，应符合下列规定：

①气、水同向流动的热水采暖管道和汽、水同向流动的蒸汽管道及凝结水管道，坡度应为 3‰，不得小于 2‰；

②气、水逆向流动的热水采暖管道和汽、水逆向流动的蒸气管道，坡度不应小于 5‰；

③散热器支管的坡度应为 1%，坡向应利于排气和泄水。

8）散热气组对后，以及整组出厂的散热器在安装之前应作水压试验。试验压力如设计无要求时应为工作压力的 1.5 倍，但不得小于 0.6 MPa。

检验方法：试验时间为 2～3 min，压力不降且不渗不漏。

9）地面下敷设的盘管埋地部分不应有接头。

10）盘管隐蔽前必须进行水压试验，试验压力为工作压力的 1.5 倍，但不得小于 0.6 MPa。

检查方法：稳压 1 h 内压力降不大于 0.05 MPa 且不渗不漏。

11）采暖系统安装完毕，管道保温之前应进行水压试验。试验压力应符合设计要求。当设计未注明时，应符合下列规定：

①蒸汽、热水采暖系统，应以系统顶点工作压力加 0.1 MPa 作水压试验，同时在系统顶点的试验压力不小于 0.3 MPa；

②高温系统采暖系统，试验压力应为系统顶点工作压力加 0.4 MPa；

③使用塑料管及复合管的热水采暖系统，应以系统顶点工作压力加 0.2 MPa 作水压试验，

同时在系统顶点的试验压力不小于 0.4 MPa。

检查方法：使用钢管及复合管的采暖系统应在试验压力下 10 min 内压力降不大于 0.02 MPa，降至工作压力后检查，不渗、不漏；使用塑料管的采暖系统应在试验压力下 1 h 内压力降不大于 0.05 MPa，然后将压力降至工作压力的 1.15 倍，稳压 2 h，压力降不大于 0.03 MPa，同时各连接处不渗、不漏。

12）系统冲洗完毕应充水、加热，进行试运转和调试。

检验方法：观察、测量室温应满足设计要求。

13）给水管道在竣工后，必须对管道进行冲洗，饮用水管道还要在冲洗后进行消毒，满足饮用水卫生要求。

检验方法：观察冲洗水的浊度，查看有关部门提供的检验报告。

14）排水管道的坡度必须符合设计要求，严禁无坡或倒坡。

15）锅炉的汽、水系统安装完毕后，必须进行水压试验，水压试验的压力应符合表 7-35 的规定。

表 7-35　水压试验压力规定

项次	设备名称	工作压力 P/MPa	试验压力/MPa
1	锅炉本体	$P<0.59$	1.5 P 但不小于 0.2
		$0.59\leqslant P\leqslant 1.18$	$P+0.3$
		$P>1.18$	$1.25P$
2	可分式省煤器	P	$1.25P+0.5$
3	非承压锅炉	大气压力	0.2

注：①工作压力 P 对蒸汽锅炉指炉筒工作压力，对热水锅炉指锅炉额定出水压力；②铸铁锅炉水压试验同热水锅炉；③非承压锅炉水压试验压力为 0.2 MPa，试验期间压力应保持不变。

检验方法：①在试验压力下 10 min 内压力降不超过 0.02 MPa；然后降至工作压力进行检查，压力不降，不渗、不漏；②观察检查，不得有残余变形，受压元件金属壁和焊缝上不得有水雾。

16）锅炉和省煤器安装阀的定压和调整应符合表 7-36 的规定。锅炉上装有两个安全阀时，其中的一个按表中较高值定压；另一个按较低值定压。装有一个安全阀时，应按较低值定压。

表 7-36　安全阀定压规定

项次	工作设备	安全阀开启压力
1	蒸汽锅炉	工作压力＋0.02 MPa
		工作压力＋0.04 MPa
2	热水锅炉	1.12 倍工作压力，但不少于工作压力＋0.07 MPa
		1.14 倍工作压力，但不少于工作压力＋0.10 MPa
3	省煤器	1.1 倍工作压力

17）锅炉的高低水位报警器和超温、超压报警器及连锁保护装置必须按照设计要求安装

齐全和有效。

检查方法：启动、联动试验并作好试验记录。

18）锅炉在烘炉、煮炉合格后，应进行 48 h 的带负荷连续试运行，同时应进行安全阀的热状态定压检验和调整。

检验方法：检查烘炉、煮炉及试运行全过程。

19）热交换器应以最大工作压力的 1.5 倍作水压试验，蒸汽部分应不低于蒸汽压力加 0.3 MPa；热水部分应不低于 0.4 MPa。

检查方法：在试验压力下，保持 10 min 压力不降。

20. 通风与空调工程施工质量验收规范

1）防火风管的本体、框架与固定材料、密封垫料必须为不燃材料，其耐火等级应符合设计的规定：

①检查数量：按材料与风管加工批数量抽查 10%，不应少于 5 件；

②检查方法：查验材料质量合格证明文件、性能检测报告，观察检查与点燃试验。

2）复合材料风管的覆面材料必须为不燃材料，内部的绝热材料应为不燃或难燃 B1 级，且对人体无害的材料：

①检查数量：按材料与风管加工批数量抽查 10%，不应少于 5 件；

②检查方法：查验材料质量合格证明文件、性能检测报告，观察检查与点燃试验。

3）防爆风阀的制作材料必须符合设计规定，不得自行替换：

①检查数量：全数检查；

②检查方法：核对材料品种、规格、观察检查。

4）防排烟系统柔性短管的制作材料必须为不燃材料：

①检查数量：全数检查；

②检查方法：核对材料品种的合格证明文件。

5）风管穿过需要封闭的防火、防爆的墙体或楼板时，应设预埋管或防护套管，其钢板厚度不应小于 1.6 mm。风管与防护套之间，应用不燃且对人体无害的柔性材料封堵；

①检查数量：按数量抽查 20%，不得少于 1 个系统；

②检查方法：尺量、观察检查。

6）风管安装必须符合下列规定：

①风管内严禁其他管线穿越；

②输送含有易燃、易爆气体或安装在易燃、易爆环境的风管系统应有良好的接地，通过生活区或其他辅助生产房间时必须严密，并不得设置接口。

7）室外立管的固定拉索严禁拉在避雷针或避雷网上：

①检查数量：按数量抽查 20%，不得少于 1 个系统；

②检查方法：手扳、尺量、观察检查。

8）输送空气温度高于 80°的风管，应按设计规定采取防护措施：

①检查数量：按数量抽查 20%，不得少于 1 个系统；

②检查方法：观察检查。

9）静电空气过滤器金属外壳接地必须良好：

①检查数量：按总数抽查20%，不得少于1台；

②检查方法：核对材料，观察检查或电阻测定。

10）电加热器的安装必须符合下列规定：

①电加热器与钢构架间的绝热层必须为不燃材料；接线柱外露的应加设安全防护罩；

②电加热器的金属外壳接地必须良好。

11）连接电加热器的风管的法兰垫片，应采用耐热不燃材料：

①检查数量：按总数抽查20%，不得少于1台；

②检查方法：核对材料、观察检查或电阻测定。

12）燃油管道系统必须设置可靠的防静电接地装置，其管道法兰应采用镀锌螺栓连接或在法兰处用铜导线进行跨接，且接合良好：

①检查数量：系统全数检查；

②检查方法：观察检查、查阅试验记录。

13）燃气系统管道与机组的连接不得使用非金属软管。燃气管道的吹扫和压力试验应为压缩空气或氮气，严禁用水。当燃气供气管道压力大于0.005 MPa时，焊缝的无损检测的执行标准应按设计规定。当设计无规定，且采用超声波探伤时，应全数检测，以质量不低于II级为合格：

①检查数量：系统全数检查；

②检查方法：观察检查、查阅探伤报告和试验记录。

14）通风与空调工程安装完毕，必须进行系统的测定和调整（简称调试）。系统调试应包括下列项目：

①设备单机试运转及调试；

②系统无生产负荷下的联合试运转及调试；

③检查数量：全数；

④检查方法：观察、旁站、查阅调试记录。

15）防排烟系统联合试运行与调试的结果（风量及正压），必须符合设计与消防的规定：

①检查数量：按总数抽查10%，且不得少于2个楼层；

②检查方法：观察、旁站、查阅调试记录。

三、其他工程材料、构配件及设备的验收、储存

1. 防水材料现场验收标准

1）验收依据：

①国家标准：《自黏聚合物改性沥青防水卷材》（GB 23441—2009）和《预铺湿铺防水卷材》（GBT 23457—2009）；

②验收原始样板；

③验收原始样板（小样）。

2）验收工具：钢卷尺。

3）验收时间：到货验收。

4）验收比例：每批次同一规格型号到场数量的1%，卷材不少于3卷，涂料不得小于3桶。

5）验收步骤：

①资料检查：进场产品必须有国家认可机构出具的产品质量检验报告（需要加盖厂家公章，公章必须是红章），产品合格证原件；如果没有检验报告和产品合格证，材料拒收；

②外包装检查：包装完整，包装上面的品牌、规格、型号应与订单要求一致；确认产品包装的完整性；

③对用于现场验收时开桶检测的材料，对该桶涂料做好标记密封后在一个月内使用，如存在问题则予以更换；

④防水涂料开桶时检测为均匀黏稠体、开桶无凝胶、结块；

⑤防水材料净含量指允许正公差；

⑥对板检查：防水卷材观感效果及结构层次同验收原始样板；

⑦卷材表面应平整，不允许有可见的缺陷，如空洞、结块、裂纹、气泡、缺边和裂口等；成卷卷材易于展开，一批产品中有接头卷材不应超过3%，每卷卷材的接头不应超过1个；

⑧防水涂料（水皮优）为均匀黏稠体，无凝胶、结块；

⑨隔离膜与自黏胶体间不应由于气温变化出现不能分离现象。

6）尺寸检查：尺寸标准规定见表7-37。

表7-37　尺寸标准规定

项目	标准规定	检测工具
面积/（m^2/卷）	面积不小于产品标记值的99%	钢卷尺
端面里进外出	偏差不得超过20 mm	钢卷尺
厚度	符合订单要求，误差按国标	游标卡尺

（备注：防水涂料的保质期一般在6个月到1年之间，在验收前要注意保质期，如果在进场的时候剩下的保质期本来就不长了，再加上现场施工进度赶不上的话，就会出现材料积压，最后导致防水涂料过期，从而导致经济利益的损失。科顺品牌的防水涂料保质期为6个月，防水卷材保质期为1年。）

2. 防水卷材验收标准

1）卷材防水层用卷材及其配套材料必须符合设计要求：

检验方法：检查出厂合格证，质量检验报告和现场抽样复验报告。

2）卷材防水层不得有渗漏或积水现象：

检验方法：雨后、淋水、蓄水试验。

3）卷材防水层在天沟、檐口、檐沟、水落口、泛水、变形缝和伸出屋面管道的防水构造，必须符合设计和规范要求。

检验方法：观察检查。

4）卷材防水层的搭接缝应粘结牢固，密封严密，不得有皱褶、翘边和鼓泡等缺陷，防水层的收头应与基层黏结并固定牢固，缝口封严，不得翘边。

检验方法：观察检查。

5）卷材的铺贴方向应正确，卷材搭接宽度的允许偏差为-10 mm。

第二节　工程材料、构配件及设备保管、发放

一、工程材料、构配件及设备保管、发放的基本知识

（1）仓库（或库房）

仓库（或库房）的四周有围墙、顶棚、门窗，可以完全将库内空间与室外隔离开来的封闭式建筑物。由于其具有良好的隔热、防潮、防水作用，仓库通常存放不宜风吹日晒、雨淋，对空气中温度、湿度及有害气体反应较敏感的材料，如各类水泥、镀锌钢管、镀锌钢板、混凝土外加剂、五金设备、电线电料等。

（2）库棚（或货棚）

库棚（或货棚）的四周有围墙、顶棚、门窗，但一般未完全封闭起来。这种库棚虽然能挡风遮雨、避免暴晒，但库棚内的温度、湿度与外界一致。库棚通常存放不宜雨淋日晒，而对空气中温度及有害气体反应不敏感的材料，如陶瓷、石材等。

（3）料场

料场即露天仓库，是指地面经过一定处理的露天储存场所。一般要求料场的地势较高，地面经过一定处理。主要储存不怕风吹、日晒、雨淋，对空气中温度、湿度及有害气体反应不敏感的材料，如钢筋、型钢、砂石、砖等。

1. 材料的堆码

（1）材料堆码应遵循以下原则：

1）合理。

2）牢固。

3）定量。

4）整齐。

5）节约。

6）便捷。

（2）定位和堆码的方法

1）四号定位：是在统一规划、合理布局的基础上，进行定位管理的一种方法。四号定位是定仓库号、货架号、架层号、货位号。

2）五五化堆码：是材料保管的堆码方法。它是根据人们计数习惯以五为基数计数的特点，如五、十、二十……进行计数。

3）四号定位与五五化堆码的关系：四号定位与五五化堆码是全局与局部的关系。两者互

为补充，互相依存，缺一不可。

（3）材料的标识

储存保管材料应“统一规划、分区分类、统一分类编号、定位保管”，并要使其标识鲜明、整齐有序，以便于转移记录和具备可追溯性。

1）现场存放的物资标识：

进场物资应进行标识，标识包括产品标识和状态标识，状态标识包括：待验、检验合格、检验不合格。

①钢筋原材、型钢原材要挂牌标识：名称、规格、厂家、质量状态；

②加工成型的钢筋、铁件要挂扉子标识：名称、规格、数量、使用部位；

③水泥、外加剂要挂牌标识：名称、规格、厂家、生产日期、质量状态；

④砂子、石子、白灰要挂牌标识：名称、规格、产地（矿场）、质量状态。

2）库房存放的物资标识：

①五金、物料、水料、电料，土产、电器、电线等要挂卡标识：名称、规格、数量、合格证；

②化工、油漆、燃料、气体缸瓶等有毒、有害、易燃、易爆物资要分别设立专业危险库房，悬挂警示牌，各类物资分别挂卡标识：名称、规格、数量、合格证和使用说明书；

③入库、出库手续完备，做到账、卡、物相符。

3）标识转移记录和可追溯性：为便于可追溯，器材员填写进场时间、数量、供方名称、质量合格证编号、外观检查结果等。

①工程物资主要材料进场要将材质单、合格证、复试报告单等质保资料的唯一编号记入材料验收记录；

②物资进场的运输单、验收单、入库单、调拨单、耗料单都要进行可追溯性的唯一编号，确保与材料验收记录、耗料账表相吻合；

③用于隐蔽工程、关键工序、特殊工序，分部分项单位工程的材料要与材料验收记录、耗用记录以及材料质保资料的唯一编号相吻合。

4）材料的安全消防：

①每种进场材料的安全消防方式应视进场材料的性能而确定；

②液体材料燃烧时，可采用干粉灭火器或黄砂灭火，避免液体外溅，扩大火势；

③固体材料燃烧时，可采用高压水灭火，如果同时伴有有害气体挥发，应用黄砂灭火并覆盖。

5）材料的维护保养：材料维护保养工作，必须坚持“预防为主，防治结合”的原则。

具体要求是：

①安排适当的保管场所；

②搞好堆码、苫垫及防潮防损；

③严格控制温、湿度；

④强化检查；

⑤严格控制材料储存期限；

⑥搞好仓库卫生及库区环境卫生。

2. 仓库盘点的意义和方法及盘点中问题的账务处理

（1）仓库盘点的意义：仓库保管的材料，品种、规格繁多，计量、计算易发生差错，保管中发生的损耗、损坏、变质、丢失等种种因素，可能导致库存材料数量不符，质量下降。只有通过盘点，才能准确地掌握实际库存量，摸清质量状况，掌握材料保管中存在的各种问题，了解储备定额执行情况和呆滞、积压数量，以及利用、代用等挖潜措施的落实情况。

（2）盘点方法

1）定期盘点：是指季末或年末对仓库保管的材料进行全面、彻底盘点。达到有物有账，账物相符，账账相符，并把材料数量、规格、质量及主要用途搞清楚。由于清点规模大，应先做好组织与准备工作。定期盘点的主要内容有：

①划区分块，统一安排盘点范围，防止重查或漏查；

②校正盘点用计量工具，统一印制盘点表，确定盘点截止日期和报表日期；

③安排各现场、车间，已领未用的材料办理“假退料”手续，并清理成品等；

④尚未验收的材料，具备验收条件的，抓紧验收入库；

⑤代管材料，应有特殊标志，另列报表，便于查对。

2）永续盘点：是指对库房内每日有变动（增加或减少）的材料，当日复查一次，即当天对有收入或发出的材料，核对账、卡、物是否对口。

3）盘点中问题的账务处理：盘点时要对实际库存量和账面结存量进行逐项核对，并同时检查材料质量、有效期、安全消防及保管状况，编制盘点报告。

①数量盈亏：盘点汇总数量出现盈亏，若盈亏量在企业规定的范围之内时，可在盘点报告中反映，不必编制盈亏报告，经业务主管审批后，据此调整账务；若盈亏量超过规定范围时，除在盘点报告中反映外，还应填写“材料盘点盈亏报告单”。

②库存材料发生损坏、变质、降等级等问题时，填报“材料报损报废报告单”，见表 7-38，并通过有关部门鉴定损失金额，经领导审批后，根据批示意见处理。

表 7-38　材料报损报废报告单

名称	规格型号	单位	数量	单价	金额
质量状况					
报损报废原因					
技术鉴定处理意见	负责人签字				
领导批示	签章				

③库房被盗或遭破坏，其丢失及损坏材料数量及相应金额，应专项报告，经保卫部门认真核查后，按上级最终批示做账务处理。

④出现品种规格混串和单价错误，在查实的基础上，经业务主管审批后按表 7-39 的要求进行调整。

⑤库存材料一年以上没有发出，列为积压材料。

表 7-39　材料调整单

项目	材料名称	规格	单位	数量	单价	金额	差额（+，-）
原列							
应列							
调整原因							
批示							

3. 钢材的现场保管方法及代换应用

（1）钢材的现场保管

建筑工程中使用的建筑钢材主要有两大类：一类是钢筋混凝土结构用钢材，如热轧钢筋、钢丝、钢绞线等；另一类则为钢结构用钢材，如各种型钢、钢板、钢管等。

保管方式：

1）建筑钢材应按不同的品种、规格分别堆放。对于优质钢材、小规格钢材，如镀锌板、镀锌管、薄壁电线管等最好放入仓库储存保管；

2）建筑钢材只能露天存放时，料场应选择在地势较高而又平坦，经平整、夯实、预设排水沟、做好垛底、苫垫后方可使用；

3）施工现场堆放的建筑钢材应注明钢材生产企业名称、品种、规格、进场日期与数量等内容；

4）施工现场应由专人负责建筑钢材的储存保管与发料；

5）成型钢筋。成型钢筋是指由工厂加工成型后运到现场绑扎的钢筋。一般会同生产班组按照加工计划验收规格和数量，并交班组管理使用。

（2）钢筋代换应用

1）代换原则：等强度代换或等面积代换。

①当构件配筋受强度控制时，按钢筋代换前后强度相等的原则进行代换。

②当构件按最小配筋率配筋时，或用钢号钢筋之间的代换，按钢筋代换前后面积相等的原则进行代换。

③当构件受裂缝宽度或挠度控制时，代换前后应进行裂缝宽度和挠度验算。

2）钢筋代换时，应征得设计单位同意，相应费用按有关合同规定（一般应征得业主同意）并办理设计变更文件。

3）代换后钢筋的间距、锚固长度、最小钢筋直径、数量等构造要求和受力、变形情况均应符合相应规范要求。

二、建筑安装工程主要材料、构配件及设备的保管

1. 管材的保管

1）宜选用平整、坚实的场地。

2）堆放时必须垫稳，防止滚动。

3）堆放层高要求见表 7-40。

表 7-40　堆放层高要求

管材种类	管径 DN/mm							
	100～150	100～250	300～400	400～500	500～600	600～700	800～1 200	1 400
自应力混凝土管	7 层	5 层	4 层	3 层	—	—	—	—
预应力混凝土管钢管	—	—	—	—	4 层	3 层	2 层	1 层
球墨铸铁管	层高≤3 m							
预应力钢筒混凝土管	—	—	—	—	—	3 层	2 层	1 层
硬 PVC 管、聚乙烯管	8 层	5 层	4 层	4 层	3 层	3 层	—	—
玻璃钢管	—	7 层	5 层	4 层	—	3 层	2 层	1 层

4）堆放应考虑施工方案，便于起吊运送。

5）堆放温度不超过 40℃，并远离热源和带腐蚀性试剂。

6）室外堆放不宜露天爆晒，堆放高度不应超过 2 m。

7）堆放附近应有消防设施。

2. 管道保温

1）在管道焊接和水压试验合格后进行。

2）法兰两侧留有间隙。每侧留有螺栓长加 20～30 mm。

3）保温层与滑动支架、吊架、支架处留有空隙。

4）硬质保温结构，应留有伸缩缝。

5）施工期间，不得使保温材料受潮。

6）保温材料伸缩缝偏差允许为±5 mm。

7）保温层允许厚度为：瓦块制品允许偏差＋5%；柔性材料允许偏差＋8%。

3. 门窗

门窗验收要详细核对加工计划，认真检查规格、型号，进场后要分品种、规格码放整齐。木门窗口及存放时间短的钢门、钢窗可露天存放，用垫木垫起，雨期时要上遮，防止雨淋日晒变形。木门、窗扇及存放时间长的钢门、钢窗要存放在仓库内或棚内，用垫木垫起。门窗验收码放后，要挂牌标明规格、型号、数量，按单位工程建立门窗及附件台账，防止错领错用。

4. 装饰材料

装饰材料种类繁多、价值高，易损、易坏、易丢失。对于壁纸、瓷砖、陶瓷锦砖、油漆、五金、灯具等应入库专人保管，防止丢失。量大笨重的装饰材料必须落实保管措施，以防损坏。

三、安装工程主要材料、构配件及设备的保管

1. 电气材料储存要求

储存环境条件的优劣直接影响电气材料有限储存期的长短，为保证储存过程中电气材料

的产品性能符合技术规定，应达到以下几方面的相关要求：

（1）环境要求

电气材料应储存在清洁、通风、通道通畅、无腐蚀性气体的仓库内（以下简称电子仓），电子仓内严禁吸烟，禁止违章用火、用电并应做好防火工作，消防标识应明确。

除另有规定外，电子仓的温度和相对湿度应满足如下要求：

1）温度：−5～30℃。

2）相对湿度：20%～75%。

（2）特殊要求

1）对静电敏感器件（如场效应晶体管、CMOS 电路等），应存放在具有静电屏蔽作用的容器内。

2）对磁场敏感但本身无磁屏蔽的电气材料如霍尔器件，应存放在具有磁屏蔽作用的容器内。

3）油封的机电原件应保持油封的完整。

（3）电气材料有限储存期的确定

1）有限储存起始日期的确定。

2）电气材料上打印的日期（或星期代号），凡仅有年月而无日期的，均按该月 15 号计算，如无星期代号的则按星期四的日期计算。

3）包装盒或包装袋上的检验日期或包装日期提前一个月计算。

（4）有限储存期与储存环境的关系

1）电气材料的有限储存期与储存的环境条件有关，储存环境条件分 3 类，见表 7-41。

2）电气材料的有限储存期见表 7-42。

表 7-41　储存环境条件分类

分类	温度/℃	相对湿度/%
Ⅰ	15～25	25～65
Ⅱ	−5～30	20～75
Ⅲ	−10～40	10～80

表 7-42　电气材料的有限储存期

电气材料类别	有限储存期/年		
	Ⅰ类环境	Ⅱ类环境	Ⅲ类环境
半导体器件	1	0.8	0.5
连接类器件	1	0.8	0.5
电阻类	1	0.8	0.5
电容类	1	0.8	0.5
线路类	1	0.8	0.5
输入/输出类	1	0.8	0.5

（5）电子仓防护要求

1）按电气材料的类别分区存放，易燃易爆品应有适当的隔离措施，针对特殊要求的电气材料应有显著的警示标识或安全标识。

2）电气材料应摆放整齐，存料卡出、入库内容规范，做到账、卡、物三方面相符。

3）电气材料不可直接落地存放，需有托盘、货架等防护。

4）电气材料叠放要求上小下大，上轻下重，一个托盘只能放置同一种物料，堆放高度有特殊要求的依据相关要求进行堆放，但最高不得超过 1.6 m。

5）散料、盘料及有特殊要求的电气材料存放具体参考相关规范。

6）对有防静电要求的电气材料必须根据实际情况选择以下方法：装入防静电袋和防静电周转箱存放等。

（6）原材料防护要求

1）电气材料应充分考虑防尘和防潮等方面的要求。

2）对于真空包装的 PCB 光板、IC 等应将其完好包装，不能让铜箔和引脚直接暴露在空气中，以防止其氧化。

3）针对特殊原材料的防护请依据其相关要求进行防护。

4）对于有引脚的电气材料特别是 IC 等引脚容易变形的电气材料在盛装时应采用原厂的包装形式，避免引脚变形导致无法正常使用。

5）发料时应遵循先进先出的原则。

四、其他常见工程材料、构配件及设备的保管

1. 存放原则

1）堆放场地需进行硬化。

2）材料的堆放应尽量靠近使用地点，确保运输及卸料方便。

3）预制构件的堆放位置要考虑吊装顺序，力求直接装卸就位。

4）模板、脚手架等周转材料，选择在装卸、取用、整理方便和靠近拟建工程地方放置。

5）各种材料的堆放要做到一头齐、一条线、砂石成堆，并有明显标识。

6）材料场做到整齐干净，无砖瓦块、钢筋、杂草、杂物等。

7）各种材料进场均有合格证或者试验单等质量证明资料。

8）所有主材、地材均按照标准制作标识牌，标识内容齐全、正确、标牌规格一致。

9）贵重物资、装备器材要存入库内。

2. 钢材及金属施工材料存放方法

1）需按规格、型号、品种、长度分别挂牌堆放，底垫木 20cm。

2）有色金属、薄铁板、小口径薄壁管应存放在仓库或料棚内，不得露天存放。

3）码放要整齐，做到一头齐、一条线，盘条要码放整齐，成品或半成品及剩余料应分类码放，不得混堆。

3. 铝合金模板存放

1）对暂不使用的铝合金模板，板面应涂刷脱模剂，焊缝开裂 24 小时应补焊，并按规格分类堆放。

2）维修质量达不到相关规范标准要求的模板和配件不得发放使用。

3）模板宜放在室内或敞棚内，模板的底面应垫离地面 100 mm 以上，露天堆放时，地面应平整，坚实、有排水措施，模板底面应垫离地面 200 mm 以上，两支点离模板两端的距离不大于模板长度的 1/6。

4）配件入库保存时，应分类存放，小件要点数装箱入袋，大件要整数成堆。

4. 木材的存放方法

1）应在干燥、平坦、坚实的场地上堆放，垛基不低于 40 cm，垛高不超过 3 m，以便防腐防潮。

2）应按树种及材种等级、规格分别一头齐码放，板方材顺垛应由斜坡。方垛应密排留坡封顶，含水量较大的木材应留空隙，有含水率要求的应放在料库或料棚内。

3）选择堆放点时，应尽量远离危险品仓库及有明火的地方，并应有严禁烟火的标示和消防设备，防止火灾。

4）拆除的木板模、支撑料应随时整理码放，模板与支撑料分别码放。

5. 大堆材料的存放要求

1）机砖码放应成丁（每丁 200 块）、成行，高度不超过 1.5 m，加气混凝土块、空心砖等轻质砌块应成垛、成行，码放高度不超过 1.8 m。耐火砖不得淋水受潮，各种水泥方砖及平面瓦不得平放。

2）砂、石、灰陶粒等放成堆，场地平整，不得混杂，色石渣要下垫上苫，分档存放。

6. 卷材的储存

1）储存温度−5～30℃，存放位置不受紫外线光源照射，离热源距离不应小于 1 m。

2）不得与溶剂、易挥发物、油脂或对卷材产生不良影响的物品堆放在一起。

3）在贮存、运输中不得长期受冻挤压。

五、各类易损、易燃、易变质材料保管

1. 易破损物品

易破损物品是指那些在搬运、存放、装卸过程中容易发生损坏的物品。易破损物品储存保管的原则是努力降低搬运强度、减少单次装卸量、尽量保持原包装状态。

储存保管易破损物品的过程中应注意：

1）严格执行小心轻放、文明作业制度。

2）尽可能在原包装状态下实施搬运和装卸作业。

3）不使用带有滚轮的贮物架。

4）不与其他物品混放。

5）利用平板车搬运时要对码层做适当捆绑后进行。

6）一般情况下不允许使用吊车作业。

7）严格限制摆放高度。

8）明显标识其易损的特性。

9）严禁以滑动方式搬运。

2. 易燃易爆物品

凡具有爆炸、易燃、毒害、腐蚀、放射性等危险性质，在运输、装卸、生产、使用、储存、保管过程中，在一定条件下能引起燃烧、爆炸，导致人身伤亡和财产损失等事故的物品，称为易燃易爆物品，如燃油、有机溶剂等。

相关注意事项有：

1）利用平板车搬运时要对码层做适当捆绑后进行。

2）一般情况下不允许使用吊车作业。

3）严格限制摆放高度。

4）明显标识易损的特性。

5）严禁以滑动方式搬运。

6）保管要求：

①易燃、易爆、有毒害物品必须单设库房，各种易燃易爆有毒物品，必须分类，保持安全距离防止产生化学反映应库房与其他建筑物必须保持安全距离，周围 1.0 m 以内不准有火种，门口须设有警告标志；

②易燃、易爆、有毒物品在运输时，严禁人员与货物混装，装卸时注意轻装、轻放、入库时必须有专人验收，存放时要有货架，分类码放，物品之间的档距不能少于 1.5 m 并设通风设施，严禁露天存放；

③施工现场临时存放使用的少量易燃易爆、有毒有害物品，要放入容器妥善保管，并分类带入宿舍、办公室；

④领料时严格各种手续，控制数量，剩余物品及时退回；

⑤易燃、易爆、有毒有害物品的仓库，必须设置足够的消防器材；

⑥施工现场的杠棚加工材料时的刨花、锯末要及时清理，做到活完场地清，防止火灾；

⑦易燃、易爆场所严禁使用明火、烟；

⑧凡接触有害、有毒的工人须定期组织身体检查并注意使用劳保用品，防止职业病或引起中毒事故。

3. 易变质材料

易变质材料是指在施工现场成批储放过程中，由于仓储条件的缺失和不到位，易受到自然介质和其他共存材料的作用，材料的使用性能发生变化，影响其正常使用的材料。对于该类材料，要注意了解其化学性能的特点和对仓储条件的特殊要求，以保证在储放过程中，不发生变质情况。

4. 常用施工设备的保管

1）制定施工设备的保管、保养方案，包括施工设备分类、保管要求、保养要求、领用制度，道路、照明、消防设施规划等。

2）施工设备验收入库后应按品种、质量、规格、新旧残废程度的不同分库、分区、分类保管，做到“材料不混、名称不错、规格不串、账卡物相符”。

3）对露天存放的施工设备，应根据地理环境、气候条件和施工设备的结构形态、包装状况等，合理堆码。

料场要具备的条件有：

①地面平坦、坚实，视存料情况，每平方米承载力应达 3～5 t；

②有固定的道路，便于装卸作业；

③设有排水沟，不应有积水、杂草污物；

④在储存保管过程中，应对施工设备的铭牌采取妥善防护措施，确保其完好；

⑤对损坏的施工设备及时修复，延长施工设备的使用寿命，使之处于随时可投入使用的状态。

六、计划发料的执行和检查

1. 现场材料发放的要求

1）材料发放是材料储存保管与材料使用的界限，是仓储管理的最后一个环节。材料发放应遵循以下依据：

①先进先出；

②及时准确；

③面向生产；

④为生产服务；

⑤保证产品正常进行；

⑥料具耗用过程中，要确保使用部位明确、耗用有依据，收发材料员要严格按签批的领料单、调拨单、销售单中指定的品种、型号、规格、数量发料，并做到“五不发料”，即口头或电话通知不发料、白条不发料、领料手续不全不发料、实行限额领料的材料无限额领料单不发料、应交回相应的旧材料到仓库，无故不交的不发料。

2）要认真执行“先进先出、推陈出新”的原则，特别是对有储存期限的材料，在保证产品质量的前提下，要按“先旧后新”的原则发放，对零星用料要做到“分斤破两”发放。需要复验和按批次生产的材料，一次只能发放同一个批次的材料，批次较大的材料应按使用部位不同分开发料并分开记录。材料的收和发要严格按照以上要求进行收发，其对于精细化管理有着推动作用，推行精细化管理势在必行。

2. 现场材料发放的依据

现场发料的依据是下达给施工班组、专业施工队的班组作业计划，根据任务书上签发的工程项目和工程量所计算的材料用量，办理材料的领发手续。

3. 工程用料的发放

工程用料的发放，包括大堆材料、主要材料、成品及半成品材料，必须以限额领料单作为发料依据，应凭工长填制、项目经理审批的工程暂借用料单，且 3 日内补齐限额领料单，交到材料部门作为正式发料凭证，否则停止发料。

4. 核对凭证

班组料具员持限额领料单向材料员领料。限额领料单是发放材料的依据，材料员要认真审核，经核实工程量、材料品种、规格、数量等无误后限量发放。可直接记载在限额领料单上，也可开领料单，双方签字认证。若一次开出的领料单较大且需多次发放时，应在发放记录上逐日记载实领数量，由领料人签认。

5. 特殊处理

当领用数量达到或超过限额数量时，应立即向主管工长和材料部门主管人员说明情况，分析原因，采取措施。若限额领料单不能及时下达，应凭由工长填制并由项目经理审批的工程暂借用料单，办理因超耗及其他原因造成多用材料的领发手续。

6. 清理

材料发放出库后，应及时清理拆散的垛、捆、箱、盒，部分材料应恢复原包装要求，整理垛位，登卡记账。

7. 现场材料发放方法

建筑材料因品种、规格不同而有所不同，分为大堆材料、主要材料、成品及半成品用料的发放，在现场材料管理中，各种材料的发放程序基本上是相同的，而现场材料发放方法却因品种、规格不同而有所不同。

（1）大堆材料

大堆材料一般是砖、瓦、灰、砂、石等材料，多为露天存放。按照材料管理要求，大堆材料的进场、出场及现场发放都要进行计量检测。这样既保证施工的质量，也保证了材料进出场及发放数量的准确性。大堆材料的发放除按限额领料单中确定的数量发放外，还应做到在指定的料场清底使用。

（2）主要材料

主要材料如水泥、钢材、木材等。主要材料一般是库房发材料或是在指定的露天料场和大棚内保管存放，由专职人员办理领发手续。主要材料的发放要凭限额领料单（任务书）、有关的技术资料和使用方案办理领发料手续。如水泥的发放，除应根据限额领料单签发的工程量、材料的规格、型号及定额数量外，还要凭混凝土、砂浆的配合比进行发放。另外应视工程量的大小，需要分期分批发放时要做好领发记录。

（3）成品及半成品

成品及半成品如混凝土构件、门窗、铁件及成型钢筋等材料。这些材料一般是在指定的场地和大棚内存放，由专职人员管理和发放。发放时依据限额领料单及工程进度，办理领发手续。

（4）现场材料发放中应注意的问题

1）提高材料人员的业务素质和管理水平。

2）根据施工生产需要，按照国家计量法规定，配备足够的计量器具，严格执行材料进场及发放的计量检测制度。

3）在材料发放过程中，认真执行定额用料制度，核实工程量、材料的品种、规格及定额用量，以免影响施工生产。

4）严格执行材料管理制度，大堆材料清底使用，水泥早进早发，装修材料按计划配套发放，以免造成浪费。

5）加强施工过程中材料管理，采取各项技术措施节约材料。

七、限额领料方案的制定和实施

1. 限额领料的方式

限额领料是依据材料消耗定额，有限制地供应材料的一种方法。就是指工程项目在建设施工时，必须把材料的消耗量控制在操作项目的消耗定额之内。

限额领料的方式有：

1）按分项工程限额领料。

2）按分层分段限额领料。

3）按工程部位限额领料。

4）按单位工程限额领料。

2. 限额领料的依据

1）材料的消耗定额。

2）材料使用者承担的工程量或工作量。

3）施工中必须采取的技术措施。

由于材料消耗定额是在一般条件下确定的，在实际操作中应根据具体的施工方法、技术措施及不同材料的试配翻样资料来确定限额领料的数量。

3. 限额领料的实施程序

限额领料的实施操作程序分为以下 7 个步骤：

1）限额领料单的签发。

2）限额领料单的下达。

3）限额领料单的应用。

4）限额领料单的检查。

5）限额领料单的验收。

6）限额领料单的核算。

7）限额领料单的分析。

4. 材料领用的其他方法及材料使用监督制度

（1）材料领用的其他方法

限额领料，是在多年的实践中不断总结出的控制现场使用材料的行之有效的方法。随着项目施工的不断完善，许多企业和项目开展了不同形式的控制材料消耗的方法，如包工包料、与分包签订包保合同、定额供应、包干使用等。如根据不同的施工过程，可采用以下材料的供应和控制消耗的方法：

1）结构施工阶段：

①钢筋加工。与分包或加工班组签订协议，将钢筋的加工损耗给加工班组或分包单位。加工后，根据损耗情况实行奖罚；

②混凝土。按图纸上算出的工程量与混凝土供应单位进行结算，这种方法可控制混凝土在供应过程的亏量；

③模板及转料具。确定周转次数和损耗量与分包单位或班组签订分包合同；

④其他材料。在领料时，由工程部门协助控制数量。由工程主管人员签字后，材料部门方可发料。

2）装饰施工阶段：采取"样板间控制法"。由于现场各工程在装饰阶段都制作了样板间或样板墙。在制作样板间或样板墙时，物资管理人员可跟踪全过程，根据所测的材料实际使用数量和合理损耗，可以房间或分项工程为单位，编制装饰工程阶段的材料消耗定额。根据工程部门签发的施工任务书，进行限额领料。

（2）材料使用监督制度

材料使用监督制度，就是保证材料在使用过程中能合理的消耗，充分发挥其最大效用的制度。

1）材料使用监督的内容：

①监督材料在使用中是否按照材料的使用说明和材料做法的规定操作；

②监督材料在使用中是否按技术部门制定的施工方案和工艺进行；

③监督材料在使用中操作人员有无浪费现象；

④监督材料在使用中操作人员是否做到工完场清、活完脚下清。

2）材料使用监督的方法：

①采用实践证明有效的供料方式，如限额领料或其他方式，控制现场消耗；

②采用"跟踪管理"方法，将物资从出库到运输到消耗全过程跟踪管理，保证材料在各个阶段处于受控状态；

③通过使用过程中的检查，查看操作者在使用过程中的使用效果，及时调整相应的方法和进行奖罚。

5. 现场机具设备和周转材料管理

（1）机具设备管理的意义、主要任务及分类

1）机具设备管理的意义：机具设备是人们用以改变劳动对象的手段，是生产力中的重要组成要素。机具管理的实质是使用过程中的管理，是在保证适用的基础上延长机具的使用寿命，使之能更长时间地发挥作用。机具管理是施工企业材料管理的组成部分，机具管理的好坏，直接影响施工能否顺利进行，影响着劳动生产率和成本的高低。

2）机具设备管理的主要任务：

①及时、齐备地向施工班组提供优良、适用的施工机具设备，积极推广和采用先进设备，保证施工生产，提高劳动效率；

②采取有效的管理方法，加快机具设备的周转，延长其使用寿命，最大限度地发挥机具设备效能；

③做好施工机具设备的收、发、保管和保养维修工作，防止机具设备损坏，节约机具设备费用。

3）机具设备的分类：

①按机具设备的价值和使用期划分

a. 固定资产设备。固定资产设备是指使用年限1年以上，单价在规定限额以上的机具设备。如塔吊、搅拌机、测量用的水准仪；

b. 低值易耗机具。低值易耗机具是指使用期或价值低于固定资产标准的机具设备，如手电钻、灰桶等；

c. 消耗性机具。消耗性机具是指价值较低，使用寿命很短，重复使用次数很少且无回收价值的设备，如扫帚、油刷等。

②按使用范围划分

a. 专用机具。专用机具是指为某种特殊需要或完成特定作业项目所使用的机具，如量卡具、根据需要而自制或订购的非标准机具等；

b. 通用机具。通用机具是指使用广泛的定型产品，如各类扳手、钳子等。

③按使用方式和保管范围划分

a. 个人随手机具。个人随手机具是指在施工生产中使用频繁，体积小便于携带而交由个人保管的机具，如瓦刀、抹子等；

b. 班组共用机具。班组公用机具是指在一定作业范围内为一个或多个施工班组共同使用的机具。其中，班组内共同使用的机具有胶轮车、水桶等。班组之间或工种之间共同使用的机具有水管、搅灰盘、磅秤等。

（2）机具设备管理的内容和保管方法

1）机具设备管理的内容：

①储存管理。机具设备验收入库后应按品种、质量、规格、新旧残废程度分开存放。同样的机具设备不得分存两处，成套的机具设备不得拆开存放，不同的机具设备不得叠压存放；

②发放管理。按机具设备费定额发出的机具设备，要根据品种、规格、数量、金额和发出日期登记入账，以便考核班组执行机具设备费定额的情况。工具发放管理中，要坚持“交旧领新”“交旧换新”和“修旧利废”等行之有效的制度；

③使用管理。根据不同机具设备的性能和特点制定相应的机具设备使用技术规程、机具设备维修及保养制度。监督、指导班组按照机具设备的用途和性能合理使用。

2）机具设备管理的方法：由于施工机具设备具有多次使用、在劳动生产中能长时间发挥作用等特点，因此，机具设备管理的实质是使用过程中的管理，是在保证生产使用的基础上延长机具设备使用寿命的管理。

3）设备租赁管理方法。

企业对生产设备实行租赁的管理方法，需进行以下几步工作：

①建立正式的设备租赁机构；

②测算租赁单价。租赁单价或按照设备的日摊销费确定的日租金额，采购、维修、管理费按设备原值的一定比例技术，一般为原值的1%～2%。使用天数可按本企业的历史水平计算。

4）设备出租者和使用者签订租赁协议或合同。

①设备定包管理办法：班组设备定包管理是按各工种的设备消耗，对班组集团实行定包。实行定包的设备，所有权属于企业。实行班组设备定包管理，需进行以下几步工作：

a. 测定各工种的设备费定额；

b. 在向有关人员调查的基础上，查阅不少于两年的班组使用设备资料。确定各工种所需设备的品种、规格、数量，并以此作为各工种的标准定包设备；

c. 分别确定各工种设备的使用年限和月摊销费；

d. 分别测定各工种的日设备费定额；

e. 确定班组月度定包设备费收入。班组设备费收入可按季或按月，以现金或转账的形式向班组发放，用于班组向企业使用定包设备的开支；

f. 企业基层材料部门，根据工种班组标准定包设备的品种、规格、数量，向有关班组发放设备；

g. 实行设备定包的班组需设立兼职设备员，负责保管设备，督促组内成员爱护设备和记载保管手册。零星机具可按定额规定使用期限，由班组交给个人保管，丢失赔偿；

h. 班组定包设备费的支出与结算；

i. 根据班组设备定包及结算台账，按月计算班组定包设备费支出；

j. 班组机具设备费结算若有盈余，为班组机具设备节约，盈余额可全部或按比例，作为机具设备节约奖，归班组所有；若有亏损，则由班组负担。

②其他机具设备的定包管理办法：

a. 按分部工程的机具设备使用费，实行定额管理、包干使用的管理方法；

b. 按完成百元工作量应耗机具设备费实行定额管理、包干使用的管理方法。

③对外包队使用机具设备的管理方法：

a. 凡外包队使用企业机具设备者，均不得无偿使用，一律执行购买和租赁的办法；

b. 对外包队一律按进场时申报的工种颁发机具设备费。施工期内变换工种的，必须在新工种连续操作25天，方能申请按新工种发放机具设备费；

c. 外包队使用企业设备的支出。采取预扣设备款的方法，并将此项内容列入设备承包合同。预扣设备款的数量，根据所使用设备的品种、数量、单价和使用时间进行预计。

④外包队向施工企业租用机具设备的具体程序：

a. 外包队进场后由所在施工队工长填写机具设备租用单，经材料员审核后，一式三份；

b. 财务部门根据机具设备租用单签发预扣机具设备款凭证，一式三份；

c. 劳资部门根据预扣机具设备款凭证按月分期扣款；

d. 工程结束后，外包队需按时归还所租用的机具设备，将材料员签发的实际机具设备租赁凭证，与劳资部门结算；

e. 外包队领用的小型易耗机具，领用是一次性计价收费；

f. 外包队在使用机具设备期内，所发生的机具设备修理费，按现行标准付修理费，从预扣款中扣除；

g. 外包队丢失和损坏所租用的机具设备，一律按机具设备的现行市场价格赔偿，并从工程款中扣除；

h. 外包队退场时，如果料具手续不清，劳资部门不准结算工资，财务部门可不付款。

（3）机具津贴管理法

1）适用范围：施工企业的瓦工、木工、抹灰工等专业工种。

2）确定设备津贴费标准：根据一定时期的施工方法和工艺要求，确定随手工具的范围和数量，然后测算分析这部分工具的历史消耗水平，制定分工种的作业工日个人工具津贴费标准。再根据每月实际作业工日，发给个人工具津贴费。凡实行个人工具津贴费的工具，单位不再发给施工中需要的这类工具，由个人负责购买、维修和保管。学徒工在学徒期不享受工具津贴。

3）外包队丢失和损坏所租用的机具设备，一律按机具设备的现行市场价格赔偿，并从工程款中扣除。

4）外包队退场时，如果料具手续不清，劳资部门不准结算工资，财务部门可不付款。

（4）周转材料的概念及其包含的各项管理内容

1）周转材料的概念：是指在施工生产过程中可以反复使用，并能基本保持其原有形态而逐渐转移其价值的材料。周转材料与一般建筑材料相比，价值周转方式不同。建筑材料的价值是一次性全部转移到建筑产品价格中，并从销售收入中得到补偿；而周转材料能在建筑施工过程中反复使用，并不改变其本身的实物形态，直至完全丧失其使用价值、损坏报废时为止。它的价值转移是根据其在施工过程中损坏程度，逐步转移到产品价格中，成为建筑产品价值的组成部分，并从建筑产品的销售收入中逐步得到补偿。在一些特殊情况下，由于受施工条件限制，有些周转材料也是一次性消耗的。

2）周转材料的分类：

①按材质属性划分：

a. 钢制品；

b. 木制品；

c. 竹制品；

d. 胶合板。

②按使用对象划分：

a. 混凝土工程用周转材料；

b. 结构及装修工程用周转材料；

c. 安全防护用周转材料。

③按施工生产过程中的用途划分：

a. 模板；

b. 挡板；

c. 架料；

d. 其他。

3）周转材料管理的任务：

①根据施工生产需要，及时、配套地提供适量和适用的各种周转材料；

②根据不同种类周转材料的特点建立相应的管理制度和方法，加速周转，以较少的投入发挥最大的效能；

③加强维修保养，延长使用寿命，提高使用的经济效益。

4）周转材料的管理方法及应用：

①周转材料管理的内容：

a. 使用管理：是指为了保证施工生产正常进行或有助于建筑产品的形成而对周转材料进行拼装、支搭以及拆除的作业过程管理；

b. 养护管理：是指例行养护，包括除去灰垢、涂刷防锈剂或隔离剂，以使周转材料处于随时可投入使用状态的管理；

c. 维修管理：是指对损坏的周转材料进行修复，使其恢复或部分恢复原有功能的管理；

d. 改制管理：是指对破坏且不可修复的周转材料，按照使用和配套要求改变外形的管理；

e. 核算管理：是指对周转材料的使用状况进行反映与监督，包括会计核算、统计核算和业务核算三种核算方式。会计核算要反映周转材料投入和使用的经济效果及其摊销状况，它是资金的核算；统计核算主要反映数量规模、使用状况和使用趋势，它是数量的核算；业务核算是材料部门根据实际需要和业务特点而进行的核算，它既有资金的核算，也有数量的核算。

5）周转材料的管理类型：

①租赁管理：

a. 租赁的概念：租赁是指在一定期限内，产权的拥有方向使用方提供材料的使用权，但不改变所有权，双方各自承担一定的义务，履行契约的一种经济关系。

实行租赁制度管理必须将周转材料的产权集中于企业进行统一管理，这是实行租赁制度的前提条件。

b. 租赁管理的内容有：周转材料费用的测算，其测量方法如下式所示：

日租金=（月摊销费＋管理费＋保养费）÷月度日历天数

管理费和保养费均按周转材料原值的一定比例计取，一般不超过原值的2%。

②费用承包管理的概念：周转材料的费用承包管理是指以单位工程为基础，按照预定的期限和一定的方法测定一个适当的费用额度交由承包者使用，实行节奖超罚的管理。周转材料承包费用的确定：

a. 周转材料承包费用的收入；

b. 周转材料承包费用的支出。

周转材料承包费用的支出是在承包期限内所支付的周转材料使用费、赔偿费、运输费、二次搬运费以及支出的其他费用之和。

6）费用承包管理的内容：

①签订承包协议；

②承包额的分析；

③分解承包额；

④分析承包额；

⑤周转材料进场前的准备工作；

⑥费用承包效果的考核承包期满后要对承包效果进行严肃认真的考核、结算和奖罚。

提高承包效果的基本途径有：

a. 在使用数量既定的条件下努力提高周转次数；

b. 在使用期限既定的条件下努力减少占用量，同时减少丢失和损坏数量。

（5）实物量承包管理

1）实物量承包管理的概念：周转材料实物量承包管理是指项目班子或施工队根据使用方案按定额数量对班组配备周转材料，规定损耗率，由班组承包使用，实行“节奖超罚”的管理办法。

2）定包数量的确定。

3）模板用量的确定。

4）提高承包效果的基本途径有：

①在使用数量既定的条件下努力提高周转次数；

②在使用期限既定的条件下努力减少占用量。同时减少丢失和损坏数量。

6. 组合钢模板、木模板和脚手架的组成和管理形式

（1）组合钢模板的管理

1）组合钢模板的组成：组合钢模板的特点有接缝严密、灵活性好、配备标准、通用性强、自重轻、搬运方便，在建筑业得到广泛运用。组合钢模板主要由钢模板和配套件两部分构成。钢模的零配件，目前使用的有：“U”形卡、“L”形插销、钩头螺栓和紧固螺栓、对拉螺栓、扣件。

2）组合钢模板的管理形式：组合钢模板使用时间长、磨损小，在管理和使用中通常采用租赁的方法。

租赁时进行如下工作：

①签订租赁合同；

②确定管理部门；

③核对租赁标准；

④确定使用责任；

⑤奖惩办法的制定。

（2）木模板的管理

木模板主要用于混凝土构件的成型，是建筑企业常用的周转材料。

木模板的管理形式有：

1）“四统一”管理法。

2）“四包”管理法。

3）模板专业队管理法。

（3）脚手架料的管理

脚手架是建筑施工过程中不可缺少的周转材料。为加速周转、减少资金占用，脚手架料通常采取租赁管理方式，集中管理和发放，以提高利用率。为保证脚手架工程的质量和安全，脚手架的构配件应强化进场验收和使用前的检查。

1）新钢管的检查：

①应有产品质量合格证；

②应有质量检验报告；

③钢管表面应平直光滑。

2）扣件的验收：

①扣件应采用可锻铸铁或铸钢制作，其应有生产许可证、法定检查单位的测试报告和产品质量合格证；

②新、旧扣件均应进行防锈处理；

③扣件的技术要求应符合现行国家标准的相关规定；

④扣件进入施工现场应检查产品合格证，并应进行抽样复试。

7. 易燃、易爆有毒物品的管理

（1）施工现场常用易燃、易爆、有毒物品

施工现场常用易燃、易爆、有毒物品主要包括氧气、乙炔、液化气、稀料、油漆、柴油、汽油等。

（2）存放要求

1）易燃、易爆、有毒害物品必须单设库房，各种易燃易爆有毒物品，必须分类，保持安全距离防止产生化学反应，库房与其他建筑物必须保持安全距离，周围 1.0 m 以内不准有火种，门口设有警告标志。

2）易燃、易爆、有毒物品在运输时，严禁人员与货物混装，装卸时注意轻装、轻放、入库时必须有专人验收，存放时要有货架、分类码放、物品之间的档距不能少于 1.5 m 并设通风设施，严禁露天存放。

3）施工现场临时存放使用的少量易燃易爆、有毒有害物品，要放入容器妥善保管，并分类带入宿舍、办公室。

4）领料时严格各种手续，控制数量，剩余物品及时退回。

5）易燃、易爆、有毒有害物品的仓库，必须设置足够的消防器材。

6）施工现场的杠棚加工材料时的刨花，锯末要及时清理，做到活完场地清防止火灾。

7）易燃、易爆、场所严禁使用明火、吸烟。

8）凡接触有害，有毒的工人定期组织身体检查并注意使用劳保用品，防止职业病或引起中毒事故。

（3）使用要求

1）氧气瓶保管及搬运。氧气瓶为高压容器，受到冲击或遇热会使瓶内氧气会膨胀，压力升高，容易发生事故，所以搬运和保管过程中应特别注意安全。

2）氧气瓶必须单独存放，不与乙炔瓶及其他可燃物和油脂类物品放在一起。

3）氧气较多时应主放，阀口向上；氧气瓶较少时，可以平放，但最多不超过5层。

4）氧气瓶内的氧气不能全部用完，瓶内应至少保留一个大气压的压力，以免空气混入。

5）氧气瓶要有瓶帽和防震橡胶圈，如果丢失，应及时配齐。

6）遮盖物，防止日光直接照射，如遇日光强烈时，应早晚搬运。

7）搬运氧气瓶时，要注意防止剧烈震动，严禁在地上滚动。

8）氧气瓶在搬运保管时，应远离火源，热源氧气瓶与明火的距离不得小于10m。

（4）乙炔气的保管与搬运

乙炔气极易燃烧、爆炸、必须严格管理。保管与搬运应严格遵守以下规定：

1）乙炔瓶的仓库必须干燥通风。

2）乙炔瓶仓库周围严禁烟火。

3）存放乙炔瓶的仓库要防热、防潮。

4）乙炔瓶仓库要有专人看管。

5）乙炔瓶存地点不准有油污。

6）乙炔瓶搬运时的注意事项与氧气瓶相同。

（5）油漆、稀料的保管

1）油漆与稀料的领用要严格按照实际用量发放使用。

2）油漆与稀料出桶后，要及时使用，剩余油漆与稀料不准随地泼洒，要倒回厚油漆桶，并封闭好。

3）油漆稀料要单独存放，远离火源，防潮隔热。

4）油漆喷刷，作业场所，不准有明火源。

（6）汽油、柴油的保管

1）汽油、柴油均属不能再生能源，具有较高的可燃性与易爆性，汽油、柴油的滴漏会污染土地，燃爆可排放污染气体。汽油、柴油的使用严格按照领料制定执行，并做好统计。作为清洗剂的柴油、汽油与污染的汽油要集中存放，妥善处理。

2）汽油、柴油存放要密封，容器下垫沙土，防止渗漏。

3）存放汽油、柴油易燃、易爆、有毒害物品必须单设库房，各种易燃易爆有毒物品，必须分类，保持安全距离防止产生化学反应，库房与其他建筑物必须保持安全距离，周围1.0 m以内不准有火种，门口设有警告标志。

（7）检查与监督

1）各单位材料人员要经常检查仓库保管条件，发现问题及时处理，达不到要求的仓库不准存放危险品。

2）材料人员要监督使用部门在领用、搬运时应符合要求，指出问题不改正的部门应停止供应，并报领导处理。

8. 限额指标的制定与实施

1）项目部施工员根据图纸计算出各分项工程的工程量，与预算工程量进行对比、分析、调整，并制定单位工程材料消耗指标。

2）由技术负责人与预算员共同核算后将单位工程材料消耗指标签发至材料办公室作为材料限额领用依据。

3）与劳务队伍签订限额领料合同，明确各方责任，确定各种材料的损耗系数、工程量及奖惩措施等。

4）参与部门与职责：

①施工办公室负责工程量的统计，施工方案的制定，现场管理控制；

②材料办公室负责材料的保管发放及回收，材料收支统计。按照限额领料单发放和管理各类材料、机具；

③对限额领料过程实施动态管理，建立健全领用单位领料台账并定期更新，单项材料领料量至总用量的 90%时及时通知项目部和领用单位，对异常（严重超、欠耗）情况及时向公司领导作出预警和报告；

④按月核算限额领料结果，并将明细表提供给施工办公室、项目经理、材料使用单位；

⑤劳务队伍：负责具体施工方案的实施落实，领取材料的保管及退回。各使用单位严格按照限额领料的流程和规定进行材料的申请、领用、使用和退库。

5）限额领料管理流程：

①工程量的计算：根据各个单项工程图纸及变更，计算出各种材料的需用量，并与预算量进行对比，并制定出各种材料的使用方案，上报项目经理。

②限额领料合同的签订：由项目部与各材料使用单位签订限额领料合同，明确各个单项工程中各种材料的使用量与损耗系数，以及最终的奖罚制度，同时明确各种材料的使用方案。合同中的材料用量作为最终核算依据。

③限额领料单签发：材料使用单位根据短期内的材料使用情况向施工办公室提报材料计划，由具体负责的施工人员核对后签发限额领料单。

④材料管理部发料：分包使用单位持材料领料单到仓库领取材料，库管员按照限额领料指标所列材料数量进行发料，材料领料单需与发料记录同时存档装订备查。如限额领料指标中的材料未一次性领取完毕的，材料管理部应该做好记录，避免重复发放或超额发放。

6）限额领料核算：

①以月度时间段核算各分包使用单位限额材料使用消耗情况，材料使用消耗情况以书面形式按月提供给施工办公室、分包使用单位；

②单项工程完毕后将核算报告形成书面材料，并召开核算专题会议，会上对结果进行讨论，对过程中不妥之处进行修正、整改，确保限额领料的目的得以实现。

7）特殊材料的管理：

周转材料限额管理：

①周转材料根据分包单位承担的工作范围和内容，由预算部（项目部配合）按照技术措施、技术方案、作业指导书核算周转材料使用数量，并作为限额指标；

②周转材料的领用必须严格按照预算部核定的指标予以领用，如遇赶工等因素确需要增加的，应由施工办公室、材料办公室酌情予以增加指标，确保现场施工正常进行。

8）材料退库：

①剩余工程材料（材料包装物或机具等）在使用完毕后，必须退还材料管理部，材料管理部予以接受，并办理相关退库手续；

②材料管理部在接受退库材料过程中，应将材料新旧程度、能否使用等情况予以注明，有条件的应注明其价值；

③有偿（包括所有地产采购及公司自购材料）提供的材料原则上不接受退库，但提前给材料管理部申请或合同中另有约定的，可以予以接受，同样在接受过程中应注明其新旧程度、能否正常使用等信息，并注明其当前价值；

④材料管理部应做好材料退库后的管理工作，对于尾工期间退库和留存的材料，应该积极与地产采购部联系，予以妥善处理，处理原则为节约成本。

9）临时、零星项目限额管理：

①对于施工办公室临时、零星安排的工程任务，由施工办公室据实签发限额指标；

②在进行结算中，应该检验其材料领用是否采用限额领料方式领取材料，对未使用该方式领用材料的，应要求结算单位予以说明，无法说明原因的，应扣除使用部门超额领用部分的材料款。

第三节　危险品的安全管理

危险品指具有易燃、易爆、腐蚀、有毒等性质，在生产、储运、使用中能引起人身伤亡、财产损毁的物品。

为了加强建设工程安全生产监督管理，保障人民群众生命和财产安全，保护环境，预防事故的发生，须根据《中华人民共和国建筑法》《中华人民共和国安全生产法》《危险化学品安全管理条例》等对危险品进行安全管理。

一、施工现场危险品管理责任制

1. 项目经理对危险品的管理职责

认真贯彻执行国家有关劳动保护法令和制度，以及安全生产的规章制度和操作规程。

1）认真贯彻“安全第一，预防为主，综合治理”的方针，按规定搞好安全防范措施，把安全落到实处，在各种经济承包中必须包括安全生产，做到讲效益必须讲安全，抓生产首先必须抓安全。

2）严格安全管理，认真组织落实施工组织设计（或施工方案）中的施工安全技术措施，建立统一规格的“五牌一图”，现场有安全标志、色标、警示牌，做到文明施工。

3）领导所属班组定期召开安全工作例会，对照建筑施工安全检查表，经常检查事故隐患，制定安全技术措施，确保施工全过程的安全生产。

4）组织班组学习安全操作规程，并检查执行情况，对新工人必须进行安全教育，特别是劳动用工的管理和教育、工人遵章守纪和正确使用安全防范设施与防护用品的教育。

5）督促指导班组严格按工艺规程和安全技术操作，制止违章指挥和冒险作业的行为。

6）对安装的大型机械、电气设备（配合机电管理员）等安全防护装置，必须有技术交底和验收手续，才能使用。

7）对工地上存在的安全隐患，由公司安全部门安全员发出隐患通知书，并通知限期整改。

8）工地建立安全岗位责任制和防火措施，督促有关人员整理好施工安全各项技术资料。

2. 安全员的职责

1）在项目经理部和安全保卫处的领导下，督促分公司职工认真贯彻执行国家颁布的安全法规及企业制定的安全规章制度，发现问题及时制止、纠正，及时向领导汇报。

2）参加本单位承接工程的安全技术措施制定及向班组逐条进行安全技术交底验收，并履行签字手续。

3）深入现场每道工序，掌握安全重点部位的情况、检查各种防护措施，纠正违章指挥、冒险蛮干，执法要以理服人、坚持原则、秉公办事。

4）参加分公司组织的定期安全检查，查出的问题要督促在限期内整改完成，发现危险及关乎职工生命安全的重大安全隐患，有权制止作业，组织职工撤离危险区域。

5）发生工伤事故，要协助保护好现场，及时填表上报，认真参与工伤事故的调查，不隐瞒事故的情节，并向有关领导汇报情况。

3. 施工现场防火管理制度

1）认真落实防火安全责任制，严格执行公安消防部门有关施工现场的防火制度。

2）认真做好施工现场消防危险品的管控，按规定配备消防器材，设置消防水池。

3）保持消防通道及疏散通道畅通。

4）油漆间、木工棚及危险品仓库等易燃、易爆场所和规定的禁火区域严禁吸烟。

5）严格执行动火审批制度。

6）在工棚、宿舍内严禁擅自拉接电线，不准使用电炉、煤油炉、电热棒等非生产性电加热器具，灯泡功率必须低于 100 W 并不得用纸或布等可燃物罩住。

7）在宿舍内不准躺在床上吸烟，不得乱扔烟头、火种。

8）乙炔气瓶、氧气瓶等必须按规定放置，并有相应的设施和防护装置。

9）保障工地生产、生活和消防给水，有足够的水压，保证其有效灭火距离能控制到施工现场的任何地方。

10）爱护消防器材并掌握其使用方法，保证消防器材时刻处于有效的可用状态，发现火灾必须速打火警电话“119”，并积极进行灭火。

4. 安全教育

建立完善的安全教育制度。凡新上岗或调换的工人，上岗前必须进行安全教育，经考试合格后，方准上岗操作；特殊工种工人应参加主管部门举办的培训班，经考试合格后，持证上岗；要结合安全合同，每年进行一次安全技术知识理论考核，并建立考核成绩档案。

安全教育的主要内容有：

1）贯彻党和国家关于安全施工的方针、政策、法令与规定。

2）安全生产管理制度。

3）机电及各种安全技术操作规程。

4）施工生产中危险区域和安全工作中的经验教训以及预防措施。

5）尘毒的危害和防护。

6）执行三级教育制度。

二、施工现场危险源的辨识和危害

1. 建筑工地危险源概述

建筑工地危险源可能造成的事故危害主要有高处坠落、坍塌、物体打击、起重伤害、触电、机械伤害、中毒窒息、火灾、爆炸和其他伤害等。

建筑工地危险源的主要类型有：

（1）建筑工地危险源

第一类危险源：施工所用危险化学品及压力容器。

第二类危险源：人的不安全行为，机械、工艺的不安全状态、不良环境条件和管理缺陷。

（2）施工现场危险源

在施工现场，人的危险源主要是指人的不安全行为，即“三违”：违章指挥、违章作业、违反劳动纪律，这些集中表现在施工现场经验不丰富、素质较低的人员当中。事故原因统计结果表明，70%以上的事故是由“三违”造成的，因此应严禁“三违”。

存在于分部、分项工艺过程、施工机械运行过程和物料的危险源。

a. 脚手架、模板和支撑、起重塔吊、人工挖孔桩、基坑施工等局部结构工程失稳，造成机械设备倾覆、结构坍塌、人员伤亡等意外；

b. 施工高度大于 2 m 的作业面，因安全防护不到位、人员未配系安全带等造成人员踏空、滑倒等高处坠落摔伤或坠落物体打击下方人员等意外；

c. 焊接、金属切割、冲击钻孔、凿岩等施工，临时用电设备漏电，遇地下室积水及各种施工电器设备的安全保护（如漏电、绝缘、接地保护、一机一闸）不符合要求，造成人员触电、局部火灾等意外；

d. 工程材料、构件及设备的堆放与频繁吊运、搬运等过程中易发生堆放散落、高空坠落、撞击人员等意外。

（3）存在于施工自然环境中的危险源

①人工挖孔桩、隧道掘进、地下市政工程接口、室内装修、挖掘机作业时损坏地下燃气管道等因通风排气不畅造成人员窒息或中毒意外；

②深基坑、隧道、大型管沟的施工，因支护、支撑等设施失稳、坍塌，造成施工场所破坏、人员伤亡。基坑开挖、人工挖孔桩等施工降水，造成周围建筑物因地基不均匀沉降而倾斜、开裂、倒塌等意外；

③海上施工作业由于受自然气象条件如台风、汛、雷电、风暴潮等侵袭易发生翻船人亡且群死群伤意外。

（4）临建设施重大危险源

①厨房与临建宿舍安全间距不符合要求，施工用易燃、易爆危险化学品临时存放或使用不符合要求防护不到位，造成火灾或人员窒息中毒意外；工地饮食因卫生不符合标准，造成集体中毒或疾病意外；

②临时简易帐篷搭设不符合安全间距要求，易发生火灾蔓延的意外；

③电线私拉乱接，直接与金属结构或钢管接触，易发生触电及火灾等意外；

④临建设施拆除时，房顶发生整体坍塌，作业人员踏空、踩虚造成伤亡意外。

2. 建筑工地重大危险源的辨识与主要危害

根据《建设工程安全生产管理条例》的相关规定、参照《危险化学品重大危险源辨识》（GB 18218—2018）的有关原理，进行建筑工地重大危险源的辨识。施工现场危险源的辨识与危害见表 7-43。

表 7-43　施工现场危险源的辨识与危害

序号	岗位 / 过程		可能导致事故的原因	产生的后果	发生的可能性			严重性			风险评价
					极不可能	不太可能	可能	轻度	中度	严重	
一	大型设备（施工机械）拆装和操作	1. 安装	（1）高处作业人员安全防护用品使用缺陷	高处坠落或其他伤害			√			√	极其危险
			（2）安装人员身体素质缺陷	高处坠落或其他伤害		√				√	高度危险
			（3）安装人员无安全技术交底	人员伤害或设备损坏	√				√		一般危险
		2. 整机或部件	（1）吊装无专项安全方案	设备损坏	√				√		一般危险
			（2）起重吊装人员无上岗证	人员伤害或设备损坏		√			√		显著危险
			（3）吊装无警戒区	人员伤害或设备损坏		√			√		显著危险
		3. 指挥	指挥不当	人员伤害或设备损坏			√			√	极其危险

续表

序号	岗位 / 过程		可能导致事故的原因	产生的后果	发生的可能性			严重性			风险评价
					极不可能	不太可能	可能	轻度	中度	严重	
二	施工机具	1. 电焊机	（1）一次线保护不当	触电伤害	√					√	显著危险
			（2）未做保护接零或接地、无漏电保护器	触电伤害		√				√	高度危险
			（3）焊把线接头超过 3 处或绝缘老化的	触电伤害			√			√	极其危险
			（4）室外无防雨棚	设备损坏		√		√			一般危险
			（5）进出线无防护罩	触电伤害		√				√	高度危险
		2. 卷扬机、卷板机	（1）传动部位无防护罩	设备损坏或人员伤害		√		√			一般危险
			（2）未做保护接零或接地、无漏电保护器	触电伤害		√				√	高度危险
			（3）室外无防雨棚	设备损坏		√		√			一般危险
			（4）地基不平、不实，地锚不牢固	设备损坏或人员伤害		√		√			一般危险
		3. 气瓶	（1）氧气、乙炔气瓶使用时间距小于 5 m、距明火小于 10 m、又无隔离措施	火灾或人员伤害	√			√			一般危险
			（2）乙炔瓶平放使用	火灾或人员伤害	√			√			一般危险
			（3）气瓶库存不符合要求	火灾、爆炸	√					√	显著危险
			（4）气瓶无防震圈和防护帽	火灾、爆炸		√		√			一般危险
			（5）气瓶在露天暴晒	火灾、爆炸	√					√	显著危险
			（6）乙炔使用无防回火安全装置	火灾、爆炸或人员伤害	√					√	显著危险
		4. 砂轮切割机	（1）传动部位无防护罩	人员伤害			√		√		高度危险
			（2）无保护接零或接地、无漏电保护器	人员伤害		√			√		显著危险

续表

序号	岗位 / 过程		可能导致事故的原因	产生的后果	发生的可能性			严重性			风险评价
					极不可能	不太可能	可能	轻度	中度	严重	
二	施工机具	4. 砂轮切割机	（3）在砂轮切割机上磨工件	触电伤害		√				√	高度危险
		5. 汽车	（1）制动装置不灵敏	设备损坏或人员伤害	√				√		一般危险
			（2）司机不持证上岗	设备损坏或人员伤害		√		√			一般危险
			（3）叉车行驶载人或违章行车	人员伤害		√			√		显著危险
三	手持电动工具	电锤、电钻、冲击钻、角向磨光机、手动砂轮	（1）Ⅰ类无保护接零	触电伤害		√				√	高度危险
			（2）Ⅰ类不按规定穿戴绝缘用品	触电伤害		√				√	高度危险
			（3）无保护接零或接地、无漏电保护器	触电伤害		√				√	高度危险
			（4）转动部位无防护罩	人员伤害		√		√			一般危险
四	施工临时用电设施	1. 施工用电设计	施工用电组织设计缺陷	触电伤害		√				√	高度危险
		2. 接地接零	（1）未采用 TN-S 系统或 TT 系统	触电伤害		√				√	高度危险
			（2）工作接地与重复接地不符合要求	触电伤害		√				√	高度危险
			（3）专用保护零线或接地设置不符合要求	触电伤害		√				√	高度危险
			（4）保护零线与工作零线混接	触电伤害		√				√	高度危险
		3. 配电箱、开关箱	（1）未执行“三级配电二级保护”	触电伤害		√				√	高度危险
			（2）电箱内无漏电保护器或保护器失效	触电伤害		√				√	高度危险
			（3）漏电保护器参数不匹配	触电伤害		√				√	高度危险
			（4）电箱位置不当	触电伤害		√				√	高度危险

续表

序号	岗位／过程		可能导致事故的原因	产生的后果	发生的可能性			严重性			风险评价
					极不可能	不太可能	可能	轻度	中度	严重	
四	施工临时用电设施	3. 配电箱、开关箱	（5）多路配电无标志	触电伤害		√				√	高度危险
			（6）电箱无门、无锁、无防雨措施	触电伤害		√				√	高度危险
		4. 照明	（1）照明专用回路无漏电保护	触电伤害		√				√	高度危险
			（2）灯具金属外壳未作接零保护	触电伤害		√				√	高度危险
			（3）安装高度低于 2.4m	触电伤害		√				√	高度危险
			（4）潮湿环境及手持灯具未使用安全电压	触电伤害		√				√	高度危险
		5. 配电线路	（1）采用 TN—S 系统的未使用五芯电缆	触电伤害		√				√	高度危险
			（2）电缆架设或埋设不符合要求，电杆、横担不符合要求	触电伤害		√				√	高度危险
			（3）电线老化	触电伤害		√				√	高度危险
		6. 电气装置	（1）闸刀、熔断器参数与设备容量不匹配	触电伤害		√				√	高度危险
			（2）用其他金属丝代替熔断丝	触电伤害、设备损坏		√				√	高度危险
		7. 低压干式变压器变配电装置	不符合安全规定	触电伤害		√				√	高度危险
五	“三宝”	1. 安全帽	（1）不戴安全帽	物体打击		√				√	高度危险
			（2）不按标准戴安全帽	物体打击		√		√			一般危险
			（3）安全帽不符合标准	物体打击		√				√	高度危险

续表

序号	岗位/过程		可能导致事故的原因	产生的后果	发生的可能性			严重性			风险评价
					极不可能	不太可能	可能	轻度	中度	严重	
五	“三宝”	2. 安全网	（1）安全网规格、材质不符合要求	人员坠落		√				√	高度危险
			（2）安全网未取得建筑安全监督管理部门批准的合格证	人员坠落		√				√	高度危险
		3. 安全带	（1）在必须系安全带工作的场所未系安全带的	人员坠落		√				√	高度危险
			（2）安全带系挂不符合要求	人员坠落		√				√	高度危险
			（3）安全带不符合标准	人员坠落		√				√	高度危险
六	简易脚手架和临时操作平台		（1）立杆基础不平、不实	倒塌、人员坠落	√				√		一般危险
			（2）立杆缺少底座、垫木	倒塌、人员坠落	√				√		一般危险
			（3）不按规定设置剪刀撑	倒塌、人员坠落	√				√		一般危险
			（4）脚手架不满铺	倒塌、人员坠落	√				√		一般危险
			（5）脚手架材质不符合要求	倒塌、人员坠落	√				√		一般危险
			（6）探头板未绑扎牢固	人员坠落	√				√		一般危险
			（7）施工层防护栏高度不符合标准	人员坠落	√				√		一般危险
			（8）钢管立杆采用搭接	倒塌、人员坠落	√				√		一般危险
			（9）钢管弯曲、锈蚀严重	倒塌、人员坠落	√				√		一般危险
			（10）架体无上下爬梯	人员伤害	√				√		一般危险
			（11）脚手架荷载超过 270 kg/m^2	倒塌、人员坠落	√				√		一般危险
			（12）脚手架、爬梯搭设用铁丝或麻绳固定	倒塌、人员坠落		√			√		一般危险

续表

序号	岗位／过程	可能导致事故的原因	产生的后果	发生的可能性			严重性			风险评价
				极不可能	不太可能	可能	轻度	中度	严重	
六	简易脚手架和临时操作平台	（13）脚手架、爬梯拆除时，未采取临时固定防范措施	倒塌、人员坠落		√			√		一般危险
七	探伤作业	（1）X 射线探伤机故障	人员伤害		√			√		显著危险
		（2）探伤人员未穿防护服	人员伤害		√			√		显著危险
		（3）探伤人员未配 X 射线报警器	人员伤害		√			√		显著危险
		（4）未设置安全警戒区或无明显警戒标志	人员伤害		√			√		显著危险
八	起重吊装	（1）吊装机具质量缺陷	设备倾覆、人员伤害		√				√	高度危险
		（2）吊装前安全技术交底不完善	设备倾覆、人员伤害		√				√	高度危险
		（3）吊装区域未设安全警戒区	人员伤害		√				√	高度危险
		（4）起重作业人员无证上岗	设备倾覆、人员伤害		√				√	高度危险
		（5）指挥不当、指挥手段落后	设备倾覆、人员伤害		√				√	高度危险
九	现场防火	（1）无消防措施、制度或无灭火器材	火灾、人员伤害		√			√		显著危险
		（2）灭火器材配置不合理	火灾、人员伤害		√			√		显著危险
		（3）现场动火无防范措施	火灾、人员伤害		√			√		显著危险
		（4）宿舍（值班室）内未经批准使用煤气灶、煤油炉、电炉、电热棒等器具	火灾、人员伤害		√			√		显著危险
		（5）无动火审批手续或无动火监护人员	火灾、人员伤害		√			√		显著危险
		（6）易燃、易爆物品未分库存房	火灾、爆炸、人员伤害		√			√		显著危险

续表

序号	岗位／过程	可能导致事故的原因	产生的后果	发生的可能性			严重性			风险评价
				极不可能	不太可能	可能	轻度	中度	严重	
十	高处作业	（1）未对作业人员进行定期健康检查	人员伤害		√				√	高度危险
		（2）作业时穿硬底和带钉易滑的鞋、靴	人员伤害		√				√	高度危险
		（3）作业时材料乱放，工具未放入工具袋内	人员伤害		√				√	高度危险
		（4）6级（含）以上大风作业	人员伤害		√				√	高度危险
		（5）梯子使用不符合要求，无人监护和无防滑措施	人员伤害		√				√	高度危险
		（6）未正确使用安全带	人员伤害		√				√	高度危险
		（7）作业人员骑坐在无防护的构筑物和建筑物上作业	人员伤害		√				√	高度危险
		（8）未按规定走通道	人员伤害		√				√	高度危险
十一	夏季高温下作业	（1）未制定合理的作息时间	人员伤害		√			√		显著危险
		（2）为配发有针对性夏季高温作业的防护用品	人员伤害		√			√		显著危险
		（3）作业时未采用通风、遮阳措施	人员伤害		√			√		显著危险
十二	物体打击	（1）交叉作业或易发生飞溅物场所无隔离防护或防护不严	人员伤害			√		√		高度危险
		（2）随手抛掷工件或物品	人员伤害			√		√		高度危险
		（3）未及时清理工作面上方的未固定物品	人员伤害			√		√		高度危险
		（4）在起吊物下作业或停留	人员伤害			√		√		高度危险

续表

序号	岗位／过程		可能导致事故的原因	产生的后果	发生的可能性			严重性			风险评价
					极不可能	不太可能	可能	轻度	中度	严重	
十三	办公场所、生活设施	办公科室、宿舍	（1）登高打扫工作	人员伤害		√		√			一般危险
			（2）违反规定使用电器具	人员伤害		√		√			一般危险
			（3）乱扔烟蒂	火灾、人员伤害		√		√			一般危险
			（4）地面湿滑	人员伤害		√		√			一般危险
		食堂	（1）柴油灶（煤气灶）操作不当	火灾、人员伤害		√		√			一般危险
			（2）食物不卫生	人员伤害		√			√		显著危险
			（3）炊事人员无健康证	人员伤害		√		√			一般危险

3. 建筑工地危险源整治措施

对危险和有害因素的辨识应从人、料、机、工艺、环境等角度入手，动态分析、识别评价可能存在的危险有害因素的种类和危险程度，从而找到整改措施来加以治理。

（1）安全管理措施

1）建立建筑工地重大危险源的公示和跟踪整改制度。加强现场巡视，对可能影响安全生产的重大危险源进行辨识，并进行登记，掌握重大危险源的数量和分布状况，经常性地公示重大危险源名录、整改措施及治理情况。

2）对人的不安全行为，要严禁“三违”，加强教育，搞好传、帮、带，加强现场巡视，严格检查。

3）淘汰落后的技术、工艺，适当提高工程施工安全设防标准，从而提升施工安全技术与管理水平，降低施工安全风险。如过街人行通道、大型地下管沟可采用顶管技术等。

4）制定和实行施工现场大型施工机械安装、运行、拆卸和外架工程安装的检验检测、维护保养、验收制度。

5）对不良自然环境条件中的危险源要制订有针对性的应急预案，并选择适当时机进行演练，做到人人心中有数，遇到情况不慌不乱，从容应对。

6）制定和实施项目施工安全承诺与现场安全管理绩效考评制度，确保安全投入，形成施工安全长效机制。

（2）安全技术措施

1）按规定使用“三宝”（安全帽、安全带、安全网）。

2）机械设备防护装置一定要齐全有效。

3）吊车、铲车等起重设备必须有限位装置，不准带病运转，不准超负荷作业，不准在运转中维修保养。

4）架设电线，线路必须符合当地电业局的规定，电气设备全部接地、接零。

5）电动机械和电动手持工具要设漏电开关装置。

6）脚手架材料及脚手架的搭设必须符合规程要求。

7）各种缆绳及其设备必须符合规程要求。

8）在建工程的楼梯口、电梯口、预留洞口、通道口，必须有防护措施。

9）严禁穿高跟鞋、拖鞋、赤脚进入施工现场。高空作业不准穿硬底鞋和带钉易滑的鞋靴。

10）施工现场的悬崖、陡坎等危险地区应有警戒标志，夜间要有红灯示警。

（3）安全生产纪律

1）进入施工现场，必须遵守安全生产规章制度。

2）进入施工区内，必须戴安全帽。

3）操作前不准喝酒。

4）现场内不准赤脚，不准穿拖鞋、高跟鞋、喇叭裤。

5）高空作业严禁穿皮鞋和带钉、易滑鞋。

6）非有关操作人员不准进入危险区内。

7）未经施工负责人批准，不准任意拆除安全装置。

8）不准带小孩进入施工现场。

9）不准在施工现场打闹。

10）不准从高处向下抛掷任何物资材料。

（4）消防管理

应当严格按照《中华人民共和国消防法》的规定，在施工现场建立和执行消防管理制度，现场必须安排消防车出入口和消防道路、紧急疏散通道等，并应有明显标志或指示牌。有高度限制的地点应有限高标志。

设置符合要求的消防设施，并保持其良好的备用状态。在容易发生火灾的地区施工或储存、使用易燃、易爆物品时，施工单位应采取特殊的消防安全措施。

在城市中施工，还应注意在并排的高层建筑中，由于狭管效应而造成的风速加大（高楼强风）。高楼强风有利于火势的蔓延扩大，增加了灭火难度，是防火不容忽视的不利因素。

施工现场消防管理还应注意现场的主导风向。在安排疏散通道时，以安排在上风口为宜。建筑施工所造成的火灾因素包括明火作业、吸烟、不按规定使用电热器具等。现场严禁吸烟，必要时可设吸烟室。进行电焊作业时应注意电焊火星落入木脚手板缝中逐渐蔓延，其起火延时很长，往往不易发现。因此，在电焊工作时要在其下面设有专人熄灭火星。

室外消防道路的宽度不得小于 4 m，消防车道不能环行的，应在适当地点修建车辆回转场地。

施工现场进水干管直径不应小于 100 mm。现场消火栓的位置应在施工总平面图中作规划。消火栓处昼夜要设有明显标志品，配备足够的水龙带，其周围 3 m 内不准存放任何物品。

高度超过 24 m 的工程应设置消防竖管，管径不得小于 65 mm，并随楼层的升高每隔一层设一处消火栓口，配备水龙带。消防竖管位置应在施工立体组织设计中确定。

施工现场必须设有保证施工安全要求的夜间及施工必需的照明。高层建筑应设置楼梯照明和应急照明。

（5）保安管理

保安管理的目的是做好施工现场安全保卫工作，采取必要的防盗措施，防止无关人员进入和防止不良行为。现场应设立门卫，根据需要设置流动警卫。非施工人员不得擅自进入施工现场。由于施工现场人员众多，入口处设置进场登记的方法很难达到控制无关人员进入施工现场的目的。因此，提倡采用施工现场工作人员佩戴证明其身份的证卡，并以不同的证卡标志不同工种的人员。有条件时，可采用进退场人员磁卡管理。

保安工作贯穿从施工进驻现场开始直至撤离现场。其中，施工进入装修阶段时，施工现场工作单位多，人员多，使用材料易燃性强，保安管理应担负着防火、保安和半成品保护等责任。

4. 现场危险品的储存管理、发放

危险品的储存必须符合下列规定：

1）危险品专用仓库应当符合国家标准对安全、消防的要求，设置明显标志；危险化学品专用仓库的储存设备和安全设施应当定期检测；储存剧毒物品的装置每年进行一次安全评价；储存其他危险品的装置每两年进行一次安全评价，安全评价由设备、安全部门牵头进行，并备案上报有关管理部门；仓库的周边防护距离符合国家标准或者国家有关规定。

2）有符合储存需要的管理人员和技术人员。

3）有健全的安全管理制度。

4）符合法律、法规规定和国家标准要求的其他条件。

5）处置废弃危险品，依照《固体废物污染环境防治法》和国家有关规定执行。

6）危险品储存方式、方法与储存数量必须符合国家标准，并由专人管理。储存、使用场所应设置通信报警装置，保证在任何情况下能正常运行。严防被盗、丢失、误用。若发生上述情况必须立即向安全保卫部门报告。

7）危险品出入库，必须进行核查登记。库存危险化学品应当定期检查。

8）剧毒化学品和储存数量构成重大危险源的其他危险化学品必须在专用仓库内单独存放，实行双人收发、双人保管的制度。

9）必须加强管理，建立健全岗位防火责任制度、火源、电源管理制度、门卫制度、值班巡回制度和各项操作制度。做好防火、防洪（汛）、防盗等工作。

5. 现场危险品的储存和使用

1）必须按危险品的性质和储运要求，严格执行危险品的配装规定，对不能配装的危险品必须严格按以下要求进行隔离：

①放射性物品，剧毒物品不能与其他危险品同存一库；

②炸药不能与起爆器材同存一库；

③氧化剂或具有氧化性的酸不能与易燃物品同存一库；

④盛装性质相抵触气体的气瓶不可同存一库；

⑤危险品与普通物品同存一库时，应保持一定距离；

⑥遇水燃烧、易燃、自燃及液化气体等危险品不可在低洼仓库或露天场地堆放。

2）放置废弃物的容器或堆放场地要有明显标志，并对放置有可能产生二次污染的危险品或废弃物的容器加盖，防止因风、雨、热等天气引起的对环境的再次污染。

3）放置危险化学品的废弃物包装物要有回收特别标志。堆放区注明“危险废弃物”，防止泄漏、蒸发和预防与其他废弃物相混淆。

4）根据危险化学品的种类、特性，在车间、库房等作业场所设置相应的监测、通风、防晒、调温、防火、灭火、防爆、泄压、防毒、消毒、中和、防潮、防雷、防静电、防腐、防渗漏、防护围堤或者隔离操作等安全设施、设备，并按照国家标准和有关规定进行维护、保养，保证符合安全运行要求。

5）危险品的储存、使用必须建立相应的台账，保证账物相符。剧毒物品须注明用途。

6. 危险品的运输

危险品的运输必须遵守国家交通部《道路危险货物运输管理规定》《汽车危险货物运输规则》和交通行业标准《汽车运输、装卸危险货物作业规程》（JT 618—2004）的规定。危险品运输的相关规定如下：

1）直接从事道路危险货物运输、装卸、维修和业务管理的人员，必须掌握危险货物运输的有关知识，经当地县（市）级以上道路运政管理机关考核合格，发给《危险货物运输操作证》，方可上岗作业。危险品的装卸作业必须在装卸管理人员的现场指挥下进行。

2）运输危险化学品的驾驶员、装卸人员和押运人员必须了解所运载的危险化学品的性质、危害特性、包装容器的使用特性和发生意外时的应急措施。运输危险化学品，必须配备必要的应急处理器材和防护用品。

3）运输危险品的槽罐以及其他容器必须封口严密，能够承受正常运输条件下产生的内部和外部压力，保证危险化学品在运输中不因温度、湿度或者压力的变化而发生任何渗漏。

4）剧毒化学品在公路运输途中发生被盗、丢失、流散、泄漏等情况时，驾驶员、提货员及押运员必须立即向当地公安部门报告，并采取一切可能的警示措施。

5）危险品运输时必须做到：

①必须对运货单提供的资料予以查对核实，必要时到货物现场和运输线路上进行实地勘察；

②运输易爆炸物品、剧毒物品、放射性物品及需控温的有机过氧化物、使用受压容器罐（槽）运输烈性危险品，以及危险货物月运输量超过 100 t，均应于起运前 10 天，向当地道路运政管理机关报送危险货物运输计划，包括货物品名数量、运输路线、运输日期等；

③在装运危险货物时，要按《汽车危险货物运输规则》规定的包装要求进行严格检查。凡不符合规定要求不得装运。危险货物性质或灭火方法相抵触的货物严禁混装；

④运输危险货物的车辆严禁搭乘无关人员，运行中司乘人员严禁吸烟，停车时不准靠近明火和高温场所；

⑤运输结束时，必须清扫车辆，消除污染；

⑥凡装运危险品的车辆，必须按照国家标准悬挂规定的标志和标志灯；

⑦运输危险品时，必须配备押运人员，并随时处于押运人员的监管之下，不得超装、超载，不得进入危险品运输车辆禁止通行的区域；确需进入禁止通行区域的，应当事先向当地公安部门报告，由公安部门为其指定行车时间和路线，运输车辆必须遵守公安部门规定的行车时间和路线。危险品运输车辆禁止通行区域，由设区的市级人民政府公安部门划定，并设置明显的标志。运输危险品途中需要停车住宿或者遇有无法正常运输的情况时，应当向当地公安部门报告。

7. 危险品的仓库管理

危险品的仓库管理，需遵守以下规定：

1）应制定危险品入库验收制度，核对、检验进库危险品的规格、质量、数量。无产地、铭牌、检验合格证的危险品不得入库。

2）易燃、易爆物品的仓库（堆码）要采取杜绝火种的安全措施。

3）危险品的发放，应严格履行发放手续，认真核实。危险化学品的发放，应严格控制，主管部门应经常检查核准。

4）危险品的储存要严格执行配装规定，对不可配装的危险品必须严格隔离。

5）剧毒物品、炸药物品、放射性物品应单独存放，必须实行两人、两把锁、两本账的管理办法。使用单位必须凭保卫部门批准的“危险品领（退）单”由两人领取。

储存易燃和可燃物品的仓库，堆垛附近不准进行试验、分装、封焊、维修、动火等作业。如因特殊需要，应由仓库（堆垛场）负责人上报，企业有关领导批准，采取安全措施后才能进行。作业结束后，检查确无火种，方可离开现场。

6）保管人员应根据所保管的危险品的性质，配备必要的防护用品、器具。

7）易燃和可燃物品堆垛，应当布置在温度较低、通风良好的场所，并应设通风降温装置。

8）危险品的包装容器应当牢固、密封，发现破损、残缺、变形和危险品变质等情况时，应当及时进行安全处理。

9）危险品库房内不准设办公室、休息室，不准住人。每日工作结束后，应进行安全检查，关闭门窗，切断电源后，方可离开。

第四节　施工余料和施工废弃物的处置与利用

一、施工余料产生的原因分析

1. 施工余料

施工余料是施工生产剩余的原材料、辅助材料，包括边角料、包装材料等。可分为有可用价值和无可用价值两种余料。

2. 施工废弃物

施工废弃物是施工活动中产生的固态、半固态废弃物质，即在施工生产中无可用价值的余料。

施工废弃物按照其化学组成可以分为有机废物和无机废物，按照其对环境和人类健康的危害程度可以分为一般废物和危险废物。

3. 施工余料和施工废弃物的产生

施工余料和施工废弃物主要来自施工中产生的建筑垃圾、边角余料和废弃包装箱、机械修理产生的废弃零件、含油物品的丢弃，生活区和办公区产生的生活垃圾。建设工程施工工地上主要的施工余料和施工废弃物有如下几种：

①建筑渣土：包括砖瓦、碎石、渣土、混凝土碎块、废钢铁、碎玻璃、废屑、废弃装饰材料等；

②废弃的散装大宗建筑材料：包括水泥、石灰等；

③生活垃圾：包括炊厨废物、丢弃食品、废纸、生活用具、玻璃陶瓷碎片、废电池、废日用品废塑料制品、煤灰渣、废交通工具等；

④设备、材料等的包装材料；

⑤粪便。

在施工现场中，不同结构类型建筑物所产生的建筑施工余料和施工废弃物各种成分的含量有所不同，但其主要成分是一致的，主要有散落的砂浆和混凝土，剔凿产生的砖石和混凝土碎块、打桩截下的钢筋混凝土桩头、非金属料、竹木材、各种包装材料，约占总量的20%，表7-44中列出了不同结构形式的建筑工地中建筑施工垃圾组成比例。

表7-44 不同结构形式的建筑工地中建筑施工垃圾组成比例

垃圾成分	建筑施工垃圾组成比例		
	砖混结构	框架结构	框剪结构
碎砖（砌块）	30～50	30～50	10～20
砂浆	8～15	10～20	10～20
混凝土	8～15	15～30	15～35
桩头	—	8～15	8～20
包装材料	5～15	5～20	10～20
屋面材料	2～5	2～5	2～5
钢材	1～5	2～8	2～8
木材	1～5	1～5	1～5
其他	10～20	10～20	10～20
合计	100	100	100
产生量/（kg/m^2）	50～200	40～150	40～150

4. 旧建筑物拆除产生的余料和施工废弃物

旧建筑物拆除产生的施工余料和施工废弃物相对于建筑施工单位面积产生的施工余料和

施工废弃物量更大，旧建筑物拆除产生的施工余料和施工废弃物组成与建筑物的结构有关；砖混结构建筑中，砖块、瓦砾约占 80%，其余为木料，碎玻璃、石灰、渣土等，现阶段拆除的旧建筑物多属于砖混结构的民居；框架、剪力墙结构的建筑中，混凝土块占 50%～60%，其余多为金属、砖块、砌块、塑料制品等，旧工业厂房，楼宇建筑是此类建筑的代表。随着时间的推移，建筑水平的提高，旧建筑拆除产生的施工余料和施工废弃物的组成会发生变化，主要成分从砖块、瓦砾向混凝土块转变。施工和拆除过程中建筑垃圾组成比例见表 7-45。

表 7-45　施工和拆除过程中建筑垃圾组成比例

建筑垃圾成分	垃圾组成比例	
	施工过程	拆除过程
混凝土碎末	19.89	9.27
钢筋混凝土	33.11	8.25
块状混凝土	1.11	0.9
泥灰，灰尘	11.91	30.56
石块、碎石	11.78	23.78
沥青	1.61	0.13
砖	6.33	5
竹、木料	7.46	10.83
玻璃	0.2	0.56
砂子	1.44	1.7
金属	3.41	4.36
其他	1.75	4.66
总计	100	100

二、施工余料的处置

施工余料的处置一般应在工程结束后的收尾期间进行，也可按月、季度定期进行处置。

物资部门负责施工余料的回收，技术部门参与确认废料在施工生产中是否可再利用。材料使用者必须退交施工余料，对拒交、故意抛洒、毁坏、掩埋材料者，由所在单位负责追究相关人员责任。变卖处理施工余料必须按规定进行请示，严禁先斩后奏、化整为零。

对有条件转场使用的施工余料必须转场使用，转场时按内部调拨办理，必要时可由上级物资主管部门进行协调。没有条件转场时可以按以下方法处理：

1. 变相处理

由项目部物资部门向上级主管部门书面请示，经上级主管部门批准后进行处理，所得收入必须按财务规定入账。处理的施工余料批量在 10 t 以上时必须上机公司主管经理请示报告，上级公司主管经理批准后才能处理。处理须在上级物资部门、财务审计部门、纪检部门有关人员共同监督下进行。

2. 回收利用

1）建筑垃圾中的砖、瓦经清理可重复使用，废砖、瓦、混凝土经破碎筛分级、清洗后作为再生骨料配制低标号在生骨料混凝土，用于地基加固、道路工程垫层、室内地坪及地坪垫层和非承重混凝土空心砌块、混凝土空心隔墙板、蒸压粉、煤灰砖等的生产。

2）再生骨料组成成分中含有相当数量的水泥砂浆，可采用相待工艺手段分离，再次使用。

3）建设工程中的废木材，除作为模板和建筑用材再利用外，还可以破碎成碎屑作为造纸原料或者燃料使用，或者用于制造中密度纤维板。

4）废金属、钢料等经分拣后送钢铁厂或者有色金属冶炼厂回炼。

5）废玻璃分拣后送玻璃厂或微晶玻璃厂做生产原料。

6）废油毡填埋处理。

7）基坑土及边坡土送烧结砖厂生产烧结砖。

8）碎石经破碎、筛分、清洗后做混凝土骨料。

施工余料的再生利用办法见表 7-46。

表 7-46　施工余料的再生利用办法

施工余料成分	再生利用办法
开挖泥土	堆山造景、回填、绿化用
碎砖瓦	砌块、墙体材料、路基垫层
混凝土块	再生混凝土骨料、路基垫层、碎石桩、行道砖、砌块
砂浆	砌块、填料
钢材	再次使用、回炉
木材、纸板	复合板材、燃烧发电
塑料	粉碎、热分解、填埋
沥青	再生沥青混凝土
玻璃	高温熔化、路基垫层
其他	填埋

三、施工废弃物的处置

施工废弃物应遵循减量化、资源化、无害化的处理原则，对施工废弃物产生的全过程进行控制。有单位回收的，进行变卖处理；没有单位回收的，按废弃物进行处理。

变卖处理施工废弃物，由项目部物资部门向上级物资主管部门提出申请，批准后组织实施，变卖处理施工废弃物所得收入必须按公司财务规定入账。处理完毕后，应将处理结果上报上级物资、财务、审计和纪委等相关部门各一份备案。

1. 减量化处理

减量化处理是指对已经产生的施工废弃物进行分选、破碎、压实浓缩、脱水等处理，减少其最终处置量，降低处理成本，减少对环境的污染。主要采取以下方法实现施工废弃物的减量。

1）加强建筑施工的组织和管理工作，提高建筑施工管理水平，减少因施工质量造成返工，而使建筑材料浪费及施工废弃物的大量产生。加强施工现场管理，做好施工中的每一个环节，提高施工质量，可以有效地减少施工废弃物的产生。在工地产生的施工废弃物中，因建筑施工质量返工引起的施工废弃物比例较大。施工技术人员应该尽可能地应用总结出来的办法，把施工质量搞好。

2）加强施工现场施工人员的环保意识。施工现场上的许多施工废弃物，如果施工人员注意，就可以大大减少它的产生量，如落地灰、多余的砂浆、混凝土、三分头砖等，在施工中做到工完场清，多余材料及时回收再利用，不仅利于环境保护，还可以减少材料浪费，节约费用。

3）推广新的施工技术，避免建筑材料在运输、储存、安装时的损伤和破坏所产生的施工废弃物；提高结构的施工精度，避免凿除或者修补而产生的施工废弃物。

4）优化建筑设计。建筑设计方案中要考虑的问题有：建筑物应有较长的使用寿命；采用可以少产生建筑垃圾的结构设计；选用产生建筑垃圾的建材和再生建材；将来建筑物维修和改造时便于进行，且建筑垃圾较少；将来拆除建筑物时建筑材料构件的再生问题。

2. 焚烧

焚烧用于不合适再利用且不宜直接予以填埋处置的废物。除有符合规定的装置外，不得在施工现场熔化沥青和焚烧油毡、油漆，也不得焚可能产生有毒、有害和恶臭气体的废弃物。垃圾焚烧处理应使用符合环境要求的处理装置，避免对大气的二次污染。

3. 稳定和固化

利用水泥、沥青等胶结材料，将松散的废弃物胶结包裹起来，减少有害物质从废弃物中向外迁移、扩散，使废弃物对环境的污染减少。

4. 填埋

填埋是把固体废物经过无害化、减量化处理的废弃物残渣集中到填埋场进行填埋，填埋场应利用天然或者人工屏障，尽量使需处置的废弃物与环境隔离，并注意废弃物的稳定性和长期的安全性。

5. 报告和记录

填写“余料/废料处理申报单”样式如表 7-47 所示。

表 7-47 余料/废料处理申报单

<table>
<tr><td colspan="6">呈报单位： 年 月 日 编号：</td></tr>
<tr><td rowspan="3">申报内容及申报单位意见</td><td colspan="5">申报处理余料/废料： 吨，预计金额： 元，</td></tr>
<tr><td colspan="5">明细：</td></tr>
<tr><td>申报单位（公章）</td><td>主管领导</td><td>技术部门</td><td>财务部门</td><td>物资部门</td></tr>
<tr><td>批复意见</td><td colspan="2">上级物资主管部门意见</td><td colspan="3">主管经理意见</td></tr>
</table>

［案例］

一、背景

某冶金工厂，烧结主要烟囱施工，烟囱施工高度 200 m；混凝土结构，内衬耐火砖。该烟囱施工难度大，作业面窄，毗邻的主抽风机室建筑与烟囱的最近距离为 12 m；东南方向的厂区道路干线与烟囱的距离为 13 m；烟囱滑升吊盘的卷扬机房的位置原是另一施工单位的办公室和库房。该烟囱建成后是本地区最高的建筑物，施工周期 6 个月，施工中不安全因素很多，做好安全工作，创造安全的工作环境，是管理者不可推卸的责任。

二、问题

（1）如何协调施工单位之前的安全保证关系？现场布置与安全施工发生矛盾后怎么办？

（2）如何处理起升吊盘的卷扬设备的安全性能及设备造型问题？

（3）挑选什么的作业人员参见烟囱滑升的施工作业？

（4）长时间的烟囱作业，如何防止高空坠落？

（5）如何处理高空交叉作业风险问题？

三、分析

（1）由于作业环境恶劣，200 m 烟囱的辐射区大，按照安全规定，50 m 内的毗邻建筑（办公室、库房）必须搬迁；卷扬机房的设置也必须满足安全作业（瞭望）要求；东南方向的厂区道路，采取挂警示牌、警示灯示警；安全措施明确；高处作业者是安全第一责任人的要求和具体规定，从而保证了安全施工。尽管同一个项目部的两个施工单位都有各自的经济利益，搬迁和改换原有场地位置涉及一些费用，但从“安全第一”“预防为主”上考虑和实施，恰恰是丢弃了眼前利益，保证了长远利益。对安全有利的必须坚决去做，安全工作来不得半点马虎和侥幸。

（2）作为滑升设备的卷扬机，钢绳及吊盘是烟囱施工的主要设备、重要设备及关键设备，这一套烟囱滑升装置是垂直运输建筑材料的工具，也是施工人员上班、下班的输送设备，也就是说，该吊盘有载人的功能。因此，从安全生产上考虑，这一套装置必须是稳妥、可靠、万无一失的，任何纰漏都是威胁安全的重大隐患。防微杜渐是保证安全的经常性工作，严格执行吊盘（卷扬）作业的操作规程是日常安全管理的重点。

卷扬设备的造型必须满足升、降过程中意外情况的安全要求，即具有停电、故障状态下保安和保护性能。这种性能是设备本身具有的，并且是经多次事故状态考验的。钢绳的选择必须满足安全系数的要求；吊盘的设计和制造必须牢固可靠，必须保证人和货物（建筑材料）升降过程中的安全。

（3）挑选合适的作业人员参加烟囱施工，是做好安全生产的必要条件。所谓合适的作业人员，就是指那些身体素质好，有相应的施工技能，训练有素（有过施工经验）。身体素质好的高空作业先决条件，经过体检，排除那些不合适高空作业人员，有心脏病、高血压、恐高症及年龄偏大的人都不合适从事烟囱作业，所谓施工技能，是指能独立完成本职作业，清楚什么时候干什么活，做到什么程度，下一种工作是什么，能使自己和周围的同伴处于安全作业范围内。

就安全工作而言，训练有素的含义就在于安全意识，是指那些遵章守制、精明强干、有经验、有办法，能处理眼前棘手问题的优秀员工。

（4）超高空作业，安全防范的重点是防止高空坠落。高空坠落产生的原因是作业者的安全意识淡薄，没有安全意识。为了防止高空坠落，一是抓经常性安全教育；二是抓特殊工种的专门教育；三是对险地人员进行重点教育；四是采取有效的防护措施，采取双层安全网防护，有效控制高空落地事故的发生。

（5）作为施工单位的安全管理工作，时刻都在同违章、事故打交道，任何疏忽、纰漏都有发生事故的可能。也就是说，安全工作不可能一劳永逸；烟囱施工的超高空作业也有事故的风险。为了回避这一风险，除了做好日常的安全管理工作，给施工作业人员在作业期间买意外伤害保险也不失为一种好办法。

第五节　工程材料、构配件及设备装卸、运输

工程材料种类繁多，其特点是：数量多达上万件，尺寸多种多样，且外形复杂，单件重量从小到几克至大到几百吨。其包装是一次性、运输受装运条件限制、工地仓储保管是临时性的，所以他们具有各自的长处与局限性。虽属不同工程和企业，但同属供应链上的一环，服务目标一致。因此工程材料的包装、运输、工地仓储保管只有密切配合，充分发挥各自的长处和优势，互为补充，才能有效防止因包装、运输、工地仓储保管的不当而导致材料的损坏、受潮、锈蚀、散落甚至于丢失。

一、常用防护包装措施与适用范围

车船行驶在春夏秋冬中，周期有几天、十几天甚至几十天运行中，往往会遇到有些地区下雨；有些地区暴晒高温；有些地区干燥；有些地区潮湿；有些地区霜冻、下雪、严寒；有些地方风沙；在海运中还会遇潮湿和盐雾。车船上的箱件将连续地、长时间地处于雨水、潮气、湿气、高温、低温和盐雾等的变化环境气候中。因各工程所处地地理位置不同，工地仓储保管的材料同样受到不同地理环境影响。防护包装措施的选择应根据工程材料的不同特点结合运输仓储的环境气候条件与合同要求，而采用不同组合的防护包装措施并符合相关国标与行标。

1. 防雨

采用普通塑料薄膜，气相复合纸塑类、铝塑薄膜类、防雨布类的防雨材料，对材料进行绷紧遮盖、包裹、热合密封、真空包装等措施；对包装箱内和箱顶使用防雨材料等措施；对禁止重叠的贵重件包装箱顶采用“人”字形顶、斜顶或弧形顶等措施，适用于随形包装箱、

箱装与随形箱装的零部件。防雨结构应便于雨水外流。防雨材料应整张使用，或热合或搭接成整张使用，搭接长度应大于 100 mm，并用黏胶带封闭。

2. 防潮

对零部件采用普通塑料薄膜类，铝塑薄膜类等防雨材料进行任何密封包装或真空包装，并在其内放置干燥剂措施；对包装箱采用在每端面开总面积足够的通风口，并在其上布置通风窗的措施，适用于箱装与随行箱装的零部件。热合密封包装与真空包装应防止薄膜戳破漏气。干燥剂应用透气性好的口袋封口盛装，摆放于产品旁或悬挂于产品上，不宜直接摆放在产品上。用量应符合干燥剂使用说明。

3. 运输

产品运输过程中，由于速度变化及线路状况会导致产品在运输过程中出现震动、颠簸、冲击和偏摆。严重时会导致运输货物发生位移、倾覆、压塌、旋转、滚动，因此，运输应根据产品包装的特点，做到安全可靠，规范、防护性好。从发货地装车开始至卸货止或在运输合同范围内，不应发生因装运、中转的暂存和卸装不当，而导致包装损坏和零部件的损坏、受潮、腐蚀与丢失等。货物装载后，货物与重载传播的重心低、支面大、装载稳、装载正、加固牢，是实现较好稳定性的重要原则。若重载车船重心较高，可采用配重措施降低重心。若货物重心较高，可设计制作装载托架，增大支重面提高稳定性，但货物与托架应加固成整体。

4. 运输车船选择

应根据不同材料与包装的特点、运输线路通过能力限制条件、江海风浪气候条件、车船限制条件等，正确选择车型和船型。

5. 运输装载

应根据不同材料与包装的特点及车船与线路的限制条件，做到首先应确保货物不变形、不受损，并符合受力均匀、满足集重要求。货物装载稳，无摇晃；货物装载正、无歪斜；车船前后左右受力均衡，重心低，支面大等。货物重叠：因包装箱不是钢锭、钢板，重叠有局限性，应按照大不压小、重不压轻，衬垫均载板，并符合并复合箱面标识规定。

6. 运输加固

应根据不同工程材料与包装的特点进行加固。首先应确保货物与车船的加固部位不变形，不受损，应符合运输的动态实际；充分利用箱件上的有利条件；加固材料的规格、数量与加固点数，应确保不变形、不受损、加固牢，能经受住正常运输各种力的作用。

7. 运输防护

包装箱因是一次性使用，不是永久性房屋建筑，再加上包装箱箱板窄，连接是钉连接，缝隙多，包装材料又具有吸潮吸湿性，对于装箱装和随形包装的材料，运输应使用完好的防雨篷布有效遮盖。对防震要求高的材料包装箱，装载时应衬垫强度足够的减震材料。加固材料凡与产品接触处均应衬垫。

8. 易燃易爆等危险物品与急件

安装消防材料中的易燃易爆等危险物品的运输，应符合政府行业主管部门规定，急件运输应根据货物与包装的特点，选择安全、快捷的运输方式。公路直达运输必须专车送达，严禁途中配货，必要时应派两人驾驶，人休息车不停。

9. 仓库类别与适用范围

存放产品虽不能全部建成永久性建筑行仓库，但可按以下情况建库：

1）保温库（A 级）：只具有恒温条件的永久库，适用于有绝缘要求、防潮等级较高、精密和有存放温度要求等箱装材料。

2）永久库（B 级）：指具有门窗的砖砌结构、轻钢结构、钢筋混凝土预制件结构等全封闭式永久性建筑型仓库。适用于箱装及精密的材料。

3）棚库（C 级）：能有效遮挡雨雪，适用于夹装与捆装件、托盘散装件、局部安包装件、随形包装件等。

4）露天库（D 级）：适用于裸装件，但下部应垫高，上部应遮盖。仓储区因地势较高，地基坚实、排水系统符合要求，地面无积水和杂草等；周围应有围栏或围墙及保安措施；能经受住当地长年风、雨、雪等侵害。库房应清洁、干燥、通风；无有害介质和爆破性气体；应防止老鼠白蚁等危害性生物；不受当地长年风、雨、雪、尘等环境气候影响；箱件与取暖装置应保持足够距离；仓库应远离焊接、锻压和化工等作业环境和居民住宅区；严禁烟火；永久库温度一般为−5～40℃，相对湿度小于 75%；保温库应根据当时存放产品特点与气候条件设置适合的温度与湿度。温度一般为 5～20℃，相对湿度为 50%～70%。

10. 仓储设施与要求

1）卸装设备和工具应与所用材料配套；消防、通信、照明与用电等设施，均应符合行业主管部门相关规定。必要时，应设置避雷装置。

2）卸装与中转、摆放与堆码应符合安全、保质和箱件储运标识的规定。

3）大件装卸与转运应制定方案，并按方案实施，必须遵守“万无一失，完整无损”的方针，转运的车船应符和大件特点与线路限制条件。线路因安全畅通，符合大件运输要求。卸装的设备与工具及吊挂点，应符合大件特点与安全要求。遵循“按方案卸装与转运，中转地从严”的原则，主要材料在工地仓储保管期间应定期检查，发现问题及时处理。总之，工程材料的包装、运输、工地仓储保管，在保护质量、安全、数量，成套上应是有机的整体，应充分发挥各自的长处，相互弥补对方的局限，做工程材料的包装，运输工地仓储保管。

二、主要工程材料的装卸、运输基本知识

1. 钢材装卸、运输基本知识

（1）钢材类型

1）长（条）形：主要包括钢管类和型钢类。

2）卷形钢材：常见有卷钢、带钢、盘圆、钢丝绳等。

3）板形钢材：包括钢板、马口铁、铁皮等。

①长（条）形钢材类：

a. 捆扎钢管：普通钢管每捆重量一般不超过 5 000 kg。不锈钢管每捆重量一般不超过 2 500 kg。包装类型见表 7-48。

表 7-48　捆扎钢管包装类型

包装类型	图示
一般捆扎包装	
矩形捆扎包装	
框架捆扎包装	
六角形捆扎包装	

b. 捆扎型钢：型钢每捆重量不超过 5 000 kg。型钢的捆扎包装形式一般为裸捆包装。包装类型常见捆扎型钢有角钢、工字钢、扁钢、方钢、圆钢、槽钢、螺纹钢、T 型钢、钢轨等。包装类型见表 7-49。

表 7-49　捆扎型钢包装类型

包装类型	图示
型钢由小捆捆成大捆捆扎包装	
扁钢	
角钢	
槽钢	
工字钢	
方钢	

②卷形钢材类：

a. 卷钢：热轧卷形钢材一般为裸捆包装，电镀、冷轧包捆包装。

b. 盘圆、带钢：盘圆和带钢每捆重量一般不大于 3 000 kg。

c. 板型钢材：一般热轧钢板裸捆包装，而冷轧薄钢板、不锈钢板、酸洗钢板、电镀锡薄钢板及彩色涂层钢板为包捆包装，包捆包装的板形金属一般在底部用垫木托起。裸捆包装的钢板每捆重量一般不超过 1 万 kg。

2. 捆扎钢材常用工具

（1）长（条）形钢材常用的工具。

1）吊索类，吊索作为工具打码起吊模式一般采用双索穿（钩）套式。

①带钢环钢丝绳吊索，边缘有利口型钢，在与钢丝绳接触处，应垫麻布或木板等衬垫；

②带滑移钩链条吊索，由链条、吊环和一只能在链条上自由活动的钩头组成；

③纤维绳吊索，适用对货运质量有特殊要求的货物，如有电镀层钢管。

2）专用吊具类，根据长（条）形钢材载面结构特点制成工具。

①双齿钢管钩，适用于捆扎小口径钢管（ $\phi 30\sim\phi 100$ mm）。双齿钢管钩是成对使用的，每对钩的两条钩齿钩挂到第三排至第四排的两条钢管孔内。可配套吊杆进行成组码作业，作业前应对捆扎钢管的捆扎材料及捆扎质量进行技术鉴定；

②钢管钩，用于捆扎（或裸装）大口径钢管。一般三对钩钢管钩连成一副吊具。作业时，每对钩单独钩挂一条钢管，要根据水管直径及水管长度差来决定是否吊运一条、两条或多条；

③工字钢钩，工字钢钩成对使用，一般三对工字钢钩连成一副吊具。作业时，若工字钢捆扎成上下错开的形状摆放时，可用三对工字钢钩分别对应钩挂住 5 条工字钢中的两侧及中间下面的三条；

④钢轨夹具，适用于品字形捆扎（或裸装）钢轨。钢轨夹具是成对使用的，一般两对钢轨夹具组成一副吊具，由于钢轨较长，通常配套吊杆使用。如钢轨成品字形捆扎时（每捆 3 条），每对钢轨夹具对称地夹在每捆钢轨的上翼板上，并在钢轨的两端各再束上防倾保险绳，每吊两捆（共 6 条钢轨）。

（2）卷形钢材常用工具

1）吊索类工具：

①单索挎篮式：对货运质量要求不高的裸捆热轧卷钢、钢带以及普通盘圆等。货运质量无特殊要求的卷形钢材，如裸捆的热轧卷钢、带钢及普通盘圆等货物，一般选用链条吊索和钢丝绳吊索。而对于货运质量有特殊要求的卷形钢材，如包捆的电镀卷钢和特种盘圆等货物，一般要求选用纤维绳吊索。

②单索平行挎篮式：吊索两端不会对货物造成挤压，适用质量要求高货物。单索平行挎篮式吊挂模式：即在单索挎篮式的基础上，增配一条吊杆，吊索从卷形钢材内孔穿过后，吊索两端分别与吊杆两端下的吊钩连接起来，使吊索两端呈平行状态。

③双索挎篮式：适用于带托架的竖放卷钢装卸作业。打码时，两条吊索从卷钢下端的托架中穿过后，对称地套牢托架底座起吊。采用此模式装卸带托架的立式卷钢，一般每码只能吊一件。

2）专用吊具类工具：

①卷钢双夹具，适用于装卸裸捆热轧卷钢和包捆普通冷轧卷钢，该双夹具是成对使用的。打码时，两只夹具对称地分别从卷钢的两边插进卷钢孔内，然后靠两只钩嘴将货物勾挂起来；

②立式卷钢夹具，适用于装卸竖放卷钢，该夹具单只使用。打码时，将夹具卡进竖放卷钢的上端边缘，然后起吊压杆压紧卷钢，并靠摩擦力吊起货物；

③盘圆钩吊具，工作原理类似于 C 型钩卷钢吊具，由于捆扎盘圆货物的件重较卷钢轻很多，因此，盘圆钩吊具一般为双钩齿，可一吊两件；

④C 型钩卷钢吊具，C 型钩专用吊具适用于装卸裸捆热轧卷钢和包捆普通冷轧卷钢。C 型钩专用吊具可以大大减轻工人的劳动强度及降低工具成本。当卷钢的宽度大于 C 型钩的适用宽度或在船舱档底作业时，则不能使用 C 型钩吊具。

3）机械类属具，用于对货物的舱内装卸或库场堆、拆垛及短距离水平运输作业。常见的机械属具有叉齿、叉棒等。叉运特种卷钢时，应使用经包胶处理的卷钢叉棒，不允许用卷钢叉棒挑、顶卷钢。

（3）板形钢材类常用工具

1）双索穿套式：货码较长，为防止吊索滑移而导致货码倾倒采用。采用双索挎过货码底部后，再用两条链条分别穿过两条吊索的环眼而将货码索夹紧起吊，并在货码两侧与吊索接触处加上衬垫。如果货码挠性过大，通常再在货码两端再各加一只夹（钳）。

2）钢板夹（钳）：适用于捆扎或裸装钢板装卸作业。钢板夹（钳）一般六只为一副，其中四只为主夹（钳），分别对称地夹（钳）在钢板上长度方向的两边。其余两只为尾夹（钳），分别对称地夹（钳）在钢板宽度方向的两端。若钢板的规格一致时，可一吊多件。

3. 钢材装卸与操作

（1）卷钢装卸场地作业

1）场地作业：重卷钢装车和卸车必须使用专用叉具和 C 型吊具。

2）叉齿必须在卷钢内孔中心插入至纵长的 2/3，不准碰撞。使用 C 型钩吊运时，作业工人拉住尼龙绳稳关，钩体要贴紧卷钢端面。

3）根据随车清单核对卷外英文字母、卷内合同号、卷钢号。不符者另行堆放。按相同标志堆放，同票加桩。

4）残损签证应注明卷号：内圈、外圈的移位层数、卷边层数、外圈边的凹凸：擦痕、油迹、锈迹、污渍的部位、面积或长度：包装带松、断、少根数：雨天进货、卷钢发热：外包装破损情况。

5）卷钢两侧中间各垫三角木塞，外侧一排应垫木方或 2 只三角木塞。

6）贵重卷钢下垫工字钢，且铺垫木板。

7）道路口货桩堆垛需缩进一卷，盖桩严密，油布接口保持 1 m，油布不拖地、不穿裙。加盖风网，绳子扣扎牢固。

（2）卷钢装卸水平运输

1）水平运输车辆应放置专用托架，托架必须固定牢固，接触卷钢部位应铺垫橡皮，橡皮破损的不得使用。拖行时货物应保持平稳，移动、偏侧，及时纠正。转弯过道口应保持低速慢行。

2）水平运输机械应铺垫橡皮，卷钢平稳放置后，两侧各垫塞两只三角木塞。拖行时应保持平稳，发现货物移动、偏侧，应及时纠正，转弯及过道口时应保持低速慢行。库场根据实物的唛头与分唛单核对，查看舱单号，并用蜡笔写在卷钢表面。

（3）盘圆装卸水平运输

1）水平运输机械应铺垫橡皮，盘圆平稳放置后，两边各垫塞两只三角木塞。

2）拖行时货物应保持平稳，发现移动、偏侧，应及时纠正，转弯及过道口时应保持低速慢行。

（4）盘圆装卸库场作业

1）必须使用专用叉具。叉齿必须在盘圆内孔中心插入至纵长的 2/3，不准碰撞。根据实物核对分唛单，每件过目上桩。唛头脱落、杂唛、散捆均分开堆放。

2）验残签证应注明外包装情况，包装带松、断根数、散捆、油迹、污渍、无包装盘圆擦痕。

3）库内堆垛一般 3 捆高，长度、宽度根据货位确定。库内盘圆与铺垫物料接触时，四周均缩进 20 cm，桩脚两侧的每捆盘圆中间使用三角木塞垫塞。库内盘圆与铺垫物料接触时，四周均缩进 20 cm，桩脚两侧的每捆盘圆中间使用三角木塞垫塞。

（5）钢管装卸场地作业

1）使用吊架与钢管长度相匹配，吊索负载应满足钢管的负荷。捆装钢管起吊使用钢丝绳或尼龙带两端进行兜套，两端距离为货物长度的 20%～30%，确保钢管起吊平衡。使用客户提供尼龙带作业前，应对尼龙带负荷进行确认。

2）卸车前，必须检查桩脚情况，清除杂物。单支钢管起吊使用专用钢管钩子，钩体贴紧钢管端面。起吊多支钢管时，吊索长短必须保持一致。按钢管表面或吊牌上唛头，与分唛单或随车清单进行核实，按相同标志堆放，同票加桩，无唛、杂唛另行堆放。

3）残损签证应注明：钢管管口瘪、生锈、弯曲、散捆、包装带断、钢管表面杂物、草屑、钢管两端面塑料保护盖或保护管口的塑编布短少、残缺。

4）钢管码垛原则：为大票十字码垛，小票宝塔桩。不准堆放地势低洼、易积水处。必要时需铺垫货盘。单支宝塔型桩，一端对齐，每 2～3 层两侧分别使用 2～3 根尼龙带匀称包住，底层两侧垫塞三角木加固。

5）钢管两端塑料保护盖保护管口的塑编布，因装卸需要取下后，堆桩后应恢复原样。

6）成捆钢管下间隔垫货盘或木方，每层衬垫木方，6 m 长平行衬垫 2 道木方；9 m 长平行衬垫三道木方；12 m 长平行衬垫 4 道木方（尼龙带成组钢管除外），间隔均等，上下对齐。

（6）钢管装卸水平运输

1）拖行时货物应保持平稳，转弯及过道口时应保持低速慢行，防止钢管跌落而损坏。

2）水平运输机械受载面保持清洁，两侧插桩翻至固定位置，插桩加套专用橡皮保护套。

（7）螺纹钢装卸场地作业

1）使用吊架与螺纹钢长度相匹配，吊索满足负荷要求。起吊使用钢丝绳兜套或锁套，吊点至两端距离为货物长度 20%～30%，确保起吊平衡。必要时使用手拉钩，便于钢丝绳穿套。

2）根据随车清单分票，同票同规格相加。残损签证应注明：弯曲、生锈、散捆、包装带断、夹带草屑。

3）十字码垛，一端对齐，每层堆平、稳固。平行铺垫货盘，横向间隔 1 m，纵向满铺。客户有盖桩要求的，应及时盖桩，绳子扣扎牢固。

4）量少时堆宝塔庄，一端对齐，每层均匀衬垫 3～4 道木方。软性螺纹钢应增加衬垫道数。散捆另行堆放。

5）装载时每层适当衬垫木方，便于钢丝绳穿套。水平运输机械受载面保持清洁，两侧插桩至固定位置。

6）拖运时货物应保持平稳，转弯及过道口时应保持低速行驶。

4. 混凝土的装卸、运输基本知识

混凝土自搅拌机中卸出后，应及时运至浇筑地点，为保证混凝土的质量，对混凝土运输的基本要求是：

①在运输过程中应保持混凝土的均匀性，避免分层离析、泌水、砂浆流失和塌落度变化等现象发生；

②应使混凝土在初凝之前浇筑完毕。混凝土从搅拌机卸出后到浇筑完毕的延续时间不宜超过规定；

③当混凝土从运输工具中自由倾倒时，由于骨料的重力克服了物料间的黏聚力，大颗粒骨料明显集中于一侧或底部四周，从而与砂浆分离即出现离析，当自由倾倒高度超过 2 m 时，这种现象尤其明显，混凝土将严重离析。为保证混凝土的质量，应根据施工实际情况，采取相应预防措施。混凝土自高处倾落的自由高度不应超过 2 m；否则，应使用串筒、溜槽或振动溜管等工具协助下落，并应保证混凝土出口的下落方向垂直。串筒的向下垂直输送距离可达 8 m。

④道路尽可能平坦且运距尽可能短。尽量减少混凝土转运次数，或不转运。

5. 混凝土运输方法的分类

（1）水平运输

水平运输指从拌和楼运至浇筑地点的混凝土运输。常用的运输方式有以下几种：

1）无轨运输。一般指汽车运输。主要有搅拌罐运输车、后卸式自卸车、汽车运立罐、侧卸罐车等。特点：

①无轨运输混凝土机动灵活，能和大多数起吊设备和其他入仓设备配套使用；

②能充分利用现有的土石方施工道路和场内交通道路；

③无轨运输混凝土存在能源消耗大、运输成本较高的缺点。

2）类型和适用条件：

①改装混凝土自卸汽车。通常采用加深斗容、加装遮阳防晒装置、加装震动卸料装置，改装车厢后挡板等措施，将 8～20t 自卸汽车改装运输混凝土。改装的自卸汽车运输混凝土适用于：

a. 前期土石方施工设备闲置较多；

b. 工程初期，混凝土运输系统还不够完善的情况。

②汽车载运混凝土立罐。一般是在吨位较大的载重汽车后车架上加装承重平台，放置混凝土立罐，缺点是稳定性差。

③专用混凝土运输车。专用的混凝土运输车有混凝土搅拌车和轮胎自行式混凝土运输车两种。轮胎自行式混凝土运输车特点有：

a. 后车架采用绞接式底盘，通过液压转向系统和牵引车头相连，减小了转弯半径，提高了运输车的通性和适应性；

b. 料罐体形状采用特殊设计，便于快速卸料；

c. 罐体内部采用可更换的耐磨钢板，提高了料罐体的使用寿命；

d. 采用侧向卸料，与起重机不摘钩吊罐方式配合，加快了混凝土运输速度；

e. 料斗容量较大，达到 9～12 m^3。

锥罐式混凝土搅拌运输车的进料和卸料较慢，对混凝土最大骨料粒径有限制，设备技术说明中一般规定运送混凝土的最大骨料粒径≤40 mm，但在实际中运送混凝土的最大粒径达到 60～80 mm。因此，搅拌运输车适用于运送三级配以下的混凝土。

专用混凝土运输车易于保证混凝土拌合物的质量、运量大、卸料快捷，但价格高、对道路有一定的要求，适合在混凝土温控严格、施工条件较好的工程中使用。部分工程专用混凝土运输车使用情况见表 7-50。

表 7-50　部分工程专用混凝土运输车使用情况

型号	斗容/m^3	卸料方式	产地、使用工程	备注
MoncalviC 系列	3～7	后倾翻	意大利、国外	通用卡车底盘、单斗
MoncalviMC230	2×3	侧翻	意大利、国外	单轴牵引绞接式底盘、双斗
MoncalviMS11	9	侧卸	意大利、国外	单轴牵引绞接式底盘、单斗
LDC6	6	侧卸	国产、三峡	单轴牵引绞接式底盘
MR45-T	6	后侧卸	国产、三峡	混凝土搅拌罐运输车
JCD6A	6	后侧卸	国产、三峡	混凝土搅拌罐运输车
BIGDOGEM7-300	15	侧卸	美国、小浪底	滚轴式运输车、单斗
RO-MAX	10.7	后侧卸	美国、小浪底	混凝土搅拌罐运输车

④有轨运输。一般有机车拖平板车立罐和机车侧卸罐两种。机车拖平板车立罐运输方式，在我国水电建设工程中被广泛应用，尤其当工程量大、浇筑强度高时，这种运输方式具有运输能力大、运输过程中振动小、管理方便等优点。机车拖侧卸运输车在美国许多工程中得到应用，我国已在岩滩、水口等工程施工中使用，混凝土吊罐放在侧卸运输车的侧面卸料。

特点：

a. 需要专用运输线路，运行速度快，运输能力大，适合混凝土工程量较大的工程；

b. 使用混凝土立罐运输，对混凝土和易性影响小，减少温度回升；

c. 较汽车运输能源消耗少，运行成本较低；

d. 铁路线路的转弯半径和线路坡度对地形、地貌的要求较高。

⑤铁路线路中的交叉、道口、停车线、冲洗设施、加油设施的布置复杂；运行、调度要求高；系统建设周期长，在工程初期需配合辅助运输手段。类型和适用条件：国内广泛采用的传统有轨运输方式是，用一个 80～150 马力的内燃机车头，牵引 3～5 台载混凝土罐的平台车，组成“三重一轻”和“四重一轻”的车队编组，如图 7-1 所示。国内一些工程引进的专用混凝土运输车，均采用罐体和平台车组合在一起的整体罐车，侧向卸料，将混凝土侧向卸入起重机不摘钩的吊罐内，节省了摘、挂罐的时间。实际施工时应根据工程情况，选择合适的机车、平车和线路标准。

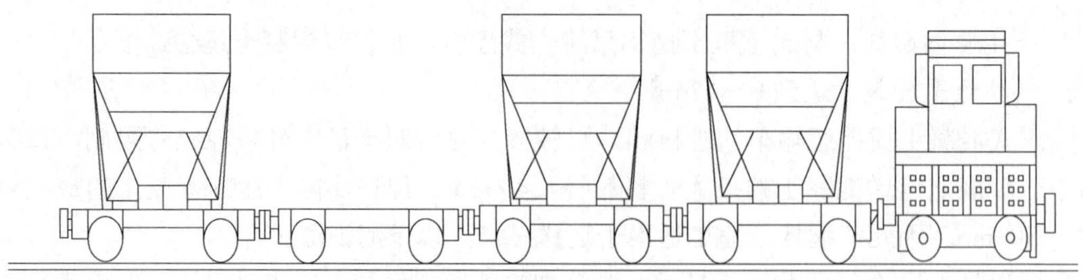

图 7-1　有轨机车编组图

a. 线路标准。水利水电工程施工中的有轨运输线路分为窄轨和准轨，窄轨的轨距有 610 mm、762 mm、900 mm、1 000 mm 四种，准轨的轨距为 1 435 mm。准轨的钢轨应选用 43 kg/m 的钢轨，窄轨的钢轨可根据轴重，在 18～43 kg/m 的钢轨中选用。窄轨铁路转弯半径和线路间距小、占地面积少、材料消耗低，但混凝土运量较小，且与场外铁路不接轨；

b. 机车。水利水电工程常用的机车有蒸汽机车、内燃机车、电动机车、内燃-电动机车等，目前应用较广的是内燃机车。机车功率一般为 50～200 kW，有独立的牵引车头，也有的与混凝土罐合装在一个车架上组成整车。独立的牵引车头，可根据施工需要，选定牵引的罐车数量，具有较大的灵活性，工程中选用牵引机车型式的较多；

c. 平车和罐车。载混凝土罐的平车和罐车，一般是针对工程施工特制的车辆。平车通常是根据路线标准和载运的混凝土立罐的数量和容量，选择通用的铁路平车进行改造。罐车则因生产厂家各不相同，图 7-2 为广西岩滩引进的有轨混凝土罐车。部分工程使用轨道式混凝土运输车和机车情况见表 7-51。

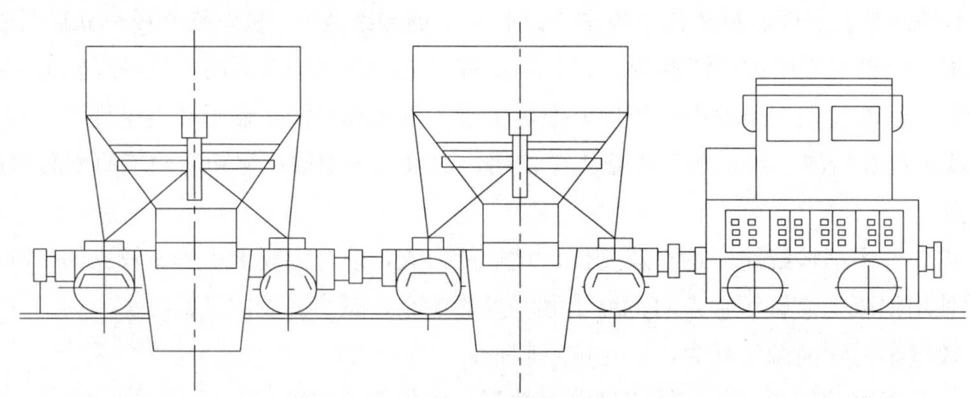

图 7-2　岩滩有轨罐车

表 7-51　部分工程使用轨道式混凝土运输车和机车情

名　称	产地	轨距/mm	型式	容量、功率	使用工程	备注
Ederer	美国	1 435	内燃机-电动机车	2×6 m³	岩滩	整体式机罐车
Diemd	德国	1 435	内燃机车	200 kW	水口	机车
—	四川	1 435	侧卸罐车	9 m³	水口	罐车
ZHN80	石家庄	1 000	内燃机车	59 kW	五强溪	机车
—	郑州	1 000	内燃机车	2×6 m³、20 t	五强溪	平车、立罐

（2）垂直运输

混凝土入仓运输一般是以起重机吊罐入仓为主，主要起重机类型有缆机、门塔机、履带式起重机和轮胎式起重机等。

1）缆机特点、类型和适用范围：

①按工程的具体条件和要求，先进行施工布置，然后委托厂家设计、制造缆机设备，待设计方案确定后，再对施工布置做适当的修改完善；

②设备可布置在坝体之外的岸坡上，与主体工程之间无干扰；不受导流、度汛和基坑过水的影响；可提前安装、投产，及早形成生产能力；一次安装可连续浇筑至坝顶高程；

③控制范围大、运行效率高；

④坝体范围内，容纳缆机的数量有限，当无法满足高强度混凝土生产需要时，需配备适当数量的门塔机作为辅助设备；

⑤缆机起重索和牵引索的使用寿命较短。缆机高速运行时，缆索与导向滑轮之间的磨损较大。根据缆机导向系统设计不同，缆索的使用寿命一般为2～6个月。

2）类型和适用范围：

①缆机的类型按塔架移动方式可分为：

a. 固定式缆机，工作范围为一条直线，如图7-3（a）所示；

b. 辐射式缆机，覆盖范围为扇形，如图7-3（b）所示；

c. 平移式缆机，覆盖范围为矩形；

d. 摆塔式缆机，该机两端采用桅杆式高塔架，塔架底部支于球绞支座上，用活动拉索使其塔架沿上、下游方向摆动，将主索覆盖范围扩大为扇形和矩形。摆塔式缆机的塔架一般为单桅杆型，如图7-4所示。

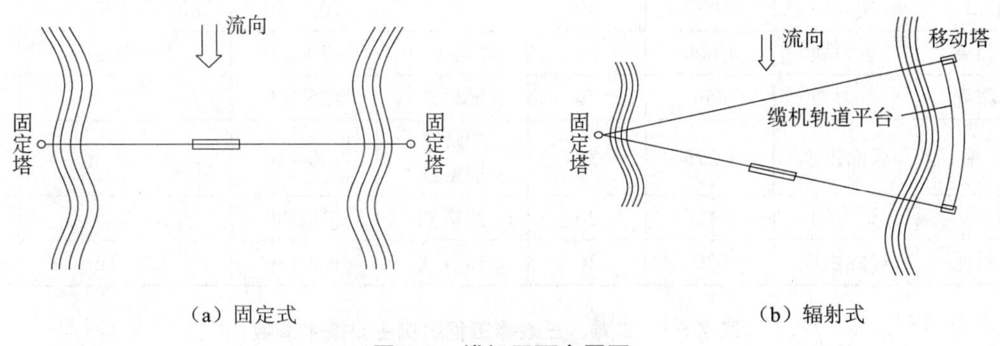

图7-3　缆机平面布置图

②缆机其他的几种形式有：

a. 无塔型缆机，可将主索的拉力传递到塔架后轮的水平轨道上，减少塔架配重，降低塔架高度，如隔河岩、岩滩工程均采用了这种机型；

b. 索轨式缆机，该机用钢索代替地面轨道，主索通过专用滑车在索轨上运行。该机型还可以在坝体上、下游两岸之间各固定一条钢索，起重机既可沿左、右岸长距离移动，也可沿上、下游主索间短距离移动，覆盖范围大。该机型既没有塔架，又没有轨道梁，开挖量小，

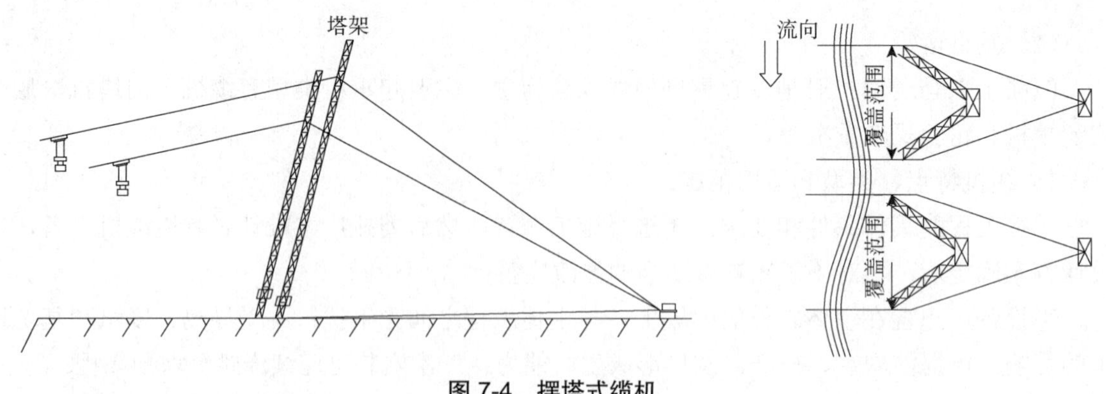

图 7-4 摆塔式缆机

安装快，适用于中小工程。

3）缆机适合于在地形狭窄的工程中使用，当坝址两岸地形差异较大时，坝型为拱坝等较薄的体形时，可选用辐射式缆机；当两岸地形对称，坝型为重力拱坝或重力坝等底款较大的体形时，宜选用平移式缆机。四川二滩工程拱坝混凝土运输，选用的 3 台辐射式缆机，其副塔可沿爬坡轨道运行，减少了缆机平台的土石方和土建工程量，可供其他工程布置缆机是借鉴。国内工程缆机使用情况见表 7-52。二滩、三峡、拉西瓦工程用缆机的主要技术参数见表 7-53。

表 7-52 国内工程缆机使用情况

工程名称	坝　型	跨距/m	起重量/t	机型	升降速度/（m/mim）	单月最大浇筑强度/（万 m^3）	建成年份
龙羊峡	重力拱坝	990	20	平移式	120/160	1.8 万 m^3	1993
隔河岩	重力拱坝	892	20	辐射式	180/200	2.98 万 m^3	1995
水口	重力坝	1 073	30	平移式	105/150	580 m^3/（班/台）	1995
五强溪	重力坝	1 000	20	高架平移	120/160	2.8 万 m^3	1996
宝珠寺	重力坝	850	20	平移式	125/160		1998
二滩	双曲拱坝	1 275	30	爬坡、辐射式	130/180	5.5 万 m^3	2000
三峡	重力坝	1 416	20	摆塔式	130/180		1999
拉西瓦	双曲拱坝	630	30	辐射式	130/186	3.8 万 m^3	2006

表 7-53 二滩、三峡等工程缆机主要技术参数

序号	性能	二滩	三峡	拉西瓦
1	缆机型式	辐射式	摆塔式	辐射式
2	跨度/m	1 275	1 416	630
3	垂度	5.7%	77.1 m	4.7%～5.7%
4	起重量/t	30	20（浇筑）/25（安装）	30
5	主索直径/mm	106	102	93
6	满载提升速度/（m/s）	2.15	2.2	2.17

续表

序号	性能	二滩	三峡	拉西瓦
7	满载下降速度/（m/s）	3	3	3.1
8	小车横移速度/（m/s）	7.5	7.5	7.5
9	空钩下降速度/（m/s）		2.2	
10	塔架高度/m		125	
11	塔架摆幅/m		±25	
12	总扬程/m	310	215	270

4）门塔机的特点、类型和适用范围：

①特点：

a. 门塔机运行灵活方便，吊罐入仓对位准确，生产效率比较稳定；

b. 门塔机的起重高度和工作半径有限，在高坝施工中，需搭设栈桥；

c. 受导流方式的影响较大，运行过程中要受到汛期洪水的威胁。

②类型和适用范围：

a. 门式起重机。普通门式起重机以丰满门机和四连杆门机为代表，起重量为 10～30 t，起重高度为 10～30 m，如图 7-5、图 7-6 所示，适合在中、小工程的河床式厂房、泄水闸等部位使用；

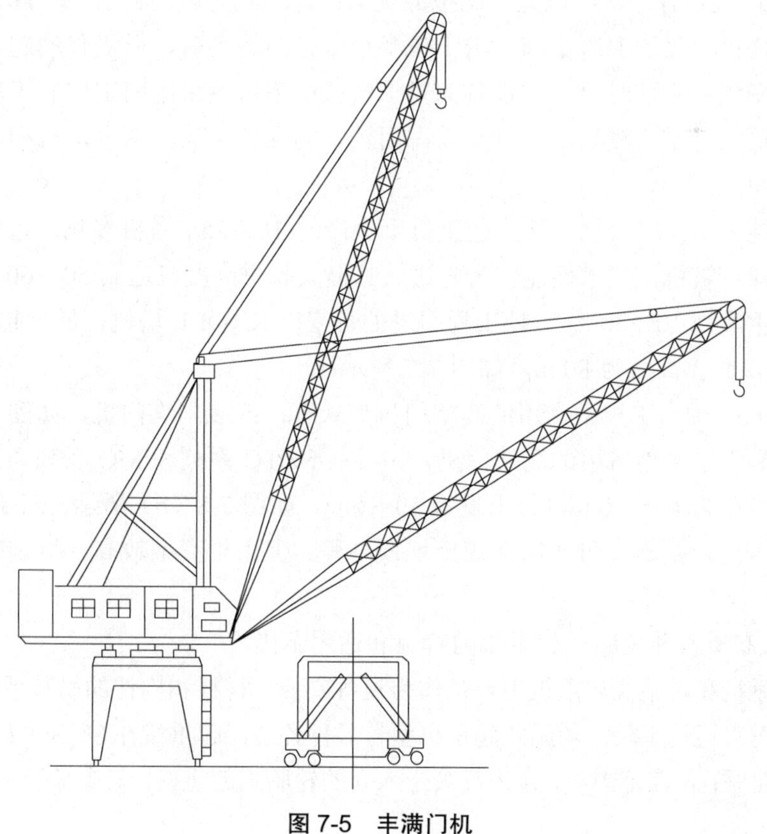

图 7-5　丰满门机

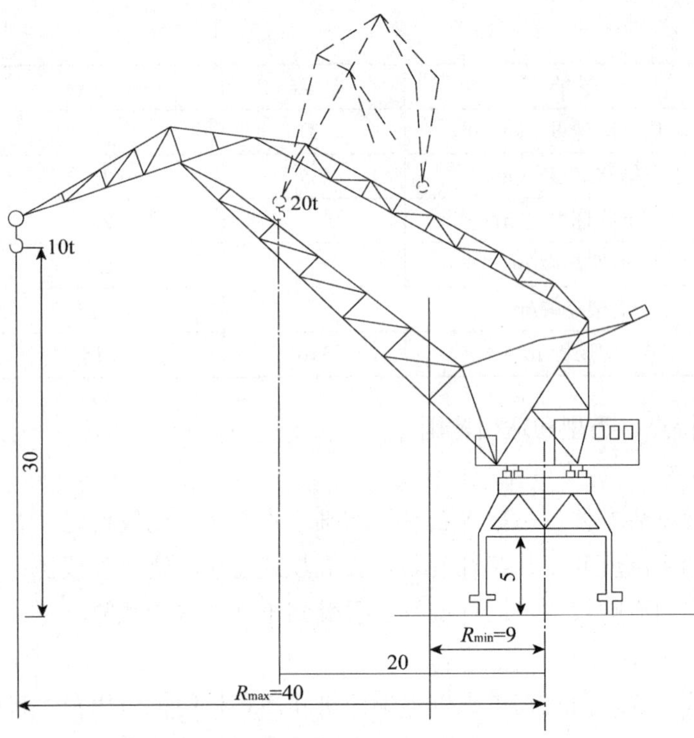

图 7-6　10/20 t 门式起重机（单位：m）

b. 塔机。塔机具有一些门机无法比拟的优势：塔机具有较轻的自重；起重高度较大；操作比较方便，塔机在吊运混凝土罐、沿工作半径做径向运动时，只需移动起重小车，而门机则必须作大臂变幅；安装时对起重设备的要求较低；塔机可采用固定安装工况运行，占地面积较小。但塔机的起重臂较长，运行时需占用较大的回转空间，两台塔机相邻工作时，需保持足够的安全距离。

水利水电施工中，以太原、天津起重机厂生产的 10～25 t 塔机多见。近年来，国内很多厂家开始生产建筑塔机，技术性能较为先进。其最大起重高度已达到 50～60 m，工作半径为 40～70 m，起重量为 10～30 t。三峡工程引进的丹麦产 KRΦLL 塔机，最大起重量为 60 t，工作半径为 72 m，起重高度为 80 m，如图 7-7 所示；

c. 高架门机。国内工程中常用的高架门机型式有：改装丰满门机，如图 7-8（a）所示；高架门机，水利水电工地常用的高架门机，主要有 SDTQ 系列和 MQ 系列高架门机，这类高架门机的起重高度为 40～70 m，起重量为 30～60 t，如图 7-8（b）所示。对于中、低坝而言，如果布置高程合适，基本上可一次浇筑至坝顶高程。但由于高架较高，拆装时需起重高度较大的吊装设备；

5）履带式起重机和轮胎式起重机的特点和适用范围。

履带式起重机和轮胎式起重机主要是作为设备安装、材料和构件的吊装手段，在必要时也可作为混凝土垂直运输手段。轮胎式起重机型号品种齐全，起重量在 8～300 t 均有。轮胎式起重机最大的不足是：覆盖范围小，作为混凝土入仓的轮胎式起重机，工作半径一般为 10～15 m。

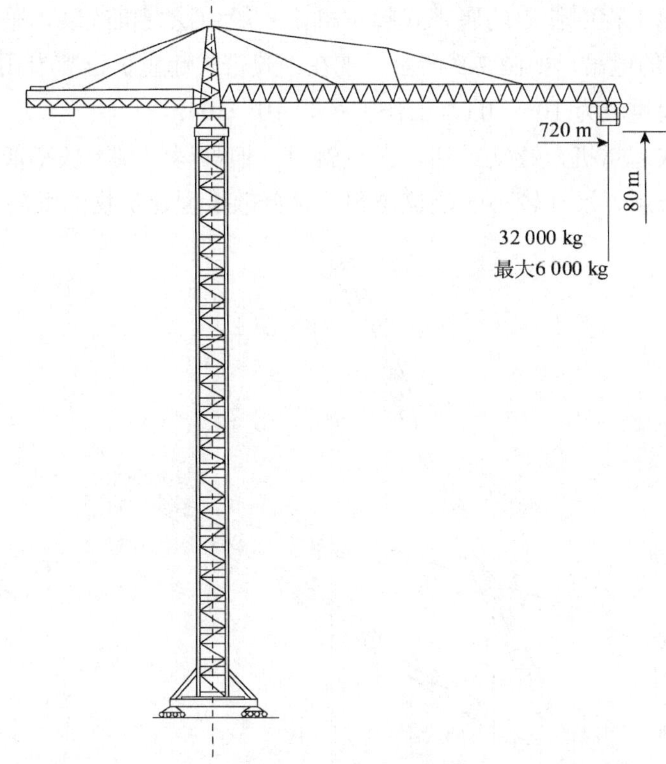

图 7-7　KRΦLL 塔机

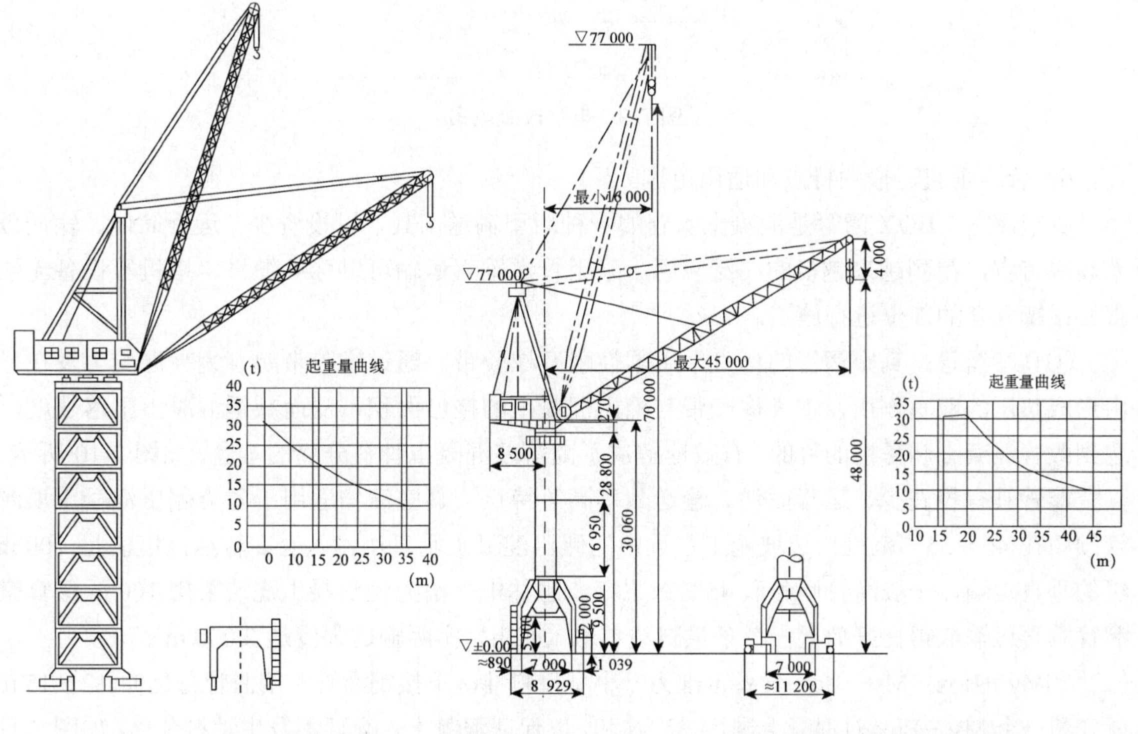

(a) 高架丰满门机　　(b) MQ600/30型高架门座起重机

图 7-8　高架门机（单位：mm）

以前，水利水电工程中使用的履带式起重机，一般由挖掘机改装，采用电机驱动，如采用 WK—4 电铲改装的电吊，如图 7-9 所示。现在，履带式起重机已有专用系列，一般采用内燃机和液压驱动，起重量为 10～50 t，工作半径为 10～30 m。

履带式和轮胎式起重机，移动灵活，无须轨道，但吊运混凝土效率低，适合用于浇筑导墙、闸、坝基础等低矮、尺寸较小的建筑物和零星分散小型建筑物的混凝土。

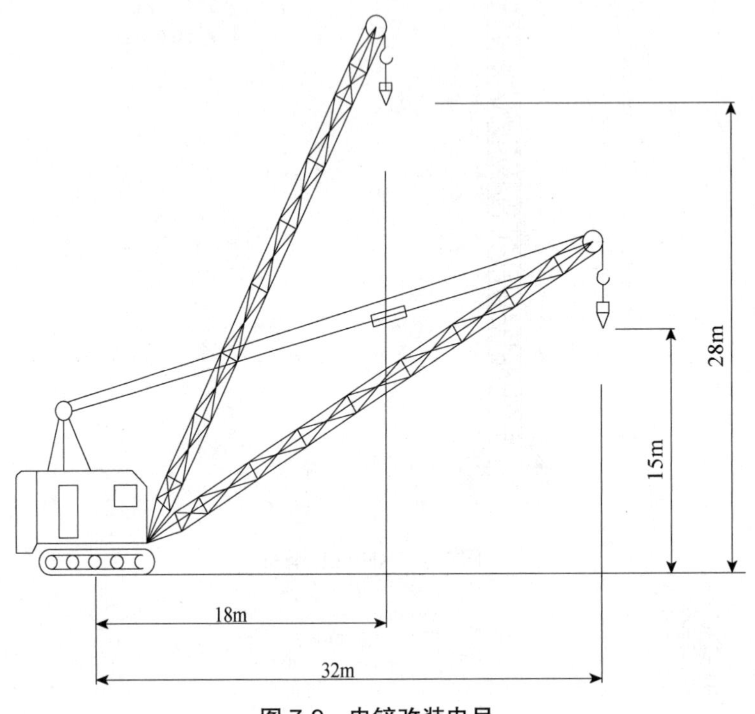

图 7-9　电铲改装电吊

6）管道垂直运输的特点和适用范围。

真空溜管、BOX 溜管是混凝土入仓的一种新型输送工具，以投资少、运行简便、输送效率高等特点，得到越来越多的广泛应用。采用管道垂直运输可以弥补缆机、塔机等设备无法直接吊罐入仓的部位进行施工。

①真空溜管：真空溜管的槽身采用柔性耐磨橡胶带。通过橡胶带起着裹夹混凝土及在槽内形成负压的双重作用，增大橡胶带与槽内混凝土的接触面积，从而减缓混凝土下落速度，达到改善混凝土和易性的目的，有效地解决了高落差混凝土骨料分离的难题，如图 7-10 所示。真空溜管具有投资少、运行简便、输送效率高等特点。真空溜槽适用于各类碾压混凝土坝溜管倾角在 40～55° 范围内边坡施工建设中的碾压混凝土垂直运输入仓，输送高度满足 100 m 级的垂直运输，一般溜管倾角取 45° 效果好。思林电站消力池混凝土浇筑采用 100 m 级真空溜管垂直运输取得良好效果，该条供料线单班（12 h）实际输送强度达 2 000 m^3；

②My—Box：My—Box 设备上部为一小型授料斗，下接钢溜管，钢溜管每延伸 12～15 m 就安装一个 My—Box 对混凝土进行二次拌和，以保证混凝土入仓后不发生骨料分离，如图 7-11 所示。由 My—Box 溜管将混凝土料供给泵机或滑槽等直接入仓，代替了高架门机（或吊车）

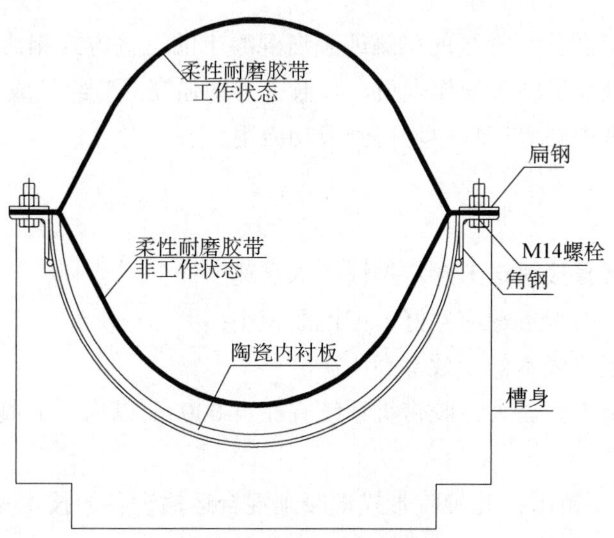

图 7-10　真空溜管截面图

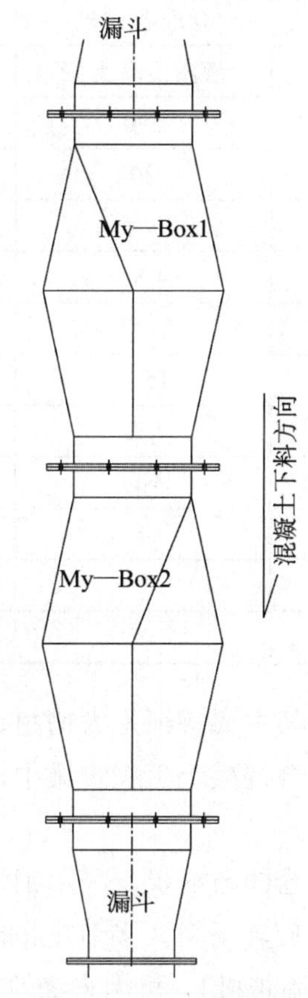

图 7-11　My—Box 溜管示意图

配卧罐入仓，并且避免了在浇筑混凝土时长时间占用高架门机，直接的经济效益是节省了高架门机（吊车）的浇筑台班费。非常适合大高度、小结构特别是竖井、门槽二期混凝土及高陡边坡等部位的施工，既解决了洞井施工干扰问题，又保证了混凝土的浇筑质量，提高了浇筑强度，缩短了施工工期。与常规的吊罐或泵送混凝土的运输方式相比，不需配备起吊设备或混凝土泵车，同时减少了施工操作人员，降低了劳动强度，节约了成本。BOX 溜管技术在三峡水电站、拉西瓦水电站等工程中均得到成功应用。

（3）混合运输

1）特点：

①混凝土从拌合楼直接输送入仓，加快了入仓速度；

②设备轻巧简单，对地形适应性好，占地面积小；

③能连续生产，运行成本低、效率高；

④混凝土运输距离不宜过大。胶带机系统宜在 1 000 m 以内，混凝土泵机水平运输距离宜在 800 m 以内。

2）设备类型和适用范围：几种胶带式混凝土混合运输设备的技术参数见表 7-54。

表 7-54　几种胶带式混凝土混合运输设备的技术参数

设备名称	胶带输送机	仓面布料机	胎带机	塔带机
型号特征	深槽高速	液压活动支架	CC200—24	R0TEC TC—2400
输送能力/（m^3/h）	240～350	350	270	120～780
布料半径/m		20	22.6～61	100
带宽/mm	650～800		609.6	760
带速/（m/s）	3.4	4.81		3.15～4
最大仰角	30°	15°	30°	30°
最大俯角		15°	15°	30°
自重/t		4.73	100.7	780（10 节塔柱）
混凝土坍落度/cm	0～10	不限		不限
混凝土级配	2～4	4		2～4
最大塔高/m				130
起重量/t				60

①深槽高速混凝土胶带输送机。其主要特征是大槽角、深断面和高带速，以及为适应混凝土运输采取的一系列特殊措施。适合混凝土工程量集中，混凝土运输强度高的大体积混凝土施工；

②仓面布料机。三峡工程使用的仓面布料机，采用钢管立柱，插入已浇混凝土的预留孔内。带式输送机能以立柱作支撑 360°旋转下料，多节皮带桁架可作仰俯、伸缩运动；

③车载液压伸缩节胶带机（亦称胎带机）。可用来浇筑建筑高度不大的导墙、护坦、闸室底板和厂房基础等部位。小浪底工程使用的 CC200—24 型胎带机如图 7-12 所示；

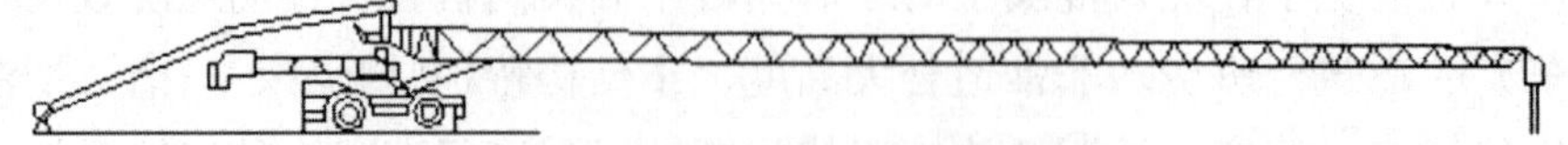

图 7-12　CC200—24 型胎带机

④塔带机。塔带机是塔式起重机和带式输送机的结合，具有在大范围内进行混凝土布料的功能，适合在混凝土工程量集中的高坝中使用。三峡工程中使用的 ROTEC TC—2400 型塔带机，由塔身、起吊臂和皮带机 3 部分组成。如图 7-13 所示；

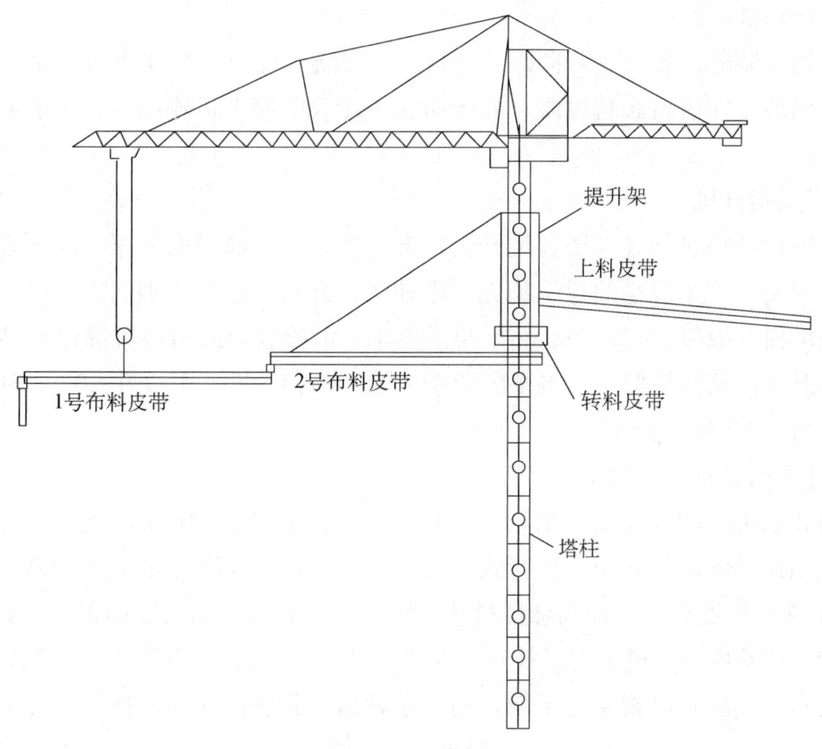

图 7-13　塔带机

⑤混凝土泵。混凝土泵的类型有拖移式混凝土泵和自行式混凝土泵车。混凝土泵适用于断面小、钢筋密集的薄壁结构，或用于如导流底孔封堵等其他设备不易达到的部位浇筑混凝土。但泵送混凝土中水泥用量较大，因而成本较高。

（4）其他混凝土运输设备

1）负压溜槽：

①基本结构：负压溜槽由料斗、垂直加速段、槽身和出口弯头组成，如图 7-14 所示；

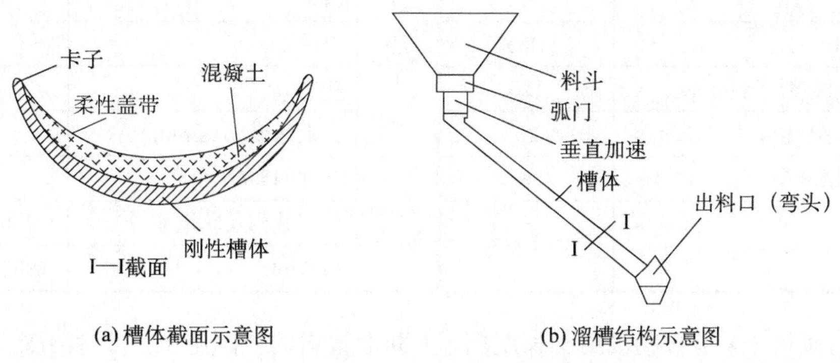

图 7-14　负压槽结构示意图

2）特点及适用范围：

①结构简单、安装方便、运行维护费用低、成本低廉；

②和胶带机联合运输混凝土，可简化施工布置和施工程序，节省工程投资；

③混凝土运输效率高；

④负压溜槽安装时，各段要有良好的密封，在浇筑过程中，料斗内的混凝土不宜卸空；

⑤负压溜槽适合在道路修筑困难、施工布置不便及混凝土运输高差较大的高山峡谷地形中筑坝时应用。

3）升高塔及爬升机

混凝土运输设备还包括升高塔和爬升机。升高塔是一种简易的混凝土提升设备，在缺乏大型起重机、混凝土方量较小的建筑物施工中使用。升高塔附着于坝面上，随坝体升高而接高，采用升高塔提升混凝土，须在仓面采用手推车、滑槽和仓面布料机进行布料。

爬升机和升高塔结构相似，日本某公司生产的一种爬升机，可提升 20 t 自卸车进仓，其混凝土运输能力为 300～700 m/h。

4）电气环形高架轨道运输车

巴西伊泰普水电站的混凝土水平运输，左、右岸各采用了一套单轨电气环行轨道运输车系统，该系统由循环的高架轨道、自行式悬挂料斗和电动转运车组成。环行高架轨道由间距 24 m 的钢支架支撑轨道梁，自行式悬挂料斗车距地面 9 m 高，电机驱动无人驾驶，由中央控制室集中控制。高架环行轨道上有悬挂料罐车 20～30 台，悬挂料斗车在拌和楼装满料后，滑行到各装料地点，由停在高架轨道下面、另一条轨道上行驶的转运车接料，然后运到缆机的吊罐中。

高架电气轨道运输车系统架空运输，能避免场内运输的干扰，运输强度大。虽仅见于伊泰普水电站工程，但也用于施工场地狭窄、浇筑强度高的情况。伊泰普高架轨道运输车系统技术性能（括号内为右岸系统）见表 7-55。

表 7-55　伊泰普高架轨道运输车系统技术性能

<table>
<tr><th colspan="2">项目</th><th>参数</th><th colspan="2">项目</th><th>参数</th></tr>
<tr><td colspan="2">系统功率/kW</td><td>1 200（900）</td><td rowspan="5">转运车</td><td>轨道长/m</td><td>455（285）</td></tr>
<tr><td rowspan="7">吊罐车</td><td>自重/t</td><td>4</td><td>数量</td><td>7</td></tr>
<tr><td>承载能力/t</td><td>18.5</td><td>自重/t</td><td>7.5</td></tr>
<tr><td>直道行走速度/（m/min）</td><td>120</td><td>斗容/m^3</td><td>6</td></tr>
<tr><td>两卸料点距离/m</td><td>20</td><td>行走速度/（m/min）</td><td>40</td></tr>
<tr><td>吊罐容量/m^3</td><td>6</td><td rowspan="3">高架轨道</td><td>支柱间离/m</td><td>24</td></tr>
<tr><td rowspan="2">数量</td><td rowspan="2">32（23）</td><td>金属结构及轨道质量/t</td><td>2.024（1.62）</td></tr>
<tr><td>总长/m</td><td>2 028（1 636）</td></tr>
</table>

5）渠道衬砌机。渠道衬砌机用于长距离、大断面渠道的衬砌施工，可对混凝土衬砌送料、摊铺、提浆、振实、整平。

渠道衬砌机的工况基本类似相同，一种渠道衬砌机，机架是沿渠道轴向分成导向段、进料段、成型段的三段两箱结构，三段之间由上下至少四根连接杠固连，导向段和成型段均由轴向的纵肋、横截面的环肋组成骨架，每段由前后封板、顶板和底板封闭成箱体，各封板上部搁置在渠道两岸上，各封板下部与渠道横截面形状相似；导向段底部的导向底板前部上翘，后部贴近渠底；成型段底部的成型底板前部上翘，后部距渠底相差衬砌层的距离，进料段设于上述两箱体之间，由导向段后封板、成型段前封板和两侧板组成料斗。本实用新型结构简单实用，操作方便，耗能较少，工作效率高，不需经常维修，具有连续作业、一机多用、工人劳动强度低的优点，适用于各种渠道混凝土衬砌工程。

衬砌机混凝土布料都是由混凝土运输车通过上料皮带传输至运输皮带，运输皮带通过下料斗在桁架上行走将混凝土摊铺至渠坡坡面，混凝土入仓塌落度控制在 5～6 cm，单趟铺料时间为 160 s，下料小车行走速度控制在 3.5 m/min。在摊铺混凝土的过程中用挡板将混凝土刮平并由后面的 3 台振捣棒进行初步振捣，振捣时间为 20 s，在混凝土布料时随时检查混凝土摊铺厚度，摊铺厚度必须比设计厚度厚 3～4 cm，有利于复振，在局部摊铺不均匀的部位人工铺料找平。从下至上用安装在衬砌机上的高频平板振捣器或振动棒进行振捣，平板振捣器安装高差为 2 cm，上高下低，上部振捣器振捣后的混凝土高度要比下部振捣器面板高 2 cm，利用混凝土与振捣器的高差进行挤压振捣，从而提高混凝土的密实度，单趟碾压振捣时间为 120～160 s，（坡长为 14.53 m），振捣设备行走速度控制在 5.8 m/min，根据坡面长度在适当增加振捣时间。振动小车从坡顶行驶至坡脚时，及时调整衬砌机高度，向下行走时不进行振捣，振捣工序重复 2～3 遍，振捣完成后将衬砌机行驶至下一段进行铺料、振捣循环作业。

（5）混凝土运输时的注意事项

1）混凝土宜采用内壁平整光滑、不吸水、不渗漏的运输设备进行运输。当长距离运输混凝土时，宜采用搅拌车运输；近距离运输混凝土时，宜采用混凝土泵、混凝土料斗或皮带运输。在装运混凝土前，应认真检查运输设备内是否存留有积水，或内壁黏附的混凝土是否清除干净。每天工作后或浇筑中断 30 min 及以上时间再行搅拌混凝土时，必须再次清洗搅拌筒；

2）混凝土运输设备的运输能力应适应混凝土凝结速度和浇筑速度的需要，保证浇筑过程连续进行。运输过程中，应确保混凝土不发生离析、漏浆、严重泌水及坍落度损失过多等现象，运至浇筑地点的混凝土应保持均匀和规定的塌落度。当运至现场的混凝土发生离析现象时，应在浇筑前对混凝土进行二次搅拌，但不得再次加水；

3）采用机动车运输混凝土时，运输道路、车道板或行车轨道等设备应平顺、牢固；

4）用手推车运输混凝土时，道路或车道板的纵坡不宜大于 15%。用机动车运输混凝土时，混凝土的装载厚度不应小于 40 cm。用轻轨斗车运输混凝土时，轻轨应铺设平整，以免混凝土拌合物因斗车振动而发生离析；

5）用吊斗（罐）运输混凝土时，吊斗（罐）出口到承接面间的高度不得大于 2 m。吊斗（罐）底部的卸料活门应开启方便，并不得漏浆；

6）采用混凝土搅拌运输车运送已搅拌好的混凝土时，运输过程中宜以 2～4 r/min 的转速搅动。当搅拌运输车到达浇筑现场时，应高速旋转 20～30 s 后再将混凝土拌合物喂入泵车受料斗或混凝土料斗中。运输车每天使用完后应清洗干净；

7）采用泵送混凝土时，除应按《混凝土泵送施工技术规程》（JGJ/T 10—2011）的规定进行施工外，还应符合下列规定：

①泵送施工应根据施工进度安排，加强组织和调度安排，确保连续均匀供料；

②混凝土泵的运输能力应与搅拌机械的供应能力相适应；

③混凝土泵的型号可根据工程情况、最大泵送距离、最大输出量等选定。优先选用泵送能力强的大型泵送设备，以便尽量减小泵送混凝土的坍落度损失；

④混凝土泵的位置应靠近浇筑地点。泵送下料口应能移动。当泵送下料口固定时，固定的间距不宜过大，一般不大于 3 m。不得用插入式振捣棒平拖混凝土或将下料口处堆积的混凝土推向远处；

⑤配置输送管时，应缩短管线长度，少用弯头。输送管应平顺，内壁光滑，接口不得漏浆；

⑥泵送混凝土时，输送管道起始水平管段长度不应小于 15 m。除出口处可采用软管外，输送管路的其他部位均不得采用软管。输送管路应用支架、吊具等加以固定，不应与模板和钢筋接触；

⑦向下泵送混凝土时，管路与垂线的夹角不宜小于 12°；

⑧混凝土宜在搅拌后 60 min 内泵送完毕，且在 1/2 初凝时间内入泵，并在初凝前浇筑完毕。在交通拥堵和气候炎热等情况下，应采取特殊措施，防止混凝土坍落度损失过大；

⑨泵送混凝土前，应先用水泥浆或与泵送混凝土配合比相同但粗骨料减少 50%的混凝土通过管道。当用活塞泵泵送混凝土时，泵的受料斗内应具有足够的混凝土，并不得吸入空气。

8）应保持连续泵送混凝土，必要时可降低泵送速度以维持泵送的连续性。如停泵时间超过 15 min，应每隔 4～5 min 开泵一次，正转和反转的两个冲程，同时开动料斗搅拌器，防止料斗中混凝土离析。如停泵超过 45 min，或混凝土出现离析现象时，宜将管中混凝土清除，并清洗泵机；

9）冬期施工时，应对输送管采取保温措施。夏期施工时，应将输送管遮盖、洒水、垫高或涂成白色。

（6）用带式运输机运送混凝土应符合的规定

1）传送带的倾斜度不应超过表 7-56 的规定。

表 7-56　传送带最大倾斜角度

混凝土坍落度/mm	向上运送	向下运送
＜40	18°	12°
40～80	15°	10°
＞80	通过工艺试验确定	

2）混凝土卸于传送带上和由传送带卸下时，应通过漏斗等设施，保持垂直下料。

3）传送带上应设置刮刀等设备。

4）传送带运转速度不应超过 1.2 m/s。

5）开始搅拌混凝土时，应考虑有2%～3%的砂浆损失。

6）混凝土在倒装、分配或倾注时，应采用滑槽、串筒或漏斗等金属类器具辅助进行。当采用木制辅助器具时，应内衬铁皮。

7）运输混凝土过程中，应尽量减少混凝土的转载次数和运输时间。混凝土从加水拌和到入模的最长时间，应有试验室根据水泥初凝时间及施工气温确定，并宜符合表7-57的规定。

表7-57　混凝土拌合物运输时间限值

混凝土拌合物运输时间限值/min		
气温 T/℃	无搅拌运输	有搅拌运输
20＜T≤30	30	60
10＜T≤20	45	75
5＜T≤10	60	90

8）为了避免日晒、雨淋和寒冷气候对混凝土质量的影响，防止局部混凝土温度升高（夏季）或受冻（冬季），需要时应将运输混凝土的容器加上遮盖物或保温隔热材料。

第八章　工程材料、构配件及设备成本构成

第一节　主要工程材料、构配件及设备的成本构成

一、材料费

材料费是指施工过程中耗费的构成工程实体的原材料、辅助材料、构配件、零件、半成品的费用，包括材料原价、材料运杂费、运输损耗费、采购及保管费、检验试验费。

1）材料原价（或供应价格）。

2）材料运杂费：是指材料自来源地运至工地仓库或指定堆放地点所发生的全部费用。

3）运输损耗费：是指材料在运输装卸过程中不可避免的损耗。

4）采购及保管费：是指为组织采购、供应和保管材料过程中所需要的各项费用。包括采购费、仓储费、工地保管费、仓储损耗。

5）检验试验费：是指对建筑材料、构件和建筑安装物进行一般鉴定、检验所发生的费用，包括自设试验室进行试验所耗用的材料和化学药品等费用。不包括新结构、新材料的试验费和建设单位对具有出厂合格证明的材料进行检验，对构件做破坏性试验及其他特殊要求检验试验的费用。

二、施工机械使用费

施工机械使用费是指施工机械作业所发生的机械使用费以及机械安拆费和场外运费。施工机械台班单价应由下列 7 项费用组成。

1）折旧费：指施工机械在规定的使用年限内，陆续收回其原值及购置资金的时间价值。

2）大修理费：指施工机械按规定的大修理间隔台班进行必要的大修理，以恢复其正常功能所需的费用。

3）经常修理费：指施工机械除大修理外的各级保养和临时故障排除所需的费用。包括为保障机械正常运转所需替换设备与随机配备工具附具的摊销和维护费用，机械运转中日常保养所需润滑与擦拭的材料费用及机械停滞期间的维护和保养费用等。

4）安拆费及场外运费：安拆费是指施工机械在现场进行安装与拆卸所需的人工、材料、机械和试运转费用以及机械辅助设施的折旧、搭设、拆除等费用；场外运费是指施工机械整

体或分体自停放地点运至施工现场或由一施工地点运至另一施工地点的运输、装卸、辅助材料及架线等费用。

5）人工费：是指机上司机和其他操作人员的工作日人工费及上述人员在施工机械规定的工作台班以外的人工费。

6）燃料动力费：是指施工机械在运转作业中所消耗的固体燃料（煤、木柴）、液体燃料（汽油、柴油）及水、电等。

7）养路费及车船使用税：是指施工机械按照国家规定和有关部门规定应缴纳的养路费、车船使用税、保险费及年检费等。

三、项目成本的分析方法

1. 工费分析

在管理层和作业层两层分离的情况下，项目施工需要的人工和人工费，由项目经理部与施工队签订劳务承包合同，明确承包范围、承包金额和双方的权利、义务。对项目经理部来说，除了按合同规定支付劳务费，还可能发生一些其他人工费支出，主要有：

1）因实物工程量增减而调整的人工和人工费。

2）定额人工以外的点工工资（如果已按定额人工的一定比例由施工队包干，并已列入承包合同的，不再另行支付）。

3）对在进度、质量、节约、文明施工等方面作出贡献的班组和个人进行奖励的费用。

项目经理部应根据上述人工费的增减，结合劳务合同管理进行分析。

2. 材料费分析

材料费分析包括主要材料、结构件和周转材料使用费的分析以及材料储备的分析。

主要材料和结构件费用的分析：

主要材料和结构件费用的高低受材料和消耗数量的影响较大。而材料价格的变动，又要受采购价格、运输费用、途中损耗、来料不足等因素的影响；材料消耗数量的变动，也要受操作损耗、管理损耗和返工损失等因素的影响，可在价格变动较大和数量超用异常的时候再作深入分析。为了分析材料价格和消耗数量的变化对材料与结构件费用的影响程度，可按下列公式计算：

因材料价格变动对材料费的影响＝（预算单价−实际单价）×消耗数量

因消耗数量变动对材料费的影响＝（预算用量−实际用量）×预算价格

3. 采购保管费分析

材料采购保管费属于材料的采购成本，包括材料采的保管人员的工资、工资附加费、劳动保护费、办公费、差旅费，以及材料采购保管过程中发生的固定资产使用费、工具用具使用费、检验试验费、材料整理及零星运费和材料物资的盘亏及损毁等。

材料采购保管费一般应与材料采购数量同步，即材料采购多，采购保管费也会相应增加。因此，应该根据每月实际采购的材料数量（金额）和实际发生的材料采购保管费，计算材料采购保管费支用率，供前后期材料采购保管费的对比分析之用。

4. 材料储备资金分析

材料的储备资金，是根据日平均用量、材料单价和储备天数（即从采购到进场所需要的时间）计算的。上述任何两个因素的变动，都会影响储备资金的占用量。材料储备资金的分析，可以应用因素分析法。储备天数的长短是影响储备资金的关键因素，因此材料采购人员应该选择运距短的供应单位，尽可能减少材料采购的中转环节，缩短储备天数。

5. 机械使用费分析

项目经理部可能不拥有自己的机械设备，而是根据施工的需要，向企业动力部门或外单位租用。在机械设备的租用过程中存在着两种情况：一是按产量进行承包，并按完成产量计算机械费用，如土方工程，项目经理部只要按实际挖掘的土方工程量结算挖土费用，而不必过问挖土机械的完好程度和利用程度；另一种是按使用时间（台班）计算机械费用，如塔吊、搅拌机、砂浆机等，如果机械完好率差或在使用中调度不当，必然会影响机械的利用率，从而延长使用时间，增加使用费用。因此，项目经理部应对此给予一定的重视。

由于建筑施工的特点，在流水作业和工序搭接上往往会出现某些必然或偶然的施工间隙，影响机械的连续作业；有时又会因为加快施工进度和工种配合，需要机械日夜不停地运转。这样难免会有一些机械利用率很高，一些机械利用率不足，甚至租而不用，利用不足，台班费需要照付；租而不用，则要支付停班费。总之，都将增加机械使用费支出。因此，在机械设备的使用过程中，必须以满足施工需要为前提，加强机械设备的平衡调度，充分发挥机械设备的效用。同时，还要加强平时的机械设备的维修保养工作，提高机械的完好率，保证机械的正常运转。

6. 其他直接费分析

其他直接费是指施工过程中发生的除直接费外的其他费用，包括以下几种费用。

1）二次搬运费。

2）工程用水电费。

3）临时设施摊销费。

4）生产工具、用具使用费。

5）检验试验费。

6）工程定位复测费。

7）工程移交费。

8）场地清理费。

其他直接费的分析，主要应通过预算与实际数的比较来进行。如果没有预算数，可以用计划数代替预算数。

7. 间接成本分析

间接成本是指为施工准备、组织施工生产和管理所需要的费用，主要包括现场管理人员的工资和进行现场管理所需要的费用。间接成本分析也应通过预算（或计划）数与实际数的比较来进行。

四、材料和设备核算的内容及方法

1. 材料和设备核算的内容

材料和设备的核算是材料、设备供应和资金管理工作的一个重要环节。材料和设备的核算工作可以及时反映材料、设备的采购、储备、保管和耗用情况，考核材料、设备供应计划的执行情况，这对节约使用资金、降低生产成本有着重要的意义。施工企业材料和设备的核算，主要包括以下几个方面：

1）正确、及时地反映材料和设备的采购情况，考核材料、设备供应计划和材料、设备用款计划的执行，促使企业不断改善材料和设备的采购工作，做到既保证生产需要，又节约使用采购资金，降低材料和设备的采购成本。

2）及时结算材料和设备的价款，正确计算材料和设备的采购成本。

3）正确、及时地反映材料和设备的收、发及结存情况，考核材料和设备是否完整。

4）正确计算耗用材料和设备的实际成本，分别按照用途计入产品成本。

5）定期对材料和设备的库存数量及质量进行清查盘点。查明盘点盈亏的原因，并按规定作出处理。防止丢失和盗窃，并及时处理积压材料、设备，动员内部资源，加速流动资金周转。

2. 材料和设备的计价

（1）概述

企业在持续经营的前提下，材料和设备入账应采用历史成本为计价原则，各种材料和设备都应当按取得时的实际成本记账。因为采用历史成本作为建筑材料和设备入账价值的基础，有如下优点：

1）可以反映企业取得建筑材料和设备时实际耗费的成本。

2）历史成本是基于过去发生的交易或事项获得的，具有客观可靠性，可以进行验证。

3）在难以确定建筑材料和设备的现行销售价格时，历史成本可以代替变现净值。支付的货币。

4）按历史成本计量建筑材料和设备的同时，对为取得建筑材料和设备而支付的货币资金或其他资产也采用了同样计量原则，有利于维护核算的复式平衡。

（2）材料和设备的计价方法

根据各种建筑材料和设备来源的不同，建筑材料和设备实际成本计价的组成也不同，主要有以下几种。

1）购入建筑材料和设备的实际成本：

①买价：是指购入建筑材料和设备的发票价格，包括原价和供销部门手续费、进口成套设备和材料的清算标价与进口加成费等；

②运杂费：是指运抵工地仓库前所发生的运输费、装卸货费，包装费和保险费等；

③流通环节缴纳的税金、应分摊的外汇价差：如进口材料物资应缴纳的关税、产品税、增值税等；

④采购保管费：包括物资供应部门和仓库为组织物资采购验收、保管及收发物资所发生

的各项费用。

2）自制建筑材料和设备的实际成本：自制建筑材料和设备按照制造过程中的各项实际支出计价，如自营施工建设的开发工程所发生的材料费、人工费、机械使用费、其他直接费和施工间接费等。

3）委托外单位加工的建筑材料和设备的实际成本：包括实际耗用的原材料或半成品成本、运杂费和加工费等。

4）投资者投入建筑材料和设备的实际成本：按照评估确认或者合同、协议约定的价值计价。

5）盘盈建筑材料和设备的实际成本：按照同类建筑材料和设备的实际成本计价；没有同类建筑材料和设备的，按照市价计价。

6）接受捐赠的建筑材料和设备的实际成本：应按照发票账单所列金额加企业负担的运杂费、保险费、税金计价，无发票账单的，按同类建筑材料和设备的市价计价。

7）建设单位供应的建筑材料和设备的实际成本应按合同确定价值计价。

企业在建筑材料和设备的日常核算中，除设备、开发产品、周转房等一般按实际成本计价外，其他一些品种繁多的建筑材料和设备，也可按计划成本计价。按计划成本核算建筑材料和设备的企业，对建筑材料和设备实际成本与计划成本之间的差异，应当独立核算。

采用计划成本组织材料的日常核算，在有关记录材料物资动态的一切原始凭证和账册表格内，均以计划成本登记，月终汇总后再确定实际成本和计划成本之间的差额，并通过材料成本差异科目，将生产经营中耗用材料物资的计划成本调整为实际成本。房地产企业领用或发出的建筑材料和设备，按照实际成本核算的，可以采用先进先出法、加权平均法、移动平均法、个别计价法、后进先出法等确定其实际成本。采用计划成本核算的，按期结转其应负担的成本差异，将计划成本按成本计算期调整为实际成本。建筑材料和设备的计价方法一经确定，不能随意变更；如有变更，应在会计报告中加以说明。

①先进先出法

先进先出法是根据先入库先发出的原则，对发出的建筑材料和设备，以先入库建筑材料和设备的单价进行计价从而计算发出建筑材料和设备成本的方法。

先进先出法的计算办法是：先按第一批入库建筑材料和设备的单价，计算发出建筑材料和设备的成本；领发完毕后，再按第二批入库建筑材料和设备的单价计算成本；以此类推。若领发的建筑材料和设备属于前后两批入库、单价又不同时，就需分别用两个单价进行计算。

采用先进先出法，由于期末结存建筑材料和设备金额是根据近期入库建筑材料和设备成本计价的，因此期末建筑材料和设备成本比较接近现行的市场价值，并能随时结转发出材料的实际成本。但由于工作量比较大，一般适用于收发次数不多的建筑材料和设备。

②加权平均法

加权平均法又称全月一次加权平均法，它以本月全部收货成本与本月初成本之和除以本月全部发货数量加月初建筑材料和设备数量（权数）。由此计算出建筑材料和设备的本月加权平均单位成本，从而确定建筑材料和设备的发出与库存成本。

采用加权平均法计算发出建筑材料和设备的成本，较为均衡，计算的工作量小；但计算成本工作必须在月末进行，工作量较为集中。一般适用于前后单价相差幅度较大，且需在月末结转其发出成本的建筑材料和设备。

③移动平均法

移动平均法又称移动加权平均法，是本次收货的成本与原有库存的成本之和，除以本次收货数量与原有收货数量之和，计算出加权单价，据以对发出建筑材料和设备进行计价的一种方法，采用移动平均法计算发出建设材料和设备的成本最为均衡。

④个别计价法

个别计价法又称具体辨认法、分批实际法，即对各种建筑材料和设备，逐一辨认各该批发出建筑材料和设备与期末建筑材料和设备所属的购进批别或生产批别，分别以其购入或生产时所确定的单位成本作为计算成本和设备的成本，计算结果符合实际，但计算工作量十分繁重，因此只适用于容易识别、建筑材料和设备品种数量不多、单位成本较高的建筑材料和设备的计价。计算公式为：

发出建筑材料和设备成本＝发出建筑材料和设备数量×建筑材料和设备单价

⑤后进先出法

后进先出法是根据后入库先发出的原则对所发出的建筑材料和设备按后入库的建筑材料和设备的单价进行计价，以计算建筑材料和设备成本的方法。

后进先出法的计算方法是：先按最后入库建筑材料和设备的单价计算发出建筑材料和设备成本，领发完毕后，再按前一批入库建筑材料和设备的单价计算。若领发的建筑材料和设备属于前后两批不同的单价时，就需要分别用两个单价进行计算。

五、材料供应的考核

材料供应计划是组织材料供应的依据。它是根据施工生产进度计划、材料消耗定额等编制的。施工生产进度计划确定了一定时期内应完成的工程量，而材料供应量是根据工程量乘以材料消耗定额，并考虑库存、合理储备、综合利用等因素，经平衡后确定的。按质、按量、按时配套供应各种材料是保证施工生产正常进行的基本条件之一。检查、考核材料供应计划的执行情况，主要是检查材料的收入执行情况，它反映了材料对生产的保证程度。

检查材料收入的执行情况，就是将一定时期（旬、月、季、年）内的材料实际收入量作对比，以反映计划完成情况。

一般情况下，材料收入量的充足性与材料供应的及时性可从以下两个方面进行考核。

1. 检查材料收入量是否充足

材料收入量是否充足用以考核各种材料在某一时期内的收入总量是否完成了计划，检查在收入数量上是否满足了施工生产的需要。计算公式为

材料供应计划完成率（%）＝（实际收入量 / 计划收入量）×100%　　（8-1）

例如：某单位 8 月份供应材料情况考核见表 8-1。

表 8-1　某单位 8 月份供应材料情况考核

材料名称	规格	单位	进料来源	进料方式	进料数量		实际完成情况/%
					计划	实际	
水泥	42.5 级	t	×××厂	卡车运输	390	460	118
黄砂	中粗	m^3	×××厂	卡车运输	800	650	81
碎石	5～40 mm	m^3	×××厂	卡车运输	1 560	1 650	106

材料收入量充足是保证生产完成所必需的数量、施工生产顺利进行的一项重要条件。如收入量不充足，如表 8-1 中黄砂的收入量仅完成计划收入量的 81%，这就会在一定程度上造成施工中断，妨碍施工正常进行。

2. 检查材料供应的及时性

在检查材料收入执行情况时，仅分析材料收入量是否充足，不能全面体现材料收入的真实效果。如在收入量计划完成情况较好的情况下，由于收入时间不及时等可能造成施工现场的停工待料现象。

因此，在分析考核材料供应及时性问题时，需要把时间、数量、平均每天需用量和期初库存等资料联系起来。供货及时性对生产的保证程度即本月供货及时率的计算公式为：

本月供货及时率（%）=（实际供货对生产建设具有保证的天数 / 本月实际工作天数）×100%　（8-2）

例如：某单位 8 月份水泥供应及时性考核见表 8-2。

表 8-2　某单位 8 月份水泥供应及时性考核

进货批次	计划需用量		月初库存量	计划收入		实际收入		完成计划/%	对生产保证程度	
	本月	平均每日用量		日期	数量	日期	数量		按日计数	按数量计
	390	15	30						2	30
第一批				1	80	5	45		3	45
第二批				7	80	14	105		7	105
第三批				13	80	19	120		8	120
第四批				19	80	27	190		3	45
第五批				25	70					
合计					390		460		23	345

注：1. 8 月份的工作天数按 26 天计算。

2. 平均每日需用量=全月需用量/实际工作天数= 390/26=15（t）。

3. 第四批 27 日供货的 190 t 水泥，实际起保证作用的只有 28 日、29 日、31 日三天（30 日为周日）。

由表 8-2 可知，当月的水泥供货总量超额完成了计划，但由于供货不均衡，月初需用的材料集中于后期供应，造成工程发生停工待料现象，实际收入总量 460 t 中，能及时用于生产建设的只有 345 t，停工待料 3 天，则本月供货及时率=23/26×100%≈88.46%。

结合表 8-1、表 8-2 分析可知，表 8-1 中反映出水泥实际完成情况为计划的 118%，从总量上反映出水泥的供应满足施工生产的需要，但表 8-2 中从时间角度反映出大部分水泥的供应时间集中在中、下旬，在上旬出现供料不及时的情况，影响了上旬施工生产的顺利进行。

3. 材料储备的核算

为防止材料积压或储备不足，保证生产需要，加速资金周转，企业必须经常检查材料储备定额的执行情况，分析材料库存情况。

检查材料储备定额的执行情况，是将实际储备材料数量（金额）与储备定额数量（金额）相对比，当实际储备数量超过最高储备定额时，说明材料有超储积压；当实际储备数量低于最低储备定额时，说明企业材料储备不足，需要动用保险储备。

材料储备主要通过储备实物量的核算、储备价值量的核算两种方式进行。

（1）储备实物量的核算

储备实物量的核算是对实物周转速度的核算，主要核算材料储备对生产的保证天数、在规定期限内的周转次数和周转天数。其计算公式为：

材料储备对生产的保证天数=期末库存量/日平均材料消耗量　（8-3）

材料周转次数=年度材料消耗量/平均库存量　（8-4）

材料周转天数（即实际储备天数）=（平均库存量×日历天数）/年度材料消耗量　（8-5）

【例 1】某建筑企业核定黄砂最高储备天数为 6 天，某年度 1—12 月耗用黄砂 150 000 t，其平均年库存量为 3 350 t，期末库存量为 4 000 t。计算实际储备天数、对生产的保证天数及超储或不足供应现状。（报告日历天数按 360 天计）

解：实际储备天数=（平均库存量×日历天数）/ 年度材料消耗量=（3 350×360）/ 150 000=8.04（天）

对生产的保证天数=期末库存量 / 日平均材料消耗量=（4 000×360）/ 150 000≈9.6（天）

黄砂超储情况：

超储天数=报告期实际储备天数−核定最高生产储备天数=8.04−6=2.04（天）

超储数量=超储天数×日平均材料消耗量=2.04×150 000/360=850（t）

（2）储备价值量的核算

价值形态的检查考核，是把实物数量乘以材料单价用货币作为总和单位进行综合计算。储备价值核算可以将不同质量、不同价格的各类材料进行最大限度的综合。其计算方法既可以采用周转次数、周转天数等核算方法，亦可采用百元产值占用材料储备资金情况及节约使用材料资金进行考核。其计算公式为：

百元产值占用材料储备资金=（定额流动资金中材料储备资金平均数 / 年度建安工作量）×100　（8-6）

流动资金中材料资金节约使用额=[（计划周转天数−实际周转天数）×年度材料消耗总额] / 360　（8-7）

【例 2】某建筑单位全年完成建安工作量 1 178.8 万元，年度材料消耗总额 888.68 万元，其平均库存量为 148.78 万元。计划周转天数为 70 天。现要求计算该企业的实际材料周转次数、周转天数、百元产值占用材料储备资金及节约使用材料资金等情况。

解：材料周转次数=年度材料消耗量／平均库存量=888.68／148.78≈5.79（次）

材料周转天数=（平均库存量×日历天数）／年度材料消耗量

=（148.78×360）／888.68≈60.27（天）

百元产值占用材料储备资金=（定额流动资金中材料储备资金平均数／年度建安工作量）×100=（148.78／1 178.8）×100=12.62（元）

流动资金中材料资金节约使用额=[（计划周转天数−实际周转天数）×年度材料消耗总额]/360=[（70−60.27）×888.68]/360≈24.02（万元）

（3）材料消耗量的核算

现场材料使用过程的管理，主要是按单位工程定额供料和班组耗用材料的限额领料进行管理。前者是按概算定额对在建工程实行定额供应材料；后者是在分部分项工程中以施工定额对施工队伍实行限额领料。施工队伍实行限额领料，是材料管理工作的落脚点，是经济核算、考核企业经营成果的依据。

检查材料消耗情况，主要是将材料的实际消耗与定额消耗量进行对比，以得出材料节约或浪费情况。由于材料的使用情况不同，因而考核材料的节约或浪费情况的方法也不相同，现就几种情况分别叙述如下。

①某种材料节约（超耗）量和节约（超耗）率

某种材料节约（超耗）量计算公式为：

某种材料节约（超耗）量=某种材料实际消耗量−该项材料定额消耗量　　（8-8）

计算结果为正数，表示超耗；反之，则表示节约。

某种材料节约（超耗）率（%）计算公式为：

某种材料节约（超耗）率（%）=[某种材料节约（超耗）量／该种材料定额消耗量]×100%　　（8-9）

计算结果为正数，表示超耗；反之，表示节约。

【例 3】某工程浇捣墙基 C20 混凝土，每立方米定额用 P.O42.5 水泥 245 kg，共浇捣 23.6 m^3，实际用水泥 5 204 kg。求其水泥节约（超耗）量和水泥节约（超耗）率。

解：水泥节约量=5 204−245×23.6=−578（kg）

水泥节约率=[−578/（245×23.6）]×100%=−10%

②核算多项工程某种材料消耗情况

某种材料的定额消耗量，即定额要求完成一定数量建筑安装工程所需消耗的材料数量的计算公式为

某种材料定额消耗量=Σ（材料消耗定额×实际完成的工程量）　　（8-10）

例如：某工程浇捣混凝土和砌墙均需使用中砂，工程资料见表 8-3。

根据 8-3 中数据可以看出，两项工程合计节约中砂 5.08 m^3，其节约率为 2.14%。

如果做进一步分析检查，则砌墙工程节约中砂 7.52%，计 10.18 m^3；混凝土工程超耗中砂 5%，计 5.10 m^3。

表 8-3　工程资料

分部分项工程	完成工程量/m^3	定额单耗/m^3	限额用量/m^3	实际用量/m^3	节约（−）量或超耗（＋）量/m^3	节约（−）率或超耗（＋）率/%
M 混合砂浆砌半砖外墙	654	0.207	135.38	125.20	−10.18	−7.52
现浇 C20 混凝土圈梁	245	0.416	101.92	107.02	＋5.10	＋5
合计			237.30	232.22	−5.08	−2.14

③核算一项工程使用多种材料的消耗情况

建筑材料有时由于使用价值不同，计量单位各异，不能直接相加进行考核。因此，需要利用材料价格作为同度量因素，用消耗量乘材料价格，然后加总对比。计算公式为

材料节约（−）或超耗（＋）额=Σ材料价格×（材料实耗量−材料定额消耗量）　（8-11）

例如：某施工单位以 M5 混合砂浆砌筑一砖外墙工程共 100 m^3，材料消耗分析（一）见表 8-4。

表 8-4　材料消耗分析（一）

材料名称规格	计量单位	消耗数量		材料计划单价/元	消耗金额/元		节约（−）或超耗（＋）金额	节约率（−）或超耗（＋）率/%
		应耗	实耗		应耗	实耗		
P.O32.5 水泥	kg	4 746	4 350	0.293	1 390.58	1 274.55	−116.03	−8.43
中砂	m^3	331.3	360	28.00	9 276.40	10 080.00	＋803.60	＋8.66
石灰膏	kg	3 386	4 036	0.101	341.99	407.64	＋65.65	＋19.20
标准砖	块	53 600	53 000	0.222	11 899.20	11 766.00	−133.20	−1.12
合计	—	—	—	—	22 908.17	23 528.19	＋620.02	＋2.71

④核算多项分项工程使用多种材料的消耗情况

对以单位工程为单位的材料消耗情况，可将各分项工程使用材料的消耗情况，汇总成材料消耗分析（二）（见表 8-5）。它既可了解分部分项工程及各单位工程材料的定额执行情况。又可综合分析全部工程项目耗用材料的效益情况，见表 8-5。

表 8-5　材料消耗分析（二）

工程名称	工程量		材料		材料单耗		材料单价/元	材料费用/元	
	单位	数量	名称	单位	实际	定额		按实际计	按定额计
C10 基础加固混凝土	m^3	18.1	P.O32.5 水泥	kg	187	194	0.293	54.79	56.84
			中砂	m^3	5.78	5.81	28.00	161.84	162.68
			5～40 mm 碎石	m^3	10.34	10.50	21.60	223.34	226.80
			大石块	m^3	4.73	4.50	24.00	113.52	108.00

续表

工程名称	工程量		材料		材料单耗		材料单价/元	材料费用/元	
	单位	数量	名称	单位	实际	定额		按实际计	按定额计
C20基础加固混凝土	m^3	36.42	P.O32.5水泥	kg	246	254	0.293	72.08	74.42
			中砂	m^3	28.30	29.50	28.00	792.40	826.00
			5～40 mm碎石	m^3	7.90	8.10	21.60	170.64	174.96
合计								1 588.61	1 629.70

六、材料、设备的成本核算方法

1. 材料、设备实际成本

材料核算是以货币或实物数量的形式，对建筑企业材料管理工作中的采购、供应、储备、消耗等项业务活动进行记录、市场计算、比较和分析，总结管理经验，找出存在的问题，从而提高材料供应管理水平。

材料采购的核算，是以材料采购预算成本为基础，与实际采购成本相比较，核算其成本降低或超耗程度。

（1）材料预算（计划）价格

材料预算（计划）价格是由地区建设主管部门颁布的，以历史水平为基础，并考虑当前和今后的变动因素，预先编制的价格。

材料预算价格是地区性的，根据本地区工程分布、投资数额、材料用量、材料来源地、运输方法等因素综合考虑，采用加权平均的计算方法确定。同时，对其使用范围也有明确规定，在地区范围以外的工程，则应按规定增加远距离的运费差价。材料预算价格包括从材料来源地起，到达施工现场的工地仓库或材料堆放场地为止的全部价格。材料预算价格由材料原价、供销部门手续费、包装费、运杂费、采购费及保管费五项费用组成。

材料预算价格的计算公式为：

材料预算价格=（材料原价＋供销部门手续费＋包装费＋运杂费）×（1＋采购及保管费率）−包装品回收值　　(8-12)

（2）材料采购实际成本

材料采购实际成本是材料在采购和保管过程中所发生的各项费用的总和。它由材料原价、供销部门手续费、包装费、运杂费、采购费及保管费五项费用组成。组成实际价格的五种费用，任何一种费用的变动，都会直接影响材料实际成本的高低，进而影响工程成本的高低。在材料采购及保管过程中应力求节约，降低材料采购成本是材料采购管理的重要环节。

市场供应的材料，由于货源来自各地，产品成本不一致，运输距离不等，质量情况也参差不齐，为此在材料采购或加工订货时，要注意材料实际成本的核算，采购材料时应作各种比较，即同样的材料比质量，同样的质量比价格，同样的价格比运距，最后核算材料成本。

对大宗材料，其价格组成中运费是主要部分，应尽量做到就地取材，减少运输费用。

（3）材料价格通常按实际成本计算，有先进先出法和加权平均法两种。

1）先进先出法：是指同一种材料每批进货的实际成本如各不相同，按各批不同的数量及价格计入账册。领用时，以先购入的材料数量及价格先计价核算工程成本，按先后顺序依次类推。

2）加权平均法：是指同一种材料在发生不同实际成本时，按加权平均法求得平均单价，当下一批进货时又以余额（数量、价格）与新购入的数量、价格作新的加权平均计算，得出平均价格。

【例 4】某单位某种材料成本见表 8-6，请分别采用先进先出法和加权平均法计算材料的成本。

表 8-6　某种材料成本

日期	摘要	数量	单位成本/元	金额/元
1 日	初期余额	100	300	30 000
3 日	购入	50	310	15 500
10 日 20 日 25 日	生产领用 购入 生产领用	125 200 150	315	63 000

解：（1）先进先出法。

10 日生产领用材料的成本：

$$100\times300+25\times310=37\ 750（元）$$

25 日生产领用材料的成本：

$$25\times310+125\times315=47\ 125（元）$$

结余材料成本：

$$30\ 000+15\ 500-37\ 750+63\ 000-47\ 125=23\ 625（元）$$

（2）加权平均法

平均成本：

$$（30\ 000+15\ 500+630\ 000）\div（100+50+200）=310（元）$$

结余材料成本：

$$310\times（100+50-125+200-150）=23\ 250（元）$$

（3）材料采购成本的考核

材料采购成本可以从实物量和价值量两方面进行考核。单项品种的材料在考核材料采购成本时，可以从实物量形态考核其数量上的差异。企业实际进行采购成本考核，往往是分类或按品种总和考核价值上的“节”与“超”。通常有如下两项考核指标。

1）材料采购成本降低（超耗）额：

材料采购成本降低（超耗）额计算公式为：

$$材料采购成本降低（超耗）额=材料采购预算成本-材料采购实际成本 \quad (8-13)$$

式（8-12）中，材料采购预算成本是按预算价格事先计算的计划成本支出；材料采购实际成本是按实际价格事后计算的实际成本支出。

2）材料采购成本降低（超耗）率：

材料采购成本降低（超耗）率计算公式为：

材料采购成本降低（超耗）率（%）=[材料采购成本降低（超耗）额/材料采购预算成本]×100%　　（8-14）

通过材料采购成本降低（超耗）率指标，考核成本降低或超耗的水平和程度。

【例 5】某工地四季度从 4 个产地采购 4 批中粗砂，A 批 150 m^3，采购成本 24 元/m^3；B 批 200 m^3，采购成本 23.5 元/m^3；C 批 400 m^3，采购成本 22 元/m^3；D 批 250 m^3，采购成本 23 元/m^3。中粗砂预算价格 24.88 元/m^3。试分析该工地采购经济效果。

解：中粗砂加权平均成本=（150×24＋200×23.5＋400×22＋250×23）÷（150＋200＋400＋250）=22.85（元/m^3）

中粗砂预算价格 24.88 元/m^3，则

中粗砂采购成本降低额=（24.88−22.85）×1 000=2 030（元）

中粗砂采购成本降低率=（1−22.85/24.88）×100% =8.16%

该工地采购中粗砂 4 批共 1 000 m^3，共节约采购费用 2 030 元，成本降低率达到 8.16%，经济效果尚好。

七、主要材料超计划用料的原因及调整措施

1. 材料计划变更的原因

实践证明，材料计划的变更是常见的、正常的。材料计划的多变，是由它本身的性质所决定的。计划是人们在认识客观世界的基础上制订出来的，受人们的认识能力和客观条件的制约，所编制出的计划的质量就会有差异。计划与实际脱节往往不可能完全避免，重要的是一经发现，就应调整原计划。自然灾害、战争等突发事件一般不易被识别，一旦发生会引起材料资源和需求的重大变化。材料计划涉及面广，与各部门、各地区、各企业都有关系，一方有变，牵动他方，也使材料资源和需要发生变化。这些主客观条件的变化必然引起原计划的变更。为了使计划更加符合实际，维护计划的严肃性，就需要对计划及时进行调整和修订。

材料计划的变更，除上述基本原因外，还有一些其他的原因。一般来说，出现下述情况时，也需要对材料计划进行调整和修订。

（1）任务量变化

任务量是确定材料需用量的主要依据之一，任务量的增加或减少，将相应地引起材料需要量的增加或减少。在编制材料计划时，不可能将计划任务变动的各种因素都考虑在内，只有待问题出现后，通过调整原计划来解决。

1）在项目施工过程中，由于技术革新，增加了新的材料品种，原计划需要的材料出现多余，就要减少需要；或者根据用户的意见对原设计方案进行修订，这时所需材料的品种和数量也会发生变化。

2）在基本建设中，由于编制材料计划时图纸和技术资料尚不齐全，原计划实属概算需要，待图纸和资料到齐后，材料实际需要常与原概算情况有出入，这时也需要调整材料计划。同时，由于现场地质条件及施工中可能出现的变化因素，需要改变结构、设备型号时，材料计划调整也不可避免。

3）在工具和设备修理中，编制计划时很难预计修理需要的材料，实际修理需用的材料与原计划中的申请材料经常有出入，调整材料计划完全有必要。

2. 工艺变更

设计变更必然引起工艺变更，需要的材料当然就不一样。设计未变，但工艺变了，加工方法、操作方法变了，材料消耗也可能与原来不一样，材料计划也要随之相应调整。

3. 其他原因

计划初期预计库存不正确、材料消耗定额变了、计划有误等，都可能引起材料计划的变更，需要对原计划进行调整和修订。根据多年的实践经验，材料计划变更主要是由生产建设任务的变化引起的。其他变化对材料计划当然也产生一定影响，但引起变更的数量远比生产建设任务变化引起的少。由于上述种种原因，必须对材料计划进行合理的调整和修订。如不及时进行修订，将会使企业发生停工待料的现象，或使企业材料大量闲置积压。这不仅会使生产建设受到影响，而且直接影响企业的财务状况。

八、材料计划变更的方法

1. 全面调整和修订

全面调整和修订主要是指材料资源和需要发生了大的变化时的调整，加上自然灾害、战争或经济调整等，都可能使资源和需要发生重大变化，这时需要全面调整和修订计划。

2. 专案调整和修订

专案调整和修订主要是指由于某项任务的突然增减；或由于某种原因，工程提前或延后施工；或生产建设中出现突然情况，使局部资源和需要发生了较大变化，一般用待分配材料或当年储备解决，必要时通过调整供应计划解决。

3. 临时调整和修订

如生产和施工过程中，临时发生变化，就必须临时调整，这种调整属于局部性调整，主要是通过调整材料供应计划来解决的。

4. 材料计划变更中应注意的问题

1）维护计划的严肃性和实事求是地调整计划。在执行材料计划的过程中，根据实际情况的不断变化，对计划作相应的调整和修订是完全必要的。但是，要注意避免轻易地变更计划，无视计划的严肃性，认为有无计划都得保证供应，甚至违反计划、用计划内材料搞计划外项目，也通过变更计划来满足。当然，不能把计划看作是一成不变的，在任何情况下都机械地强调维持原来的计划，明明计划已不符合客观实际的需要，仍不去调整、修订、解决，这也和事物的发展规律相违背。正确的态度和做法是，在维护计划严肃性的同时，坚持计划原则性和灵活性的统一实事求是地调整和修订计划。

2）权衡利弊后，尽可能把计划调整的范围压缩到最小限度。调整计划虽然有必要，但许多时候总会或多或少地造成一些损失。所以，在调整计划时，一定要权衡利弊，把调整的范围压缩到最小限度，使损失尽可能地减少到最小。

3）及时掌握情况。

①掌握材料的需用情况。做好材料计划的调整和修订工作，材料部门必须主动和各方面加强联系，掌握计划任务安排和落实情况，如了解生产建设任务和基本建设项目的安排与进度情况，了解主要设备和关键材料的准备情况，对一般材料也应按需要逐项检查落实。如果发生偏差，应迅速反馈，采取措施，加以调整；

②掌握材料的消耗情况。找出材料消耗升降的原因，加强定额管理，控制发料，防止超定额用料；

③掌握资源的供应情况。不仅要掌握库存和在途材料的动态，还要学握供方能否按时交货等情况。

掌握上述三方面的情况，实际上就是要做到需用清楚、消耗清楚和资源清楚，以利于材料计划的调整和修订。

4）妥善处理解决调整和修订材料计划中的相关问题。材料计划的调整和修订中追加或减少的材料，一般以内部平衡调剂为原则，追加部分或减少部分内部处理不了或不能解决的，由负责采购或供应的部门协调解决。特别要注意的是，要防止在调整计划中“拆东墙补西墙”、冲击原计划的做法。没有特殊原因，材料应通过机动资源和增产解决。

九、中小型设备的折旧及成本核算

1. 费用收入与费用支出

在施工生产中，工具费用的收入是按照框架结构、排架结构、升板结构、全装配结构等不同结构类型，以及旅游宾馆等大型公共建筑，分不同檐高（20 m 以上和以下），以每平方米建筑面积计取。一般情况下，生产工具费用约占工程直接费的 2%。工具费用的支出包括购置费、租赁费、摊销费、维修费及个人工具的补贴费等项目。

2. 工具费用的摊销方法

（1）一次摊销法

一次摊销法是指工具一经使用，其价值全部转入工程成本，并通过工程款收入得到一次性补偿的核算方法。它适用于消耗性工具。

（2）五五摊销法

五五摊销法是指工具投入使用后，先将其价值的一半摊入工程成本，待其报废后再将另一半价值摊入工程成本，通过工程款收入分两次得到补偿。五五摊销法适用于价值较低的中小型低值易耗工具。

（3）期限摊销法

期限摊销法是根据工具使用年限和单价来确定摊销额度，分多期进行摊销的方法。在每个核算期内，工具的价值只是部分计入工程成本并得到部分补偿。此法适用于固定资产性质的工具及单位价值较高的易耗性工具。

中小型设备的折旧计提方法：

①直线法（年限平均法）。

直线法月折旧额计算公式为

月折旧额=（固定资产原价−预计残值）÷使用年限÷12　　（8-15）

②双倍余额递减法（加速折旧）。

双倍余额递减法年折旧率、月折旧额计算公式为

年折旧率=2÷预计使用寿命（年）×100%　　（8-16）

月折旧额=固定资产净值×年折旧率÷12　　（8-17）

第二节　周转材料的成本构成

在实行周转材料内部租赁制的情况下，项目周转材料费的节约或超支，取决于周转材料的周转利用率和损耗率。因为周转利用率降低，周转材料的使用时间就增长，同时也会增加租赁费支出；而超过规定的损耗，更要照原价赔偿。周转利用率和损耗率的计算公式如下：

周转利用率＝实际使用数×租用期内的周转次数/（进场数×租用期）×100%　（8-18）

损耗率＝退场数/进场数×100%　　（8-19）

为使周转材料真正发挥“周转”的作用，建筑施工企业要对周转材料加强管理，可采取以下措施：

1）要做到“管物先管人”。对周转材料的管理，首先应该加强思想教育，充分调动广大职工当家理财的积极性，努力发扬职工的“主人翁”精神，千方百计地提高全体人员用好、管好周转材料的自觉性。

2）将周转材料的管理纳入企业全面质量管理之中，齐抓共管，发动职工献计献策，大力采用新技术、新工艺，努力减少周转材料的消耗。

3）要建立“周转材料统计台账”，认真记录各种周转材料的名称、规格、型号、价格、数量以及质量状况等。对周转材料的使用时间、使用数量、使用次数以及损耗数量要进行详细的统计，并制订出切实可行的消耗定额，强化周转材料的动态管理。

4）要实行周转材料租赁制。建筑施工企业内部实行周转材料租赁制，可以强化周转材料的管理，提高周转材料的使用寿命和使用效率，既有利于降低工程成本，又便于施工生产。

5）要做好周转材料的回收、整修和保管、保养工作。为提高周转材料的使用寿命，必须及时回收并清除施工时黏附在周转材料上的残留物，进行精心地维修和保养，配齐损坏、丢失的配件，保证施工用周转材料的完整性和配套性，为便于发放使用，应做到合理存放，堆码有序，使周转材料始终处于良好状态。

做好周转材料的租赁管理，要以我国《经济合同法》为依据，强调严肃性，制定合理的租赁费用，采取租赁合同的形式，实行丢失、损坏赔偿制度。同时，要注重发挥物资部门和

施工单位对管好、用好周转材料的积极性。作为供方的物资部门，必须坚持为施工生产服务的原则，按照施工单位的用料要求，及时、齐备、保质、保量地做好周转材料的供应以及监督使用等工作；作为用户的施工单位，必须按照合同规定的租赁按时缴纳租金，并切实做好周转材料的现场管理工作，严格执行周转材料的使用规范和拆卸作业标准，坚决杜绝野蛮拆卸、任意改造等行为，发生丢失、损坏必须照价赔偿。

由于周转材料可多次反复使用于施工过程，因此其价值的转移方式也不同于一般建筑材料，建筑材料的价值转移通常一次性全部转移到建筑产品中，而周转材料的价值则是分多次转移到产品中，通常称为摊销。

周转材料的核算以价值量核算为主要内容，核算其周转材料的费用收入与支出的差异和费用摊销。

（1）费用收入

周转材料的费用收入是以施工图为基础，以概（预）算定额为标准，随工程款结算而取得的资金收入。

在概算定额中，周转材料的取费标准是根据不同材质总和编制的，在施工生产中无论实际使用何种材质，取费标准均不予调整（主要指模板）。

（2）费用支出

周转材料的费用支出是根据施工工程的实际投入量计算的。对周转材料实行租赁的企业，费用支出表现为实际支付的租赁费用；对周转材料不实行租赁制度的企业，费用支出表现为按照规定的摊销率所提取的摊销额，计算摊销额的基数为全部拥有量。

（3）费用摊销

费用摊销主要有一次摊销法、五五摊销法和期限摊销法等。

1）一次摊销法：是指一经使用，其价值即全部转入工程成本的摊销方法。它适用于与主件配套使用并独立计价的零配件。

2）五五摊销法：是指投入使用时，先将其价值的半摊入工程成本，待报废后再将另一半价值摊入工程成本的摊销方法。它适用于价值偏高，不宜一次摊销的周转材料。

3）期限摊销法：是根据使用期限和单价来确定摊销额度的摊销方法。它适用于价值较高、使用期限较长的摊销方法。计算方法如下：

①分别计算各种周转材料的月摊销额，计算公式为

某种周转材料月摊销额（元）=[该种周转材料采购原价−预计残余价值（元）]/该种周转材料预计使用年限×12（月）　　（8-20）

②分别计算各种周转材料的月摊销率，计算公式为

某种周转材料月摊销率（%）=[该种周转材料月摊销额（元）/该种周转材料采购价（元）]×100%　　（8-21）

③计算月度周转材料总摊销额，计算公式为

月度周转材料总摊销额=Σ[周转材料采购原价（元）×该种周转材料摊销率（%）]（8-22）

主要参考文献

［1］李继业. 新编建筑装饰材料实用手册［M］. 北京：化学工业出版社，2012.

［2］张松榆，等. 建筑功能材料［M］. 北京：中国建材工业出版社，2012.

［3］陈宝璠. 土木工程材料［M］. 北京：中国建材工业出版社，2012.

［4］陈宝璠. 建筑装饰工程材料［M］. 北京：中国建材工业出版社，2009.

［5］伊路平. 建筑材料［M］. 青岛：中国海洋大学出版社，2011.

［6］胡兴福. 建筑结构（第二版）［M］. 北京：中国建筑工业出版社，2012.

［7］游普元. 建筑材料与检测［M］. 哈尔滨：哈尔滨工业大学出版社，2012.

［8］张伟，徐淳. 建筑施工技术［M］. 上海：同济大学出版社，2010.

［9］郭汉丁. 工程施工项目管理［M］. 北京：化学工业出版社，2010.

［10］全国一级建造师职业资格考试用书编写委员会. 建设工程施工管理［M］. 北京：中国建筑工业出版社，2018.

［11］全国一级建造师职业资格考试用书编写委员会. 建筑工程管理与实务［M］. 北京：中国建筑工业出版社，2018.

［12］魏鸿汉. 建筑材料（第四版）［M］. 北京：中国建筑工业出版社，2012.

［13］张丽云，王朝霞. 建筑工程工程量清单计价［M］. 北京：中国电力出版社，2011.

［14］住房和城乡建设部，国家质量监督检验检疫总局. 建筑装饰装修工程质量验收标准：GB 50210—2018［S］. 北京：中国计划出版社，2018.

［15］住房和城乡建设部，国家质量监督检验检疫总局. 装配式建筑评价标准：GB/T 51129—2017［S］. 北京：中国计划出版社，2017.

［16］住房和城乡建设部，国家质量监督检验检疫总局. 装配式混凝土建筑技术标准：GB/T 51231—2016［S］. 北京：中国计划出版社，2016.

［17］住房和城乡建设部，国家质量监督检验检疫总局. 装配式钢结构建筑技术标准：GB/T 51232—2016［S］. 北京：中国计划出版社，2016.

［18］住房和城乡建设部，国家质量监督检验检疫总局. 墙体材料应用统一技术规范：GB 50574—2010［S］. 北京：中国计划出版社，2010.

［19］住房和城乡建设部，国家质量监督检验检疫总局. 普通混凝土小型砌块：GB/T 8239—2014［S］. 北京：中国计划出版社，2014.

附录 1　材料员专业知识测试模拟试卷

试卷一

一、单项选择题（共 40 题，共 40 分）

1. 为防止工程竣工材料积压，在工程竣工阶段一般是利用库存控制进料，材料实际需用量（　　）计划需用量。

A. 略小于　　B. 略大于　　C. 等于　　D. 远大于

2. 为了保证工程质量，对于一些特殊材料，在申请采购中往往是（　　）。

A. 分批采购　　B. 按计划需用量采购

C. 一次采购　　D. 按实际需用量采购

3. 直接套用相应项目材料消耗定额，计算材料需用量的方法为（　　）。

A. 直接计算法　　B. 统计分析法　　C. 经验估算法　　D. 现场测定法

4. 材料计划管理工作的关键是（　　）。

A. 材料计划的编制　　B. 材料的市场调查　　C. 材料计划的实施　　D. 材料的采购

5. 关于计划期内工程材料需要量的计算表达式错误的是（　　）。

A. 某材料计划需用量=建筑安装实物工程量×某种材料消耗定额

B. 某材料计划需用量=计划工程量×类似工程材料消耗定额×调整系数

C. 某材料计划需用量=工程面积×同类工程某种材料平方米消耗定额×调整系数

D. 某材料计划需用量=工程项目计划总投资×同类工程项目每万元产值材料消耗定额×调整系数

6. 材料需用量核算的依据不包括（　　）。

A. 材料消耗量汇总表　　B. 施工合同

C. 施工进度　　D. 工料分析表

7. 单位工程构件需用量计划是根据（　　）编制的。

A. 单位工程施工组织设计　　B. 单位工程施工进度计划编制

C. 单位工程施工方案　　D. 施工图

8. 材料计划变更，当某项任务增减、施工进度改变，使材料需求发生局部变化时需要（　　）。

A. 全面调整或修订　　B. 专案调整或修订

C. 临时调整或修订　　D. 部分调整或修订

9. 根据市场交易场所的实体性，以下关于市场的分类错误的是（　　）。

A. 有形市场　　B. 现货市场　　C. 劳务市场　　D. 无形市场

10. 建筑市场的构成不包括（　　）。

A. 主体　　B. 政府主管部门　　C. 客体　　D. 建设工程交易中心

11. 以下关于建筑市场的说法，错误的是（　　）。

A. 建筑市场是建筑活动中各种交易关系的总和

B. 建筑市场是一种产出市场

C. 建筑市场是国民经济市场体系的一个子体系

D. 建筑市场不包括无形市场

12.（　　）不是市场调查的内容。

A. 市场环境的调查　　B. 市场需求调查和供求调查

C. 市场营销手段调查　　D. 市场竞争情况调查

13. 根据调查研究目的不同资料汇总的方式与方法也有所区别，可以分为（　　）和分组汇总两大类。

A. 整体汇总　　B. 详细汇总　　C. 总体汇总　　D. 粗略汇总

14. 市场调查和分析的前提与基础是（　　），没有它就不能对市场做出科学而合理的描述。

A. 定性调查　　B. 定量调查　　C. 定性分析　　D. 定量分析

15. 调查工作的准备阶段一般不包括（　　）。

A. 调查表的设计　　B. 资料整理

C. 抽取样本　　D. 访问员的招聘及培训

16. 建筑市场的主体不包括（　　）。

A. 政府　　B. 业主　　C. 承包商　　D. 中介服务组织

17. 建筑材料的出厂检验报告和进场复试报告有本质的不同，下列选项表述错误的是（　　）。

A. 出厂检验报告为厂家在完成批次货物的情况下厂方自身内部的检测，一旦发生问题和偏离，具有权威性

B. 进场复验报告为用货单位在监理及业主方的监督下由本地质检部门出具的检验报告，具有法律效力

C. 出厂检验报告是每种型号、每种规格都出具的，而进场报告是施工部门在使用的型号规格内随机抽取的

D. 出厂检验报告为厂家在完成批次货物的情况下厂方自身内部的检测，一旦发生问题和偏离，不具有权威性

18. 砌筑砂浆中水泥砂浆的保水率应为（　　）。

A. ≥80%　　B. ≥84%　　C. ≥88%　　D. ≥86%

19. 用于沥青面层的粗骨料中，在高速公路和一级公路不得使用（　　）。

A. 碎石和筛选砾石　　B. 破碎砾石和筛选砾石

C. 筛选砾石和钢渣　　D. 筛选砾石和矿渣

20. 在通用硅酸盐水泥的技术性质中，（　　）不是水泥的物理指标。

A. 碱含量　　B. 安定性　　C. 强度　　D. 细度

21. 按材料储备停留的领域来分，建筑企业材料储备属于（　　）。

A. 生产储备　　B. 流通储备　　C. 国家储备　　D. 再生产储备

22. 在材料储备管理中，根据仓库管理人员提供的物资库存情况，组织采购的方法称为（　　）。

A. 资金控制法　　B. 定期订货法　　C. 定量控制法　　D. ABC 分类法

23. ABC 分类法将储备材料划分为 A、B、C 三大类，其中 A 类材料金额约占储备金额的（　　）。

A. 5%～15%　　B. 15%～25%　　C. 25%～45%　　D. 60%～80%

24. 某种材料单价 P=2 500 元/t，年需求量 Q=2 000 t，订购费 K=1 000 元/次，单位价值材料年仓储费率 L=5%，其经济采购批量为（　　）。

A. 178.9 t　　B. 183.3 t　　C. 11 t　　D. 33 t

25. 危险源的辨识方法各有其特点和局限性，往往采用（　　）种以上的方法识别危险源。

A. 二　　B. 三　　C. 四　　D. 五

26. 可能发生意外释放的能量或危险物质是（　　）。

A. 第一类危险源　　B. 第二类危险源　　C. 第三类危险源　　D. 第四类危险源

27. 以下（　　）可能导致材料剩余积压。

A. 因施工单位保管不善导致水泥受潮

B. 因监理单位指令导致施工现场停工

C. 因设计单位不能及时提供图纸

D. 因建设单位设计变更导致原计划混凝土使用量变少

28. 因建设单位设计变更造成多余材料积压，经（　　）审核签字后，余料可退回建设单位。

A. 项目经理　　B. 材料员　　C. 建设单位负责人　　D. 监理工程师

29. 工程的剩余物资如有后续工程尽可能用到新开的工程项目上，由（　　）负责调剂，冲减原项目工程成本。

A. 项目经理部　　B. 物资部　　C. 材料部门　　D. 回收部门

30. 工程的剩余物资经协商处理后，其费用可以冲减原项目的（　　）。

A. 预算成本　　B. 计划成本　　C. 工程成本　　D. 估算成本

31. 现场余料能否调出利用，往往受（　　）影响。

A. 价格　　B. 人员　　C. 材料本身　　D. 环境

32. 有毒有害废弃物（　　）作土方回填。

A. 禁止　　B. 允许　　C. 鼓励　　D. 应当

33. 工地临时厕所、化粪池应采取（　　）措施。

A. 防晒　　B. 防潮　　C. 防渗　　D. 防火

34. 按（　　）实行限额领料，往往对容易发生超耗的装修部位难以实施限额或影响限额效果。

A. 配套机械　　B. 责任人　　C. 分项工程　　D. 工程部位

35. 核定企业流动资金的定额依据之一是（　　）。

A. 材料消耗估算指标　　B. 材料消耗概算指标

C. 材料消耗施工定额　　D. 材料储备定额

36. 材料核算往往是以（　　）的形式进行的。

A. 损耗量　　B. 成本差异计算　　C. 比较分析　　D. 货币

37. 不属于实地存盘制与永续存盘制的区别的是（　　）。

A. 都需要对财产物资进行盘点，但方法不同

B. 都需要对财产物资进行盘点，但目的不同

C. 两种存盘制对财产物资在账簿中的记录方法不同

D. 前者需要登记账簿，后者不需要登记账簿

38. 定性分析就是确定数据资料的性质，一般操作步骤不包括（　　）。

A. 审读资料数据　　B. 知识准备、分析资料

C. 确定分析方法　　D. 制定分析方案

39. 在市场分析中搜集的各种预测资料时，（　　）已有的二手资料。

A. 不得使用　　B. 可以选用　　C. 尽量不用　　D. 有条件的使用

40. 狭义的物资主要是生产资料，其中（　　）属于物资范畴，是建筑安装施工过程中的劳动对象，是建筑产品的物质基础。

A. 流动资金　　B. 建筑材料　　C. 劳动力　　D. 生活用品

二、多项选择题（共 10 题，共 20 分）

41. 以下对砂浆的表述，错误的是（　　）。

A. 灰缝厚度＞5 mm 的砌筑砂浆为普通砌筑砂浆

B. 灰缝厚度≤5 mm 的砌筑砂浆为普通砌筑砂浆

C. 普通抹灰砂浆的砂浆层厚度＞5 mm

D. 地面砂浆不能作为建筑地面及屋面找平层的砂浆

E. 防水砂浆用于抗渗要求部位

42. 常用的特性水泥主要有（　　）。

A. 快凝快硬性水泥　　B. 快硬硅酸盐水泥

C. 膨胀水泥　　D. 自应力水泥

E. 中热硅酸盐水泥

43. 材料供应管理是指（　　）地为建筑企业施工生产提供材料的经济活动。

A. 及时　　B. 节省　　C. 配套　　D. 按量

E. 按质

44. 材料供应管理具有（　　）等特点。

A. 复杂性　　B. 大量性　　C. 多样性　　D. 受气候和季节影响大

E. 施工中各种因素稳定

45. 材料预算价格由（　　）组成。

A. 材料出厂价　　B. 供销部门手续费　　C. 包装费　　D. 运杂费

E. 采购及保管费

46. 成本核算的方法有（　　）。

A. 分项成本　　B. 材料成本　　C. 预算成本　　D. 实际成本

E. 计划成本

47. 台账管理中台账明细包括材料的（　　）。

A. 验收　　B. 领用　　C. 调拨　　D. 退料

E. 废料量

48. 申请材料配置计划编制应遵循（　　）的原则。

A. 做好“四查”　　B. 实事求是　　C. 留有余地　　D. 安全方案

E. 质量检测

49. 施工班组、专业施工队各工种所担负的施工部位和项目不同，因此除任务书外，可作为（　　）现场材料发放依据。

A. 工程暂借用料单　　B. 施工设计图

C. 领料单　　D. 材料调拨单

E. 材料发放记录表

50. 材料用量的编制有（　　）计划。

A. 年度计划　　B. 季度计划　　C. 月度计划　　D. 追加计划

E. 旬计划

三、判断题（共20题，共10分）

51. 材料计划是材料需用计划。（　　）

A. 正确　　B. 错误

52. 用料计划通常以单位工程为对象，结合材料消耗定额，逐一计算需用材料的品种、规格、质量、数量、最终汇总成实际需用数量。（　　）

A. 正确　　B. 错误

53. 材料计划要力求保证供应，不留余地，利于节约。（　　）

A. 正确　　B. 错误

54. 直接计算法适用与某些不便与制订消耗定额的材料，或耗用量不大的辅助材料。（　　）

A. 正确　　B. 错误

55. 工具需用量一般按照不同种类、规格和不同用途分别计算。（　　）

A. 正确　　B. 错误

56. 严禁用产生火花的设备敲打和启封易燃易爆物品。（　　）

A. 正确　　B. 错误

57. 进场材料可以和其他材料共存，但应保证其性能和仓储条件的特殊要求。（　　）

A. 正确　　B. 错误

58. 采购的劳动保护用品，向主管部门提供情况，接受对劳动保护用品的质量监督检查。（　　）

A. 正确　　B. 错误

59. 对新购进的设备要有出厂合格证及完整的技术资料。（　　）

A. 正确　　B. 错误

60. 对新购进的设备使用时制定安全操作规程。(　　)

A. 正确　　B. 错误

61. 危险源的辨识方法各有其特点和局限性，往往采用 3 种或 3 种以上的方法识别危险源。(　　)

A. 正确　　B. 错误

62. 限制能量和隔离危险物质是属于第二类危险源控制方法。(　　)

A. 正确　　B. 错误

63. 第一类危险源是指造成约束、限制能量和危险物质措施失控的各种不安全因素的危险源。(　　)

A. 正确　　B. 错误

64. 施工余料是指还没有进入施工现场，由于某些原因不再使用的材料。(　　)

A. 正确　　B. 错误

65. 建设单位原因造成的材料积压，余料退回建设单位。(　　)

A. 正确　　B. 错误

66. 永续盘点是指对库房每日有变动的材料，当日复查一次，即当天对有收入或发出的材料，核对账、卡、物是否对口。(　　)

A. 正确　　B. 错误

67. 验收单是唯一的材料入库手续，是财务核算材料成本收入的依据。(　　)

A. 正确　　B. 错误

68. 在软件的材料验收过程中只收料，不用填写验收单。(　　)

A. 正确　　B. 错误

69. 材料收发管理主要功能是对日常的材料的出入库进行管理。(　　)

A. 正确　　B. 错误

70. 盘点中数量出现盈亏，若超过盈亏量在企业规定的范围时，可在盘点报告中反映，不必编制盈亏报告，经业务主管审批后，据此调整账务。(　　)

A. 正确　　B. 错误

四、综合题（共 5 题，共 30 分）

71. ［背景资料］某项目施工时发生了因混凝土振捣不密实造成的漏筋质量缺陷，施工单位会同监理单位对现场进行勘察后，施工单位填写了《建筑工程质量事故调（勘）查记录》表，见下表。(注：该项目无任何分包项目)

建设工程质量事故调（勘）查记录（摘录）

编号：×××

工程名称	××工程		日期	××年×月×日	
调（勘）查时间	××年×月×日×时××分至×时××分				
调（勘）查地点	××年××（工程项目所在地）				
参加人员	单位	姓名		职务	电话

续表

被调查人	××建筑公司	×××	……	
陪同调（勘）查人员		×××	……	
		×××	……	
调（勘）查记录	××年×月×日在8层柱混凝土施工时，由于混凝土振捣未按操作规程操作，致使……			
A	√有　无　共4张　共4页			
……				
被调查人签字		调（勘）查人		

［问题］根据背景资料，解答下列问题。

（1）监理单位派出的调（勘）查人为专业监理工程师，此做法妥当。（　　）

A. 正确　　B. 错误

（2）现场调（勘）查时，采用影像的形式真实记录现场情况。（　　）

A. 正确　　B. 错误

（3）该表是当工程发生质量事故后，对工程质量事故进行初步调查了解和现场勘查所形成的（　　）。

A. 资料　　B. 记录　　C. 文件　　D. 档案

（4）通常情况下，（　　）对工程质量负总责。

A. 项目经理　　B. 技术负责人　　C. 工长　　D. 劳务承包人

（5）该表由（　　）填写。

A. 监理员　　B. 施工员　　C. 施工单位　　D. 调查人

（6）下列说法正确的有（　　）。

A. 该表只由施工单位保存　　B. 该表中应列出“事故影响程度”栏

C. 该表各有关单位应保存　　D. 该表应本着实事求是的原则填写

E. 该表只由建设单位保存

72.［背景资料］某施工企业正在进行以高层住宅项目的基础工程施工，根据材料采购计划，该项目普通硅酸盐水泥的年订货总量 S=18 000 t，并与业主约定由一个指定供货商供货。参考本企业其他类似工程历史资料：一次采购费用 C=75 元；水泥单价 P=90 元/t，仓库年保管费率 A=0.03。合同规定按季平均交货，供应商可按每次催货要求时间发货。现有两种方案可供选择：方案甲按每月交货一次，方案乙按每 20 d 交货一次。

［问题］根据背景资料，解答下列问题。

（1）在物资总需求量一定的条件下，由于订购次数多，每次订购数量就小，订购费用就大，而保管费用也大。（　　）

A. 正确　　B. 错误

（2）建筑市场的构成主要包括主体、客体、建设工程交易中心。（　　）

A. 正确　　B. 错误

（3）方案甲的采购费和存储费之和为（　　）元。

A. 2 925　　B. 2 400　　C. 1 800　　D. 840

（4）方案乙的采购费和存储费之和为（　　）元。

A. 2 700　　B. 2 850　　C. 2 400　　D. 810

（5）根据计算，最优采购经济批量应为（　　）t。

A. 4 500　　B. 1 800　　C. 1 500　　D. 1 000

（6）研究经济订购批量，首先要分析物资存储系统的各种费用，包括（　　）。

A. 订购物资总价　　B. 咨询费用　　C. 订购费用　　D. 保管费用

E. 缺货损失费用

73.［背景资料］某工程为 20 层办公楼，首层为大堂和会议用房，2 层为租赁用房，3 层为代用租用房，4 层以上为办公用房。建筑主体已建成，工程进入装修阶段；合同装饰范围为：办公、首层全部进行装饰、待租用房只进行隔墙、门安装和公共部分（包括走道）的施工；除租用房有租赁单位自行装修。该工程结构、初装修、水、点已施工完成，通过竣工验收，已完成了备案。因施工需要搭设了临时建筑，为了降低成本，就地取材，用木板搭设工人宿舍；施工材料的存放、保管符合防火安全要求。

［问题］根据背景资料，解答下列问题。

（1）为了加速周转，减少资金占用，脚手架料采用租赁管理办法，实效甚好。（　　）

A. 正确　　B. 错误

（2）周转材料费用承包的考核和结算是指承包费用收支对比，出现盈余为节约，反之为亏损。（　　）

A. 正确　　B. 错误

（3）如果场地比较紧张，由你来布置库房和现场临时办公室，你以为应该布置在（　　）层。

A. 1　　B. 2　　C. 3　　D. 4

（4）对于装修装饰工程，下列（　　）不符合施工现场对易燃易爆材料安全管理要求。

A. 油漆、涂料、稀料必须集中存放

B. 设专人管理并远离施工现场，远离火源、配电箱、开关箱距

C. 油漆涂料施工现场可以动用电气焊等明火作业

D. 应增加施工现场空气对流及有毒气体的排放

（5）按工具使用方式和保管范围工具分个人随手工具和（　　）。

A. 通用工具　　B. 班组共用工具　　C. 消耗性工具　　D. 专用工具

（6）该施工现场搭设临时建筑如塔木板房时，有（　　）要求。

A. 必须支塔时，不需经消防监督机关批准

B. 高压线下不准搭设木板临时建筑

C. 木板临时建筑的周围应防火，疏散道路畅通，基地平整干净

D. 木板临时建筑应按工地场地布局图和临时建筑平面图建造

E. 木板临时建筑之间的防火间距不应小于 3 m

74.［背景资料］企业对材料采用计划成本核算。2010 年 5 月购入钢材 100 t，增值税专用发票注明每吨 4 000 元。进项税额 68 000 元。双方商定采用商业承兑汇票结算方式支付贷款，付款期限 3 个月。以银行存款支付运费 40 000 元，增值税抵扣率为 7%。该批钢材已运到并验收入库。已知钢材计划成本每

吨 4 100 元。

［问题］根据背景资料，解答下列问题。

（1）付款人对其所承兑的汇票负有到期无条件支付票款的责任。（　　）

A. 正确　　B. 错误

（2）钢材的成本差异=材料采购费-已定的材料单位计划成本×材料采购数量。（　　）

A. 正确　　B. 错误

（3）结算贷款及支付运费时，材料采购费用为（　　）元。

A. 440 000　　B. 437 200　　C. 468 000　　D. 450 000

（4）钢材的成本差异为（　　）元。

A. 28 000　　B. 27 200　　C. 30 000　　D. 40 000

（5）商业承兑汇票可以由（　　）签发。

A. 保证人　　B. 公证机关　　C. 收款人　　D. 银行

（6）材料成本差异的核算主要分为材料成本差异的（　　）等环节。

A. 归结　　B. 分配　　C. 审核　　D. 结转

E. 总结

75.［背景资料］在施工项目中使用施工项目材料管理软件，可以对材料整个使用过程进行统计和分析，完成从收料到领用过程中的单据管理、材料的库存统计；材料的报表的统计；以及工程预算数据与实际数据的对比等功能。施工项目材料管理软件适合于施工项目部使用，且操作简便，有助于减轻材料管理人员工作强度。

［问题］根据背景资料，解答下列问题。

（1）盘点中发现数量出现盈亏，且盈亏量在国家和企业规定的范围之内时，可以在盈亏报告中反映。（　　）

A. 正确　　B. 错误

（2）应将 LPT 加密锁插在计算机的打印机接口上。（　　）

A. 正确　　B. 错误

（3）下列不属于材料管理系统的主要功能的是（　　）。

A. 系统设置　　B. 基础信息管理　　C. 单据查询打印　　D. 材料库存管理

（4）材料收发管理应遵循的原则是（　　）。

A. 后进先出　　B. 先进先出　　C. 量化库存　　D. 有凭有据

（5）财务核算材料成本收入、材料入库手续唯一的依据（　　）。

A. 供料单　　B. 验收单　　C. 收料单　　D. 领用单

（6）材料管理系统的主要功能有（　　）。

A. 系统维护　　B. 材料计划管理　　C. 材料账表管理　　D. 退料管理

E. 废旧材料管理

试卷二

一、单项选择题（共 40 题，共 40 分）

1. 材料计划管理工作的关键是（　　）。

A. 材料计划的编制　　B. 材料的市场调查

C. 材料计划的实施　　D. 材料的采购

2. 材料需用量核算的依据不包括（　　）。

A. 材料消耗量汇总表　　B. 施工合同

C. 施工进度　　D. 工料分析表

3. 工程组织物资供应的前期方案和总量控制依据为（　　）。

A. 材料需用量计划　　B. 分部工程物资总量供应计划

C. 材料汇总表　　D. 单位工程物资总量供应计划

4. 项目材料采购计划表不包括（　　）内容。

A. 质量标准　　B. 材料名称　　C. 型号　　D. 使用部位

5. 材料计划工作是以材料需用计划为基础，然后确定供应量、采购量、运输量、储备资金量等，然后通过材料（　　），把有关部门和环节联系成一个整体，实现材料计划目标。

A. 进度计划　　B. 流转计划　　C. 需用计划　　D. 年度计划

6. 企业材料月度需用计划由（　　）来编制。

A. 项目经理　　B. 项目总工程师　　C. 项目技术部门　　D. 材料员

7. 按项目物资的 ABC 分类管理法对物资进行分类，C 类物资供应计划由（　　）负责供应。

A. 承包商　　B. 公司　　C. 政府部门　　D. 项目部

8. 材料消耗定额水平不能一味下降，制定材料消耗定额的原则中所谓优质、高产与低耗相统一原则是指（　　）。

A. 综合经济效益原则　　B. 合理先进性原则

C. 实事求是的原则　　D. 降低消耗的原则

9. 建设工程交易中心不包括（　　）功能。

A. 集中办公　　B. 信息服务　　C. 按时供货　　D. 提供场所

10. 建造师的资格注册条件不包括（　　）。

A. 大专以上专业学历　　B. 获得资格证书

C. 高中以上专业学历　　D. 有相应的工程实际经验

11. 资料的（　　）是市场调查的核心，它可以全面掌握资料反映的情况和问题，探索事物之间的内在联系，从而审慎地得出符合实际的结论。

A. 总结整理　　B. 综合分析　　C. 整理分析　　D. 综合整理

12. 根据调查研究目的不同资料汇总的方式与方法也有所区别，可以分为（　　）和分组汇总两大类。

A. 整体汇总　　B. 详细汇总　　C. 总体汇总　　D. 粗略汇总

13. 根据调查问题中的每一个对象的某种特征属性，概括出该类问题的全部对象整体所拥有的本质属性称为（　　）。

A. 详细归纳　　B. 科学归纳　　C. 完全归纳　　D. 简单枚举

14. 建筑活动中各种关系的总和称为（　　）。

A. 建筑市场　　B. 无形市场　　C. 劳务市场　　D. 供求市场

15. 建筑市场的构成不包括（　　）。

A. 主体　　B. 政府主管部门　　C. 客体　　D. 建设工程交易中心

16. 对于施工企业来说，材料、设备采购市场调查的核心，是市场供应状况的（　　）。

A. 调查分析　　B. 价格　　C. 供应商　　D. 供应量

17. 以下不属于按建设项目建设程序分类的是（　　）。

A. 建设项目开发招标　　B. 勘察设计招标

C. 工程施工招标　　D. 工程监理招标

18. 关于招标项目标底或投标限价的说法，正确的是（　　）。

A. 若招标项目设有标底，开标时应当公布

B. 设有最高投标限价的，应规定最低投标限价

C. 可以投标报价是否接近标底作为中标条件

D. 可以投标报价超过标底上下 15%作为否定投标的条件

19. 投标建设项目的标底按定额编制，代表行业的（　　）。

A. 平均水平　　B. 先进水平　　C. 最低水平　　D. 最高水平

20. 在借款合同中，货币表现为合同法律关系的（　　）。

A. 主体　　B. 客体　　C. 权利　　D. 义务

21. 关于承担违约责任的说法，正确的是（　　）。

A. 无效合同有过错的合同当事人一方也可能承担违约责任

B. 合同当事人一方因第三人的原因造成违约的，应当向合同对方承担违约责任

C. 合同当事人一方因第三人的原因造成违约时，应当由第三方向合同对方承担违约责任

D. 因不可抗力造成的违约，也应当承担违约责任

22. 某材料采购合同发生争议后，最有优先解释权的是（　　）。

A. 中标通知书　　B. 投标书及其附件　　C. 标准、规范　　D. 合同协议书

23. 有限竞争性招标又称为（　　）。

A. 邀请招标　　B. 公开招标　　C. 协商议标　　D. 两阶段招标

24. 建筑市场的主体不包括（　　）。

A. 政府　　B. 业主　　C. 承包商　　D. 中介服务组织

25. 普通硅酸盐水泥贮存期为（　　），逾期水泥应重新检验，合格后方可使用。

A. 2 个月　　B. 3 个月　　C. 1 个月　　D. 6 个月

26. 用于沥青面层的粗骨料中，在高速公路和一级公路不得使用（　　）。

A. 碎石和筛选砾石　　B. 破碎砾石和筛选砾石

C. 筛选砾石和钢渣　　D. 筛选砾石和矿渣

27. 火山灰质硅酸盐水泥的代号为（　　）。

A. P·P　　B. P·F　　C. P·I　　D. P·C

28. 在材料储备管理中，根据仓库管理人员提供的物资库存情况，组织采购的方法称为（　　）。

A. 资金控制法　　B. 定期订货法　　C. 定量控制法　　D. ABC 分类法

29. 材料的盘点应满足一定的要求，以下（　　）不属于盘点要求。

A. 三清　　B. 三有　　C. 五五化　　D. 四对口

30. 现场材料发放应遵循一定的要求，则有保存期限要求的材料，应在规定期限内发放符合（　　）原则。

A. 及时　　B. 准确　　C. 节约　　D. 质量

31. 限额领料单是发放材料的依据，（　　）应认真审核工程量。

A. 工长　　B. 预算部门　　C. 材料员　　D. 技术质量部门

32. 下列（　　）不是周转材料管理的任务。

A. 根据生产需要，及时、配套地提供适量和适用的各种周转材料

B. 根据不同周转材料的特点建立相应的管理制度和办法，加速周转，以较少的投入发挥尽可能大的效能

C. 加强维修保养，延长使用寿命，提高使用的经济效果

D. 有助于产品的形成而对周转材料进行拼装、支搭及拆除的作业过程

33. 根据施工生产进度计划、材料消耗定额等编制的（　　）是组织材料供应的依据。

A. 材料采购计划　　B. 材料供应计划

C. 材料储备计划　　D. 材料消耗量

34. 材料预算价格是根据本地区工程分布、投资数额、材料用量、材料来源地、运输方法等因素综合考虑，采用（　　）计算方法确定的。

A. 因素分析法　　B. 指标分析法　　C. 先进先出法　　D. 加权平均法

35. 计划成本法中，购买的尚未入库材料的实际成本记入（　　）科目。

A. 预付账款　　B. 材料采购　　C. 材料成本差异　　D. 在途物资

36. 下列（　　）不属于周转材料的特点。

A. 在生产过程中可以反复使用

B. 一般不构成建筑产品实体

C. 与建筑材料相比，价值周转方式不同

D. 周转材料都是重复性消耗的

37. 以下（　　）属于安全防护用周转材料。

A. 钢模板、木模板　　B. 脚手架、跳板

C. 安全网、挡土板　　D. 结构网

38. 根据单位工程施工进度计划和施工方案编制（　　）。

A. 单位工程施工机械需要量计划　　B. 分部工程施工机械需要量计划
C. 单项工程施工机械需要量计划　　D. 分项工程施工机械需要量计划

39. 工程用料中工程暂借用料单是由（　　）审批。
A. 项目经理　　B. 保管员　　C. 材料员　　D. 工长

40. 材料在不同部门之间的调动，称为（　　），其标志着所属权的转移。
A. 调拨材料耗料　　B. 工程耗料　　C. 班组耗料　　D. 计划耗料

二、多项选择题（共 10 题，共 20 分）

41. 材料员在编制单位工程物资总量供应计划时，主要的依据有（　　）。
A. 项目施工组织设计　　B. 仓储量
C. 当前物资市场采购价格　　D. 项目投标书中的材料汇总表
E. 材料消耗定额

42. 材料需用计划的编制包括（　　）。
A. 材料分析表　　B. 材料汇总表　　C. 材料需用量表　　D. 材料消耗表
E. 材料供应表

43. 建设项目招标分类中，按行业类别分类的是（　　）。
A. 工程招标　　B. 材料设备采购招标
C. 项目开发招标　　D. 安装工程招标
E. 咨询服务招标

44. 市场调查是以科学的方法收集、研究、分析有关市场活动的资料，一般分为（　　）。
A. 市场决策阶段　　B. 调查准备阶段　　C. 调查实施阶段　　D. 分析总结阶段
E. 报告撰写阶段

45. 公开招标的特点有（　　）。
A. 有助于开展竞争，打破垄断　　B. 缩短工期和降低成本
C. 提高服务质量　　D. 招标单位工作量小
E. 节省招标费用

46. 合同法律关系主体是指享有相应权利，承担相应义务的合同当事人，包括（　　）。
A. 自然人　　B. 企业法定代表人
C. 企业法人　　D. 非企业法人
E. 其他组织

47. 建筑企业的材料储备一般由（　　）组成。
A. 供应储备　　B. 经常储备　　C. 季节储备　　D. 保险储备
E. 生产储备

48. 周转材料管理的核算包括（　　）核算方式。
A. 会计核算　　B. 统计核算　　C. 业务核算　　D. 成本核算
E. 投资核算

49. 限额领料单是发放材料的依据，材料员要认真审核，经核实（　　）等无误后限量发放。

A. 工程量　　B. 材料品种　　C. 规格　　D. 数量

E. 实际价格

50. 根据不同的施工过程，可采取材料的供应和控制消耗的方法。在施工过程中结合现场文明施工管理，采取跟踪检查。主要检查（　　）。

A. 施工人员是否按规定的技术规范进行操作，有无大材小用等浪费现象

B. 检查是否按技术部门制定的节约措施执行及执行效果

C. 施工过程中产生的余料就地处理

D. 检查使用者是否做到了工完场清，活完脚下清，各种材料清底使用

E. 操作者合理利用钢筋、综合下料，降低消耗

三、判断题（共 20 题，共 10 分）

51. 材料计划就是某个项目的材料总需量计划。（　　）

A. 正确　　B. 错误

52. 材料消耗定额，既包括构成产品实体净用的材料数量，又包括施工场内运输及操作过程不可避免的损耗。（　　）

A. 正确　　B. 错误

53. 材料供应目录是编制材料供应计划和组织物资采购的重要依据。（　　）

A. 正确　　B. 错误

54. 工具需用量一般按照不同种类、规格和不同用途分别计算。（　　）

A. 正确　　B. 错误

55. 建筑工程交易中心是无形市场。（　　）

A. 正确　　B. 错误

56. 建筑产品生产具有不可逆性，因而建筑产品大多不是为了交换而产生的。（　　）

A. 正确　　B. 错误

57. 监理是建筑市场的客体。（　　）

A. 正确　　B. 错误

58. 材料市场调查是指采购市场的调查。（　　）

A. 正确　　B. 错误

59. 向生产厂直接采购，所经过的流通环节最少，价格最低。（　　）

A. 正确　　B. 错误

60. 选择供货单位时，在质量符合要求的前提下，应选择服务质量好的供货单位。（　　）

A. 正确　　B. 错误

61. 建设项目的开发者或建设项目的业主参与采购活动的状况，目前仍占有一定比例。（　　）

A. 正确　　B. 错误

62. 投标报价应根据建设项目条件和各种具体情况来确定。一般情况下，报价为工程成本的 1.15 倍时，中标概率较高，企业利润较好。（　　）

A. 正确　　B. 错误

63. 混凝土强度应分批进行检验评定，当检验结果能满足评定强度公式的规定时，则判定合格，反之为不合格。（　　）

A. 正确　　　　B. 错误

64. 细骨料必须有具有生产许可证的采石场、采砂场生产。（　　）

A. 正确　　　　B. 错误

65. 材料维护保养工作，必须坚持“预防为主，防治结合”的原则。（　　）

A. 正确　　　　B. 错误

66. 周转材料中管理费和保养费是按周转材料原值的一定比例计取，一般不超过原值的 2%。（　　）

A. 正确　　　　B. 错误

67. 材料收发管理主要功能是对日常使用材料的出入库进行管理。（　　）

A. 正确　　　　B. 错误

68. 验收单是唯一的材料入库手续，是财务核算材料成本收入的依据。（　　）

A. 正确　　　　B. 错误

69. 收料单是唯一的材料入库手续，是财务核算材料成本收入的依据。（　　）

A. 正确　　　　B. 错误

70. 库存材料发生损坏、变质、降等级等问题时，填报“材料盘点盈亏报告单”。（　　）

A. 正确　　　　B. 错误

四、综合题（共 5 题，共 30 分）

71.［背景资料］某建筑工程公司已投标中标承担某地老年活动中心工程，其中钢结构施工吊装的大型施工机具按施工组织设计，已经选定为 60 t 塔吊一台。经初步讨论，要满足施工需要并获得该型塔吊，有 3 种方案可供选择，这 3 种方案是搬迁、购置、租赁。

甲方案：搬迁塔吊。该公司有一台 60 t 的塔吊，正在另一施工现场使用。可利用建筑施工期间存在的间隙搬迁塔吊，以满足新工程施工需要，待安装开始时再搬迁回来。这样，便需要两次搬迁费用；同时由此必须采取一些措施，以弥补另一现场无吊车所产生的需要，经测算，需要费用 5 万元。

乙方案：购置塔吊。某厂已同意加工制造同型塔吊，但因时间紧迫，需要加价 20%；这样该公司需支付两台塔吊固定费用。原塔吊机械件使用费很少，可忽略不计。运输安装费用按运输、拆迁和安装总费用的一半计算。

丙方案：租赁塔吊。按年日历天数支付 500 元租赁费用。租用塔吊要付租金，塔吊运输、安装、拆迁的费用和机械年使用费必须自己开支。另一现场用的很少的塔吊固定费用还需支付。

60 t 塔吊有关具体数据是：一次性投资 200 万元；运输、拆迁、安装一次总费用 12 万元；年使用费 8 万元；塔吊残值 30 万元；使用年限为 20 年；年复利率 8%。该塔吊在新工程使用期为 1 年。

［问题］根据背景资料，解答下列问题。

（1）施工机械的选择，多采用单位工程量成本比较法。（　　）

A. 正确　　　　B. 错误

（2）在施工中，不同的施工机械必须配套使用，以满足施工进度要求，并进行施工成本计算。（　　）

A. 正确　　　　B. 错误

（3）甲方案的年总费用是（　　）万元。

A. 43.84　　B. 53.98　　C. 56.71　　D. 45.91

（4）乙方案的总费用是（　　）万元。

A. 57.50　　B. 45.27　　C. 51.37　　D. 48.73

（5）丙方案的总费用是（　　）万元。

A. 61.28　　B. 57.69　　C. 49.57　　D. 58.30

（6）设备需用量计划编制时需要考虑（　　）因素。

A. 施工机具类型　　B. 进场时间　　C. 机具来源　　D. 退场时间

E. 金额

72.［背景资料］材料市场调查目的在于收集市场信息，了解市场动态，把握市场现状和发展趋势，估计目前的市场及预测未来的市场，为决策通过提供科学依据。材料市场调查的对象一般为用户、零售商和批发商，因为供应商太多，一般应对信誉度高、执行合同能力强的供应商进行重点调查。建筑材料市场调研工作的基本过程包括：明确调查目标、设计调查方案、制订调查工作计划、组织实地调查、调查资料的整理和分析、撰写调查报告。

［问题］根据背景资料，解答下列问题。

（1）通过市场调查实施阶段所获得的原始资料如果是真实的，不需要经过整理加工也能得出科学的结论。（　　）

A. 正确　　B. 错误

（2）改进保管，降低消耗是材料、设备采购市场调查的核心。（　　）

A. 正确　　B. 错误

（3）（　　）的调查方法能够控制调查对象，调查信息充分且应用灵活，但是调查周期长费用高，调查对象人员受到调查的心理暗示影响，存在不够客观的可能性。

A. 实地调查　　B. 文案调查　　C. 问卷调查　　D. 实验调查

（4）建筑材料市场供应调查市场的供应能力，了解市场供应与市场需求之间的差距，其中不包括（　　）。

A. 调查供应现状、供应潜力以及正在或将要建设的相同产品的生产能力

B. 调查某一产品市场可以提供的产品数量、质量、功能、型号、品牌等

C. 调查生产供应企业的情况等

D. 影响某产品市场需求的增长速度的因素

（5）下列关于实施调查计划、落实调查方案说法不正确的是（　　）。

A. 注意调查人员深入实际，系统地收集各种资料和数据

B. 收集文案资料可以从各种文献、报刊中取得

C. 收集第一手资料的方法只能是实地调查

D. 市场调查中收集文案资料是不够的，还应收集原始资料

（6）建筑材料市场调查内容是收集资料的依据，必须设计好调查表，包括（　　）。

A. 调查表的设计要与调查主题紧密相关、重点突出，避免可有可无的问题

B. 调查表中的问题要容易让被调查者接受，避免出现被调查者不愿回答或令被调查者难堪的问题

C. 调查表中的问题次序要调理清楚，顺理成章，符合逻辑顺序

D. 一般可遵循容易回答的问题放在前面，较难回答的问题放在中间，敏感性问题放在最后

E. 封闭式问题在后，开放式问题在前

73.［背景资料］随着建筑市场的不断规范和建筑质量要求的不断提高，国家、地方出台了许多建筑材料规范标准。2012 年 12 月 28 日国家标准化管理委员会公布了《钢筋混泥土用钢　第 1 部分：热轧光圆钢筋》（GB 1499.1—2008）第 1 号修改单，将标准里有关 HPB235 的内容删除，且相关内容由 HPB300 替代。

［问题］根据背景资料，解答下列问题。

（1）标准代号 GB 属于住房和城乡建设部公布的标准。（　　）

A. 正确　　B. 错误

（2）建筑市场的构成主要包括主体、客体、建设工程交易中心。（　　）

A. 正确　　B. 错误

（3）《钢筋混凝土用钢　第 1 部分：热扎光圆钢筋》（GB 1499.1—2008）属于（　　）。

A. 国家标准　　B. 行业标准　　C. 企业标准　　D. 地方标准

（4）推荐性标准用代号（　　）表示。

A. JC　　B. HG　　C. GB　　D. GB/T

（5）《玻璃幕墙工程施工工艺标准》（QB—CNCECJ010104—2004）中，（　　）代表发布顺序号。

A. QB　　B. CNCEC　　C. J010104　　D. 2004

（6）标准的制定和类型按使用范围划分为（　　）。

A. 推荐性标准　　B. 强制性标准　　C. 国际标准　　D. 国内标准

E. 国家标准

74.［背景资料］某建筑公司通过公开招标，与某建材公司通过签订了钢筋采购合同。合同价为 350 万元。合同约定了交货时间，付款时间，双方的权利义务、争议的解决方式等内容。

［问题］根据背景资料，解答下列问题。

（1）邀请招标也是建设项目招标的一种方式。（　　）

A. 正确　　B. 错误

（2）招标书属于要约。（　　）

A. 正确　　B. 错误

（3）合同的平等主体包括法人，其他组织和（　　）。

A. 自然人　　B. 私企　　C. 投标人　　D. 招标人

（4）下列（　　）不是合同订立的基本原则。

A. 自愿　　B. 守法　　C. 合法　　D. 公平

（5）合同生效的情形不包括（　　）。

A. 成立生效　　B. 批准登记生效

C. 约定生效　　D. 效力生效

（6）争议解决的方法有（　　）。

A. 和解　　B. 调解　　C. 仲裁　　D. 诉讼

E. 裁定

75.［背景资料］某工程为 20 层办公楼，首层为大堂和会议用房，2 层为租赁用房，3 层为代用租用房，4 层以上为办公用房。建筑主体已建成，工程进入装修阶段；合同装饰范围为：办公、首层全部进行装饰、待租用房只进行隔墙、门安装和公共部分（包括走道）的施工；除租用房有租赁单位自行装修。该工程结构、初装修、水、点已施工完成，通过竣工验收，已完成了备案。因施工需要搭设了临时建筑，为了降低成本，就地取材，用木板搭设工人宿舍；施工材料的存放、保管符合防火安全要求。

［问题］根据背景资料，解答下列问题。

（1）为了加速周转，减少资金占用，脚手架料采用租赁管理办法，实效甚好。（　　）

A. 正确　　B. 错误

（2）周转材料费用承包的考核和结算是指承包费用收支对比，出现盈余为节约，反之为亏损。（　　）

A. 正确　　B. 错误

（3）如果场地比较紧张，由你来布置库房和现场临时办公室，你以为应该布置在（　　）层。

A. 1　　B. 2　　C. 3　　D. 4

（4）对于装修装饰工程，下列（　　）不符合施工现场对易燃易爆材料安全管理要求。

A. 油漆、涂料、稀料必须集中存放

B. 设专人管理并远离施工现场，远离火源、配电箱、开关箱柜

C. 油漆涂料施工现场可以动用电气焊等明火作业

D. 应增加施工现场空气对流及有毒气体的排放

（5）按工具使用方式和保管范围工具分个人随手工具和（　　）。

A. 通用工具　　B. 班组共用工具

C. 消耗性工具　　D. 专用工具

（6）该施工现场搭设临时建筑如塔木板房时，有（　　）要求。

A. 必须支塔时，不需经消防监督机关批准

B. 高压线下不准搭设木板临时建筑

C. 木板临时建筑的周围应防火，疏散道路畅通，基地平整干净

D. 木板临时建筑应按工地场地布局图和临时建筑平面图建造

E. 木板临时建筑之间的防火间距不应小于 3 m

附录2　材料员专业知识测试模拟试卷参考答案

试卷一

一、单项选择题

1. A	2. C	3. A	4. C	5. C	6. B	7. B	8. B	9. C	10. B
11. D	12. C	13. C	14. A	15. B	16. A	17. A	18. A	19. D	20. A
21. A	22. C	23. D	24. A	25. A	26. A	27. D	28. D	29. B	30. C
31. A	32. A	33. C	34. D	35. D	36. D	37. D	38. C	39. B	40. B

二、多项选择题

41. BD	42. BCDE	43. ACDE	44. ABCD	45. BCDE
46. CDE	47. ABCD	48. ABC	49. ACDE	50. ABC

三、判断题

51. A	52. A	53. B	54. B	55. A	56. A	57. A	58. A	59. A	60. B
61. A	62. B	63. B	64. B	65. A	66. A	67. A	68. B	69. A	70. B

四、综合题

71.（1）A	（2）A	（3）B	（4）A	（5）D	（6）DC
72.（1）B	（2）A	（3）A	（4）A	（5）D	（6）ACDE
73.（1）A	（2）A	（3）C	（4）C	（5）B	（6）BCD
74.（1）A	（2）A	（3）B	（4）B	（5）C	（6）ACD
75.（1）B	（2）A	（3）D	（4）B	（5）B	（6）BCE

试卷二

一、单项选择题

1. C	2. B	3. D	4. D	5. B	6. C	7. D	8. A	9. C	10. C
11. B	12. C	13. C	14. A	15. B	16. A	17. D	18. A	19. A	20. B
21. B	22. D	23. A	24. D	25. B	26. D	27. A	28. C	29. C	30. C

31. C　32. D　33. B　34. D　35. B　36. D　37. C　38. A　39. A　40. A

二、多项选择题

41. ACD　42. ACD　43. ABDE　44. BCDE　45. ABC
46. ACE　47. BCD　48. ABC　49. ABCD　50. ABDE

三、判断题

51. B　52. A　53. A　54. A　55. B　66. B　57. A　58. A　59. A　60. B
61. A　62. A　63. A　64. A　65. A　66. A　67. A　68. A　69. B　70. B

四、综合题

71.（1）A　（2）A　（3）C　（4）A　（5）D　（6）ABCD
72.（1）B　（2）B　（3）D　（4）D　（5）C　（6）ABCD
73.（1）B　（2）A　（3）A　（4）D　（5）C　（6）CD
74.（1）A　（2）B　（3）A　（4）C　（5）D　（6）ABCD
75.（1）A　（2）A　（3）C　（4）C　（5）B　（6）BCD